普通高等教育“十一五”国家级规划教材
“十四五”时期水利类专业重点建设教材

画法几何及土建工程制图（第3版）

主　编　裴金萍　吴明玉
副主编　杨秀娟　唐　旺　祁　帜
主　审　蒋允静

中国水利水电出版社
www.waterpub.com.cn
·北京·

内 容 提 要

本书以土建工程为对象，对工程制图中常用的投影原理（正投影、轴测投影、标高投影）做了全面的讲解，并根据不同专业的需要，结合工程实例，分别对水利水电、房屋建筑、道路桥梁工程的图示特点、读图和作图方法做了详细的讲述。

本书为新形态立体化教材，配套教学视频、PPT 课件等数字资源，可扫描书中二维码或登录“行水云课”平台在线学习。同时，在“中国大学慕课”网站也有与本书配套的教学视频、课件、在线测试等诸多教学资源，可供读者自主学习。

本书可作为高等工科院校土建类各专业工程制图相关课程的教材，也可作为相关工程技术人员培训及参考用书。

图书在版编目（CIP）数据

画法几何及土建工程制图 / 裴金萍，吴明玉主编
. -- 3版. -- 北京 : 中国水利水电出版社，2023.12
普通高等教育“十一五”国家级规划教材. “十四五”时期水利类专业重点建设教材
ISBN 978-7-5226-2052-7

Ⅰ. ①画… Ⅱ. ①裴… ②吴… Ⅲ. ①画法几何—高等学校—教材②建筑制图—高等学校—教材 Ⅳ. ①TU204

中国国家版本馆CIP数据核字(2024)第008100号

书　　名	普通高等教育“十一五”国家级规划教材 “十四五”时期水利类专业重点建设教材 **画法几何及土建工程制图**（第 3 版） HUAFA JIHE JI TUJIAN GONGCHENG ZHITU
作　　者	主　编　裴金萍　吴明玉 副主编　杨秀娟　唐　旺　祁　帜 主　审　蒋允静
出版发行	中国水利水电出版社 （北京市海淀区玉渊潭南路 1 号 D 座　100038） 网址：www.waterpub.com.cn E-mail：sales@mwr.gov.cn 电话：（010）68545888（营销中心）
经　　售	北京科水图书销售有限公司 电话：（010）68545874、63202643 全国各地新华书店和相关出版物销售网点
排　　版	中国水利水电出版社微机排版中心
印　　刷	北京印匠彩色印刷有限公司
规　　格	184mm×260mm　16 开本　18.75 印张　456 千字
版　　次	2008 年 3 月第 1 版第 1 次印刷 2023 年 12 月第 3 版　2023 年 12 月第 1 次印刷
印　　数	0001—3000 册
定　　价	**52.00** 元

第3版前言

教材建设是深化教育教学改革的重要环节。为贯彻落实党的二十大精神，促进学科的高质量发展，进一步推进教育教学的数字化转型，同时为紧跟工程行业技术的发展和工程技术标准的迭代更新，本书联合西北农林科技大学、西安理工大学、长安大学、甘肃农业大学多位具有丰富教学经验的制图教师，对使用了十余年的《画法几何及土建工程制图》（第2版）进行调整并修订。主要修订工作如下：

(1) 文中采用了最新的SL 73—2013《水利水电工程制图标准》、GB/T 50001—2017《房屋建筑制图统一标准》。

(2) 删减了“立体的表面展开”“正投影图中的阴影”“透视投影”等章节。

(3) 增加了道路工程图一章，主要介绍了路线、桥梁、隧道等工程建筑物的图示内容、图示特点及读图与绘图的方法。

(4) 将原有的“点、直线、平面”与“直线、平面的相对关系”两章内容修订合并为一章；将“立体”与“形体表面的交线”两章内容修订合并为一章。

(5) 增加和调整了文中多处图文案例及例题的讲解，并在水利、房建、道桥等专业制图中加入了思政元素。

(6) 建设了与本书配套的教学网站及数字化教学资源。

本书共分14章，由西北农林科技大学裴金萍（编写第1、3章）、吴明玉（编写第6、7、13章）担任主编，西北农林科技大学杨秀娟（编写第11、14章）、西安理工大学唐旺（编写第8、12章）、长安大学祁帜（编写第4、5章）担任副主编。参加编写的还有甘肃农业大学王引娣（编写第2章），西北农林科技大学侯晓萍（编写第10章）、蒲亚锋（编写第9章）。

本版是在西北农林科技大学蒋允静教授等前辈30余年积累的经验、资源及数次版本基础上修订的，本次修订得到了蒋允静教授的指导与支持，特别感谢蒋允静教授的辛劳与付出。

由于编者水平有限，书中难免有不妥之处，敬请广大读者批评指正。

编者

2023 年 10 月

第2版前言

今年5月，中国水利水电出版社根据市场反馈信息，建议将本教材再版并列为《普通高等教育“十二五”规划教材》，因此，编者对原“普通高等教育‘十一五’国家级规划教材《画法几何及土建工程制图》（第一版）”作了较细致的修订。

近20年来，本教材始终坚守面向土建类多个不同专业且便于有关技术人员自学的目标，历经多次修订，其整体框架现已成熟，没有变动。第二版的修订工作主要在如下三个方面：

（1）按现行水利、房建的行业规范补充了少量内容，例如，给水排水（第十九章）中的设备及符号。

（2）纠正了工程实例图中线型不规范、标注不清晰甚或有误之处。

（3）调整了多处图文的编排，特别是工程实例中插图的位置，以方便读者的阅读。

本书的着力点是理论紧密联系实际。随着计算机绘图的蓬勃发展，技法日臻完美，但对本科生培养而言，编者认为各种投影的基本理论和图示要求仍不应放松。做到“知其然，亦知其所以然”，对计算机技术的应用，必更得心应手。

再版的修订工作细碎繁杂，且难以分工协作，均由主编一人承担；虽耗时半年，不当之处，仍恐难免，欢迎读者批评指正。

编者

2011年11月

新1版前言

20世纪80年代后，随着改革开放的推进，拓宽办学与专业面的大方向势在必行。1987年秋，西北农林科技大学制图课组在所编《画法几何》（1988年）和《土建工程制图》（1994年）讲义的基础上，增加了阴影与透视作图的内容，1996年3月由陕西科技出版社出版了国内第一本水利、土木两类专业共用的《画法几何及土建工程制图》教材。此后随着工程制图国家与行业规范的修编，该教材又于2001年、2003年，两度修订再版。

20年以来的教学实践表明，以水利、房建为主的土建类专业采用同一本制图教材，讲授内容由教师根据专业要求决定取舍，这一教材改革是成功的，能有效地提高教学效率，有利于拓宽师生的专业技能。目前，除西北农林科技大学及山东农业大学、甘肃农业大学的水利与房建各专业使用该教材外，还被园林等一些涉及建筑阴影与透视的专业选用。

2006年本教材核准列入普通高等教育“十一五”国家级规划，编者结合“适当压缩学时”的教改新精神，对2003年版再次作了全面的整理与修订，主要包括：

（1）精减第四章（投影变换）内容，仅围绕4个基本作图（线面的一次变换）讲述。

（2）新列第六章（立体），集中平面立体与回转体的内容，减少重复、降低难度。

（3）取消原第八章（轴测投影）中常用轴测坐标系的讨论。

（4）撤销原第十三章，重组建筑形体表达的内容，列为新第十四章（组合体）、第十五章（建筑形体的图示方法），使之更加符合循序渐进的认知规律。

（5）重编原第十四章（水利工程图），新列第十六章（水工图）。撤换阅读实例2，并将该例的水闸结构图作为学生抄绘工程图的作业，使教材与习题集紧密配合，减少重复学时。

此外，还添加了第三角投影简介（第一章）及画法几何各章的复习思考题；更新了部分图例；并采用微机绘制了书中全部图样。

修订后的新版，全书共十九章，由蒋允静教授任主编，裴金萍、贾生海、颜锦秀副教授任副主编，蒲亚锋、王志刚参编。具体分工如下：西北农林科技大学蒋允静（第四、五、七、十一、十二、十五、十六、十七章）、裴金萍（第二、六、十四、十八章）、蒲亚锋（第三章）、王志刚（第十九章）；甘肃农业大学贾生海（第一、十、十三章）、山东农业大学颜锦秀（第八、九章）。

本教材自1996年的初版到这次的新一版，一直得到西北农林科技大学沙际德教授的指导与支持，审定了全书的图文。在此，对沙教授长期以来所付出的辛勤劳动表示衷心感谢。

因时间、人力、水平所限，书中难免有不当之处，热忱欢迎读者批评指正。

编者

2007年9月

第1版前言

工程建设中，图纸是反映设计思想、指导施工作业最主要的工具。因此，它被誉“工程技术界的语言”，而且是一种国际通用语言。

本书包括画法几何与专业制图两大部分。该课程是一门技术基础课，学习时将会遇到的困难，在于缺乏空间概念。培养和发展同学的空间想象与构思能力，是本课程的一个重要任务。实践证明，良好的空间能力，对于工科大学生理论学习与实践设计都十分必要。而且，今后要成为一个优秀的工程技术人员，这种能力也是绝不可缺少的。

画法几何的主要内容是研究空间形体在平面上的投影规律，它是工程制图的理论基础，包括图示与图解两方面的技能训练：图示法——空间几何元素（点、线、面、体）在平面上的表示法；图解法——用平面作图方法解决空间几何问题。学习时，应特别注意空间几何关系的分析及空间形体与平面图形之间的联系，努力掌握“从空间形体到平面图形，再由平面图形想象空间形体”的方法，对于投影规律切不可死记硬背，必须充分理解后，再作记忆。画法几何虽以初等几何原理来研究问题，但要学好它并不容易，有所谓“课文易懂，习题难作”的特点。学习本门课程，不能只停留在阅读教材上，投影作图的能力和绘图技巧，只有通过大量的练习才能获得。由于学时的限制，练习的机会不可能很多，所以，我们应珍惜每一次练习的机会，严格要求自己，独立完成作业，并培养作图准确和图面整洁的好习惯。

工程制图的任务是运用投影知识，阅读和想象建筑形体；学习如何根据制图的“语言”把设计者所想象的形体在图纸上准确、清晰的表达出来。鉴于图示建筑形体还必须有一些专业常识，所以，本书在编写时也适当注意了这个问题。工程图样是评价工程方案、估算工程材料用量以及建筑物施工的依据，无论是方案的规划图、设计图或施工图，都必须按相应的技术要求，把应该反映的内容交代清楚；图纸上的疏忽和遗漏都可能使工程受到麻烦与损失。所以每位同学都应利用本课程的学习机会，及早培养自己一丝不苟，力求规范、严谨、负责、不怕麻烦的良好素质。

本书是为土建类各专业编写的。全书共分 18 章，由于各专业学习略有差异，故具体讲授内容，可由任课教师根据教学大纲和学时取舍。

本书由蒋允静同志主编、沙际德同志主审，参加编写的还有裴金萍（第 5、12、16 章和第 17 章的给排水部分）、李荼青（第 7、8、9 章）、辛全才（第 18 章）、王庆玺（第 17 章的电气设备）。另外，在编写过程中还得到席丁民、张新平、辛仲强、牛文全和王海燕等同志的大力协助，在此表示深切的感谢。

编者

1996 年 3 月

目录

第1章　制图的基本知识

1.1　制图的基本规定

工程图样是设计与制（建）造中工程与产品信息的载体，是表达和传递设计信息的主要媒介，也是工程界通用的技术语言。土建工程图是表达房屋、水利、道桥等土木建筑工程设计思想的主要手段，为了便于建造、管理与技术交流，工程图样的格式、表达方法、尺寸标注等都必须遵守统一的国家或行业制图标准。本节结合 GB/T 50001—2017《房屋建筑制图统一标准》及 SL 73—2013《水利水电工程制图标准》，介绍土建工程制图标准中图纸幅面、比例、字体、图线及尺寸标注等的基本规定，其他有关图样绘制的要求将在后续章节中陆续介绍。

1.1.1　图纸幅面与格式

1. 图纸幅面

图纸幅面是指图纸的大小规格。为了合理利用图纸，便于技术文件的装订和存档，应优先选用表 1.1 中规定的幅面尺寸。

表 1.1　　　　**基本幅面及图框尺寸**　　　　单位：mm

图幅代号		A0	A1	A2	A3	A4
$B\times L$		841×1189	594×841	420×594	297×420	210×297
留装订边	a	25				
	c	10			5	
不留装订边	e	20		10		

注　B 为幅面短边尺寸；L 为幅面长边尺寸；a 为图框线与装订边间宽度；c 为图框线与幅面线间宽度；e 为无装订边时图框线与幅面线间宽度。

图纸以短边作为竖直边时为横式，以短边作为水平边时为立式，A0～A3 宜横式使用，必要时也可立式使用。横式图纸的装订边在图左侧，立式图纸的装订边在图上方。无论图纸是否装订，均应画出幅面线、图框线、标题栏和对中标志。

如果图纸基本幅面不能满足绘图需要，允许在基本幅面的基础上将图幅加大。

（1）房屋建筑图纸加大幅面。房屋建筑图纸一般不加长短边，只将长边按表 1.2 所列尺寸加长。

（2）水利工程图纸加大幅面。水利工程图纸通常以短边成整数倍增加的方式加大幅面。图 1.1 中的粗实线为表 1.1 中规定的基本幅面，细实线为第二选择，虚线为第三选择。

表 1.2　　图纸长边加长尺寸　　单位：mm

幅面代号	长边尺寸	长边加长后的尺寸
A0	1189	1486（A0＋1/4L）、1783（A0＋1/2L）、2080（A0＋3/4L）、2378（A0＋L）
A1	841	1051（A1＋1/4L）、1261（A1＋1/2L）、1471（A1＋3/4L）、1682（A1＋L）、1892（A1＋5/4L）、2120（A1＋3/2L）
A2	594	743（A2＋1/4L）、891（A2＋1/2L）、1041（A2＋3/4L）、1189（A2＋L）、1338（A2＋5/4L）、1486（A2＋3/2L）、1635（A2＋7/4L）、1783（A2＋2L）、1932（A2＋9/4L）、2080（A2＋5/2L）
A3	420	630（A3＋1/2L）、841（A3＋L）、1051（A3＋3/2L）、1261（A3＋2L）、1471（A3＋5/2L）、1682（A3＋3L）、1892（A3＋7/2L）、

注　如有特殊需要，可采用 $B\times L$ 为 841mm×891mm 与 1189mm×1261mm 幅面的图纸。

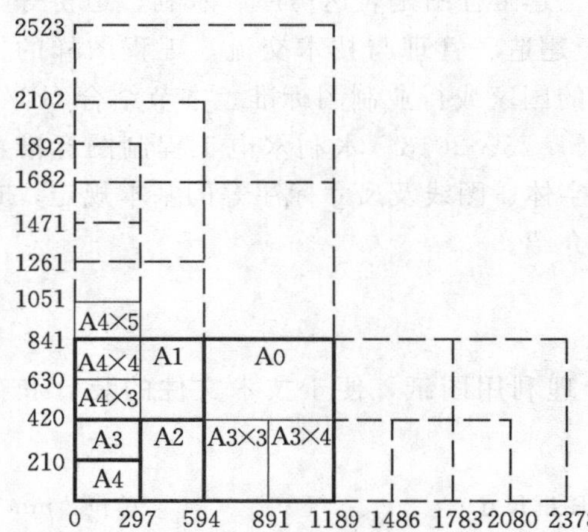

图 1.1　基本幅面及加长幅面（单位：mm）

2. 图框及标题栏

幅面线用细实线绘制，图框线用粗实线绘制。房屋建筑图纸图框及标题栏的位置应按图 1.2 布置，竖式图纸标题栏的位置与横式图纸相同。水利工程图纸图框及标题栏的位置应按图 1.3 布置。

3. 米制尺度与对中标志

需要微缩复制的图纸，一个边上应附有一段准确的米制尺度，四个边上均应附有对中标志。米制尺度的总长应为 100mm，分格应为 10mm。《房屋建筑制图统一标准》规定，对中标志应画在图纸内框各边长的中点处，线宽应为 0.35mm，并应伸入内框边，在框外应为 5mm，如图 1.2 所示。《水利水电工程制图标准　基础制图》规定，对中标志应画在幅面线的中点处，用粗实线绘制，从周边画入图框内约 5mm，如图 1.3 所示。

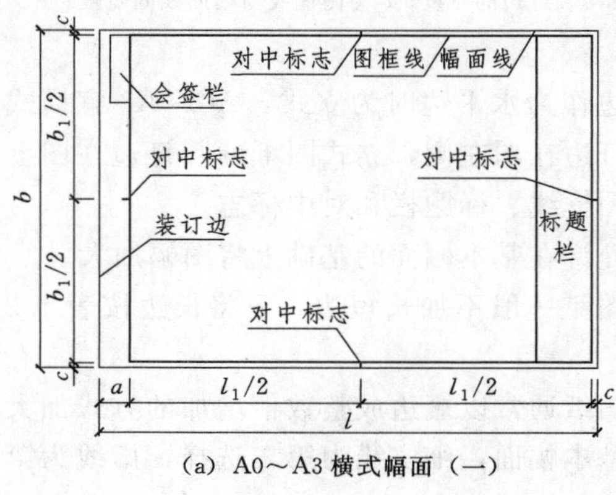

(a) A0～A3 横式幅面（一）

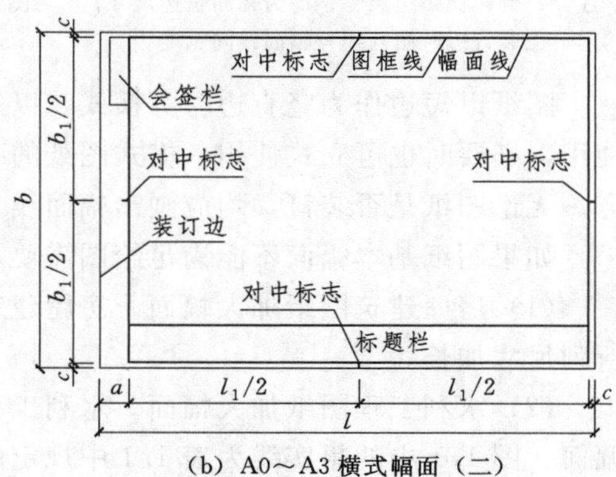

(b) A0～A3 横式幅面（二）

图 1.2（一）　房屋建筑图纸幅面格式

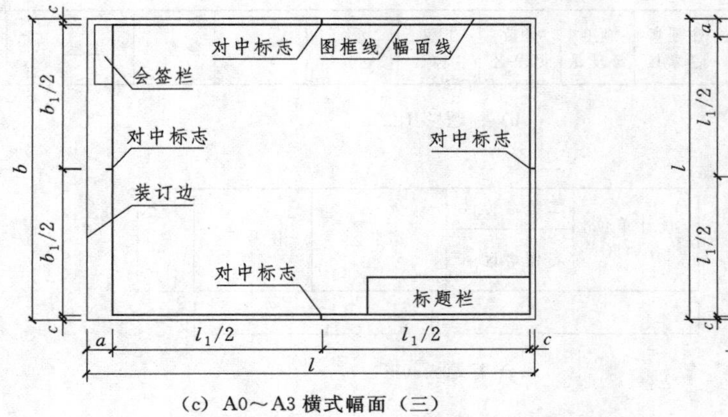

(c) A0～A3 横式幅面（三）

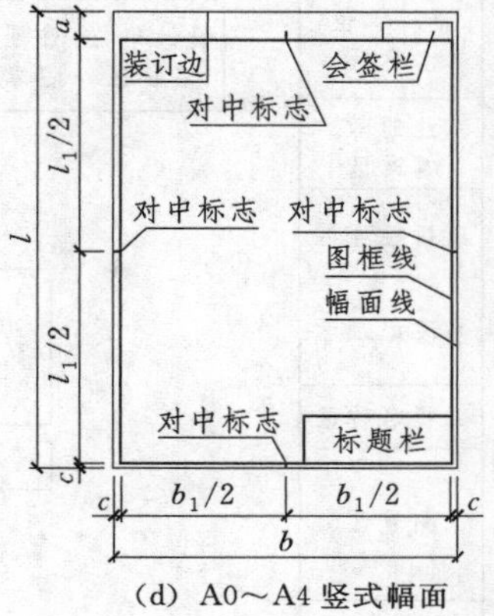

(d) A0～A4 竖式幅面

图 1.2（二） 房屋建筑图纸幅面格式

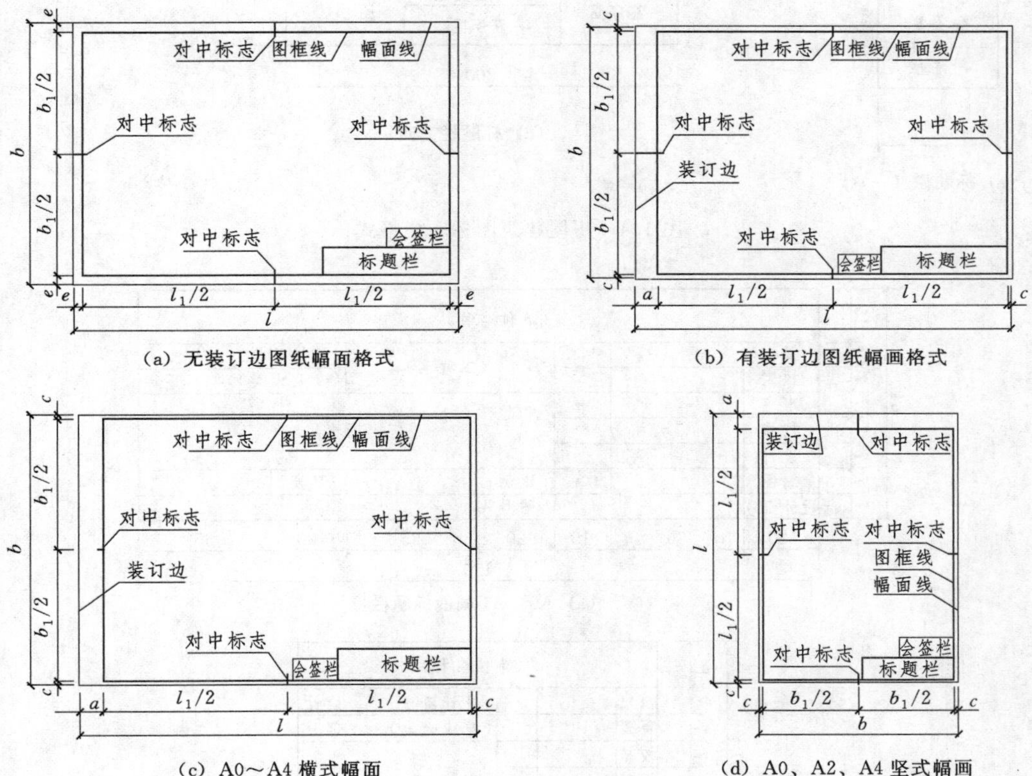

(a) 无装订边图纸幅面格式

(b) 有装订边图纸幅画格式

(c) A0～A4 横式幅面

(d) A0、A2、A4 竖式幅画

图 1.3 水利工程图纸幅面格式

4. 标题栏

工程图纸上应注出设计单位、工程名称、图名、图号，制图、审批等人员的签名、签注日期等内容，将它们集中起来列表放置在图中位置，称为标题栏，如图 1.2 和图 1.3 所示。标题栏的外框线为粗实线，分格线为细实线。房屋建筑图标题栏的格式如图 1.4 所示，水利工程图标题栏格式如图 1.5 所示。

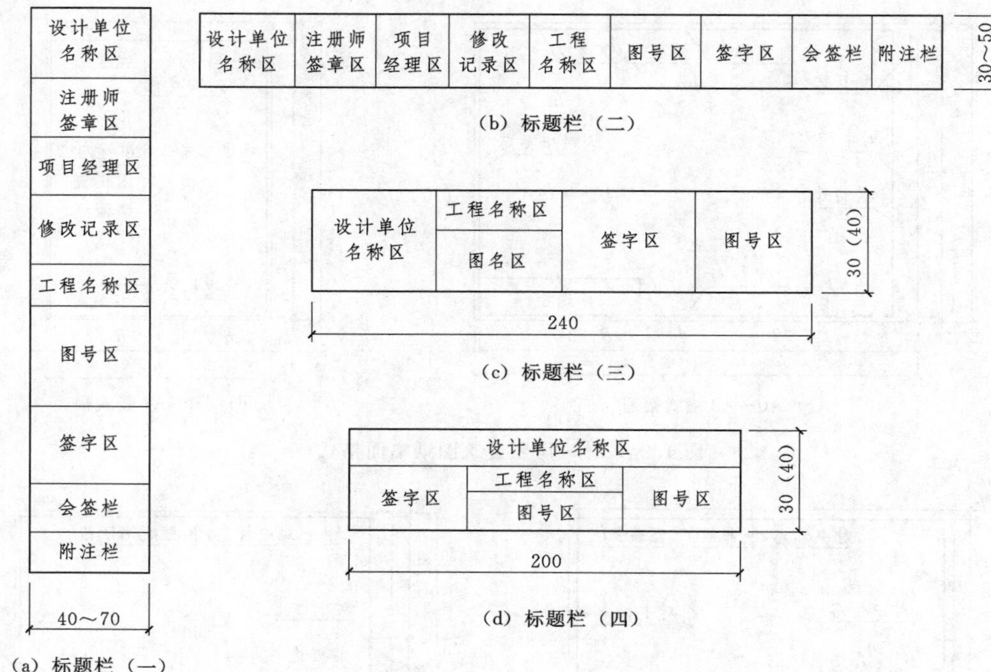

(a) 标题栏（一）

(b) 标题栏（二）

(c) 标题栏（三）

(d) 标题栏（四）

图 1.4　房屋建筑图标题栏格式

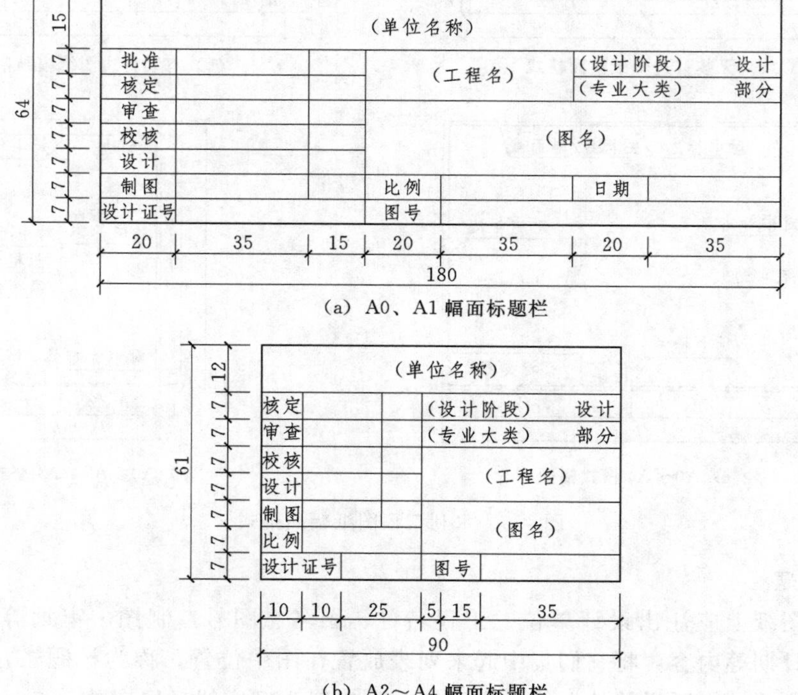

(a) A0、A1 幅面标题栏

(b) A2～A4 幅面标题栏

图 1.5　水利工程图标题栏格式（单位：mm）

5. 会签栏与修改栏

会签栏是施工各工种负责人用于签字的表格。其在图幅中的位置及格式尺寸，房屋建筑图如图1.2、图1.6（a）所示；水利工程图如图1.3、1.6（b）所示。

水利工程在施工阶段需修改工程图时，宜在标题栏上方或左边设置修改栏，如图1.7所示。

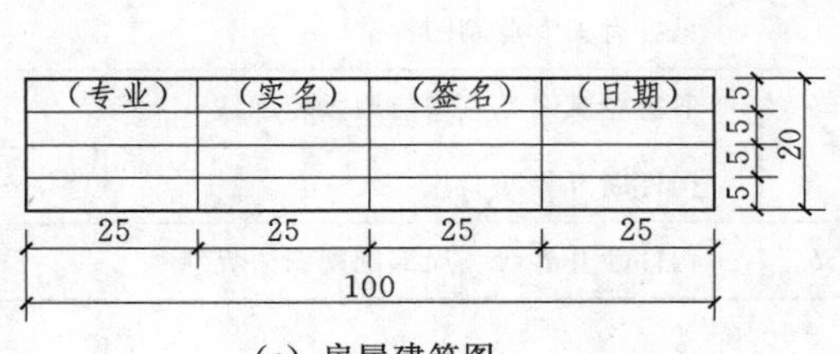

（a）房屋建筑图

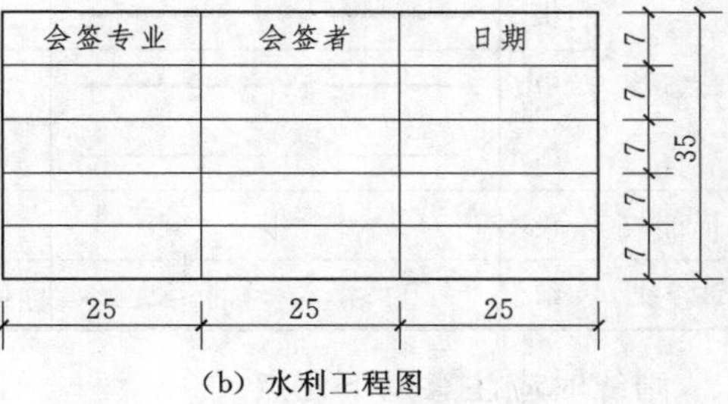

（b）水利工程图

图1.6　会签栏（单位：mm）

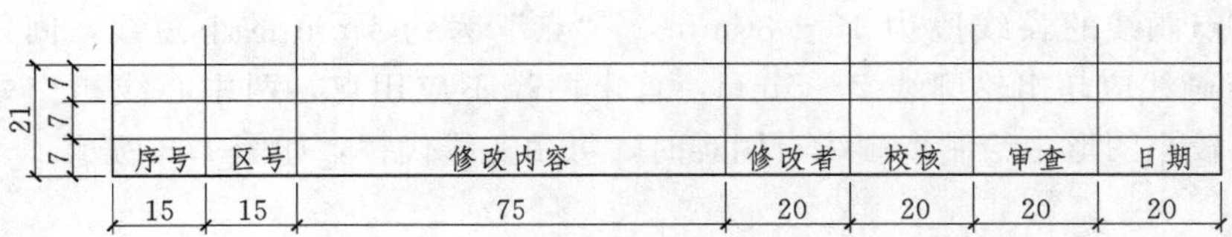

图1.7　修改栏（单位：mm）

视频资源1.1 图幅、标题栏、比例及字体

1.1.2　图线

为保证图样所示内容主次分明、清晰易看，需采用不同线型和粗细的图线绘制。每个图样应根据复杂程度与比例大小，先选定基本线宽 b，再选定其他图线相应的宽度。基本线宽有0.5mm、0.7mm、1.0mm、1.4mm。

常用图线的线型有粗实线、虚线、点画线、折断线和波浪线等。线宽可从0.13mm、0.18mm、0.25mm、0.35mm、0.5mm、0.7mm、1.0mm、1.4mm、2.0mm系列中选取，表1.3中列举了常用图线的名称、线型、线宽和用途。

表1.3　　常用图线及用途

名称		线型	线宽	用途
实线	粗	————	b	主要可见轮廓线、剖切位置线、材料分界线等
	中	————	$0.5b$	次要可见轮廓线
	细	————	$0.25b$	尺寸线、图案填充线、家具线等
虚线	粗	— — — —	b	地下管道位置线
	中	— — — —	$0.5b$	不可见轮廓线、图例线等
	细	— — — —	$0.25b$	图例填充线、家具线等

续表

名 称		线 型	线宽	用 途
点画线	粗		b	见各有关专业制图标准
	中		$0.5b$	见各有关专业制图标准
	细		$0.25b$	中心线、对称线、轴线等
双点画线	粗		b	见各有关专业制图标准
	中		$0.5b$	见各有关专业制图标准
	细		$0.25b$	假想轮廓线、成型前原始轮廓线
折断线	线		$0.25b$	构件断开界线
波浪线	细		$0.25b$	构件断开界线、局部剖视图边界线

画线时应注意以下几点：

(1) 同张图纸上同类图线的粗细应全图一致，各线型的深浅应全图一致。虚线、点画线和双点画线的线段长度和间隔应各自相等。

(2) 点画线的长线段为 15～30mm，“点”为约 1mm 的小短线，间隔为 3～5mm。点画线应超出轮廓线 2～5mm，首末两端不应用点，两中心线相交处均为线段，当在较小图形中绘制点画线有困难时，可用实线代替，如图 1.8 所示。

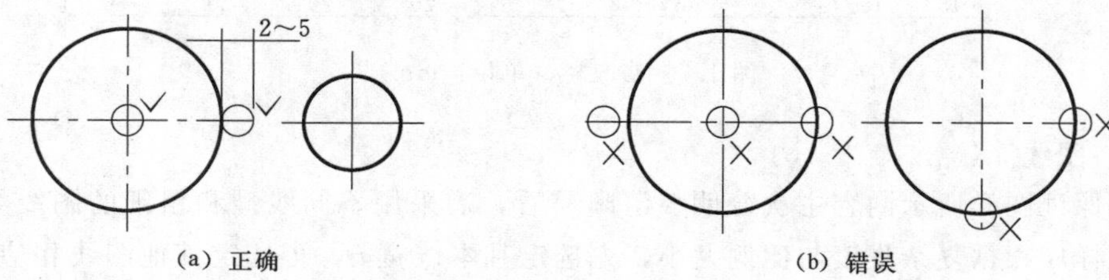

图 1.8 点画线的画法

(3) 虚线的线段长为 2～6mm，间隔约为 1mm。虚线与虚线、虚线与其他图线交接时，应以线段交接。若虚线为实线的延长线时，不得与实线相接，应留空隙以示分界。虚线画法如图 1.9 所示。

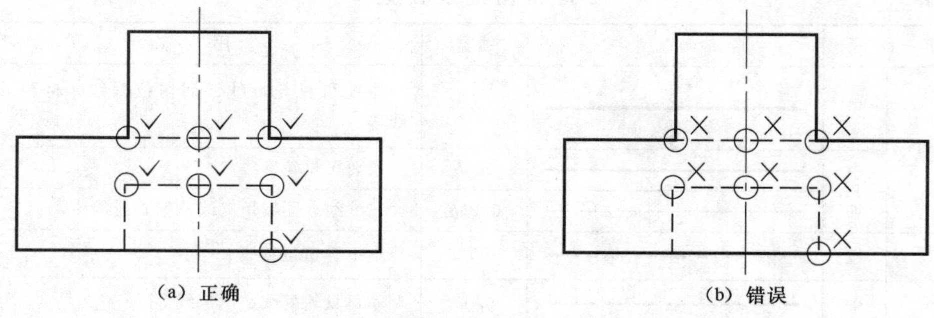

图 1.9 虚线连接时的画法

（4）图线不得与文字、数字或符号重叠、混淆，如不可避免时，应首先保证文字的清晰。

（5）图中两平行线的距离应不小于粗实线的宽度，其最小间距不宜小于 0.2mm（房屋建筑）、0.7mm（水利工程）。

各种图线在工程图中的用法，参考图 1.10。

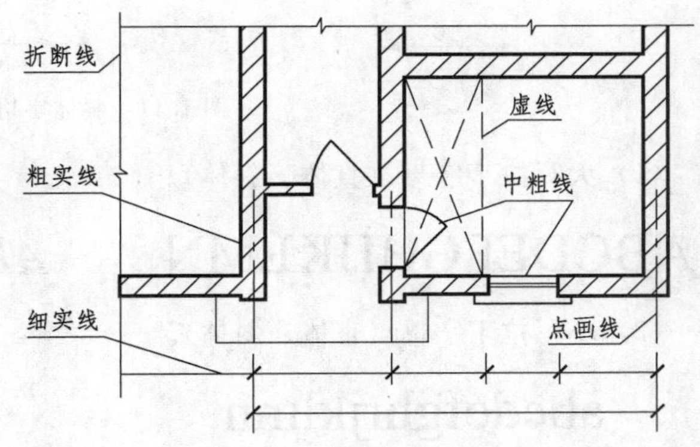

图 1.10 各种图线的应用举例

1.1.3 字体

在工程图纸上的汉字、数字或字母，按规范要求必须从左向右书写，且应做到：字体端正、笔画清楚、排列整齐、间隔均匀，标点符号清楚、正确。

1. 汉字

图样中的汉字应采用国家正式公布实施的简化汉字，宜书写成长仿宋体或黑体。计算机绘图所用字库宜采用操作系统自带的 TrueType 字库。对同一图样，宜采用一种型式的字体。在同一行标注中，汉字、字母和数字宜采用同一字号。

字体的号数（简称字号）指字体的高度（h），图样中的字号有 7 种：20mm、14mm、10mm、7mm、5mm、3.5mm、2.5mm。汉字的高度应不小于 3.5mm；拉丁字母、阿拉伯数字及罗马数字的高度应不小于 2.5mm。长仿宋体的宽度约为 $h/\sqrt{2}$，即宽度与高度关系应符合表 1.4 的规定。

表 1.4　长仿宋体的字高与字宽　　单位：mm

字高	20	14	10	7	5	3.5	2.5
字宽	14	10	7	5	3.5	2.5	1.8

长仿宋字体的示例如下：

书写工整 笔划清楚 间隔均匀 排列整齐

字体笔划 横平竖直 注意起落 结构匀称 填满方格

2. 数字与字母

汉字应使用正体字，阿拉伯数字或拉丁字母有直体与斜体之分，斜体字的字头向右倾斜，与水平线约成 75°角，其格式如图 1.11 所示。用作指数、分数、极限偏差、注脚等的数字和字母，一般采用小一号字体。

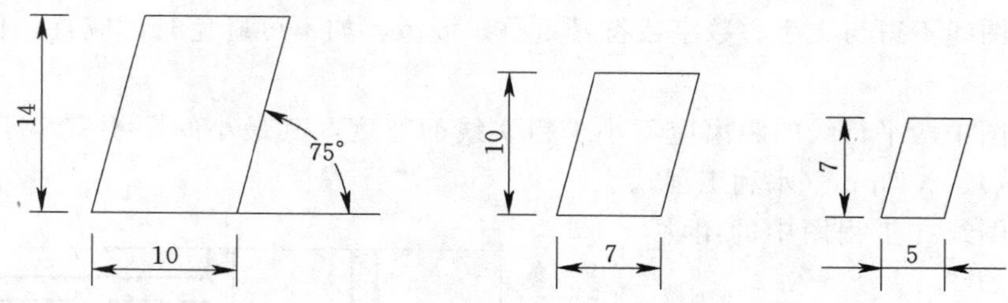

图 1.11　斜体字格

（1）大写拉丁字母（直体、斜体）。

ABCDEFGHIJKLMN　　*ABCDEFGHIJKLMN*

（2）小写拉丁字母（直体、斜体）。

abcdefghrjklmn　　*abcdefghrjklmn*

（3）阿拉伯数字（直体、斜体）。

0123456789　　*0123456789*

1.1.4　比例

土建工程建筑体积庞大，一般按一定规则缩小比例绘制，但对于建筑物上某些细小构件，则需放大比例绘制。

图样的比例，为图形与实物相对应的线性尺寸之比。比例的大小是指比值的大小，常以阿拉伯数字表示。比值小于 1 称缩小比例，如 1∶50；比值大于 1 称放大比例，如 5∶1。

水利工程制图规定：当整张图纸中只用一种比例绘制时，应把比例统一注写在标题栏内。当整张图纸中用不同比例绘制时，应按图 1.12 所示的样式标注，比例的字高应较图名字高小 1 号或 2 号。

平面图 1∶200　　平面图 1∶100　　⑤ 1∶20

图 1.12　比例的标注样式（水利工程制图）

房屋建筑制图规定：比例宜注写在图名的右侧，字的基准线应取平；比例的字高宜比图名的字高小 1 号或 2 号，如图 1.13 所示。一般情况下，一个图样应选用一种比例，但根据专业制图需要，同一图样也可选用两种比例。

平面图 1∶100

图 1.13　比例的标注样式（房屋建筑制图）

绘图比例应根据图样的用途与物体的复杂程度决定，并优先选用常用比例。表 1.5 和表 1.6 分别为水利工程及房屋建筑制图中的常用比例和可用比例。

表 1.5　　水利工程制图比例

常用比例	1∶1			
	1∶10^n	1∶2×10^n	1∶5×10^n	
	2∶1	5∶1	10^n∶1	
可用比例	1∶1.5×10^n	1∶2.5×10^n	1∶3.5×10^n	1∶4×10^n
	2.5∶1	4∶1		

注　n 为正整数

表 1.6　　房屋建筑制图比例

常用比例	1∶1、1∶2、1∶5、1∶10、1∶20、1∶30、1∶50、1∶100、1∶150、1∶200、1∶500、1∶1000、1∶2000
可用比例	1∶3、1∶4、1∶6、1∶15、1∶25、1∶40、1∶60、1∶80、1∶250、1∶300、1∶400、1∶600、1∶5000、1∶10000、1∶20000、1∶50000、1∶100000、1∶200000

1.1.5　尺寸标注

在土建工程图中，除了按比例绘制建筑物或构筑物的形状外，还必须标注完整的完工后工程实物的实际尺寸，以表示各组成部分的大小及相对位置。建筑物及构件的真实大小，应以图样上所注的尺寸数字为依据，与所绘图形的大小及绘图的准确度无关。

图样中标准的尺寸单位，总平面图、标高及桩号以 m 为单位，结构尺寸以 mm 为单位。若采用其他尺寸单位，应在图纸中加以说明。

1. 尺寸的要素

尺寸由尺寸界线、尺寸线、尺寸起止符号和尺寸数字四部分组成，如图 1.14 所示。

（1）尺寸界线。尺寸界线用于控制尺寸范围，应采用细实线绘制，宜与被标注长度垂直，其一端应离开图样轮廓线不小于 2mm，另一端宜超出尺寸线 2～3mm。图样轮廓线、轴线或中心线可用作尺寸界线，如图 1.15 所示。

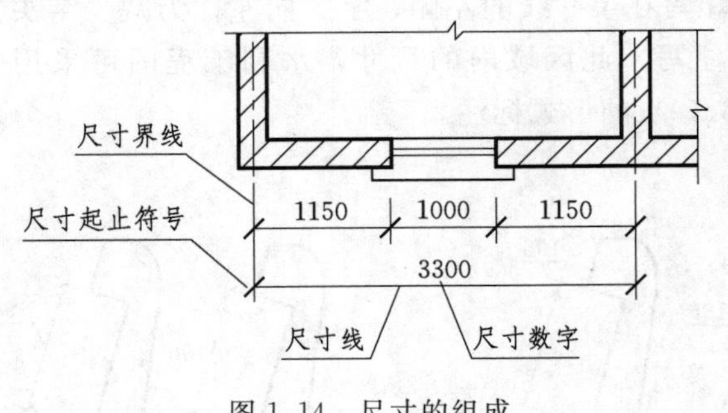

图 1.14　尺寸的组成

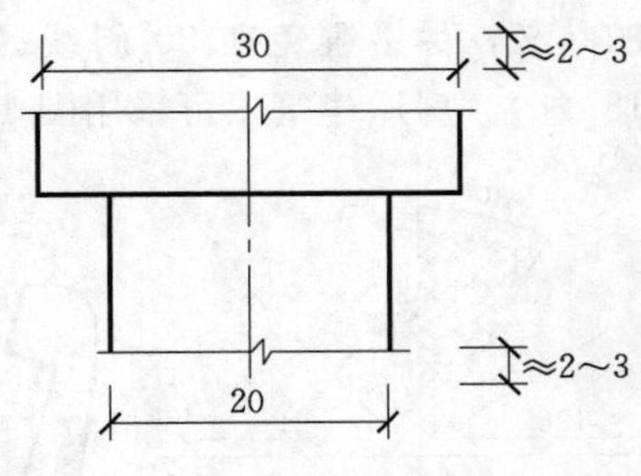

图 1.15　尺寸界线

视频资源 1.2 图线和尺寸标注

（2）尺寸线。尺寸线是用来标注尺寸，应与被标注的线段平行，两端宜以尺寸界线为边界，尺寸线必须用细实线单独画出，图样本身的任何图线均不得用作尺寸线。

（3）尺寸起止符号。房屋建筑制图标准规定：尺寸起止符号为中粗斜短线绘制，其倾斜方向应与尺寸界线成顺时针 45°角，长度宜为 2～3mm。半径、直径、角度与

弧长的尺寸起止符号，宜用箭头表示，箭头宽度 b 不宜小于 1mm，如图 1.16（a）所示。

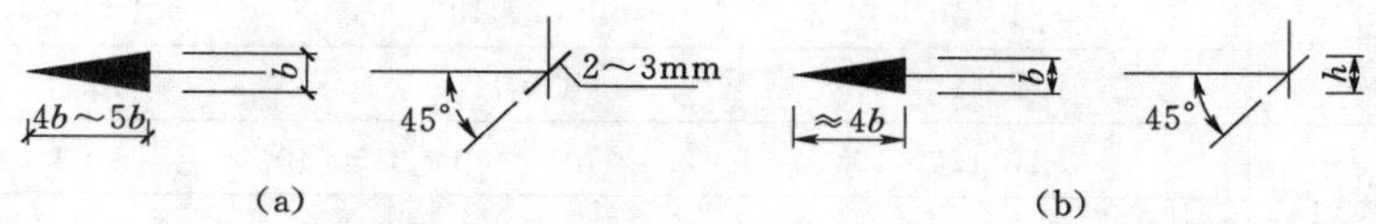

图 1.16　尺寸起止符号

水利工程制图标准规定：尺寸起止符号可采用箭头或 45°高度 h 为 3mm 的细实斜短线绘制，箭头宽度 b 可取为所注尺寸数字字高的 1/4。同一张图中宜采用一种尺寸起止符号的形式。标注半径、直径、角度和弧长时，起止符号宜采用箭头，其画法如图 1.16（b）所示。

（4）尺寸数字。图样上的尺寸应以尺寸数字为准，不应从图上直接量取。任何图线或符号不可穿过尺寸数字，否则应在尺寸数字处将图线或符号断开，如图 1.17 所示。

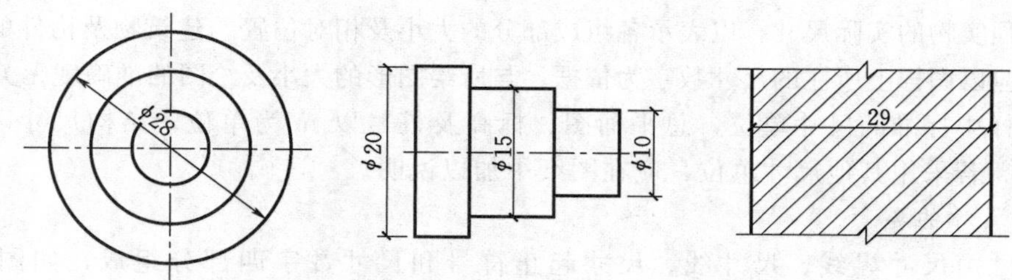

图 1.17　任何图线不得穿过尺寸数字

2. 线性尺寸标注

（1）线性尺寸数字应按图 1.18（a）规定的方向书写。数字应注写在靠近尺寸线上方的中部，尺寸线竖直时，数字应注写在尺寸线的左侧，字头向左。为减少字头方向的歧义，尽量避免在 30°斜线区内注写。此区域内的尺寸，水利工程图可采用图 1.18（b）、房屋建筑图可采用图 1.18（c）的形式标注。

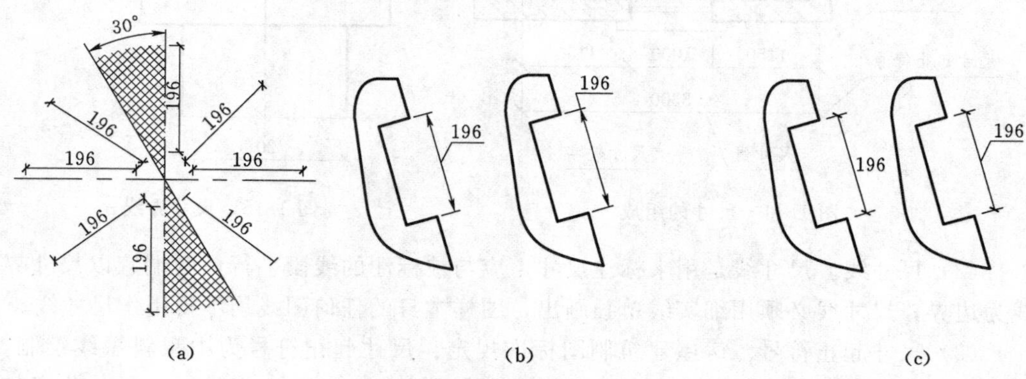

图 1.18　尺寸数字的注写方向

(2) 互相平行的尺寸线，应从被注写的图样轮廓线由近向远整齐排列，较小尺寸应离轮廓线较近，较大尺寸应离轮廓线较远。尺寸线与最外轮廓间的距离不宜小于10mm，平行排列的尺寸线间距宜为7～10mm，并应保持一致，如图1.19所示。

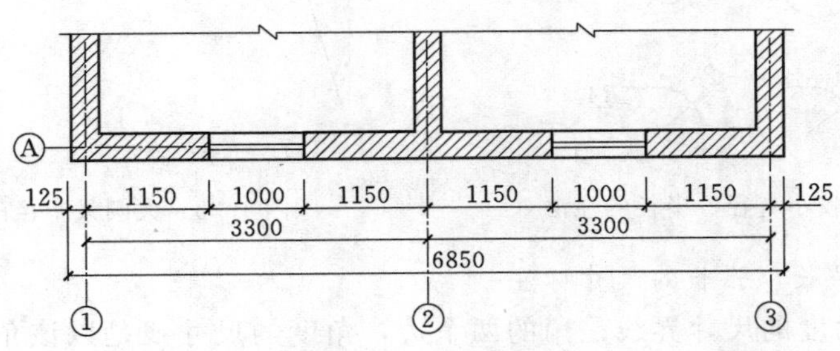

图1.19 尺寸的排列

(3) 连续标注的尺寸，如没有足够的注写位置，最外边的尺寸数字可注写在尺寸界线的外侧，中间相邻的尺寸数字可上下错开注写，也可用引出线表示标注尺寸的位置，如图1.20 (a) 所示，如果连续尺寸起止符号采用箭头形式，中间无法画箭头时，可用小黑圆点代替，如图1.20 (b) 所示。

(4) 尺寸宜标注在图样轮廓以外，不宜与图线、文字或符号等相交。

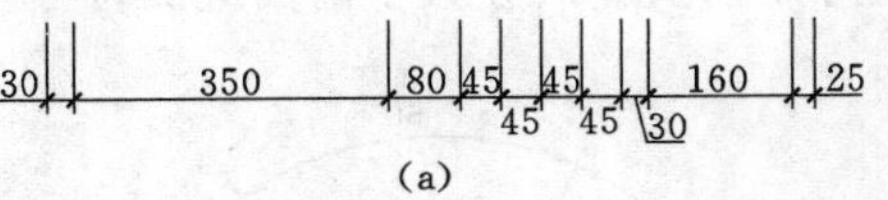

图1.20 尺寸数字注写位置

3. 半径、直径、圆球的尺寸标注

(1) 小于或等于180°的圆弧尺寸应标半径，大于180°的圆弧尺寸应标直径。

(2) 半径、直径和球面的尺寸线必须通过圆心，箭头指到圆弧。在直径尺寸数字前应加注符号“ϕ”或“D”；在半径尺寸数字前加注符号“R”；球面直径或半径的尺寸数字前加注“$S\phi$”或“SR”，如图1.21所示。

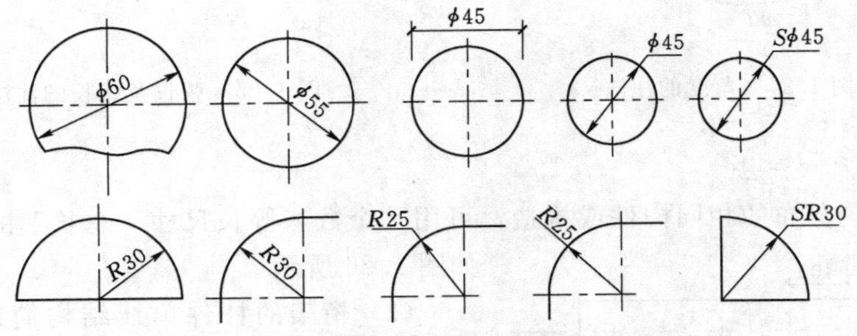

图1.21 圆、圆弧及圆球的直径或半径注法

(3) 较小圆弧的半径或直径，可将箭头画在圆外或以尺寸线引出，如图1.22所示。

(4) 圆弧的半径过长或圆心位置不在视图范围内，可按图1.23标注。

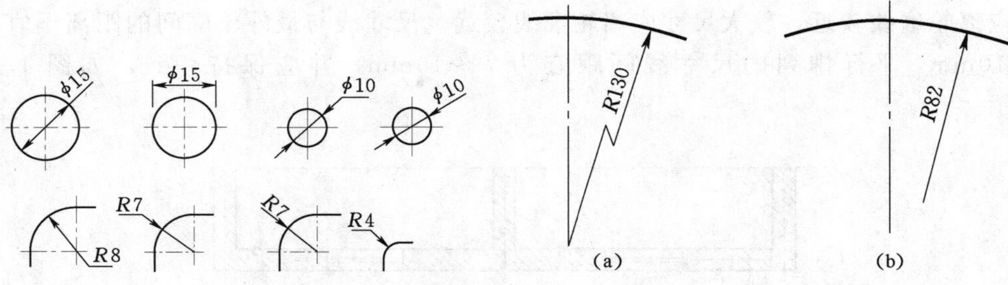

图 1.22　较小直径、半径的注法　　　　图 1.23　大圆弧半径的注法

4. 角度、弦长、弧长的尺寸标注

(1) 标注角度的尺寸界线是角的两个边，角度的尺寸线是以该角顶点为圆心的圆弧线，角度的起止符号应以箭头表示，角度数字宜水平标注在尺寸线的外侧上方或引出标注。没有足够位置绘制箭头时，可用圆点代替，角度标注方法如图 1.24 所示。

(2) 标注弦长及弧长时，尺寸界线应垂直该弦及弧段所对应的弦。弦长的尺寸线是与该弦平行的直线，如图 1.25 (a) 所示。弧长的尺寸线应为其同心圆弧线，起止符号用箭头，尺寸数字前面应加符号“⌒”，如图 1.25 (b) 所示。

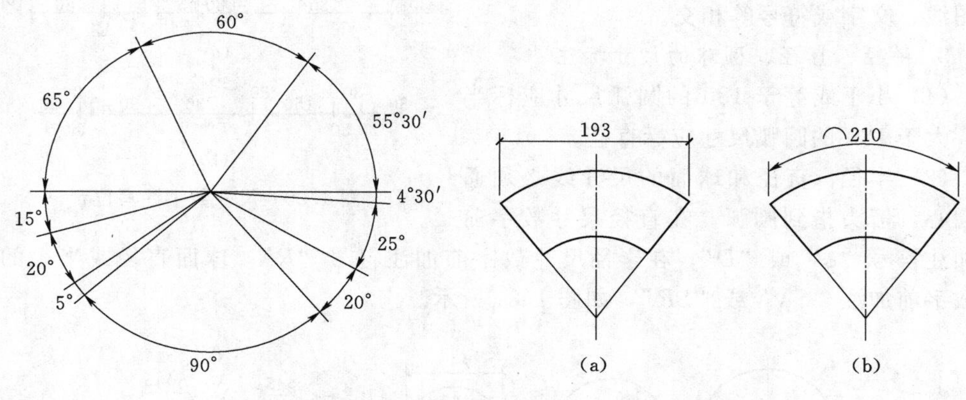

图 1.24　角度的注法　　　　图 1.25　弦长及弧长的注法

5. 其他尺寸注法

(1) 均匀分布的相同构件或构造，可用“个数×等长尺寸=总长”的形式标注，如图 1.26 所示。

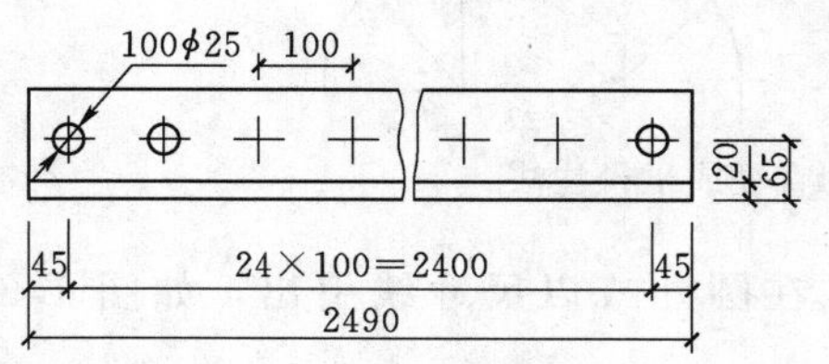

图 1.26　均布相同构件的注法

(2) 桁架的杆件单线结构简图，可直接将杆件长度标注在杆线的一侧，如图 1.27 所示。

(3) 当结构形体为复杂的曲线时，可用坐标形式标注尺寸，如图 1.28 所示。

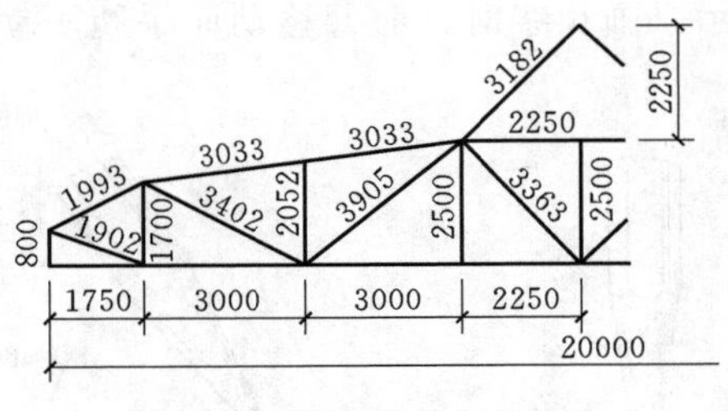

图 1.27 桁架单线图的注法

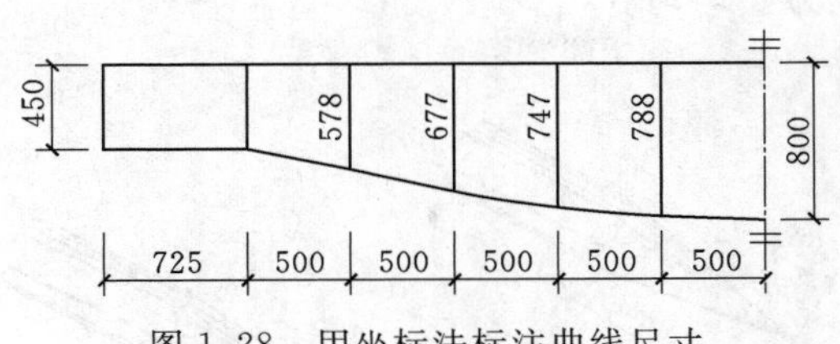

图 1.28 用坐标法标注曲线尺寸

视频资源 1.3 各类尺寸的注法

1.2 常用制图工具

绘制工程图应熟悉各种绘图工具和仪器的性能，并掌握它们的用法。下面介绍几种常用的绘图工具和仪器的使用方法。

1.2.1 图板、丁字尺和三角板

（1）图板：板面应平整，左、右两边应平直，置于桌面应略向上倾斜。

（2）丁字尺：由尺身和与之垂直的尺头组成，尺身的工作边必须保持平直光滑。使用丁字尺时，尺头只能沿图板的左边滑动，且只能用尺身的工作边画线，如图 1.29 所示。

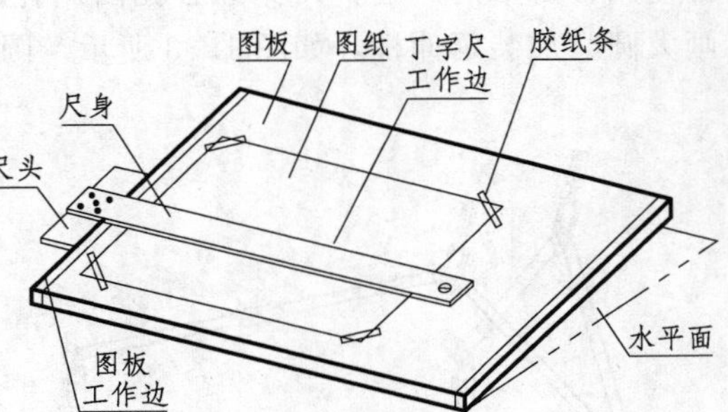

图 1.29 图板、丁字尺

视频资源 1.4 绘图工具

（3）三角板：一副三角板有 30°、60°和 45°、90°两块。三角板和丁字尺配合使用时，可画竖直线以及与水平线成 15°整数倍角的斜线，如图 1.30 所示。

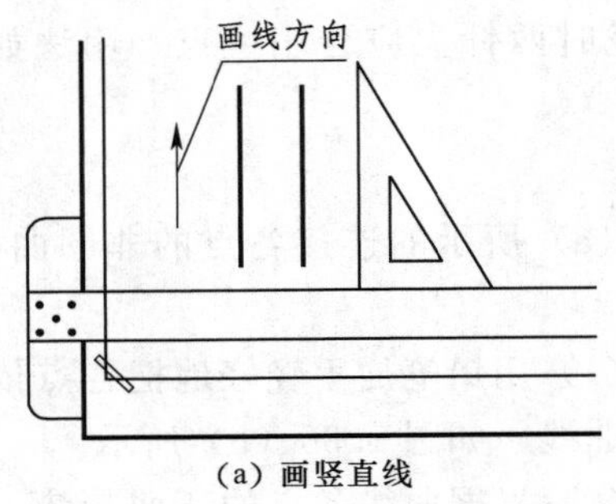

(a) 画竖直线

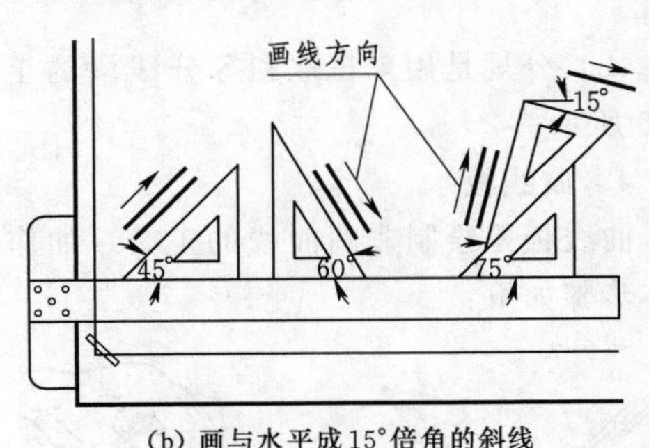

(b) 画与水平成15°倍角的斜线

图 1.30 三角板与丁字尺配合使用

1.2.2 铅笔

铅笔的铅芯是用字母表示软硬的，“H”前面的数字越大，表示铅芯愈硬；“B”前面的数字越大，表示铅芯越软。建议画底稿和细线时用“H”，画粗线用“B”；书写文字时用“HB”。削铅笔时，应保留有标号的一端，以便识别软硬度，其削法如图 1.31 所示。

画图时，铅笔与纸面成 60°，如图 1.32 所示。画长线时，肘臂移动而手腕不动，笔力要均匀。

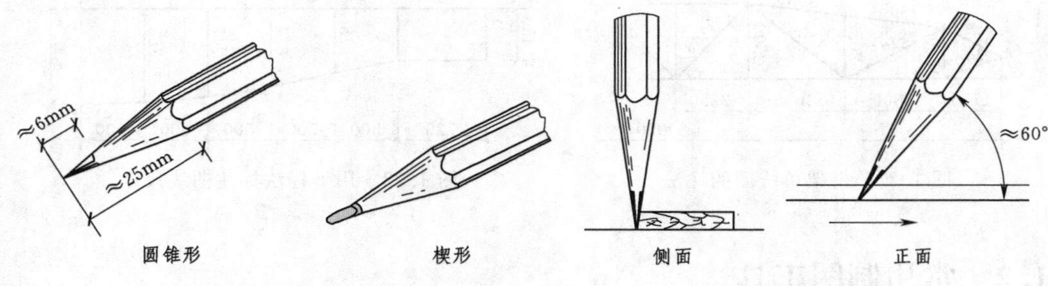

图 1.31　铅笔头的形式　　图 1.32　铅笔的用法

1.2.3　圆规与分规

(1) 圆规是画圆弧线的专用仪器，使用前先调整针脚，使其略长于铅芯，针尖通常使用台阶形的一端，以免圆心孔因刺扎而扩大。画圆时，针尖和铅芯应垂直纸面，画大圆时加装延伸杆，如图 1.33 所示。圆规的用法如图 1.34 所示。

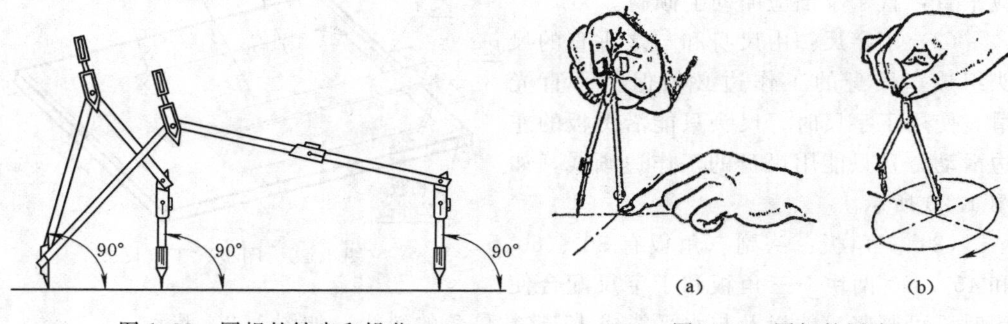

图 1.33　圆规的针尖和铅芯　　图 1.34　圆规的用法

(2) 分规是用来量取和等分线段的工具。合拢时两针尖应合于一点，用法如图 1.35 所示。

1.2.4　曲线板

曲线板是绘制非圆曲线的工具。如作图 1.36 (a) 所示的连接各点的非圆曲线，具体步骤如下：

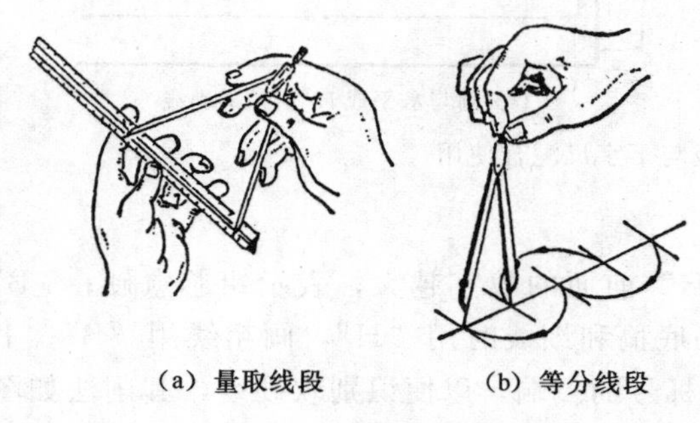

图 1.35　分规的用法

(1) 用铅笔徒手轻轻地把各点依次连成曲线，如图 1.36 (b) 所示。

(2) 根据曲线各点的弯曲趋势，找出曲线板与曲线相吻合的线段（至少含 4 点），连接该段曲线，如图 1.36 (c) 所示。

(3) 同法依次找出曲线板与曲线相吻合的曲线段。

注意：画图时应留有一段与已画段

相吻合（俗称找 4 连 3），如图 1.36（d）所示。

图 1.36 用曲线板画非圆曲线的步骤

1.3 基本作图

建筑物的形状各异，但基本上都是由直线、圆弧或其他曲线构成的几何图形，为了保证绘图的高效、准确，需要掌握一些基本几何图形的作图方法。

在初等几何学习中，已经学习过如何作线段的平行线、垂直线，作角平分线、等分线段等一些基本几何作图，这里不再赘述。下面介绍几种工程制图中常用的几何图形作图方法。

1.3.1 作圆内接正多边形

圆内接正三角形、正五边形、正六边形，除用圆规作图外，还可以用三角板配合丁字尺作出。

（1）已知外接圆，作圆内接正六边形，如图 1.37 所示。

1）用圆规作图：因正六边形边长等于外接圆半径，因此可直接用圆规在圆上截取各顶点，如图 1.37（a）所示。

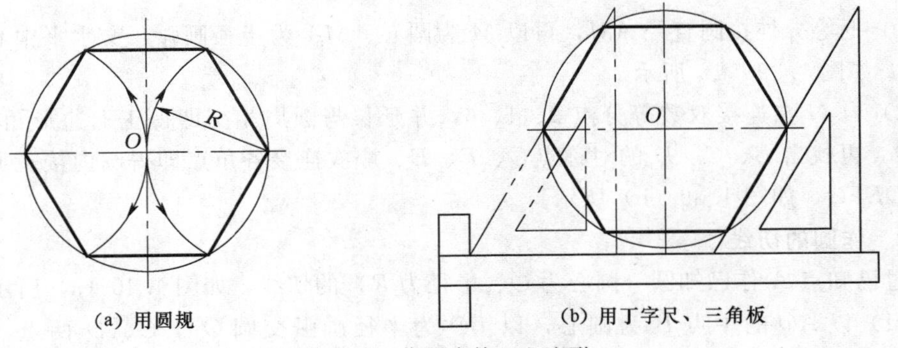

图 1.37 作圆内接正六边形

2）用丁字尺配合 60°三角板作图：作圆内接或外切正六边形，如图 1.37（b）所示。

(2) 已知外接圆，作圆内接正五边形，如图1.38所示。

1) 等分半径 OF，得中点 M，如图1.38 (a) 所示。

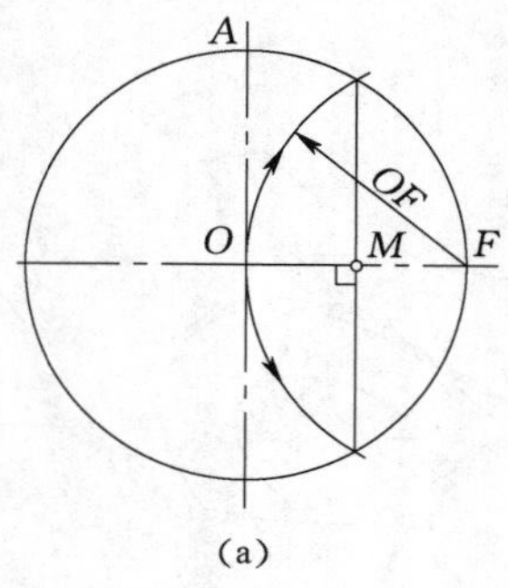

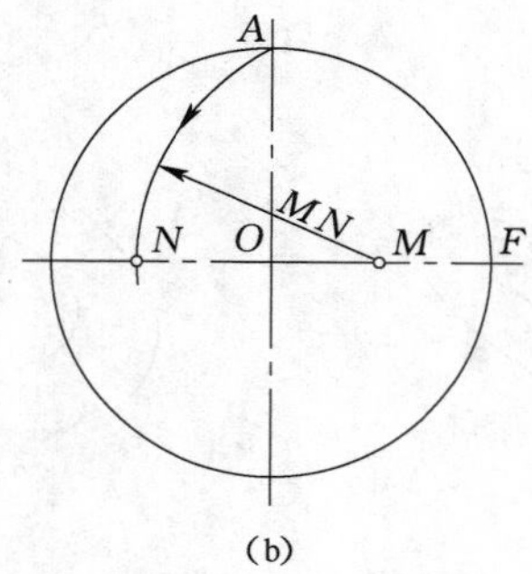

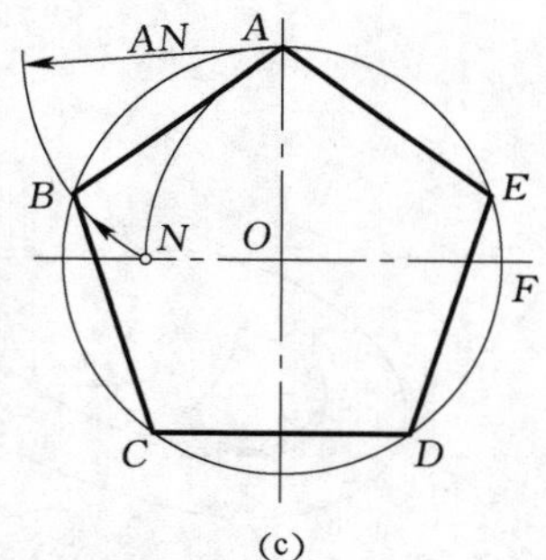

图1.38 作圆内接正五边形

2) 以 M 为圆心，MA 为半径画弧，交 FO 的延长线于 N 点，如图1.38 (b) 所示。

3) AN 长即为其边长，用它等分圆周，得 B、C、…点；顺次连接，即得圆内接正五边形，$ABCDE$ 如图1.38 (c) 所示。

(3) 已知外接圆，作圆内接正多边形（如七边形），如图1.39所示。

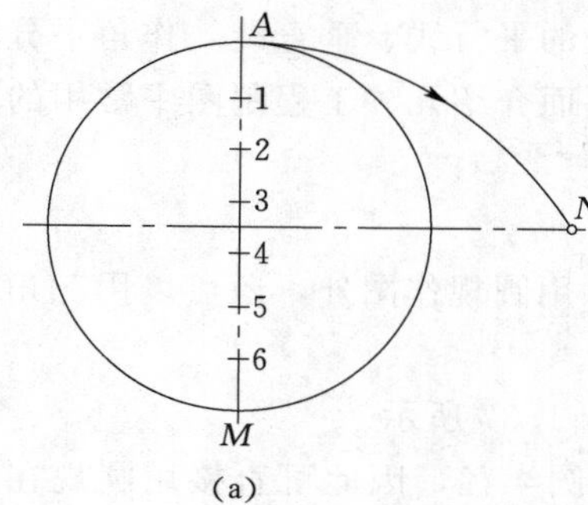

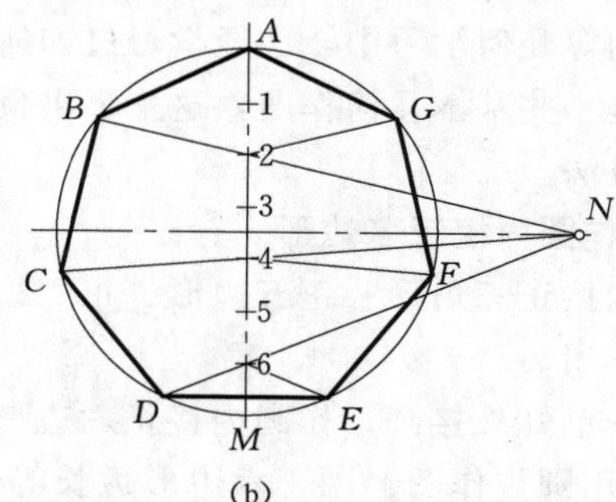

图1.39 作圆内接正七边形

1) 七等分外接圆直径 AM，再以 M 为圆心、MA 为半径画弧，交水平中心线于 N 点，如图1.39 (a) 所示。

2) 自 N 点连接双数等分点2、4、6，并延长与圆周相交即得正七边形角点 B、C、D，再找出 B、C、D 的对称点 G、F、E、顺次连接各角点即得圆内接正七边形 $ABCDEFG$，如图1.39 (b) 所示。

1.3.2 作圆的切线

过已知点 A 作已知圆（圆心为 O、半径为 R）的切线，如图1.40 (a) 所示。

(1) 以 AO 的中点 B 为圆心，以 BO 为半径画弧交圆 O 于 C、D 两点，如图1.40 (b) 所示。

(2) 因 $\angle ACO$ 是以 AO 为直径圆的圆周角，故 $\angle ACO=90°$，所以 C、D 即为两切点。

(3) 连接 AC 和 AD 即为所求的两条切线，如图1.40 (c) 所示。

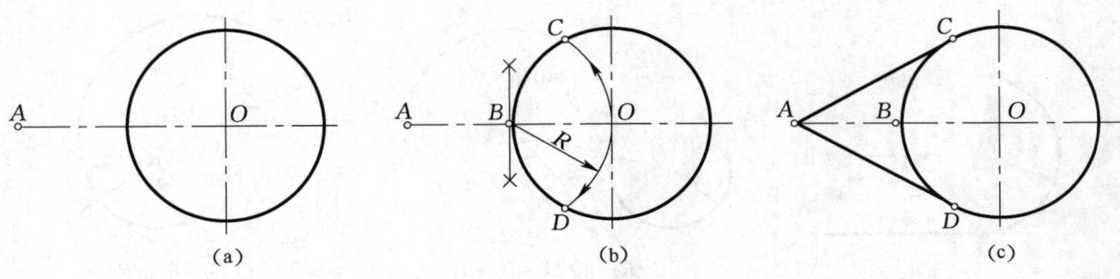

图 1.40 作已知圆的切线

1.3.3 作抛物线

已知抛物线顶点 K 及任一点 A，求作抛物线，如图 1.41（a）所示。

（1）以轴 OO_1 为中线，A 为角点，作长方形 $ABCD$，且使其顶边通过 K 点。并将 AD、DK、KC、CB 作相同等分，如图 1.41（b）所示。

（2）连接点 K 与 AD、BC 各等分点 1、2、3，与过 DK、KC 上的各等分点 4、5、6 作轴 OO_1 的平行线相交，将对应线段的交点用曲线光滑连接，即为所求，如图 1.41（c）所示。

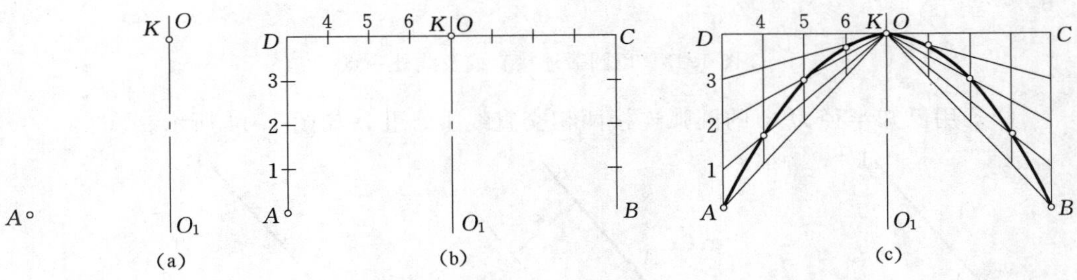

图 1.41 过顶点及任一点作抛物线

1.3.4 圆弧连接

在绘制工程图时，常会遇到圆弧连接问题，即用已知半径的圆弧，光滑连接（即相切）已知线段（直线或圆弧）。作图时为确保线段光滑相切，必须先找出连接弧的圆心和切点。

1. 圆弧连接的作图原理

（1）半径为 R 的圆弧与已知直线Ⅰ相切，其圆心 O 的轨迹是与直线Ⅰ平行且距离为 R 的直线Ⅱ，由圆心 O 向直线Ⅰ作垂线，垂足 K 即为切点，如图 1.42（a）所示。

视频资源 1.5
圆弧连接

（2）与已知圆弧 O_1（半径 R_1）相切的圆弧（半径 R），其圆心轨迹是已知圆弧 O_1 的同心圆，连心线 OO_1 与已知弧的交点即为切点。同心圆的半径应视相切情况而定：当两圆弧外切时，同心圆的半径为 $R_2=R_1+R$，如图 1.42（b）所示；当两圆弧内切时，同心圆半径为 $R_2=R_1-R$，如图 1.42（c）所示。

2. 圆弧连接的几种情况

（1）用已知半径为 R 的圆弧连接直线Ⅰ和直线外一点 A，如图 1.43 所示。

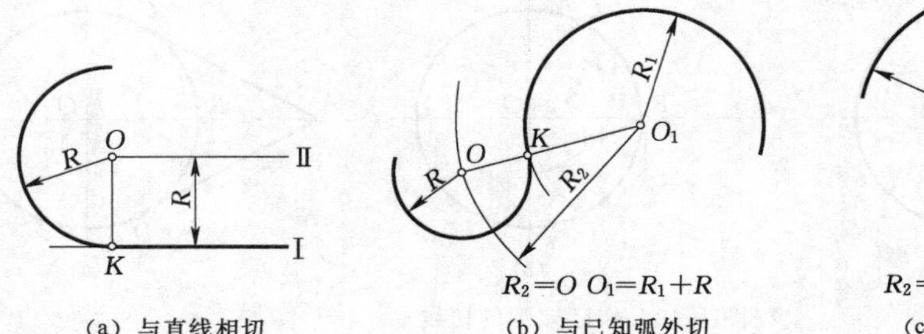

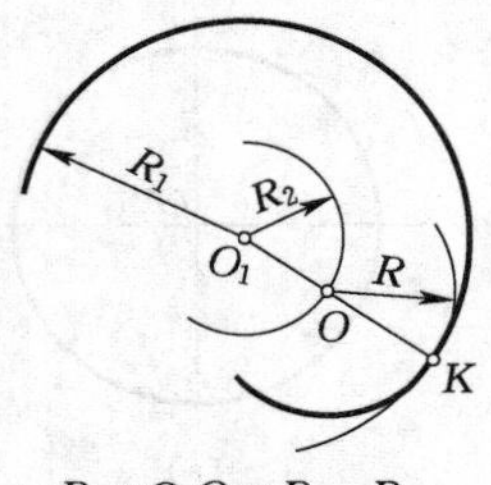

(a) 与直线相切　　(b) 与已知弧外切　　(c) 与已知弧内切

图 1.42　圆弧连接的作图原理

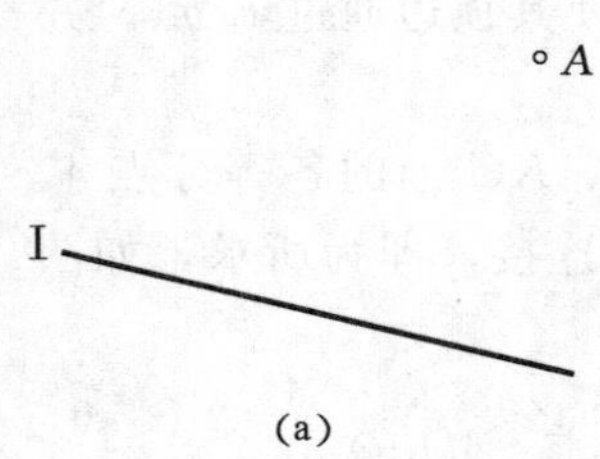

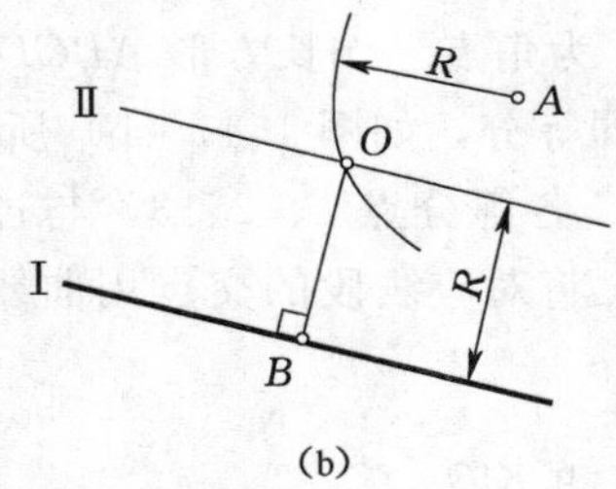

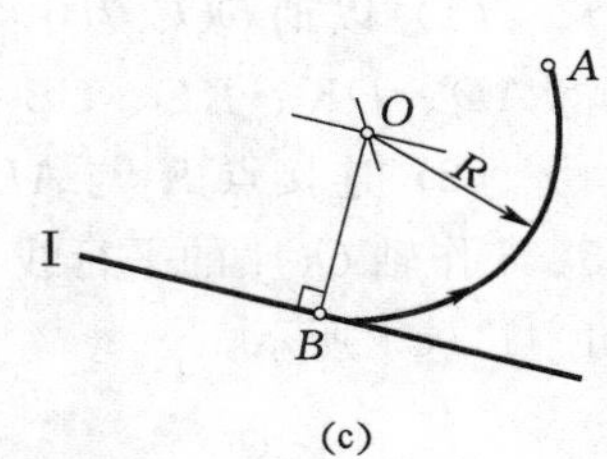

(a)　　(b)　　(c)

图 1.43　以圆弧连接直线及线外一点

(2) 用已知半径为 R 的圆弧连接两相交直线Ⅰ、Ⅱ，如图 1.44 所示。

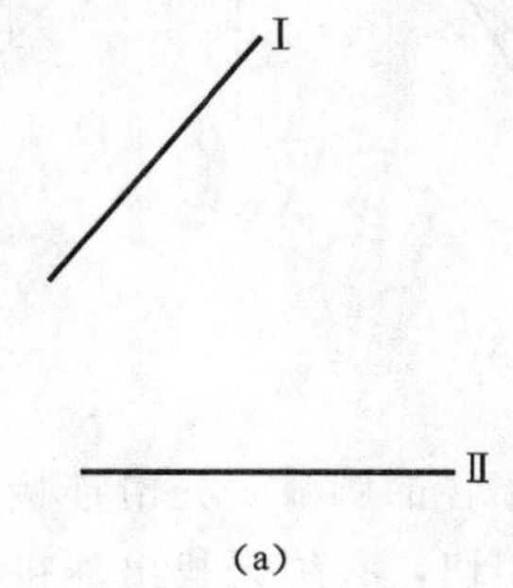

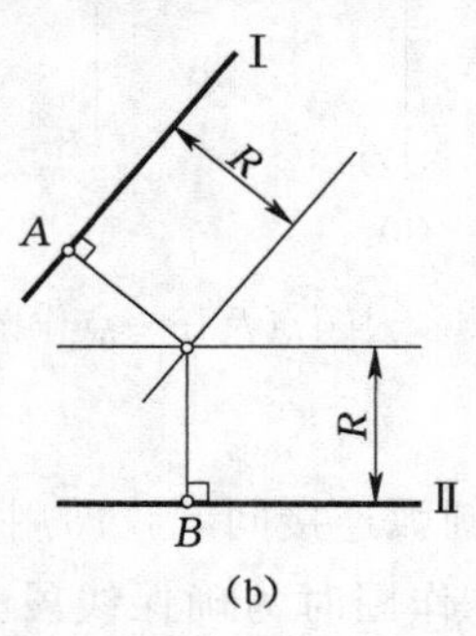

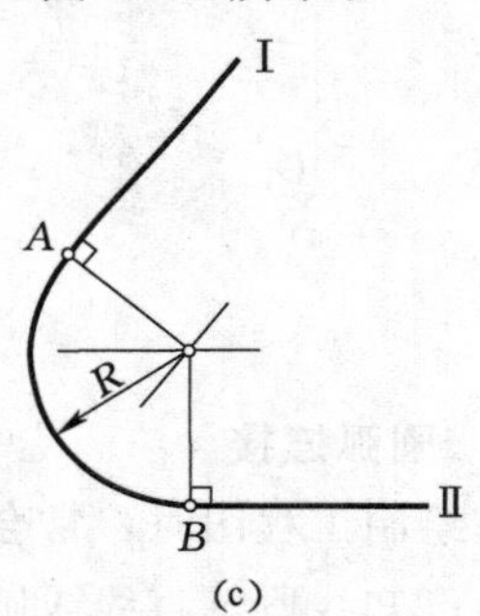

(a)　　(b)　　(c)

图 1.44　以圆弧连接两相交直线

(3) 用已知半径为 R 的圆弧连接直线Ⅰ和圆弧 O_1（半径 R_1），如图 1.45 所示。

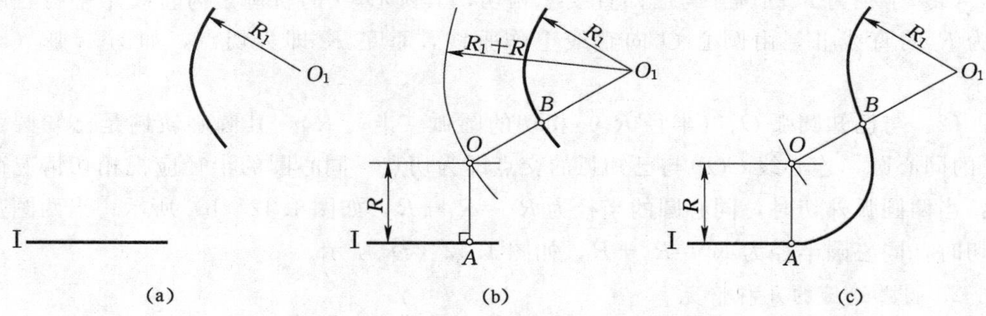

(a)　　(b)　　(c)

图 1.45　以圆弧连接直线及圆弧

（4）用半径 R 的圆弧内切连接已知圆弧 O_1、O_2（半径分别为 R_1、R_2），如图 1.46 所示。

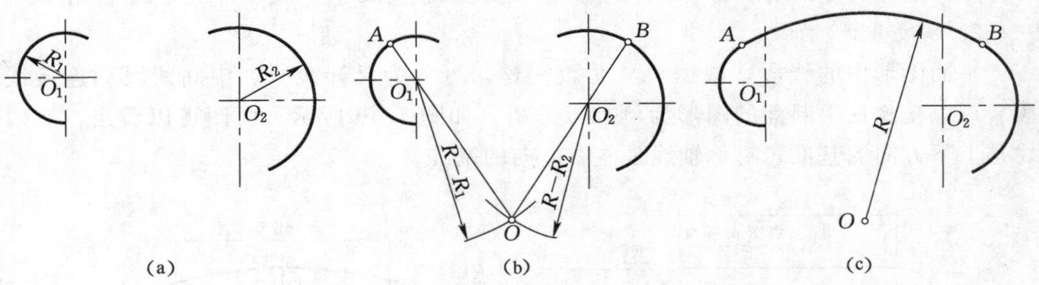

图 1.46　用圆弧内切连接两圆弧

（5）用半径为 R 的圆弧内外切连接两已知圆弧 O_1、O_2（半径分别为 R_1、R_2），如图 1.47 所示。

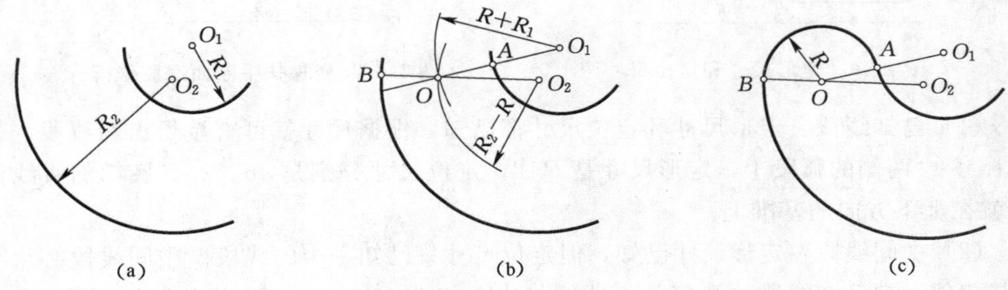

图 1.47　用圆弧内外切连接两圆弧

1.4　平面图形的分析、绘制与尺寸标注

1.4.1　平面图形的分析

工程图纸中的建筑形体都是平面图形，而图中各线段的作用并不相同，绘图时必须分清主次，要先画控制性线段，再画尺寸确定的线段和连接线段。所以，绘图前要对平面图形的构成加以分析，确定正确的绘图步骤。

平面图形分析包括尺寸分析和线段分析。

1. 尺寸分析

视频资源 1.6
平面图形的
做图分析

平面图形的尺寸根据其作用可分为以下三种：

（1）定形尺寸：用以确定几何元素大小的尺寸（线段的长度、圆及圆弧的直径或半径、角度的大小等），如图 1.48 中的 44、$R15$、$R9$ 等。

（2）定位尺寸：用以确定几何元素间相互位置的尺寸，如图 1.48 中的 28、17 等。

标注定位尺寸时，先要选定尺寸的起点，这个起点称为尺寸的基准。平面图形有左右和上下两个方向，而每个方向至少有一个尺寸的基准。通常选择的尺寸基准有对

称轴线、圆或圆弧的中心线、主要轮廓线等。如图 1.48 中的底边线是上下方向的基准，而对称轴线则是左右方向的基准。

（3）总体尺寸：用以确定形体的总长、总宽或总高尺寸，如图 1.48 中的 44 和 25。

2. 线段分析

平面图形中的线段，根据尺寸是否完整，可分为已知线段、中间线段和连接线段。现以楼梯扶手断面的图形为例加以分析，如图 1.49 所示。由图可以看出，底边线是上下方向的基准，对称轴线是左右方向的基准。

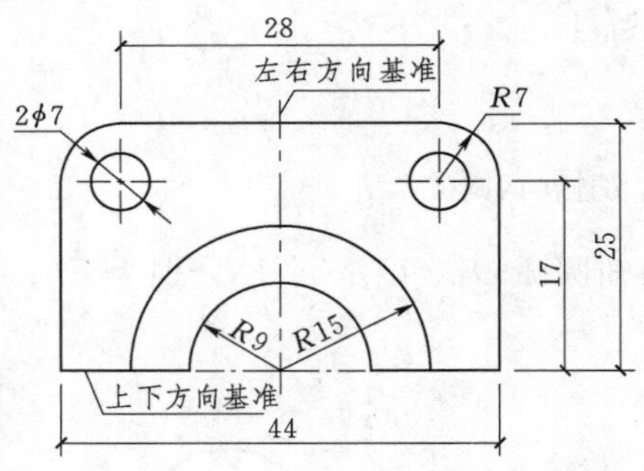

图 1.48　定形尺寸和定位尺寸图

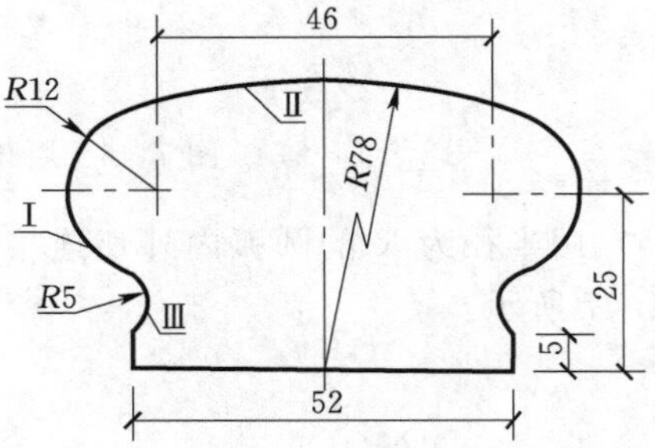

图 1.49　楼梯扶手断面线段分析

（1）已知线段：定形尺寸和定位尺寸都已知，根据尺寸就可直接绘出的线段。如图 1.49 中两侧的弧段Ⅰ，定形尺寸是 *R*12，定位尺寸分别是 46、25。底部的直线段 52 就在上下方向的基准上。

（2）中间线段：定形尺寸已知，但定位尺寸只已知一个的线段。中间线段必须利用与相邻一端已知线段的几何关系才能作出。如图 1.49 中顶部的弧段Ⅱ，*R*78 是定形尺寸，圆心在左右方向基准上，但缺少上下方向的定位尺寸。

（3）连接线段：只有定形尺寸，两个定位尺寸都未知的线段。连接线段必须利用与相邻两端已知线段的几何关系才能作出，如图 1.49 中弧段Ⅲ，*R*5 是定形尺寸，而两个定位尺寸都未知。

1.4.2　平面图形的绘制与尺寸标注

1. 平面图形的绘制

根据以上分析，图 1.50 的绘图步骤可归纳如下：

（1）画基准及已知线段，即底部直线段和弧段Ⅰ，如图 1.50（a）所示。

（2）画中间线段，即顶部弧段Ⅱ，如图 1.50（b）所示。

（3）画连接线段，即左右弧段Ⅲ，如图 1.50（c）所示。

（4）检查无误后，描深图线，如图 1.50（d）所示。

2. 平面图形的尺寸标注

标注尺寸是一项重要而细致的工作，标注时要对图形进行必要的分析并选定尺寸基准，弄清楚哪些地方要标注定形尺寸，哪些地方要标注定位尺寸，要从几何作图的角度完整、清晰地标注出全部尺寸。图 1.51 列举了一些平面图形的尺寸注法，供分析参考。

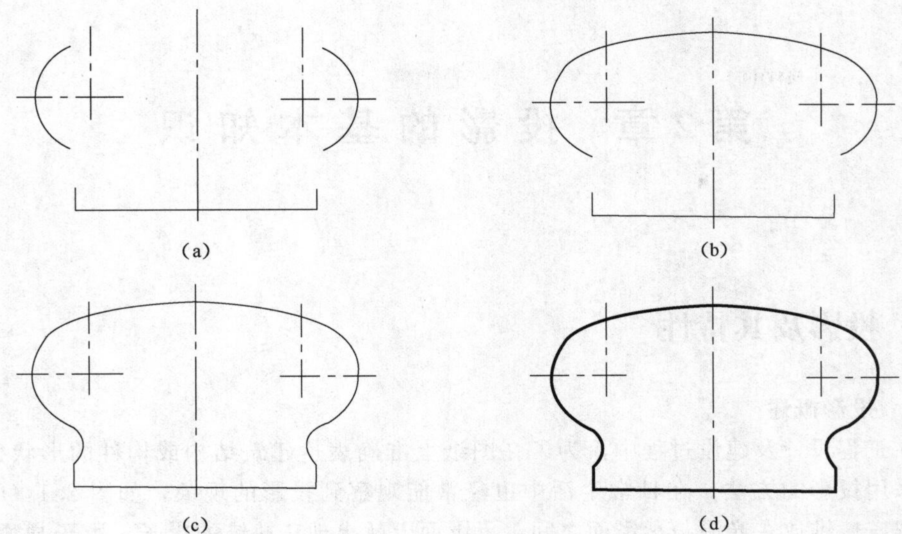

图 1.50　扶手断面的作图步骤

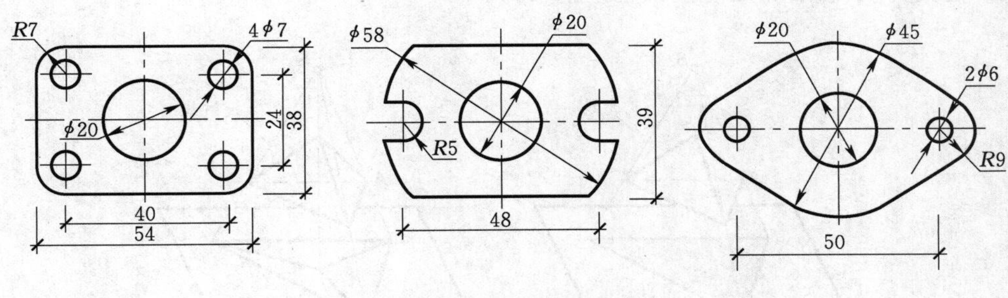

图 1.51　平面图形尺寸标注

第2章 投影的基本知识

2.1 投影及其特性

2.1.1 投影概述

在工程设计及建设过程中，为了在图纸上准确表达建筑结构或构件的形状大小，通常采用投影的方法。在日常生活中也经常能观察到投影的现象，如图2.1（a）所示，把三棱锥放在光源与承影面之间，承影面上就出现三棱锥的影子。影子与物体的形状及方位有一定关系，但不能准确反映空间物体的形状大小，投影法就是根据这一现象，经过科学总结和几何抽象建立起来的。

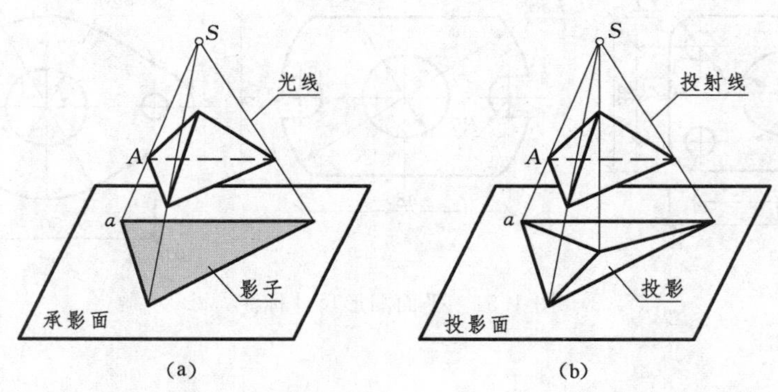

图2.1 影子与投影

光源 S 称为投射中心，空间物体称为形体，通过形体上各个点的光线称为投射线，承受投影的面称为投影面。过三棱锥 A 点的投射线 SA 与投影面的交点 a，称为 A 点的投影，如图2.1（b）所示。这种利用光源，让投射线通过空间形体，并向投影面投射，在投影面上绘制图形的方法，称为投影法。

2.1.2 投影法的分类

投影法可分为中心投影法与平行投影法。

1. 中心投影法

当投射中心 S 与投影面的距离有限远时，投射线发自一点，这种投影法称为中心投影法，如图2.1（b）所示。中心投影法得到的投影的大小，与形体距投影面的远近有关，肉眼观察形体、照相、放电影都与此法类似。

2. 平行投影法

当投射中心距投影面无限远时，投射线相互平行，这种投影法称为平行投影法，如图 2.2 所示。显然，这时所得投影的大小就与形体距投影面的远近无关了。

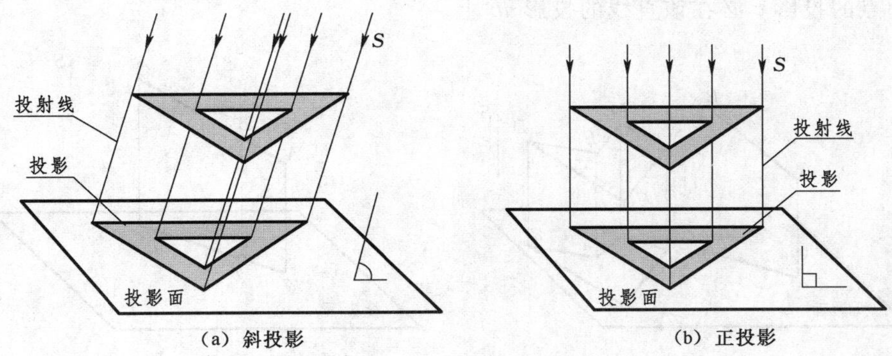

图 2.2　平行投影的分类

按投射线与投影面间的夹角，平行投影法又可分为以下两种：

(1) 斜投影：投射方向倾斜于投影面，如图 2.2 (a) 所示。

(2) 正投影：投射方向垂直于投影面，如图 2.2 (b) 所示。

在工程制图中，绘制工程图样的主要方法是正投影法。

2.1.3　正投影的基本性质

视频资源 2.1
投影及其特性

在正投影中，空间点、线、面等几何元素的投影都具有如下基本性质。

1. 实形性

如图 2.3 所示，空间直线 AB 平行于投影面时，其投影 ab 反映实长，即 $ab=AB$；$\triangle CDE$ 平行于投影面，其投影$\triangle cde$ 反映实形，即$\triangle cde \cong \triangle CDE$。

2. 积聚性

如图 2.4 所示，空间直线 AB 垂直于投影面时，其投影积聚成点，直线上所有点的投影必在直线的积聚性投影上；$\triangle CDE$ 垂直于投影面时，其投影积聚成一条直线 ecd，平面上所有点及直线的投影必在平面的积聚性投影上。

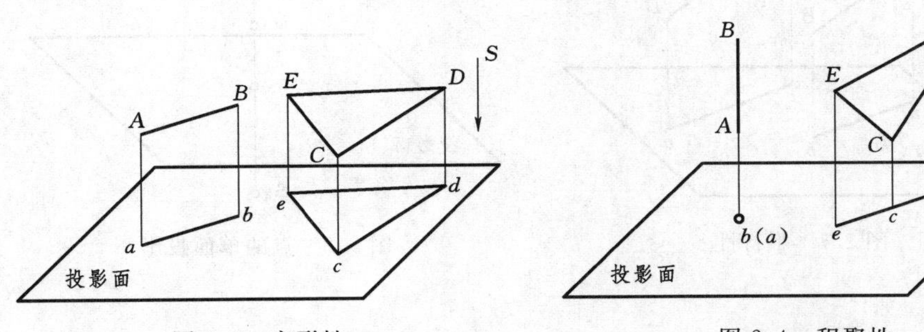

图 2.3　实形性　　图 2.4　积聚性

3. 类似性

如图 2.5 所示，直线 AB 倾斜于投影面时，其投影为比实长短的直线；当平面倾

斜于投影面时，其投影是与原图形边数相同、凹凸性和平行性不变的类似形。

4. 从属性

直线上的点，其投影也必在该直线的投影上。如图 2.6 所示，点 C 在直线 AB 上，则点的投影 c 必在该直线的投影 ab 上。

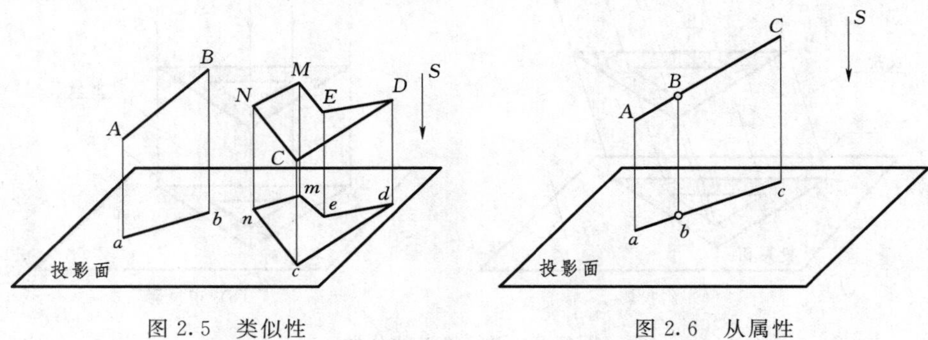

图 2.5　类似性　　　　图 2.6　从属性

5. 等比性

点分割线段，各线段间的比例，投影前后保持不变。如图 2.6 所示，即 $AC:CB=ac:cb$。

6. 平行性

空间两直线平行，其投影也相互平行，且不积聚的空间两平行线段的长度之比等于两投影的长度之比，如图 2.7 所示。

需要指出，工程图必须能准确、唯一地反映出形体的大小及空间几何关系。由图 2.8 可见，空间点 A 在投影面上只有唯一的投影 a，但投影面上的 a，却可以同时是投射线上所有点（如 A_1、A_2、…）对该面的投影。因此，仅由点在单一投影面上的一个投影，不能确定该点的空间位置。在实际工程中，对于不同的工程要求，可以用不同的投影方法来解决此问题。

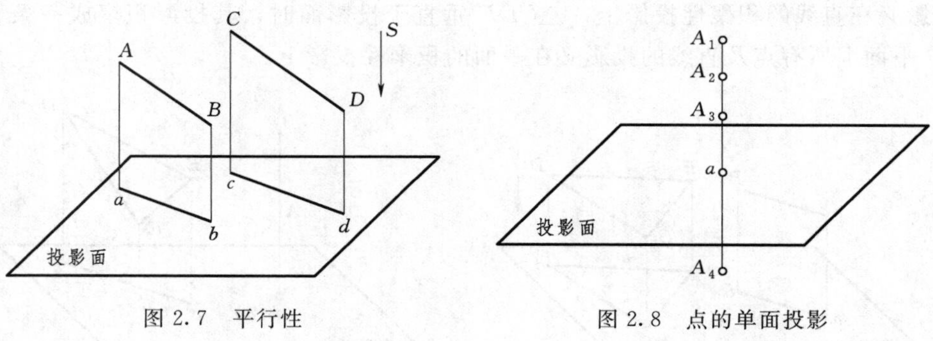

图 2.7　平行性　　　　图 2.8　点的单面投影

视频资源 2.2 工程中常用的投影方法

2.2　工程中常用的投影方法

工程制图中常用的投影方法有：多面正投影、轴测投影、标高投影及透视投影。

2.2.1　多面正投影

多面正投影是将形体放在两个或两个以上相互垂直的投影面中，分别按正投影法绘制的投影图（简称正投影图）。图 2.9（a）就是物体向三个投影面 V、H、W 所作正投影的立体图，为了将处于三个投影面上的图形画在同一平面内，需按一定规则将各投影面展开，从而得到如图 2.9（b）所示的正投影图。

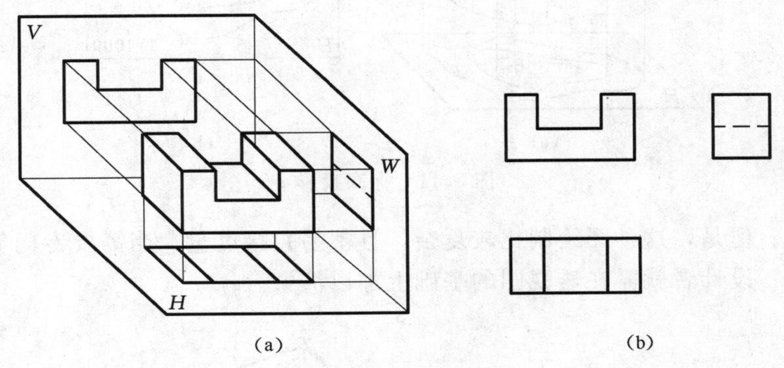

图 2.9　正投影

多面正投影图具有作图简便、度量性好等优点，是工程设计中采用的主要表达方法。它的缺点是立体感差，读图需掌握一定的投影知识。

2.2.2　轴测投影

轴测投影是采用平行投影法绘制的单面投影图，如图 2.10 中形体的轴测图（也称直观图）。当投影面不动时，若改变投射线的方向或转动物体的方位，就会产生不同的投影效果。

轴测图的特点是：有立体感、直观性强，但作图复杂、度量性差、形体的表面形状常常变形，因此在工程中常用作辅助手段，以弥补正投影的不足。本书将在第 7 章讨论这种图示的表达方法。

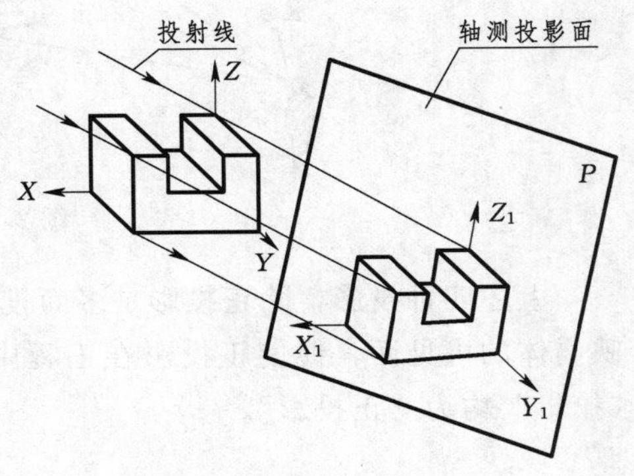

图 2.10　轴测投影

2.2.3　标高投影

标高投影是一种单面正投影，即在形体的水平投影上，加注高度数值的方法。土建工程多用它来表达地形面或不规则曲面。图 2.11 是一个小山丘的标高投影图，它是假想用一组高度差相等的水平面切割形体，将所得的一系列交线（称为等高线）投射在水平投影面上，并在水平投影上加注高程数值来表达。本书将在第 8 章讨论这种图示的表达方法。

2.2.4　透视投影

透视投影是采用中心投影法绘制的单面投影图。通常投影面（画面）是铅垂面，处于投射中心（视点）与形体之间，如图 2.12 所示。透视图与人眼“近大远小”的视觉映像是一致的，所以它的空间表达力很强，有逼真感，特别适用于绘制大型建筑

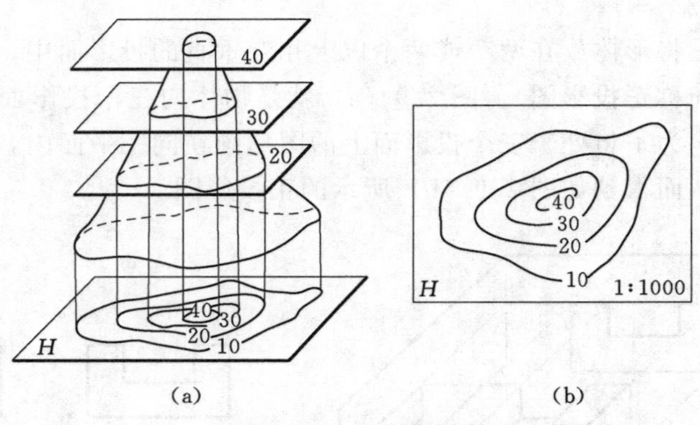

图 2.11　标高投影

物的直观图。但是，这种图绘制比较复杂，且不易直接度量。当需要专门突出建筑物造型效果时，设计者就需在透视图的基础上加以渲染。

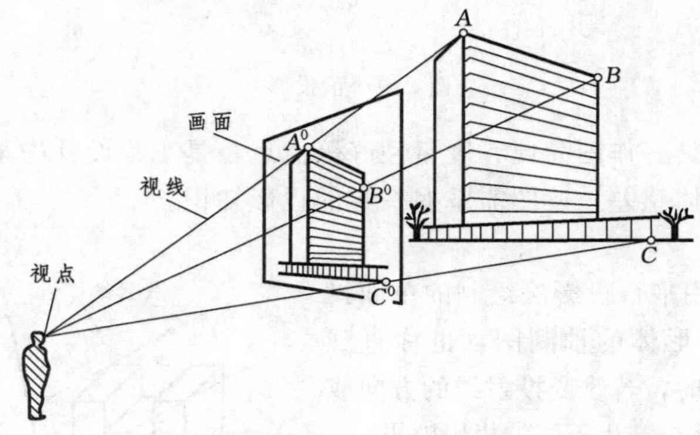

图 2.12　透视投影

上述四种投影，除正投影是多面投影外，其余都是单面投影。由于单面投影只反映物体的可见面，促使正投影在工程中广为应用。以后章节若无特殊说明，所指的“投影”均为“正投影”。

视频资源 2.3
三面视图

2.3　形体的三面投影图

三面投影图也称三视图，是工程中最常见的表达形体的方法。

2.3.1　三面体系的形成

图 2.13 中投影面上的矩形，可以是几种不同形体的投影，由此可见，仅有物体的一个投影，不能准确确定物体的形状。为了能把物体的形状和尺寸全面、精准地表达出来，必须采用两个或两个以上相互垂直的投影面。

图 2.14 是由三个相互垂直的投影面组成的三面体系，分别有正立投影面（简称正面）V、水平投影面（简称水平面）H、侧立投影面（简称侧面）W 构成。三面体系把空间隔成了 8 个部分，每一部分称为一个分角，共 8 个分角。两投影面的交线称

为投影轴：H、V 的交线为 X 轴，H、W 的交线为 Y 轴，V、W 的交线为 Z 轴，三轴的交点 O 称为原点。

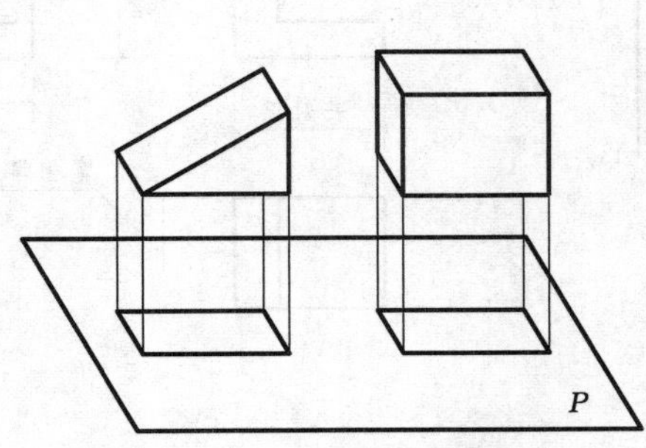

图 2.13　一个投影不确定物体的形状

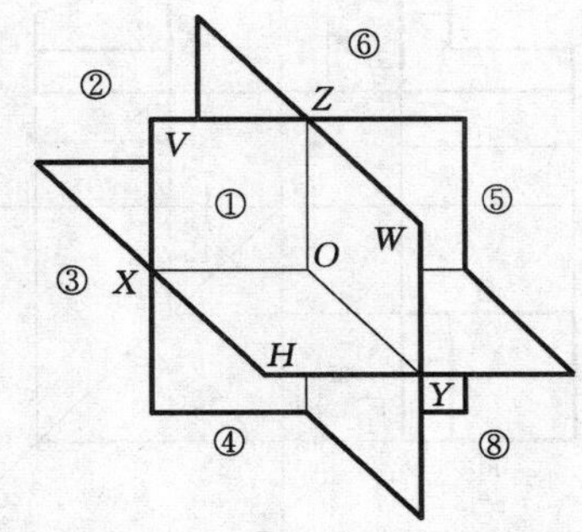

图 2.14　三面体系的分角

2.3.2　第一分角三视图

正投影是国际通用绘制工程图的方法，形体在三面体系中的位置，习惯上有两种放置方法，将形体放在第一分角称为第一角画法，放在第三分角则为第三角画法。我国采用的是第一角画法，如图 2.15 所示；而美欧一些国家多采用第三角画法，将在 2.3.4 节中简述。

1. 形体向三个投影面投射

在第一分角中，将形体置于三面体系中，使形体的主要表面平行于投影面，并分别向三个投影面进行投射。从上向下投射，在 H 面上得到水平投影图；从前向后投射，在 V 面上得到正面投影图；从左向右投射，在 W 面上得到侧面投影图。将这三个投影图结合起来观察，就能准确地反映出该物体的形状和大小，如图 2.15（a）所示。

2. 将三面体系展开得三视图

为了把各投影图画在同一平面上，假设 V 面保持不动，将 H 面绕 OX 轴下转 90°，W 面绕 OZ 轴右转 90°，如图 2.15（b）所示。这样三个投影就展开到同一个平

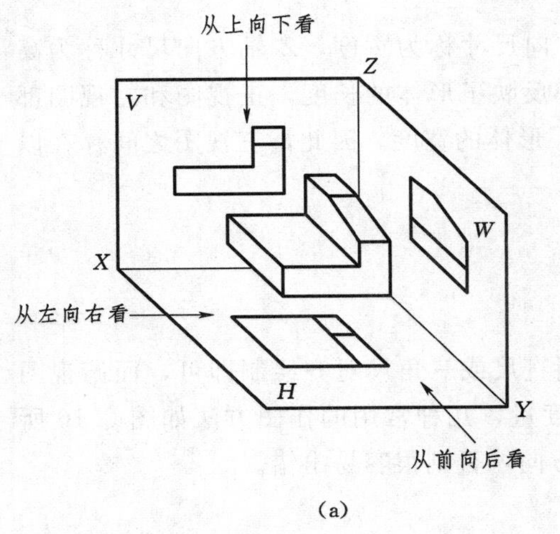

(a)

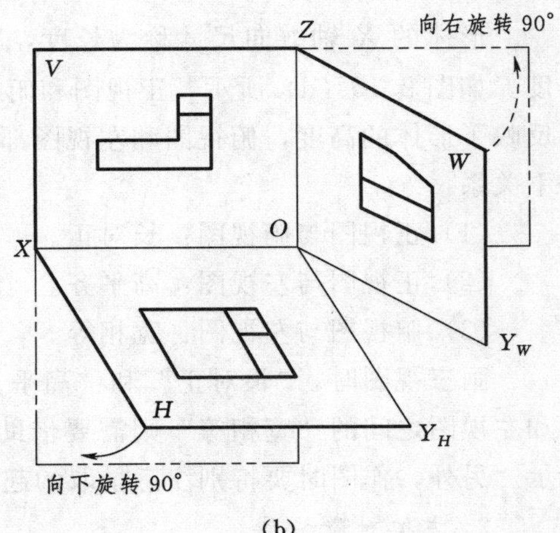

(b)

图 2.15（一）　三视图的形成与配置

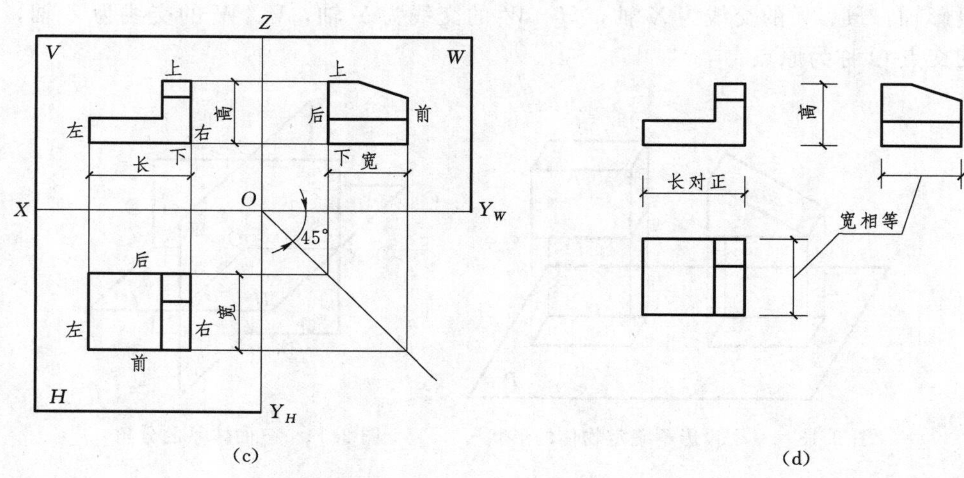

图 2.15（二）　三视图的形成与配置

面内，即得到如图 2.15（c）所示形体的三视图配置形式。为了简便起见，坐标及投影面的边框线均不必画出，也无需注写 V、H、W 字样，视图间的距离亦可酌定，如图 2.15（d），这样的视图称为三面投影图，简称三视图。

3. 视图中常用的线型线宽

物体在 V 面的投影也称正视图，在 H 面的投影也称俯视图，在 W 面的投影也称左视图。视图中，用粗实线表示形体可见轮廓线；用虚线表示不可见轮廓线；用点画线画出对称形体的轴线或圆的中心线。

2.3.3　三视图的基本规律

1. 位置对应关系

以正视图为基础，俯视图在正视图的正下方，左视图在正视图的正右方，按这种关系配置视图，可不必标注图名。

2. 尺寸对应关系

形体的 X 轴方向尺寸称为长度，Y 轴方向尺寸称为宽度，Z 轴方向尺寸称为高度。如图 2.15（d）所示，正视图和俯视图都反映了形体的长度，正视图和左视图都反映了形体的高度，俯视图和左视图都反映了形体的宽度。因此，三视图之间存在以下关系：

（1）正视图与俯视图：长对正。

（2）正视图与左视图：高平齐。

（3）俯视图与左视图：宽相等。

画三视图时，“长对正”和“高平齐”用直尺或三角尺对齐绘制即可，而俯视图和左视图之间的“宽相等”则需要借助尺规度量，几种常用的作图方法如图 2.16 所示。另外，作图时要特别注意量取的起点和方向，否则很容易出错。

3. 方位对应关系

由图 2.15 可知，三视图中还反映出形体的空间方位：正视图反映形体的左右和

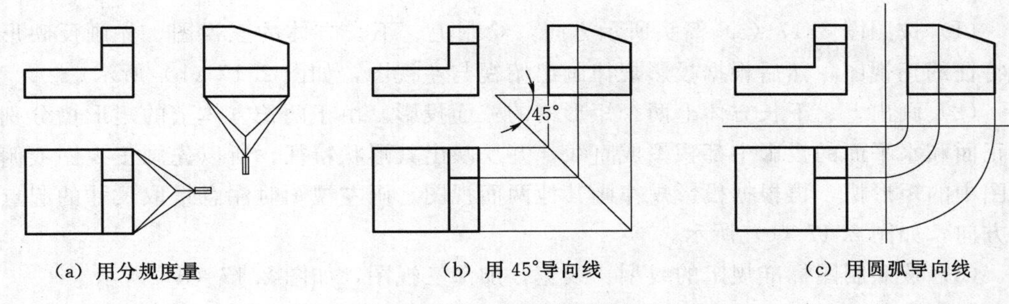

(a) 用分规度量 (b) 用45°导向线 (c) 用圆弧导向线

图 2.16 宽相等的作图方法

上下方位；俯视图反映形体的前后和左右方位；左视图反映形体的前后和上下方位。在俯视图和左视图中，靠近正视图的一侧是形体的后方，远离正视图的一侧是形体的前方。

【例 2.1】 画出如图 2.17（a）所示形体的三视图。

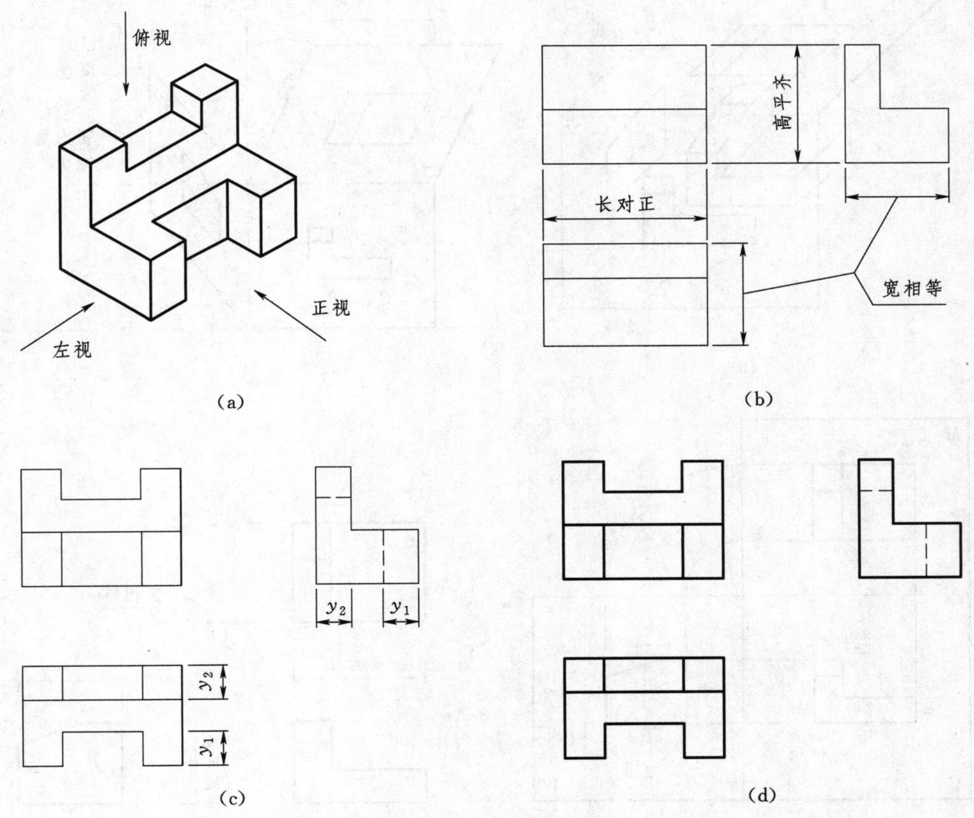

图 2.17 三视图作图方法

分析： 该形体可以看作是由上、下两个长方体叠加，又在上部长方体的中上方和下部长方体的中前方，分别切割出两个矩形槽而成。

作图：

(1) 按照图 2.17 (a) 箭头所示方向，绘制上、下长方体的三视图。先画反映形状特征的正视图，然后根据投影规律画出俯视与左视图，如图 2.17 (b) 所示。

(2) 画出上、下长方体上两个矩形槽的三面投影。由于两长方体上的矩形槽分别在正面和水平面的投影中都积聚成直线，并反映出其形状特征，所以先画正视图或俯视图中的矩形槽，再根据投影规律画其他两面视图。画左视图时注意量取尺寸的起点与方向，如图 2.17 (c) 所示。

(3) 按照制图标准规定的线型、线宽，加深三视图，如图 2.17 (d) 所示。

2.3.4　第三分角视图

第三分角投影就是"隔着玻璃看物体"，投射线是视线，投影面是透明的且在观察者与形体之间。从上向下看在 H 面上得顶视图；从前向后看在 V 面得前视图；从右向左看在 W 面上得右视图，如图 2.18 (a) 所示。

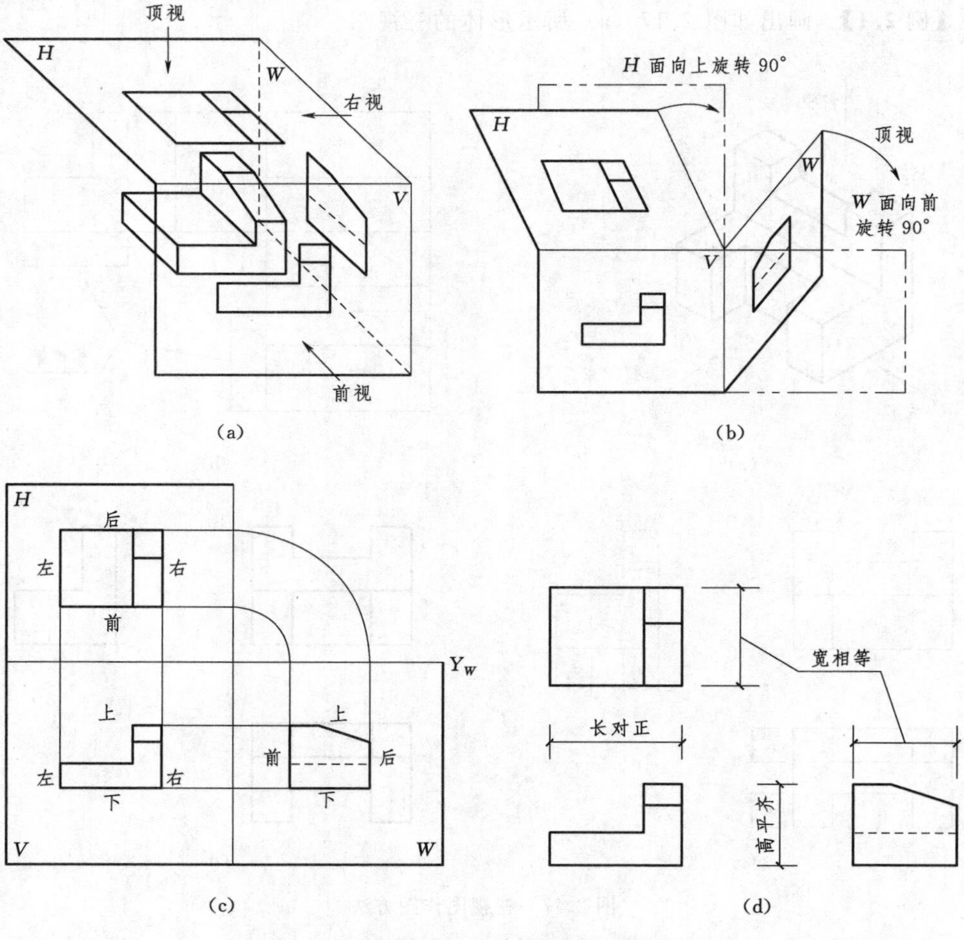

(a)　(b)

(c)　(d)

图 2.18　第三角视图的形成与配置

第三角投影与第一角投影的主要区别如下：

(1) 第三角投影的平行视线（投射线）先到投影面再到物体，每个视图都可看作平行视线与投影面的交点。

(2) 展开时，假定 V 面不动，将 H 面向上翻转 90°、W 面向前翻转 90°，如图 2.18 (b) 所示。三视图的规范配置：顶视图在前视图的正上方，右视图在前视图的正右方；它与第一角投影的方位关系不同，在顶视和右视图中，远离前视图的那一侧是形体的后面，如图 2.18 (c) 所示。

(3) 第一角投影和第三角投影都是以正投影法绘制的，所以二者的基本原理完全相同，且都符合“长对正、高平齐、宽相等”的投影规律，如图 2.18 (d) 所示。

工程图样上，为了区分第一角和第三角投影，国际标准规定，可在图纸的适当位置，画出第一角、第三角的投影标记，如图 2.19 所示。

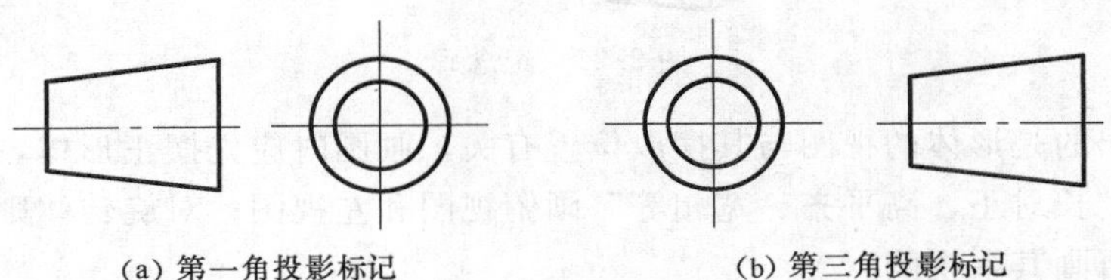

(a) 第一角投影标记　(b) 第三角投影标记

图 2.19　国际标准的投影法标记

2.4　基本形体的三视图

工程建筑物或结构物的形体统称为建筑形体，一般情况下，建筑形体可看作是由某些基本形体叠加或切割而成的组合体。图 2.20 为一现代化机场的候机厅，它用预应力钢筋混凝土，以多曲面壳体组成了飞鸟形结构；图 2.21 是由棱柱、棱台和棱锥叠加成的方尖形纪念碑。

图 2.20　某机场的候机厅

常见的基本形体有：由平面围成的平面立体，如棱柱、棱锥；由旋转面或旋转面和平面围成的曲面立体，如圆柱、圆锥、圆球等旋转体，它们的三视图和立体图见表 2.1。

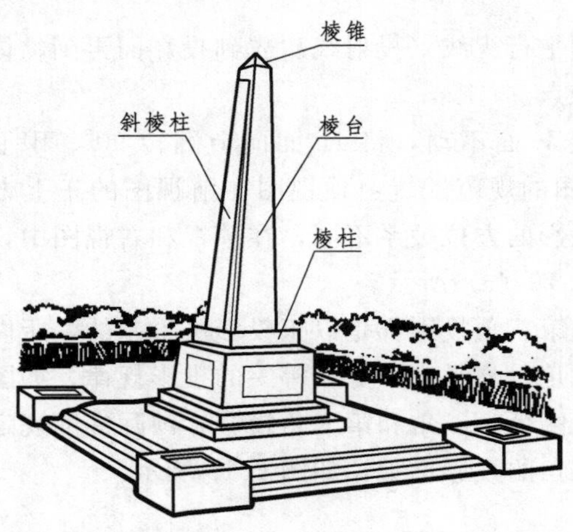

图 2.21　纪念碑

需要指出的是形体的视图与其摆放位置有关，画图时应先摆正形体，从正视图开始，再对应“长对正、高平齐、宽相等”画俯视图和左视图；对旋转体则先画投影为圆的视图，再画其余视图。

表 2.1　　**基本形体的三视图和立体图**

平面立体			曲面立体		
三视图和立体图		说明	三视图和立体图		说明
三棱柱	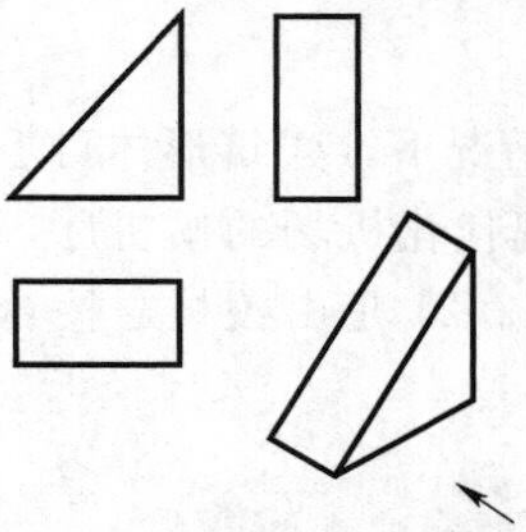	正视图为三角形，其余视图均为矩形	圆柱	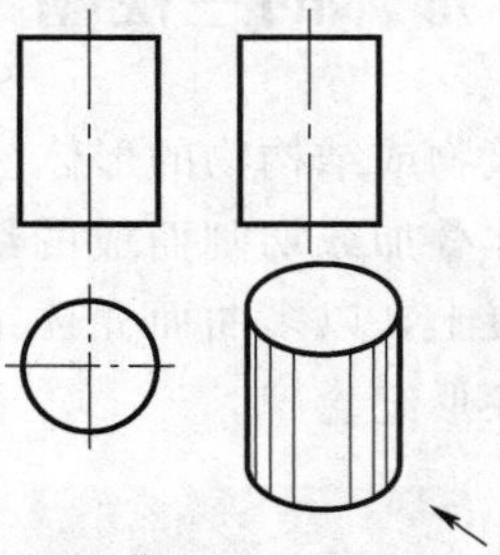	圆柱轴垂直于 H 面，俯视图为圆，正视图和左视图为矩形
四棱柱	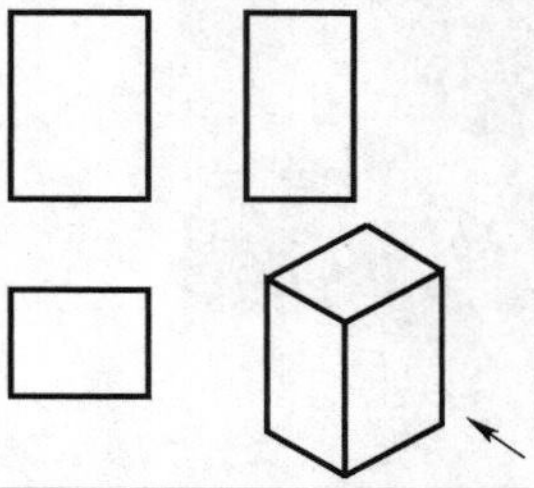	三个视图均为矩形	圆锥	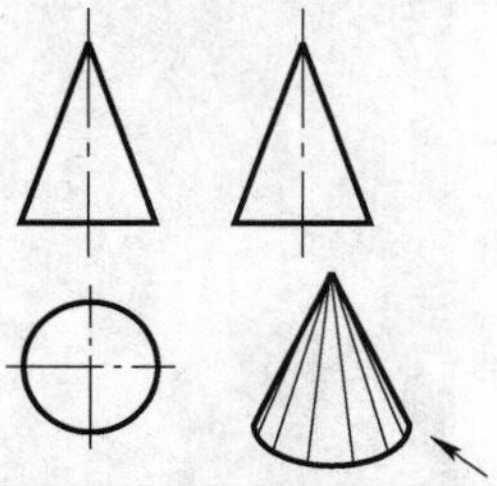	圆锥轴垂直于 H 面，俯视图为圆，正视图和左视图为三角形
四棱锥	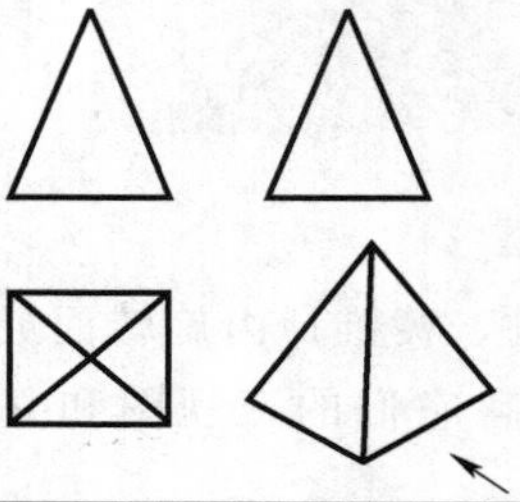	俯视图为带对角线的矩形，其余视图均为三角形	圆球	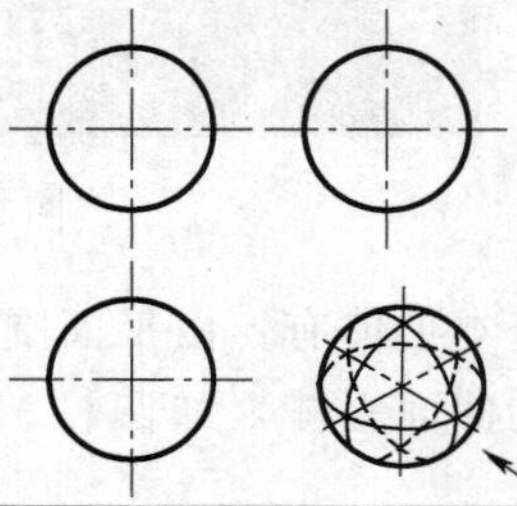	圆球无论怎样放置，三个视图都是大小相等的圆

视频资源 2.4
基本形体的视图与第三角投影简介

第3章 点、直线、平面

空间形体是由基本几何元素点、线、面组成，复杂的空间几何问题也都可抽象成点、线、面间的相互关系问题。因此，点、线、面的投影规律及表示方法是工程制图的基础。本章仅介绍点、直线、平面的投影规律以及相互间的关系，对于曲线与曲面将在后续章节加以介绍。

3.1 点的投影

点是构成形体最基本的几何元素，空间点的投影还是点，点无大小，只有空间位置。下面介绍点的投影规律及作图方法。

3.1.1 点的两面投影

视频资源 3.1
点的投影

由相互垂直的两个投影面组成的投影体系称为二面体系，通常由正立投影面（V 面）和水平投影面（H 面）构成，其交线 OX 称为投影轴。OX 轴将 V 面分成上、下两部分，把 H 面分成前、后两部分，从而形成了四个分角，这四个分角在空间的顺序如图 3.1 所示。

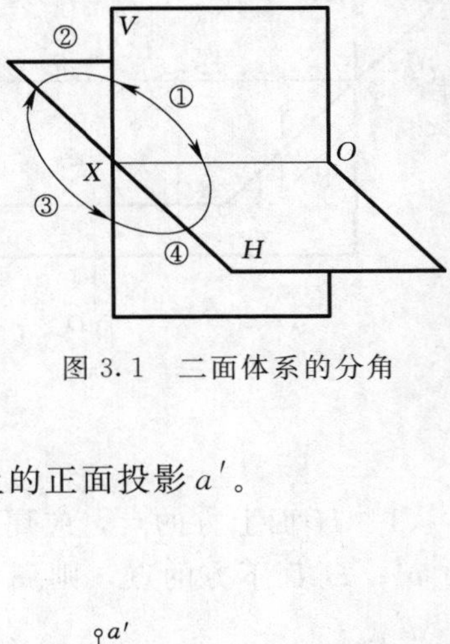

图 3.1 二面体系的分角

1. 点的投影规律

以第一分角投影为例，如图 3.2 所示，过空间点 A 分别向 H 面和 V 面作垂线，所得的垂足 a 和 a'，则是空间点 A 在 H 面上的水平投影 a 和在 V 面上的正面投影 a'。

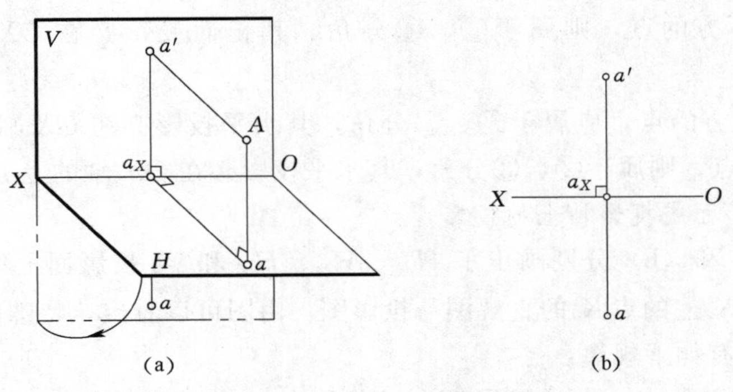

图 3.2 点的二面投影

由图可以看出：因为 $Aa \perp H$ 面、$Aa' \perp V$ 面，故有 $Aaa_Xa' \perp H$ 面、$Aaa_Xa' \perp V$ 面，所以 $a'a_X \perp OX$ 轴，$aa_X \perp OX$ 轴。

将 H 面下旋 90°，$aa' \perp OX$ 轴。又因：Aaa_Xa' 是一矩形，故：$aa_X = Aa' = A$ 点至 V 面的距离；$a'a_X = Aa = A$ 点至 H 面的距离。

因此，点的二面投影规律可归纳如下：

(1) 点的正面投影和水平投影的连线 aa' 垂直于 OX 轴。

(2) 点的正面投影 a' 到 OX 轴的距离，等于空间点 A 到水平面的距离；水平投影 a 到 OX 轴的距离，等于空间点 A 到正面的距离。

上述规律，不仅适用于第一分角，也适用于其他分角。

点在二面体系的位置，概括起来有三种情况，即在分角内、投影面上或投影轴上。

2. 点在各分角的投影

图 3.3 中分别画出了①、②、③、④分角内 A、B、C、D 点的直观图与投影图。由图可以看出，分角内点的投影与 OX 轴的相对位置有如下规律：

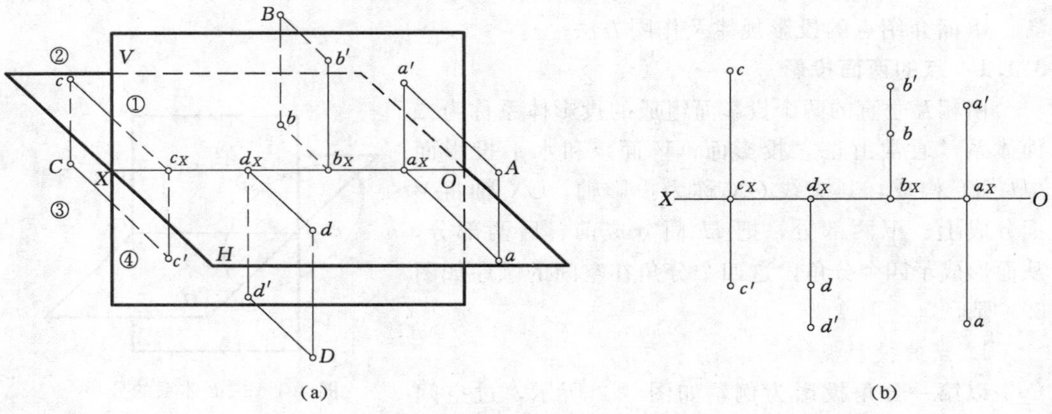

图 3.3　点在各分角的投影

(1) H 面上方的点，应属于①、②分角，其正面投影必在 OX 轴的上方，如 a'、b'；H 面下方的点，则属于③、④分角，其正面投影必在 OX 轴的下方，如 c'、d'。

(2) V 面前方的点，应属于①、④分角，其水平投影必在 OX 轴的下方，如 a、d；V 面后方的点，则属于②、③分角，其水平投影必在 OX 轴的上方，如 b、c。

3. 点在投影面或投影轴上的投影

图 3.4 (a) 和 (b) 分别画出了 $H_{前}$、$V_{上}$、$H_{后}$ 和 $V_{下}$ 投影面上的点 E、F、G、J 以及投影轴 OX 上的点 K 的直观图与投影图。由图可以看出，特殊位置点的投影与 OX 轴相对位置有如下规律：

(1) 投影面上的点，在该投影面上的投影与自身重合，而另一投影一定在 OX 轴上。

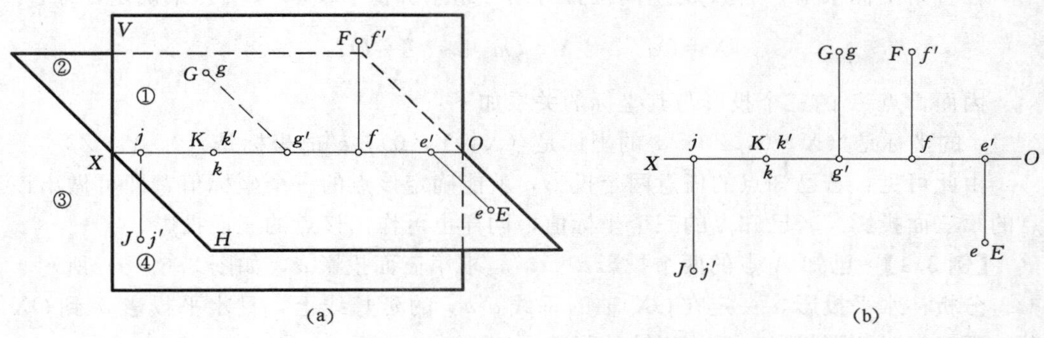

图 3.4 点在投影面或投影轴上的投影

(2) 投影轴上的点，其两个投影都与自身重合，均重合在 OX 轴上。

3.1.2 点的三面投影

如 2.3.1 节所述，三面体系是由相互垂直的正立投影面 V、水平投影面 H 和侧立投影面 W 构成。下面，以三面体系中第一分角为例，介绍点的三面投影规律及作图方法。

图 3.5 中，A 点在 V、H、W 面的投影分别为 a'、a、a''。按点在二面体系的投影规律，对于 V、W 所组成的二面体系，同样也有 $a'a''\perp OZ$ 轴；点的正面投影 a'到 OZ 轴的距离，等于空间点 A 到侧面的距离；点的侧面投影 a''到 OZ 轴的距离，等于空间点 A 到正面的距离。由图 3.5 (a) 还可以看出：

点 A 到 W 面的距离　　$Aa''=aa_Y=a'a_Z=Oa_X$

点 A 到 V 面的距离　　$Aa'=aa_X=a''a_Z=Oa_Y$

点 A 到 H 面的距离　　$Aa=a'a_X=a'a_Y=Oa_Z$

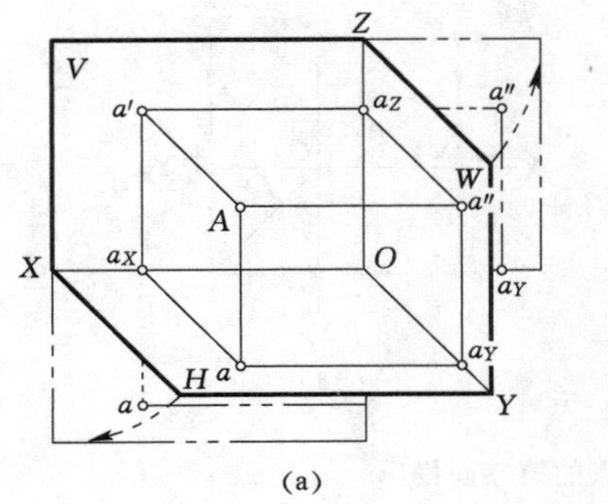

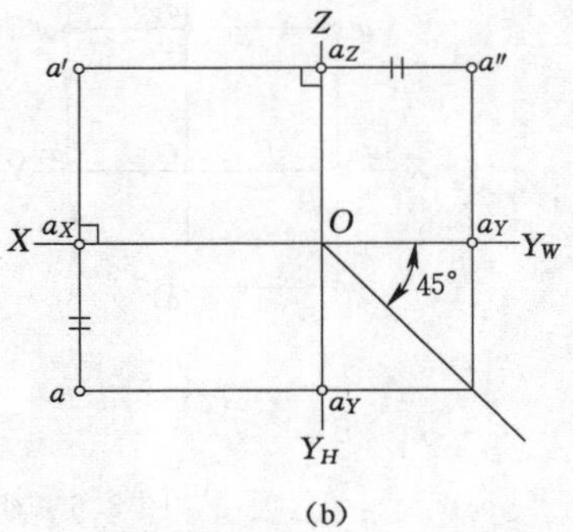

图 3.5 点在三面体系中的投影

因此，点的三面投影规律归纳如下：

(1) 点的正面投影与水平投影的连线垂直于 OX 轴 ($a'a\perp OX$ 轴)。

(2) 点的正面投影与侧面投影的连线垂直于 OZ 轴 ($a'a''\perp OZ$ 轴)。

(3) 点的水平投影到 OX 轴的距离等于其侧面投影到 OZ 轴的距离 ($aa_X=a''a_Z$)。

在直角坐标系中，点 A 的空间位置可用一组坐标值（X，Y，Z）来确定，即

$$X = Oa_X;\quad Y = Oa_Y;\quad Z = Oa_Z$$

因而，点 A 的三个投影与其坐标的关系如下：

a'的坐标是（X，0，Z）；a 的坐标是（X，Y，0）；a''的坐标是（0，Y，Z）

由此可见：若已知点的任意两个投影，就能确定该点的三个坐标值，即可做出该点的第三面投影。若已知点的三个坐标值，同样也可作出该点的三面投影。

【例 3.1】 已知 A 点的两个投影 a'、a''，求第三面投影 a，如图 3.6（a）所示。

分析： 水平投影 a 一定在 OX 轴的垂线 $a'a_X$ 的延长线上，且水平投影 a 到 OX 轴的距离等于侧面投影 a''到 OZ 轴的距离。

作图：

（1）过 a' 作 OX 轴的垂线，交 OX 轴于 a_X。

（2）在 $a'a_X$ 的延长线上量取 $aa_X = a''a_Z$，即得 a，如图 3.6（b）所示。

除直接量取外，也可采用圆规或45°斜线作图确定 a，如图 3.6（c）、（d）所示。

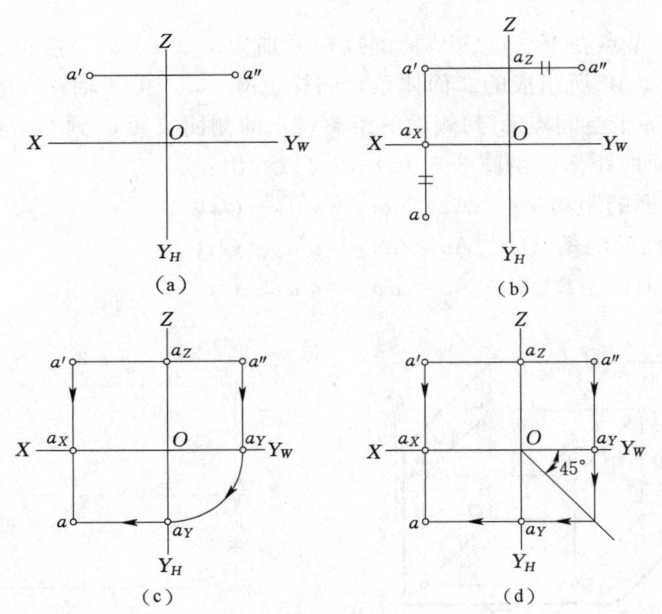

图 3.6　补画点的第三面投影

【例 3.2】 已知 A 点的坐标为（24，12，18），求作 A 点的三面投影图，如图 3.7 所示。

分析： 因点 A 的三个坐标均为正值，所以 A 点在第一分角内。

作图：

（1）画投影轴，自 O 点在 X、Y、Z 轴上分别量取 24、12、18，得 a_X、a_Y、a_Z，

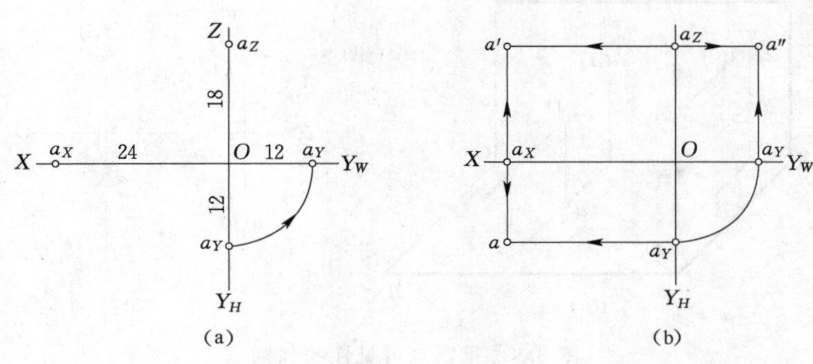

图 3.7 根据点的坐标作其投影图

如图 3.7（a）所示。

（2）过 a_X、a_Y、a_Z 分别作 X、Y、Z 轴的垂线，它们两两的交点 a、a'、a''就是空间点 A 的三面投影，如图 3.7（b）所示。

3.1.3 空间点的相对位置

空间点的相对位置可根据它们同面投影的坐标关系来判定。点的 X 坐标值反映点到 W 面的距离，因此，由两点之间坐标差 ΔX 就可以判定点的左右位置；同理，由 ΔZ 可以判定它们的高低位置；而由 ΔY 就可以判定它们的前后位置。

由图 3.8（a）中的 A、B 点可以看出：由于 $X_A > X_B$、$Y_A > Y_B$、$Z_A > Z_B$，所以，A 点在 B 点的左、前、上方，如图 3.8（b）所示。

视频资源 3.2
空间两点的
相对位置

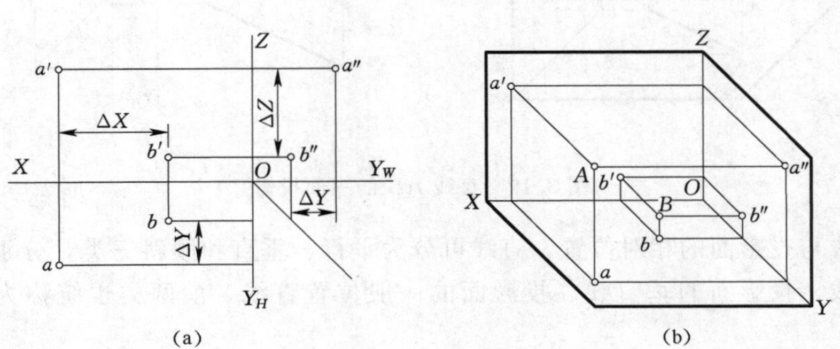

图 3.8 A、B 两点的相对位置

处于同一投射线上的两点，其投影重合，称为投影面的重影点。如图 3.9 中 A、B 为对 H 面的重影点，C、D 为对 V 面的重影点。

空间两点在某投影面重影时，其中必有一点挡住了另一点，即出现可见性问题。由图 3.9（a）可以看出，A、B 在 H 面重影，A 点在上，B 点在下，H 面上的投影 a 可见，b 不可见，记作 $a(b)$；同理，C、D 在 V 面重影，因 C 在前，D 在后，V 面上的投影 c'可见，d'不可见，记作 $c'(d')$。

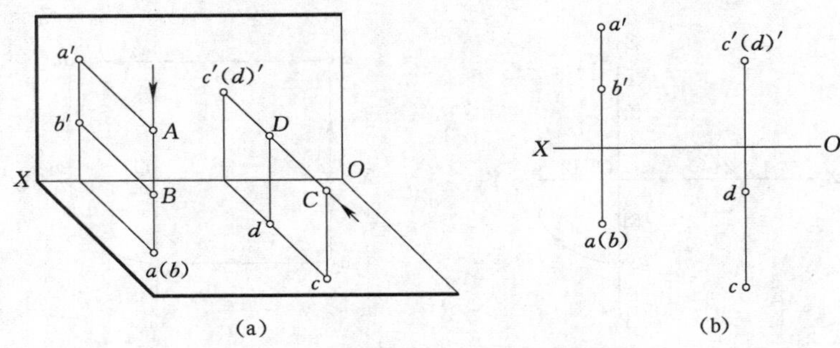

图 3.9 重影点可见性的判别

3.2 直线的投影

直线的投影仍为直线，只要画出直线上任意两点的投影，再把同面投影连接起来，即可得直线的投影，如图 3.10 所示。

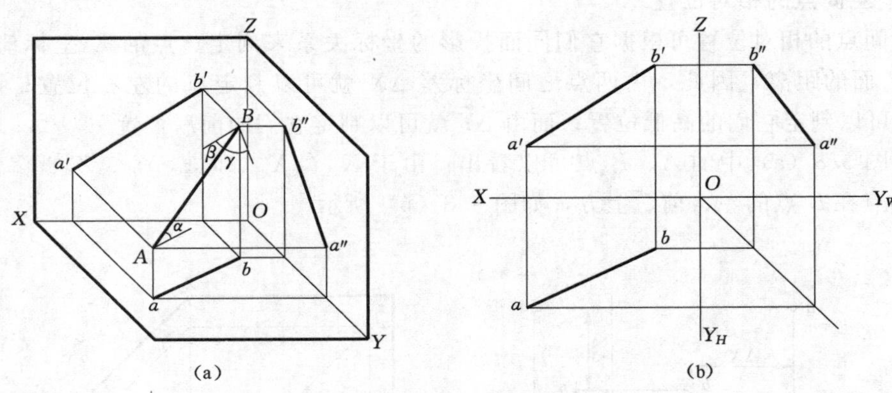

图 3.10 直线 AB 的三面投影

按直线与投影面的相对位置，直线可分为平行、垂直和倾斜三类，分别称为投影面的平行线、投影面的垂直线、投影面的一般位置直线。前两类也统称为特殊位置直线。

空间直线与投影面的夹角称为直线与投影面的倾角，直线对 H、V、W 三个投影面的倾角分别用 α、β、γ 表示，如图 3.10（a）所示。直线在 H、V、W 的投影长度为

$$ab = AB\cos\alpha; \quad a'b' = AB\cos\beta; \quad a''b'' = AB\cos\gamma$$

视频资源 3.3 特殊位置直线的投影

3.2.1 投影面的平行线

平行于一个投影面，倾斜于其他两个投影面的直线统称为投影面的平行线。平行于 V 面的称为正平线；平行于 H 面的称为水平线；平行于 W 面的称为侧平线。

投影面平行线的投影特点见表 3.1，下面以水平线 AB 为例，分析平行线的投影特点。

(1) 水平线平行于 H 面，其水平投影反映线段的实长，即 $ab=AB$。

(2) 水平线上的点到 H 面的距离处处相等，所以它的正面投影平行于 OX 轴，即 $a'b'/\!/OX$；同理：侧面投影平行于 OY 轴，即 $a''b''/\!/OY_W$。

(3) 水平投影 ab 与 OX 轴的夹角，反映该直线对 V 面的倾角 β；水平投影与 OY_H 轴的夹角，反映该直线对 W 面的倾角 γ。由于 β 与 γ 均不为零，故 $a'b'$ 与 $a''b''$ 均小于实长 AB。

对于正平线和侧平线，也可作同样的分析，得出相似的投影特点，详见表 3.1。

表 3.1　投影面平行线的投影特点

	水平线	正平线	侧平线
立体图	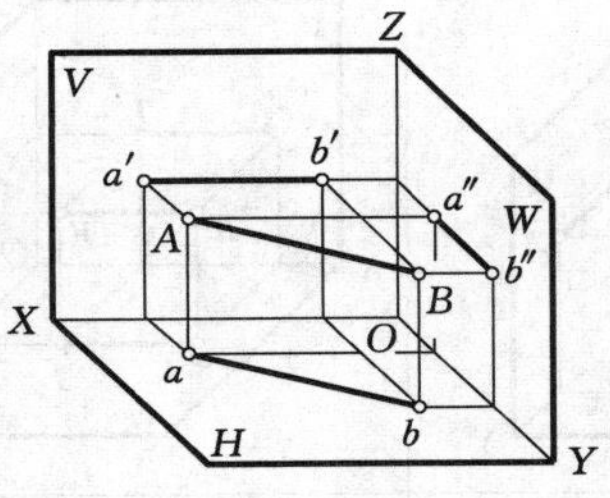	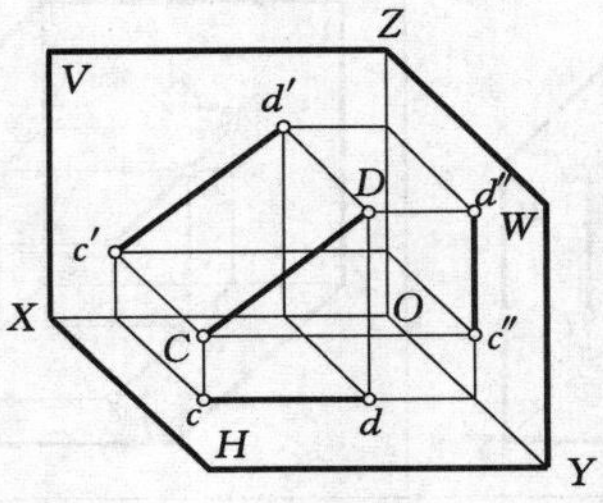	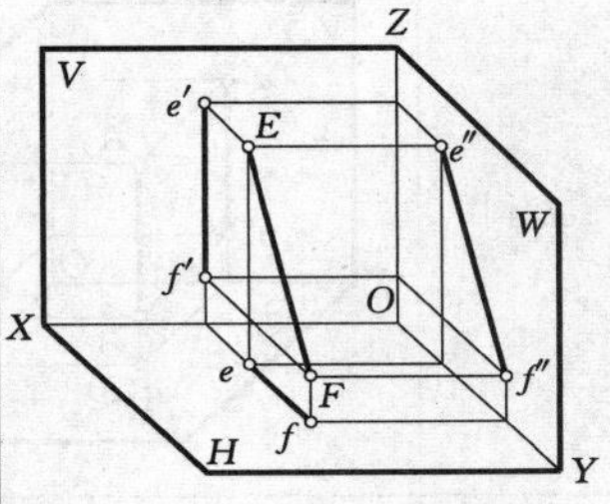
投影图	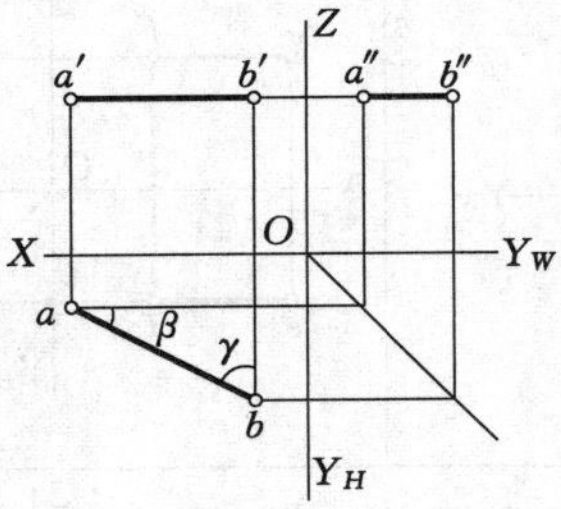	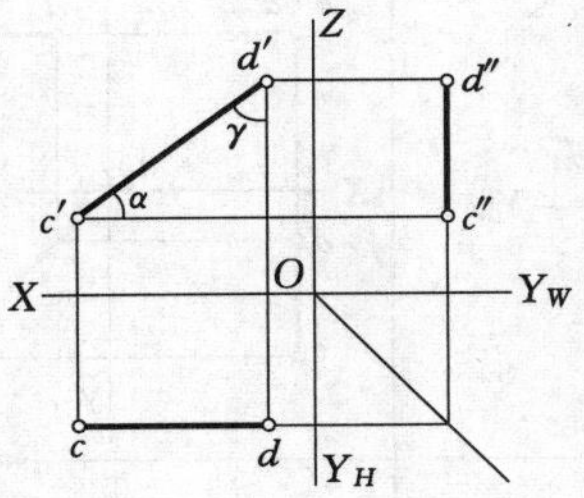	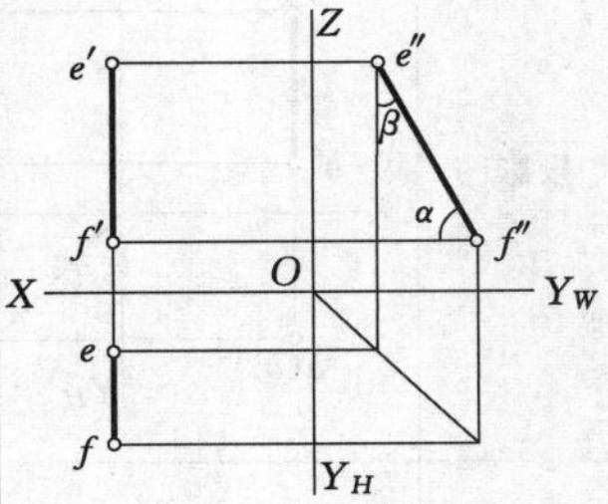
投影特点	① $/\!/H$ 面，倾斜于 V、W 面； ②水平投影反映实长及与 V、W 面的倾角 β、γ； ③正面投影 $/\!/OX$ 轴，侧面投影 $/\!/OY_W$ 轴，且都小于实长	① $/\!/V$ 面，倾斜于 H、W 面； ②正面投影反映实长及与 H、W 面的倾角 α、γ； ③水平投影 $/\!/OX$ 轴，侧面投影 $/\!/OZ$ 轴，且都小于实长	① $/\!/W$ 面，倾斜于 V、H 面； ②侧面投影反映实长及与 V、H 面的倾角 β、α； ③正面投影 $/\!/OZ$ 轴，水平投影 $/\!/OY_H$ 轴，且都小于实长

概括起来，平行线的投影特点为：在所平行的投影面上反映实长，以及对另两投影面的实际倾角；而在另两个投影面上的投影平行于相应的投影轴，且小于实长。

3.2.2　投影面的垂直线

垂直于某一投影面，平行于另外两投影面的直线统称为投影面的垂直线。垂直于 V 面的直线称为正垂线；垂直于 H 面的直线称为铅垂线；垂直于 W 面的直线称为侧垂线。

投影面垂直线的投影特点见表 3.2，下面以铅垂线 AB 为例，分析垂直线的投影特点。

（1）铅垂线垂直于 H 面，其水平投影积聚为一点 $a(b)$。

（2）铅垂线平行于 V、W 面，故其正面和侧面投影均平行于 OZ 轴，且反映线段的实长，即：$a'b'=AB$、$a''b''=AB$。

对于正垂线和侧垂线，也可作同样的分析，可得出相似的投影特点，详见表 3.2。

表 3.2　　投影面垂直线的投影特点

	铅垂线	正垂线	侧垂线
立体图			
投影图			
投影特点	①⊥H 面，//V 面，//W 面； ②水平投影积聚成一点； ③正面投影和侧面投影都平行于 OZ 轴，且反映实长	①⊥V 面，//H 面，//W 面； ②正面投影积聚成一点； ③水平投影和侧面投影都平行于 OY 轴，且反映实长	①⊥W 面，//V 面，//H 面； ②侧面投影积聚成一点； ③水平投影和正面投影都平行于 OX 轴，且反映实长

概括起来，投影面垂直线的投影特点为：在所垂直的投影面上积聚成一点；其余投影平行于相应投影轴，且反映线段的实长。

3.2.3　投影面的一般位置直线

与各投影面都倾斜的直线，称一般位置直线，如图 3.11 所示。

视频资源 3.4 一般位置直线的投影

1. 一般位置直线的投影特点

（1）由于两端点到每个投影面的距离都不等，所以各投影面上的投影都倾斜于投影轴。

（2）直线的投影长度是由直线对各投影面倾角 α、β、γ 决定的，直线的各投影均小于实长。

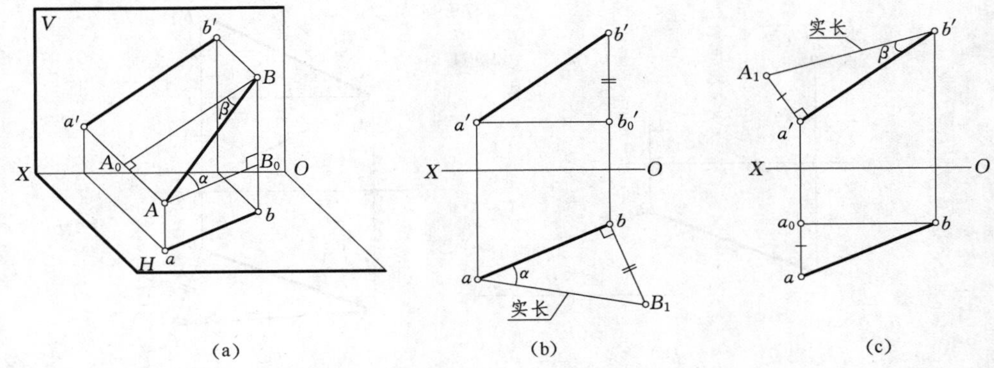

图 3.11 一般位置直线的实长与倾角

2. 一般位置直线的实长及与投影面的倾角

当直线的两面投影已知时，它的空间位置就唯一确定了。因此，根据两面投影中的几何关系就可求出一般位置直线的实长及倾角。

由图 3.11（a）可见，直角三角形 ABB_0 其斜边 AB 就是直线的实长，$\angle BAB_0$ 是线段对 H 面的倾角 α，直角边 AB_0 等于水平投影 ab，另一直角边 BB_0 等于 A、B 两点的 Z 坐标差 $|Z_B-Z_A|$。

由此，当已知直线的二面投影 ab 与 $a'b'$，欲求直线的实长和倾角 α 时，只需作一个与 $\triangle ABB_0$ 全等的三角形即可。如图 3.11（b）所示，以水平投影 ab 为一直角边，$|Z_B-Z_A|$ 为另一直角边，作出的 $\triangle abB_1$ 与 $\triangle ABB_0$ 全等，称为实长三角形，其斜边 aB_1 就是直线的实长，水平投影 ab 与实长的夹角，即为 AB 直线对 H 面倾角 α。

由图 3.11（a）还可看出，若需求 β 角，则不能利用 $\triangle ABB_0$，而应改用 $\triangle ABA_0$。图 3.11（c）是以 $a'b'$ 为一直角边，$|Y_A-Y_B|$ 为另一直角边，作出三角形 $a'b'A_1$，斜边 $b'A_1$ 是直线的实长，正面投影 $a'b'$ 与实长的夹角，则为直线对 V 面的倾角 β。

上述求实长与倾角的方法，称为直角三角形法。特别注意的是，求直线对某一投影面的倾角时，必须是直角三角形中直线在该投影面上的投影与实长之间的夹角。至于所作直角三角形的位置，以图面清晰为准，既可放在投影图内，也可在图外单独作出。

【例 3.3】 已知图 3.12（a）所示线段 AB 的实长 L、投影 ab 和 a'，求作其正面投影 $a'b'$。

分析： 求 AB 的正面投影，也就是确定 b' 的点位，而 b' 一定在由 b 引出与 OX 轴垂直的线上。

本题有两种解题方法：①根据实长 L 和水平投影 ab，作直角三角形，求出 $|Z_B-Z_A|$；②根据实长 L 和水平投影中 $|Y_A-Y_B|$，作直角三角形，求出 $a'b'$ 正面投影的长度。下面以第一种方法为例，详述作图方法，如图 3.12（b）所示。

（1）过 b 作 ab 的垂线，再以 a 为圆心，以 L 为半径画弧交垂线于 B_1，直角三角形中的 bB_1 即为 AB 两点高差的绝对值 $|Z_B-Z_A|$。

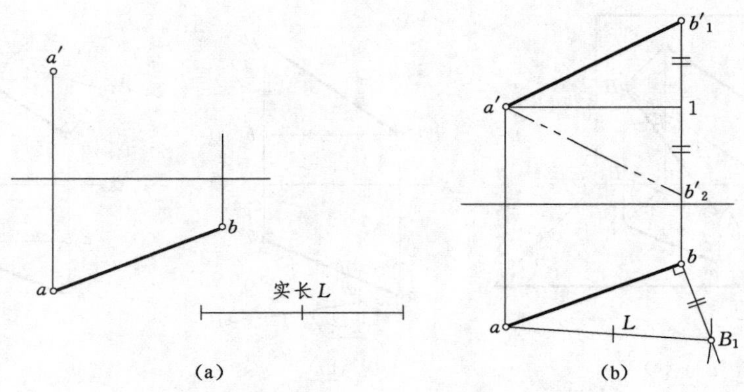

图 3.12　求线段 AB 的正面投影

（2）过 b 作 OX 轴的垂线，过 a' 作 OX 轴的平行线，两线相交于 1 点；再由 1 向上量取 $1b'_1=bB_1$、向下量取 $1b'_2=bB_1$，得 b'_1、b'_2，连接 $a'b'_1$、$a'b'_2$ 即为所求。本题有两解。

3.2.4　直线上的点

1. 点与直线的相对位置

由前述投影性质可知，若点在直线上，则点的投影必在直线的同面投影上，且符合线段分割比例不变的投影规律，如图 3.13 所示。

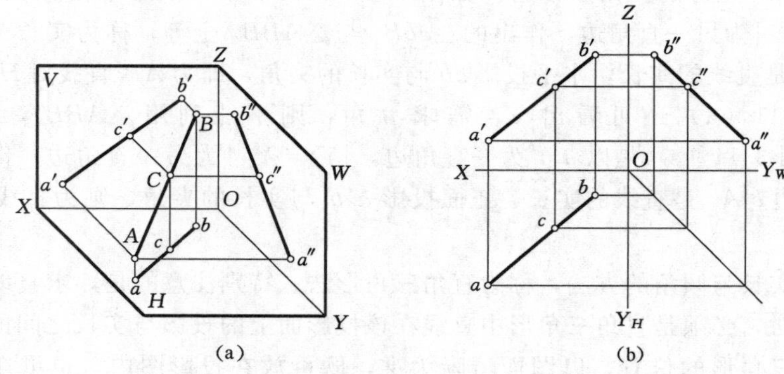

图 3.13　直线上的点

一般情况下，用二面投影就可直接确定点是否在直线上，如图 3.14（a）和（b），点 C 在直线 AB 上；点 D 与点 E 不在直线 AB 上。

当直线为某投影面的平行线时，用两面投影判断点是否在直线上，则须包含平行投影面的投影。如图 3.14（c）中侧平线 AB，若仅用正面投影和水平投影，还不易直接判断出点 C、D 是否在直线上，如果补出侧面投影，就可清楚地看到，点 C 在直线上，而点 D 并不在直线上。

2. 点分割线段成定比

图 3.14 中的点 C 将 AB 线分成 AC、CB 两段，根据等比性，则有

$$AC : CB = ac : cb = a'c' : c'b' = a''c'' : c''b''$$

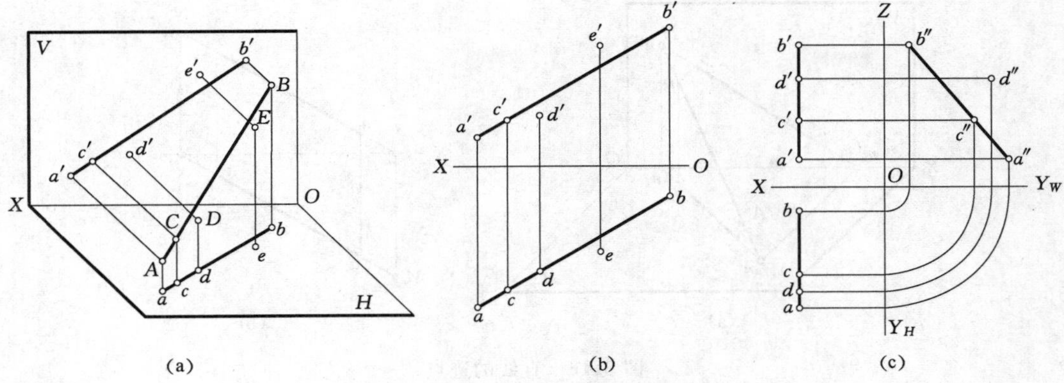

图 3.14 判别点是否在直线上

【例 3.4】 已知图 3.15（a）中 AB 直线上点 E 的正面投影 e'，试以定比关系求其水平投影 e。

分析：因点 E 在 AB 上，必有 $a'b':b'e'=ab:be$，可根据等比性直接作图。

作图：如图 3.15（b）所示。

（1）过 a 任作一射线并量取 $aB_0=a'b'$，$B_0E_0=b'e'$，再连接 bB_0。

（2）过 E_0 作 B_0b 的平行线，与 ab 延长线的交点 e 即为所求。

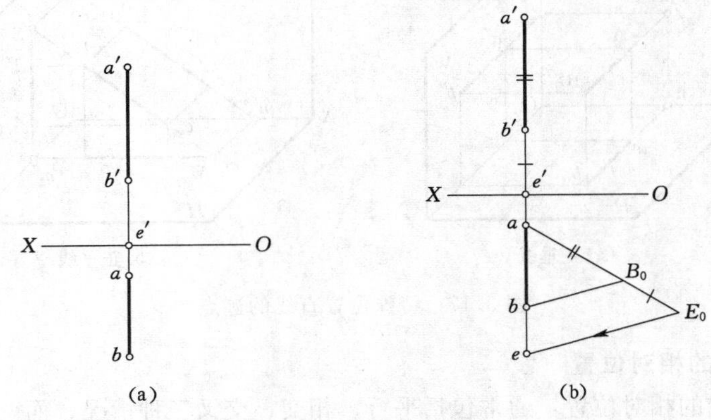

图 3.15 利用等比性求 e 点

3. 直线的迹点

直线与投影面的交点称为直线在该面的迹点。直线与 H 面的交点称为水平迹点，以 M 标记；与 V 面的交点称正面迹点，以 N 标记；与 W 面的交点称侧面迹点，以 S 标记，如图 3.16（a）。

视频资源 3.5 直线上的点

因为迹点是直线与投影面的共有点，所以它的投影有以下特点：

（1）点在直线上，则迹点的各面投影也在该直线的对应投影上。

（2）点在投影面上，则迹点的该面投影与自身重合，而另一面投影必在投影轴上。

由迹点的投影特点，就可得出迹点的作图方法，如图 3.16（b）所示。延长 $b'a'$

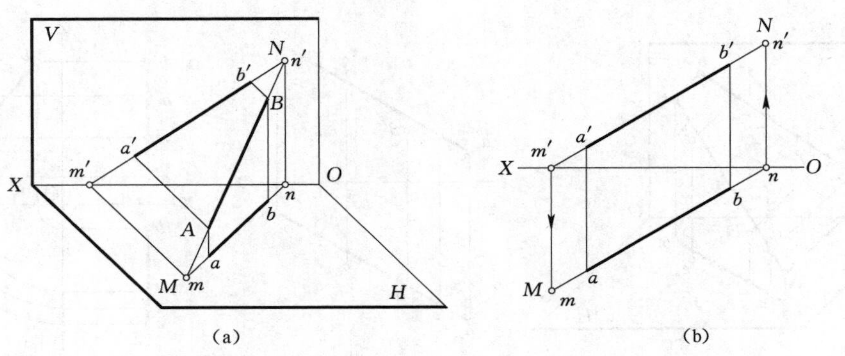

图 3.16　直线的迹点

与 OX 轴交于 m'，即为水平迹点 M 的正面投影 m'；再过 m' 作 OX 轴的垂线，与直线水平投影 ba 的延长线相交，交点则为水平迹点 M 及其水平投影 m。用类似方法可确定直线 AB 的正面迹点 N 及 n'、n。

垂直线只与相垂直的投影面相交，只有一个迹点，如图 3.17（a）所示，而平行线则与两投影面相交，故有两个迹点，如图 3.17（b）所示。

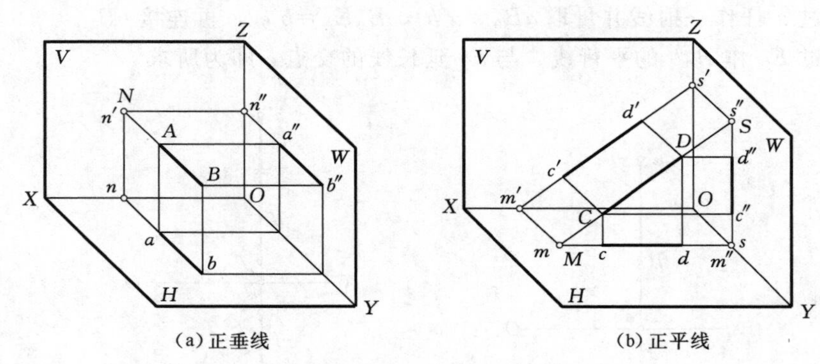

图 3.17　特殊位置直线的迹点

3.2.5　两直线的相对位置

空间两直线的相对位置，通常包括平行、相交、交叉三种情况，而两直线的垂直问题（相交垂直与交叉垂直），是图解工程设计中距离问题的基础，本节中将单独介绍。

视频资源 3.6
两直线的
相对位置

1. 两直线平行

空间两直线平行，则两直线的各同面投影也一定相互平行，如图 3.18 所示。

一般情况下，根据两直线的两对同面投影是否平行，就可判定空间两直线是否平行；但当两直线同为某投影面的平行线时，两对同面投影中必须包含直线在平行面上的投影。图 3.19 中的 AB、CD 均为侧平线，图 3.19（a）中 AB 与 CD 平行，而图 3.19（b）中 AB 与 CD 则不平行。

2. 两直线相交

空间两直线相交，它们的各同面投影也一定相交，且交点的投影符合点的投影规律。如图 3.20 所示。

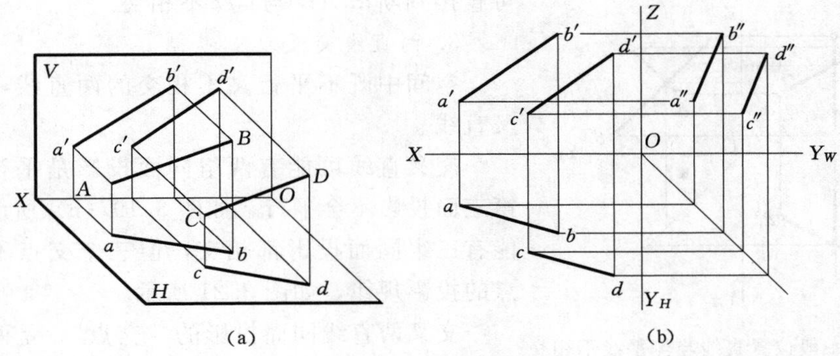

图 3.18 空间两直线平行

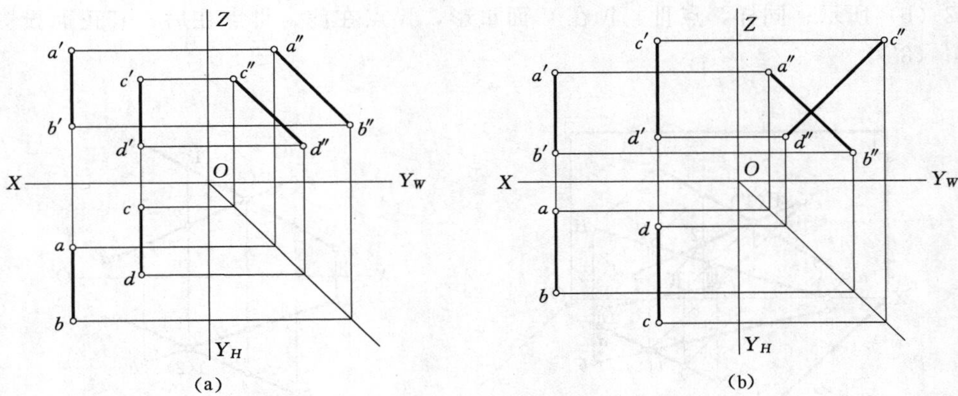

图 3.19 两侧平线平行的判定

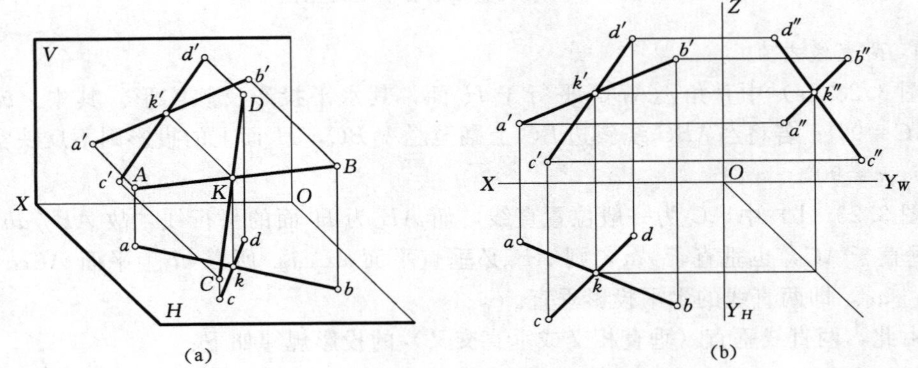

图 3.20 空间两直线相交

当两直线是一般位置直线时，只要两对同面投影相交且交点符合点的投影规律，即可直接判定空间两直线相交。但若有一直线为某投影面的平行线时，两对同面投影中必须包含直线在平行面上的投影，如图 3.21 所示，*AB* 为侧平线，*CD* 为一般位置直线，仅从 *H*、*V* 两面投影不易看出是否相交，但两对同面投影中若包含 *W* 面，就

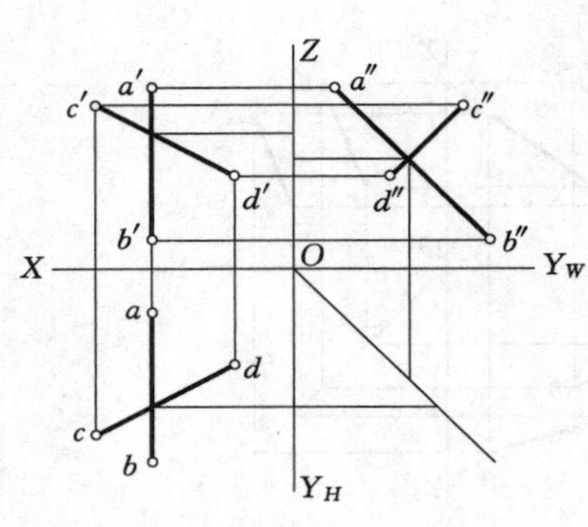

图 3.21　一般位置直线与侧平线不相交

可直接判断出 AB 与 CD 不相交。

3. 两直线交叉

空间中既不平行又不相交的两直线，称为交叉直线。

交叉直线可能有两组同面投影是平行的，但第三面投影不会平行，如图 3.19（b）所示；也可能有三组同面投影都相交，但三个交点不会符合点的投影规律，如图 3.21 所示。

交叉两直线同面投影的“交点”，是两直线上对该投影面的重影点。由图 3.22（a）可见，点Ⅰ、Ⅱ在 H 面重影，由于Ⅰ点高、Ⅱ点低，该点的水平投影标记为 1（2），如图 3.22（b）所示；同样，点Ⅲ、Ⅳ在 V 面重影，Ⅳ点在前、Ⅲ点在后，其正面投影记为 4′（3′）。

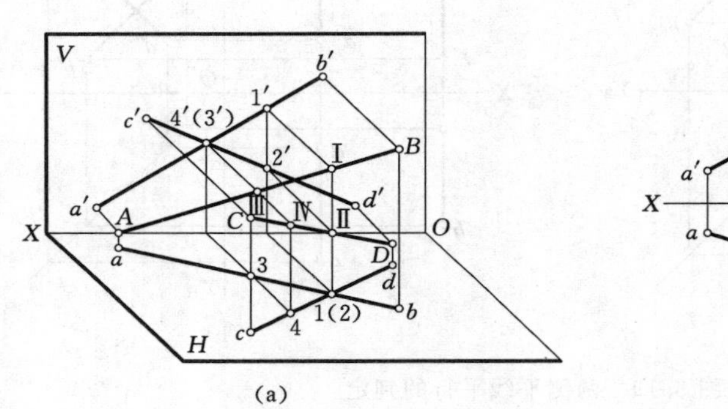

(a)

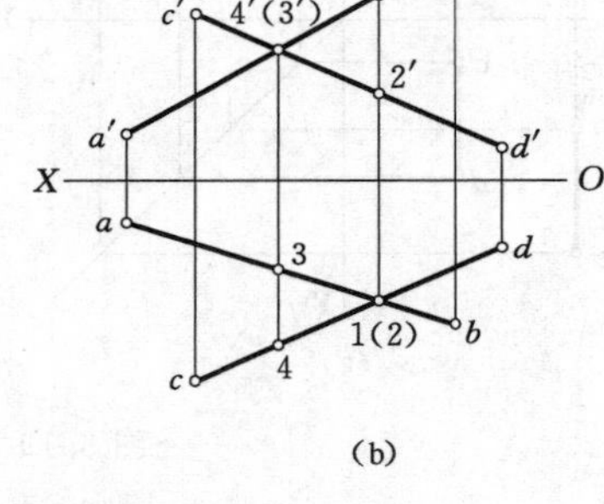

(b)

图 3.22　交叉直线重影点及可见性

4. 两直线垂直

视频资源 3.7
直角投影
定理

图 3.23（a）中直角△ABC 平行于 H 面，其水平投影反映实形。其中∠bac＝∠BAC＝90°；若将△ABC 绕斜边 BC 上翻至△A_1BC，H 面上的投影则不反映实形，且∠ba_1c≠90°。

图 3.23（b）中 AC 为一般位置直线，而 AB 为 H 面的平行线，故 $AB // ab$；因 AB 垂直于 AC，也垂直于 Aa，则 AB 必垂直平面 $ACca$，所以 $ab \perp$ 平面 $ACca$，则有 $ab \perp ac$，即两直线的水平投影垂直。

由此，两直线垂直（垂直相交或垂直交叉）的投影规律如下：

（1）空间相互垂直的两直线都平行于某投影面时，在该面上的投影反映直角关系。

（2）空间相互垂直的两直线都不平行于某投影面时，在该面上的投影不反映直角关系。

（3）若空间相互垂直的两直线之一平行于某投影面时，在该面的投影仍反映直角关系。

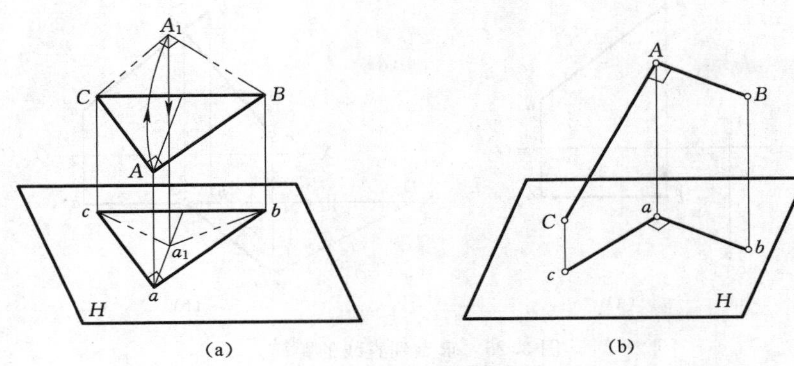

图 3.23 直角的投影特点

上述（3）称为直角投影定理。它的逆定理也成立，即当两直线在某投影面上的投影垂直，且其中有一条直线平行于该投影面，则两直线在空间中必相互垂直。

在图 3.24（a）中 $AB /\!/ H$ 面，且 $ab \perp ac$ 又相交，故 AB、AC 垂直相交；图 3.24（b）中 $DE /\!/ V$ 面，且 $d'e' \perp f'g'$ 又不相交，故 DE、FG 垂直交叉；而图 3.24（c）中尽管 $l'm' \perp m'n'$，$lm \perp mn$ 但 LM、MN 都是一般位置直线，故两直线不垂直只相交（交点 M 的投影符合点的投影规律）。

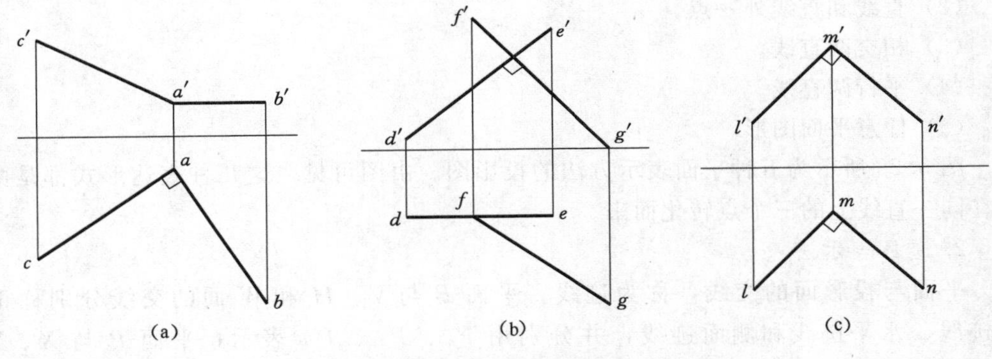

图 3.24 用直角投影定理判别两直线是否垂直

【例 3.5】 求图 3.25（a）所示 C 点到直线 AB 的距离。

分析： 点到直线的距离即是指该点到垂足的线段长。如图 3.25 所示，过 C 向 AB 作的垂线 CD，因 AB 是正平线，根据直角投影定理，其正面投影反映直角关系。因 CD 为一般位置直线，故还需用直角三角形法求出距离的实长。

作图： 如图 3.25（b）所示。

（1）在 V 面上作 $c'd' \perp a'b'$ 得到垂足 d' 的正面投影，$c'd'$ 为垂线（距离）的正面投影；根据从属性在 H 面 ab 上定出垂足的水平投影 d 点，连接 cd，即垂线（距离）的水平投影。

（2）以 $c'd'$ 为一直角边，以 c、d 两点的 Y 坐标差为另一直角边，所作实长三角形的斜边 cD_0 长，即为距离的实长。

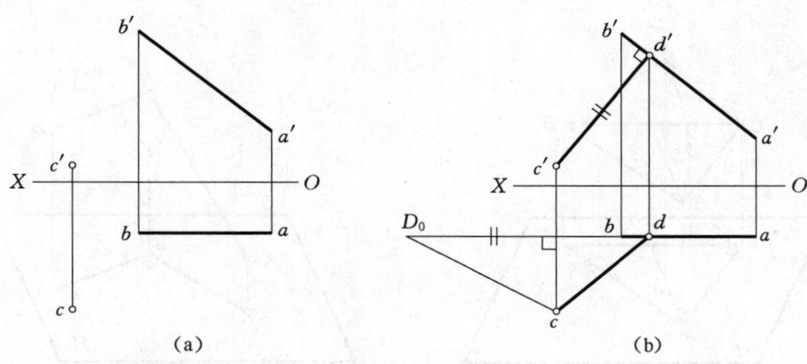

图 3.25　求点到直线的距离

3.3　平面的投影

3.3.1　平面的表示方法

1. 几何元素表示法

一个平面的空间位置，可由下列几种方法确定：

（1）不在同一直线上的三点。

（2）直线和直线外一点。

（3）相交两直线。

（4）平行两直线。

（5）任意平面图形。

视频资源 3.8 平面的表示法、投影面的平行面

图 3.26 所示为五种平面表示方法的投影图。由图可见，这几种表达形式都是由不在同一直线上的三个点转化而来。

2. 迹线表示法

平面与投影面的交线，称为迹线。平面 P 与 V、H 和 W 面的交线分别称正面迹线、水平迹线和侧面迹线，并分别用 P_V、P_H、P_W 表示；平面 P 与 X、Y 和 Z 轴的交点，即两迹线的交点称为集合点，分别用 P_X、P_Y、P_Z 来表示，如图 3.27 所示。

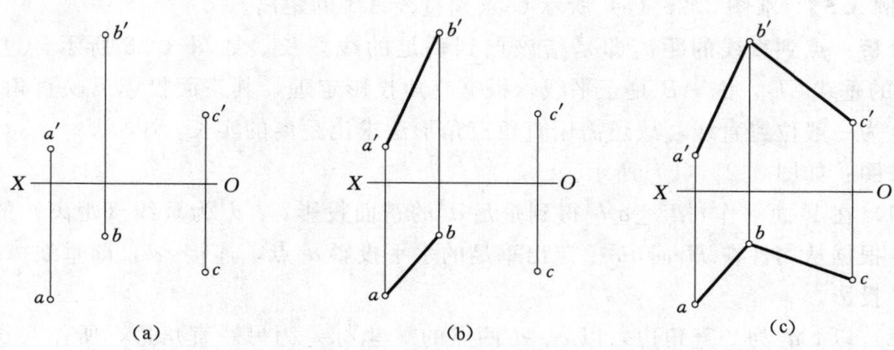

图 3.26（一）　平面的几何元素表示法

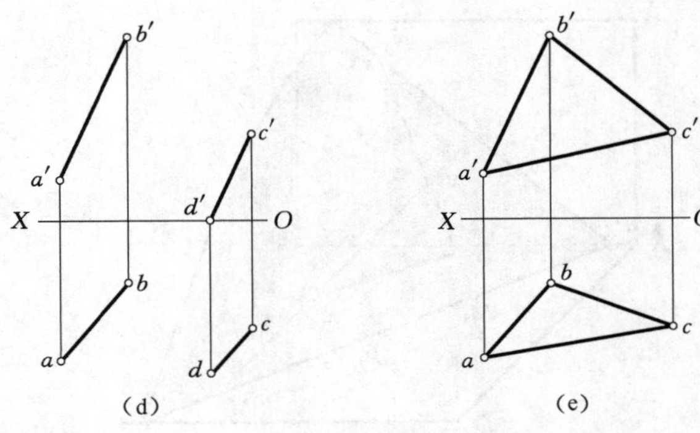

图 3.26（二） 平面的几何元素表示法

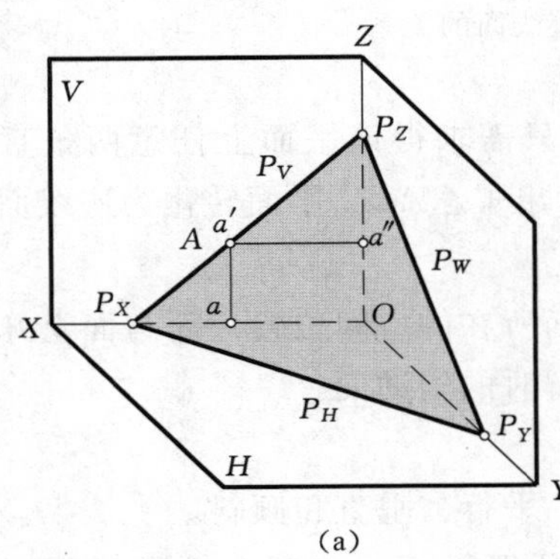

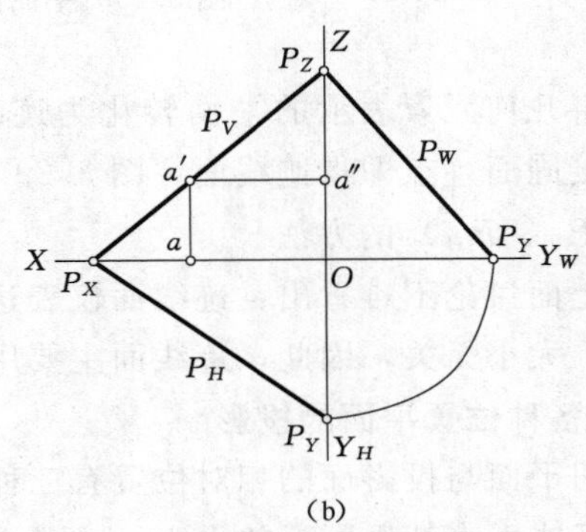

图 3.27 平面的迹线

迹线是平面上的线，所以，只需用两条迹线就可以确定该平面，这种用迹线表示的平面叫迹线面。图 3.28 中的平面 P，就是用平面上两条相交直线正面迹线 P_V 和水平迹线 P_H 来表示。由于迹线又同时是投影面上的线，所以它的一个投影是自身，另一面投影则在相应的投影轴上，通常投影图中只需画出与自身重合的迹线投影，并加以标注，如 P_V。

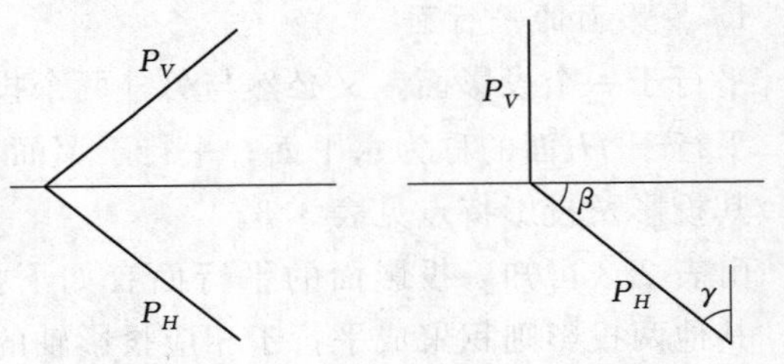

(a) 一般位置平面迹线表示法　(b) 铅垂面迹线表示法

图 3.28 平面的迹线表示法

3. 几何图形与迹线面的关系

几何元素表示的平面和迹线面之间的关系如下：

图 3.29（a）是以△ABC 表示的平面，若将平面上线段 AB 两端延长，与投影面 H、V 相交，其交点即 AB 的迹点 M_1、N_1 是投影面上的点，也是平面上的点，故其投影必在平面与投影面的交线——迹线 P_H、P_V 上，如图 3.29（b）所示。也就是说：平面图形上所有直线延长后的迹点，都在该面相应的迹线上。

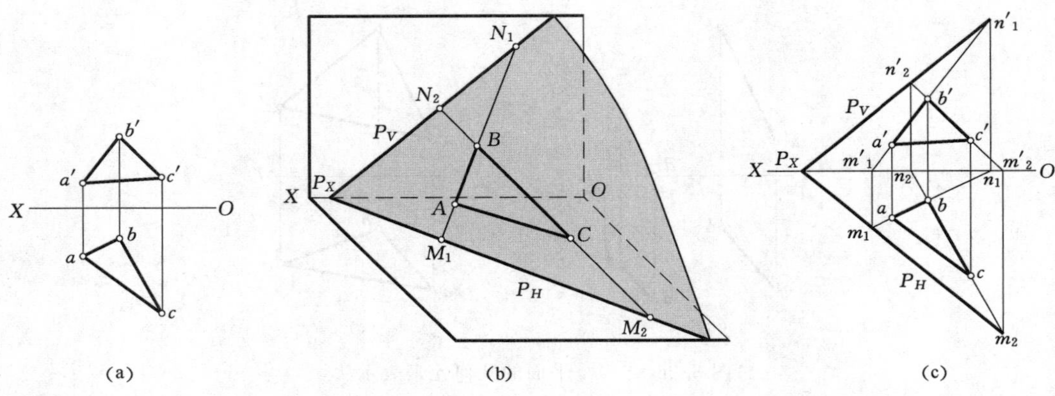

图 3.29　平面图形与迹线面的关系

若将几何元素表示的平面转化为迹线面，只需求得该平面上任意两条直线的迹点，连接同面迹点即得迹线面。图 3.29（c）示出了△ABC 平面转化为迹线面（两相交迹线 P_V、P_H）的方法。

从上面讨论不难看出：迹线面仅表达了平面所在的空间位置，而与面上几何图形的形状、大小无关，因此，迹线面主要用于图解时的辅助面。

3.3.2　各种位置平面的投影

空间平面与投影面的相对位置有三种情况：平行、垂直和倾斜。

平行或垂直某投影面的平面，也称为特殊位置平面。与三个投影面都倾斜的平面，称为一般位置平面。平面与 H、V、W 面的倾角分别用 α、β、γ 表示。

1. 投影面的平行面

平行于一个投影面，又必然与另外两个投影面都垂直的平面，称为投影面的平行面。平行于 H 面的称为水平面；平行于 V 面的称为正平面；平行于 W 面的称为侧平面，其投影及投影特点见表 3.3。

由表 2.3 可知，投影面的平行面有如下投影特点：在所平行的投影面上反映实形，其他两投影则积聚成平行于相应投影轴的直线。

表 3.3　投影面平行面的投影及投影特点

	水　平　面	正　平　面	侧　平　面
立体图	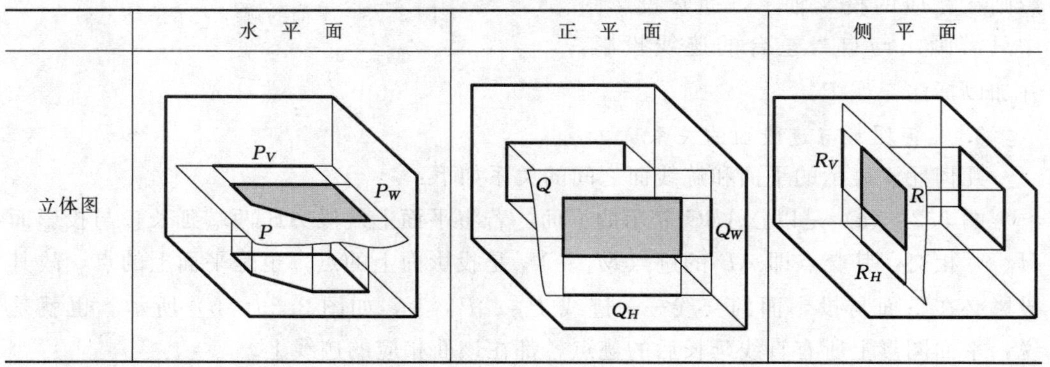		

续表

		水 平 面	正 平 面	侧 平 面
投影图	平面图形	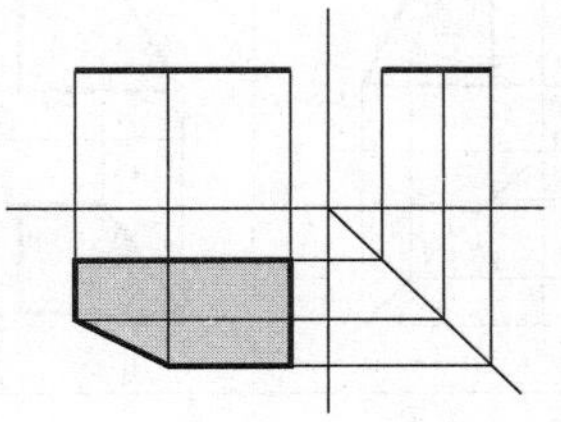	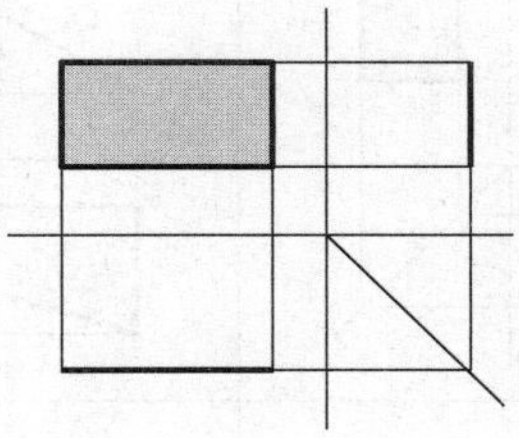	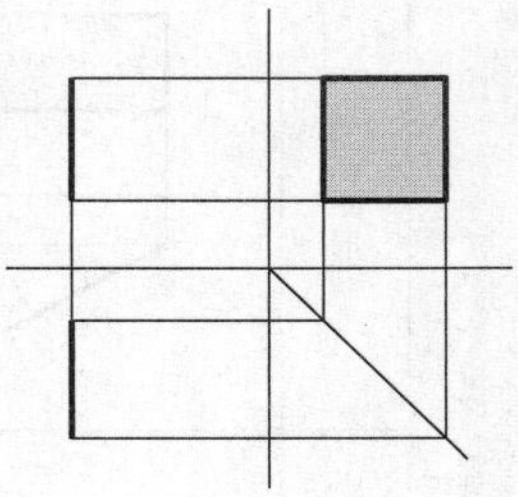
	迹线面	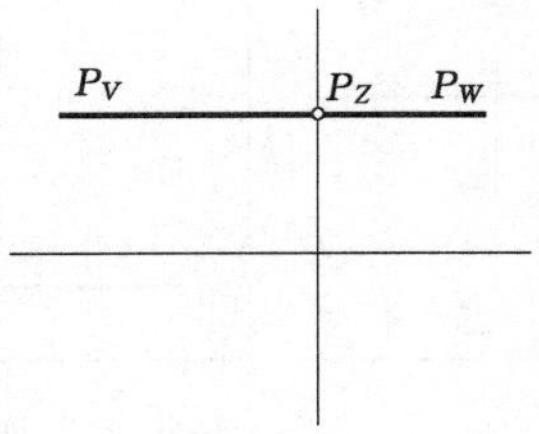 P_V P_Z P_W	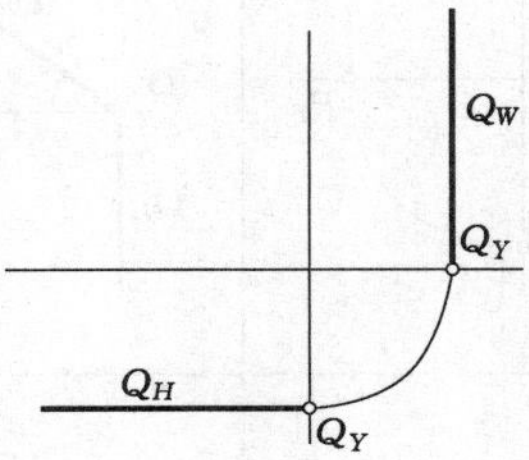 Q_W Q_Y Q_H Q_Y	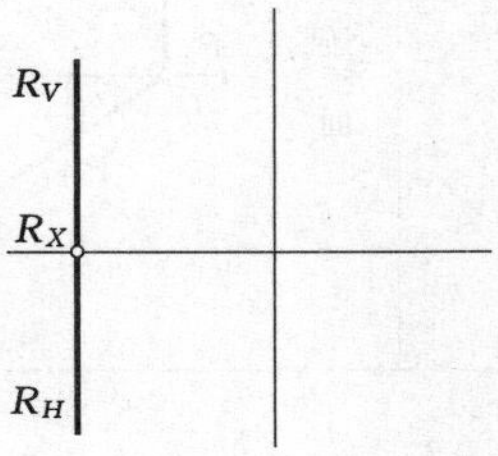 R_V R_X R_H
投影特点		①//H 面，⊥V 面，⊥W 面； ②水平投影反映实形； ③正面投影积聚成一条//OX 轴的线段，侧面投影积聚成一条//OY 轴的线段	①//V 面，⊥H 面，⊥W 面； ②正面投影反映实形； ③水平投影积聚成一条//OX 轴的线段，侧面投影积聚成一条//OZ 轴的线段	①//W 面，⊥V 面，⊥H 面； ②侧面投影反映实形； ③正面投影积聚成一条//OZ 轴的线段，水平投影积聚成一条//OY 轴的线段

视频资源 3.9 投影面的垂直面、一般位置平面

2. 投影面的垂直面

垂直于一个投影面，又同时与另外两个投影面都倾斜的平面，称为投影面的垂直面。垂直于 H 面的称为铅垂面；垂直于 V 面的称为正垂面；垂直于 W 面的称为侧垂面，其投影及投影特点见表 3.4。

表 3.4　　投影面垂直面的投影及投影特点

	铅 垂 面	正 垂 面	侧 垂 面
立体图	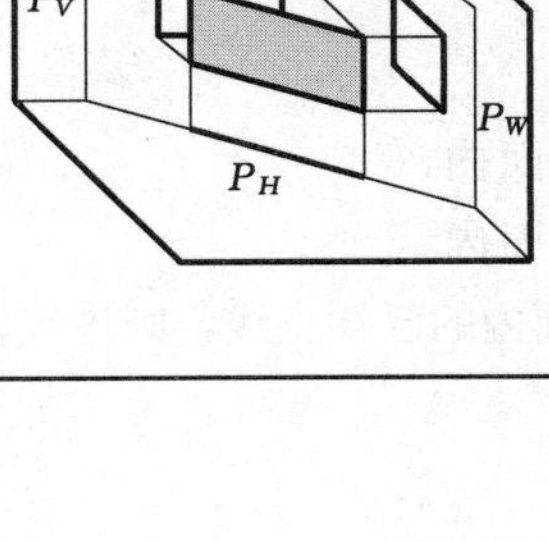 P P_V P_W P_H	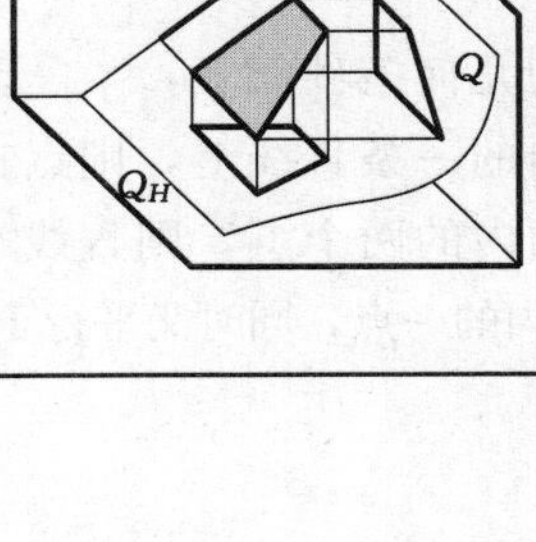 Q_V Q_W Q Q_H	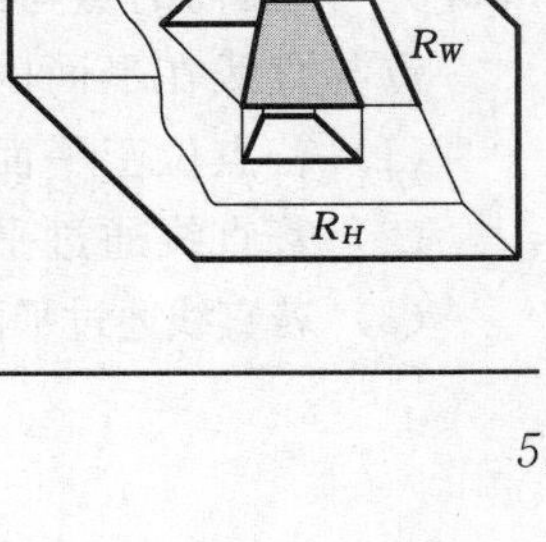 R_V R R_W R_H

续表

		铅　垂　面	正　垂　面	侧　垂　面
投影图	平面图形	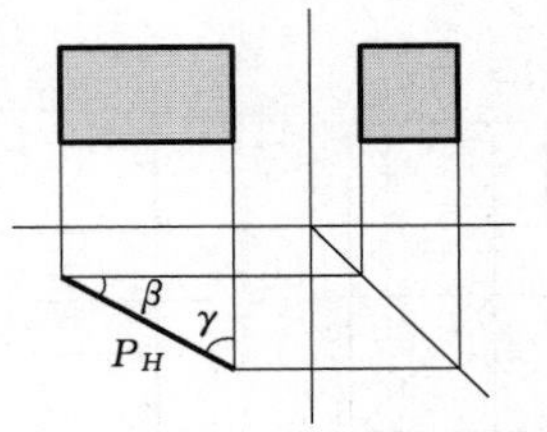	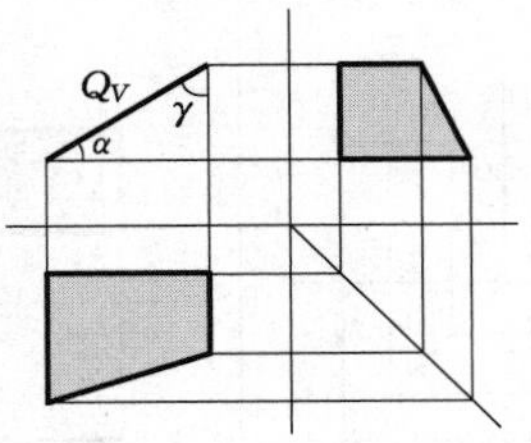	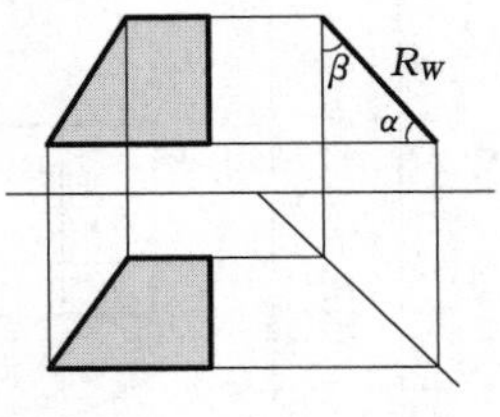
	迹线面	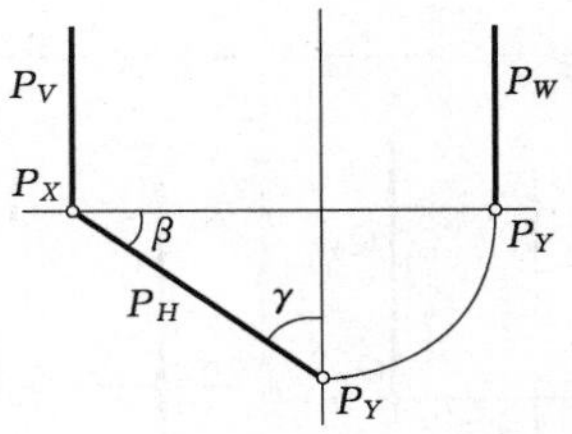	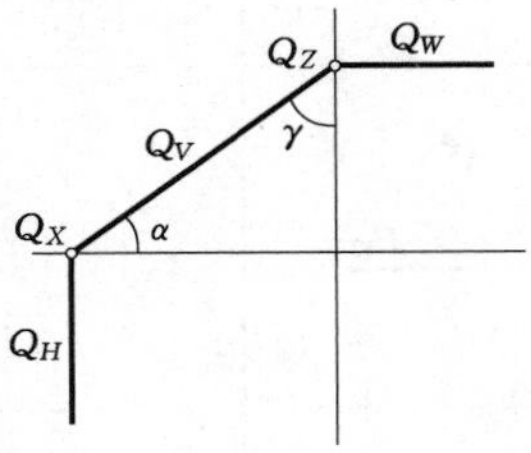	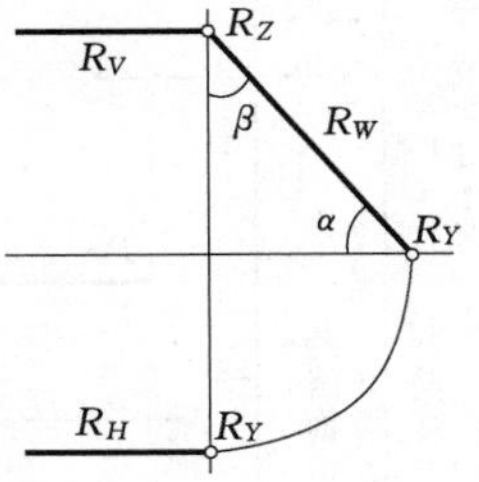
投影特点		①⊥H 面，倾斜于 V、W 面； ②水平投影积聚成斜线，它与 OX、OY 轴的夹角分别反映平面与 V、W 面的倾角 β、γ； ③正面、侧面投影为类似形	①⊥V 面，倾斜于 H、W 面； ②正面投影积聚成斜线，它与 OX、OZ 轴的夹角分别反映平面与 H、W 面的倾角 α、γ； ③水平、侧面投影为类似形	①⊥W 面，倾斜于 V、H 面； ②侧面投影积聚成斜线，它与 OY、OZ 轴的夹角分别反映平面与 H、V 面的倾角 α、β； ③正面、水平投影为类似形

由表 3.4 可知，投影面垂直面有如下投影特点：在所垂直的投影面上，垂面积聚成一斜线，它与轴的夹角反映平面与另外两投影面的倾角；在另外两投影面上的投影均为平面图形的类似形。

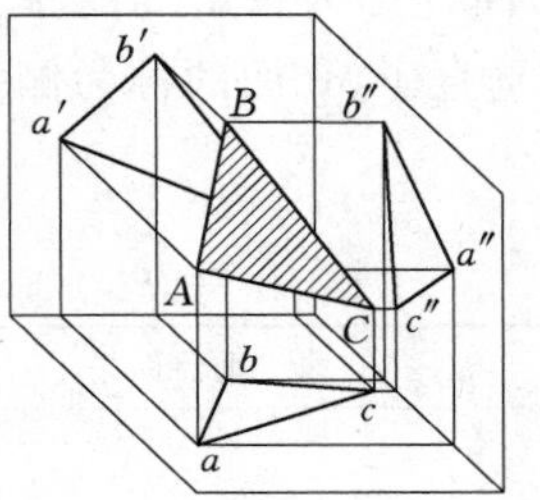

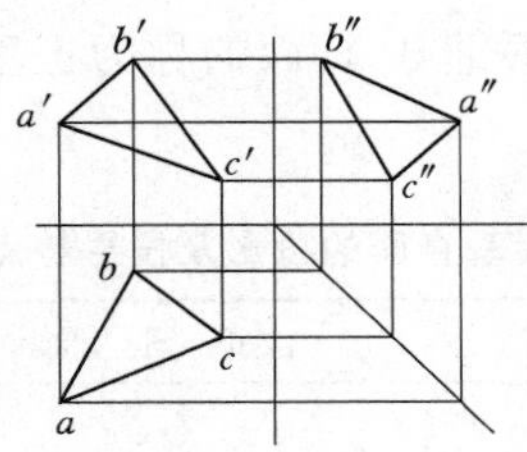

图 3.30　一般位置平面的投影

3. 一般位置平面

与各投影面都倾斜的平面，称为一般位置平面。如图 3.30 所示，平面上的几何图形，其投影既不反映实形，也没有积聚，而是该几何图形的类似形。

3.3.3　平面内的点与线

点与直线在平面内的几何条件如下：

(1) 若点位于平面内的一条直线上，则点在平面内。

(2) 若直线通过平面内的两个点，则直线在平面内。

(3) 若直线通过平面内的一点，同时又平行于平面内的已知直线，则该线也在平面内。

以图 3.31 为例，相交直线 AB、BC 在 P 平面内，在 AB、BC 上各取一点 K、Ⅰ，则 KⅠ的连线一定在平面 P 内；若过平面上的已知点 K 作直线 KⅡ$/\!/BC$，则 KⅡ一定也在平面 P 内。

由以上分析可知，若要在平面上取点，必须取自平面内的已知直线；而要在平面内取直线，则必须利用平面内的点，平面内取点和取线是相互依存的。

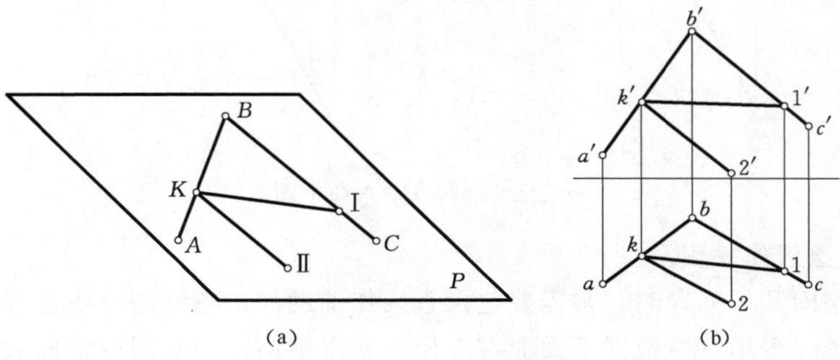

图 3.31 平面内的点和直线

以图 3.32（a）为例，已知△ABC 上 K 点的正面投影 k'，作出其水平投影 k。此时就需用辅助线法，作出过 K 点的平面内一条线。根据直线在平面内的条件，作辅助线的方法有以下两种：

（1）如图 3.32（b）（c）所示，过△ABC 上某已知点与 K 作直线如 BK，并延长交已知直线 AC 于Ⅰ，BⅠ必在平面内，k 即在 BⅠ的水平投影上。

（2）如图 3.32（b）（d）所示，过 K 作△ABC 某边的平行线如 KⅡ$/\!/BC$，KⅡ必在平面内，k 即在 KⅡ的水平投影上。

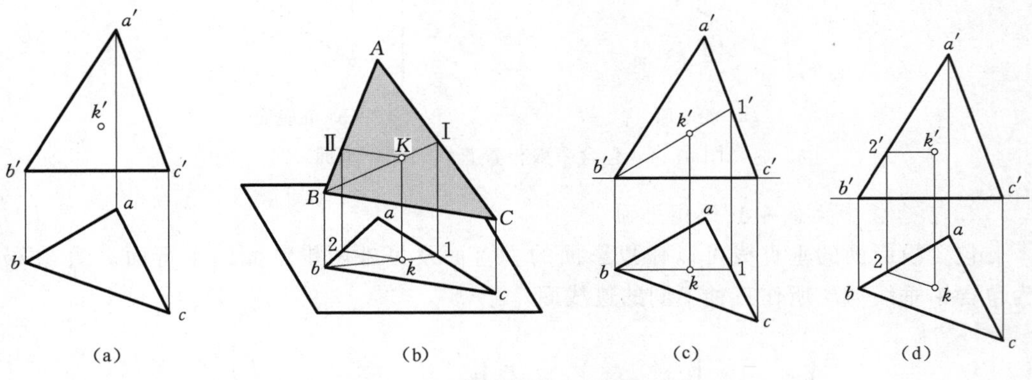

图 3.32 以辅助线法在平面上取点

【例 3.6】 判断图 3.33（a）中的 M 点是否在 A 点与 BC 线所确定的平面上。

分析： 若 M 点在平面 ABC 上，则 M 点与面上任一点的连线必与平面上的直线平行或相交。

作图： 连接 $a'm'$、am 并延长，由图 3.33（b）可以看出，AM 与 BC 不相交，AM 线不在平面 ABC 上，所以 M 点不在平面 ABC 上。

视频资源 3.10 平面内取点、取线

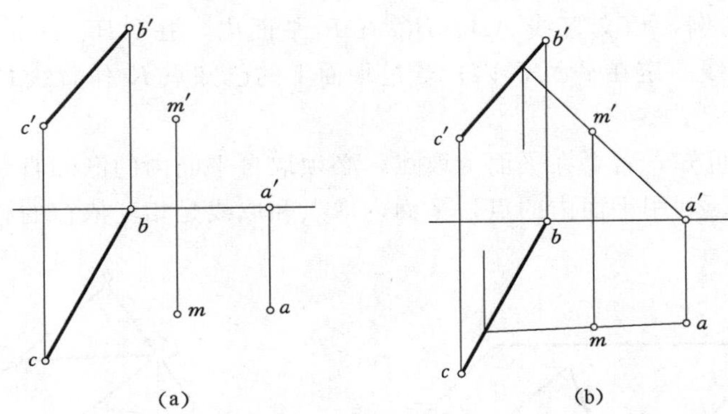

图 3.33　判断点是否在平面上

3.3.4　包含直线作平面

在图解空间几何问题时，常需要包含直线作辅助面，辅助面一般选择特殊位置平面。由于用迹线表示特殊位置平面非常方便，所以辅助面一般用迹线面表示。下面仅讨论包含各种位置直线所作的特殊位置平面。

1. 包含一般位置直线作平面

包含一般位置直线可以作各个投影面的垂直面。图 3.34（a）为包含一般位置直线 AB 所作的铅垂面 P；图 3.34（b）为包含一般位置直线 AB 所作的正垂面 Q。

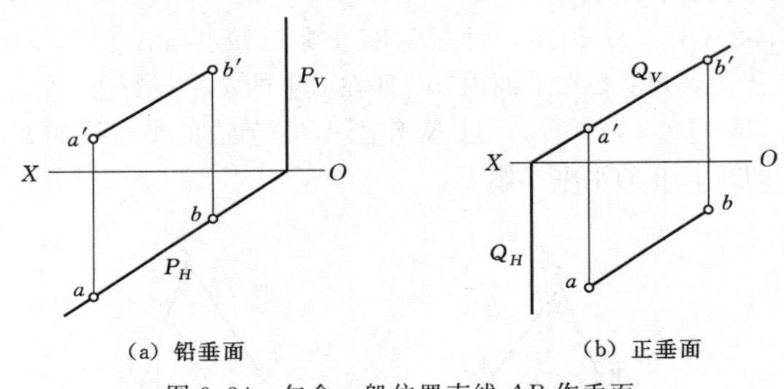

图 3.34　包含一般位置直线 AB 作垂面

2. 包含投影面的垂直线作平面

包含投影面的垂直线可以作投影面的垂直面及另外两投影面的平行面。图 3.35 为包含铅垂线 AB 所作三种不同的迹线面。

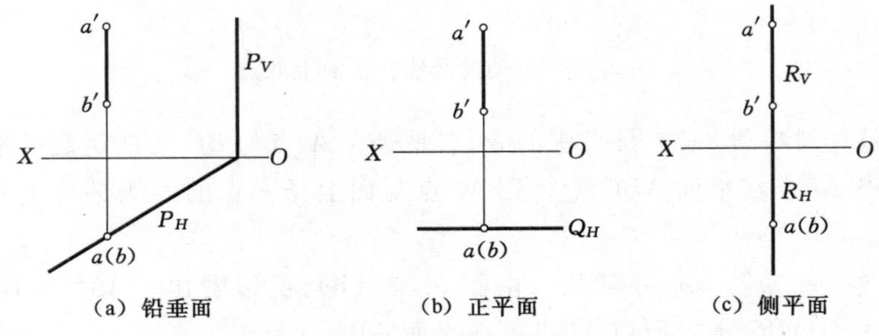

图 3.35　包含垂直线作迹线面

3. 包含投影面的平行线作平面

包含投影面的平行线可以作投影面的平行面和垂直面。图 3.36 为包含水平线 AB 所作的两种迹线面。

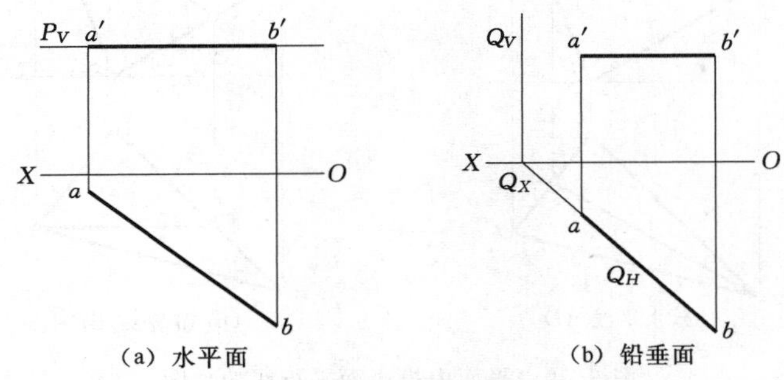

图 3.36 包含水平线作迹线面

3.3.5 平面内的特殊位置直线

视频资源 3.11 平面内的特殊位置直线

平面内有两种特殊位置直线对解决空间几何问题有重要作用，这两种特殊位置直线分别是平面内对投影面的平行线和最大斜度线，如图 3.37 所示。

1. 平面内对投影面的平行线

空间平面内分别平行于 H、V 和 W 面的直线，称为该平面内的水平线、正平线和侧平线。它们同时具有投影面平行线和平面内直线的投影特点。

如图 3.38 所示 P 平面内的水平线 AB，具有如下投影特点：

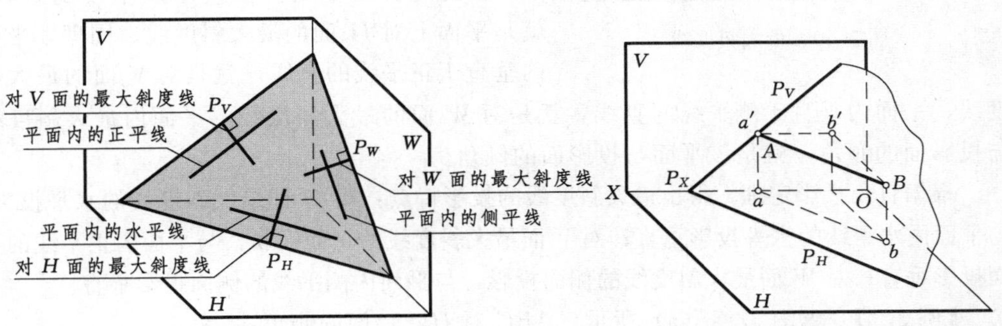

图 3.37 平面内的两种特殊位置直线

图 3.38 平面内的水平线

(1) 因 AB 平行于 H 面，所以其正面投影 $a'b'$ 平行于 OX 轴。

(2) 又因 AB 在平面 P 内，所以 P 面上有无数条水平线（包括水平迹线 P_H）都相互平行。

同理，平面内的正平线和侧平线都有类似的投影特点。

图 3.39 (a)、(b) 分别表示在平面 ABC 内作水平线 AD 和正平线 BE 的方法。显然，平面内所有与 AD 或 BE 平行的线都是水平线或正平线，这种线可作无数条。

2. 平面内对投影面的最大斜度线

空间平面内对某投影面倾角最大的直线，称为对该投影面的最大斜度线。显然，平面内的这种线也有无数条。

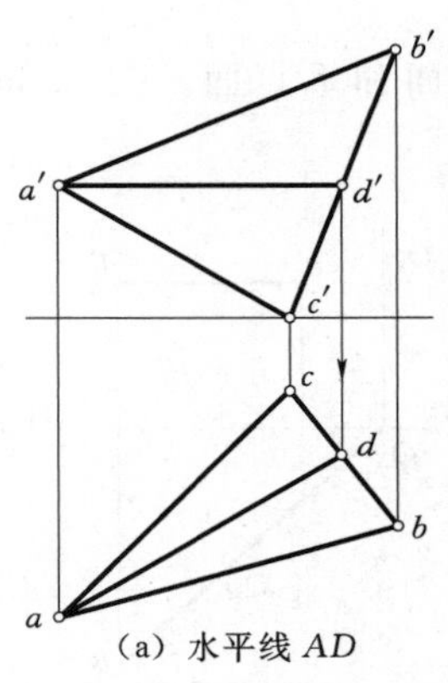

(a) 水平线 AD

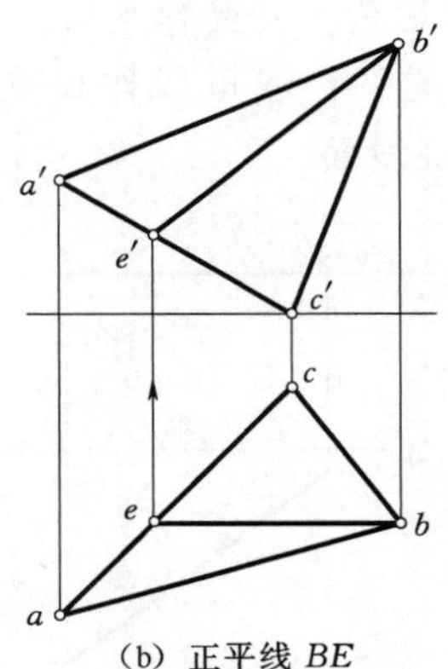

(b) 正平线 BE

图 3.39　平面内投影面平行线的作图

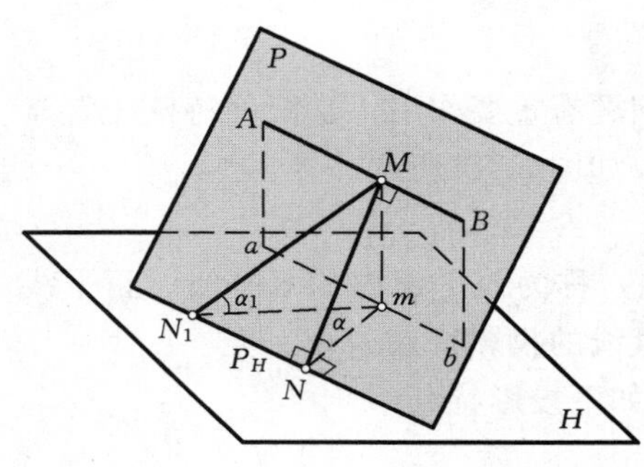

图 3.40　最大斜度线

如图 3.40 所示，过 M 点可在 P 平面内做无数条线，其中的 MN_1 是平面内过 M 点的任意直线，它与 H 面的倾角为 α_1，MN 是垂直于 P 平面内水平线 AB 和水平迹线 P_H 的直线，它与 H 面倾角为 α，比较 $\triangle MNm$ 和 $\triangle MN_1m$ 就可以看出：$\sin\alpha = Mm/MN$、$\sin\alpha_1 = Mm/MN_1$，故得 $\alpha > \alpha_1$。

由此可知：平面内垂直于水平线的直线，就是平面上对 H 面的最大斜度线。同理，平面内垂直于正平线的直线，就是对 V 面的最大斜度线；平面内垂直于侧平线的直线，就是对 W 面的最大斜度线。平面内最大斜度线与投影面的倾角，就是该平面与投影面的倾角。

根据直角投影定理，得出最大斜度线的投影特点：对 H 面最大斜度线的水平投影，与平面内水平线的水平投影垂直；对 V 面最大斜度线的正面投影，与平面内正平线的正面投影垂直；对 W 面最大斜度线的侧面投影，与平面内侧平线的侧面投影垂直。

【例 3.7】 求图 3.41 (a) 所示 $\triangle ABC$ 对 H、V 面的倾角 α、β。

分析： 由于 $\triangle ABC$ 是一般位置平面，求 α 或 β 就应在该平面上作对 H 或 V 面的最大斜度线。根据最大斜度线垂直于平面内平行线的投影特点，需先作平行线，再作出最大斜度线，然后用实长三角形求出最大斜度线对投影面的倾角。

作图： 以求 α 倾角为例，如图 3.41 (a) 所示。

(1) 在 $\triangle ABC$ 内作水平线 CD，即过 c' 作 $c'd' /\!/ OX$ 轴，从而得水平投影 cd。

(2) 过 B 点作 $BE \perp CD$，即过 b 作 $be \perp cd$，再求 $b'e'$，即得对 H 面的最大斜度线 BE。

(3) 用实长三角形求作 BE 对 H 面的倾角 α。

注意： 求 α 角，实长三角形必须以 BE 的水平投影 be 和正面投影 $b'e'$ 的高差为直角边。

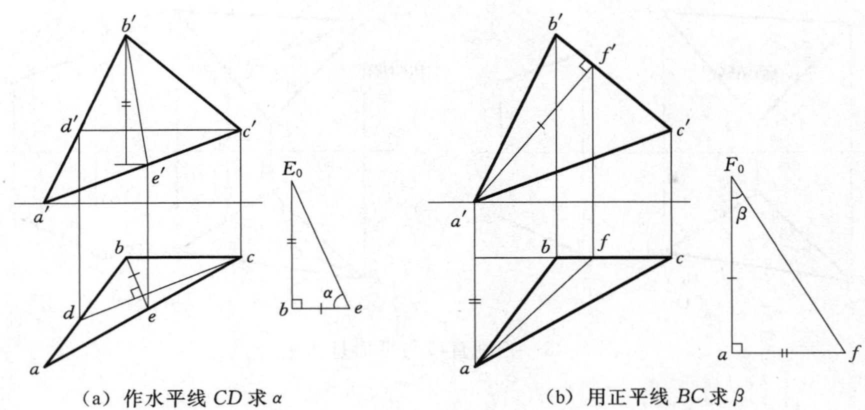

图 3.41 求△ABC 对 V、H 面的倾角

同理，用类似的方法在△ABC 内以正平线 BC 为辅助线，即可求得对 V 面的最大斜度线 AF，再用实长三角形求出 AF 对 V 面的倾角 β，如图 3.41（b）所示。

3.4 直线与平面、平面与平面的相对位置

直线与平面或平面与平面之间的相对关系，可以是平行、相交和垂直。下面分别介绍它们的投影特点和作图方法。

3.4.1 直线与平面的相对位置

1. 直线与平面平行

由初等几何可知：平面外一直线只要与平面内的任一直线平行，该直线就和这个平面平行。反之，若某直线平行于平面，则平面内必有一族线与该直线平行，如图 3.42 所示。

据此，就能够在投影图上判别直线与平面是否平行，也可解决有关直线与平面平行的作图问题。

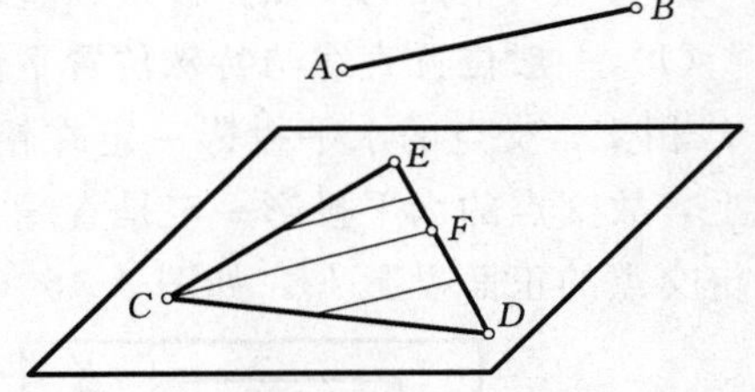

图 3.42 直线与平面平行

【例 3.8】 判别图 3.43（a）中直线 AB 与平面 CDE 是否平行。

分析： 要判别直线 AB 是否与平面 CDE 平行，就看能否在该平面内作出与 AB 平行的直线。

作图： 如图 3.43（b）所示，先过 c 及 c′分别作 ab 以及 a′b′的平行线，并与 de 及 d′e′相交，然后判断交点是否符合交点的投影规律。因 f 及 f′连线在同一条铅直线上，符合点的投影规律，故 CF 在平面 CDE 内且与 AB 平行，所以直线 AB 与平面 CDE 平行。

值得注意的是：当直线的一个投影与平面的积聚性投影平行时，只根据这一个投影面，就可判断直线与平面平行。如图 3.44（a）和（b）所示。

视频资源 3.12 直线、平面间的平行关系

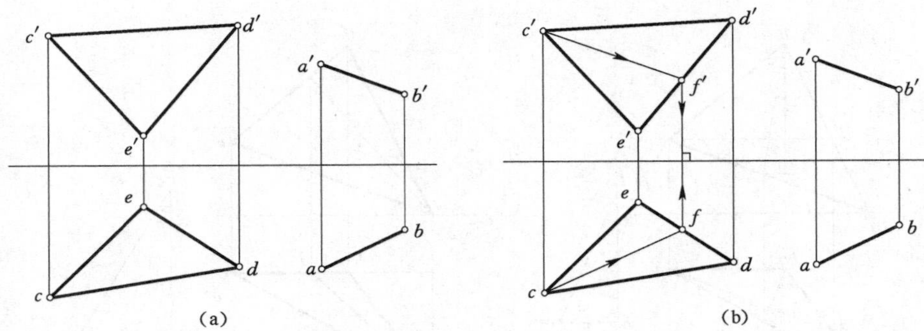

图 3.43　判别直线与平面是否平行

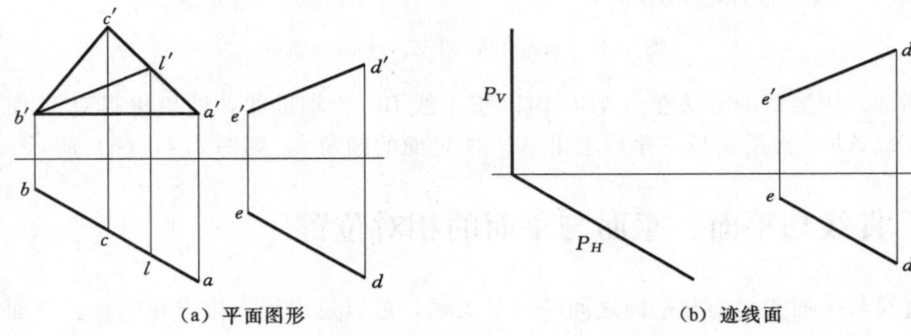

(a) 平面图形　　(b) 迹线面

图 3.44　直线与投影面垂直面平行

2. 直线与平面相交

由初等几何可知，直线与平面不平行则必然相交。

直线与平面相交于一点，该点是两者的共有点，既在直线上，又在平面上。所以，求直线与平面的交点，涉及在直线或平面上取点的问题。

(1) 一般位置直线与特殊位置平面相交。如图 3.45 (a) 所示，直线 AB 与铅垂面 P 相交，交点的水平投影一定在铅垂面的积聚性投影上，也一定在直线的水平投影上，故交点的水平投影一定是直线 AB 与平面 P 的公有点 k，再按线上取点的方法确定交点的正面投影 k'，如图 3.45 (b) 所示。

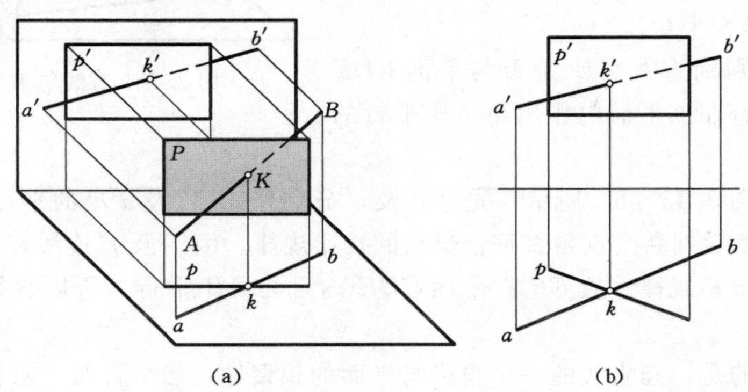

图 3.45　直线与铅垂面 P 相交

图 3.45（b）中直线与平面的正面投影重叠，因而存在可见性的判别问题，直线总是以交点为界，一端可见，另一端不可见。由水平投影看出，AK 端在平面 P 的前方，故 $a'k'$ 可见，用实线表示，而 $k'b'$ 中与平面投影重叠的一段不可见，用虚线表示。

（2）特殊位置直线与一般位置平面相交。图 3.46 中铅垂线 AB 与一般位置平面 CDE 相交，因 AB 的水平投影积聚于点 $a(b)$，所以交点的水平投影 k 与 $a(b)$ 重影，正面投影 k' 可用辅助线 CF 在平面上取点求得。由水平投影可以看出，AB 在 CE 的前面，所以 AB 的正面投影中 $k'b'$ 可见，画实线；而 $k'a'$ 中被遮挡的部分不可见，画虚线。

（3）一般位置直线与一般位置平面相交。一般位置直线与一般位置平面都没有积聚性，投影面上都不能直接确定交点。但是，由于直线与平面相交，包含该直线的任何辅助面与平面的交线必定都通过交点。如图 3.47 所示，直线 DE 与平面 ABC 相交于 K 点，则包含 DE 所作的辅助面 R 与 ABC 的交线 MN 必过 K 点。

视频资源 3.13
特殊位置直线或平面间的相交关系

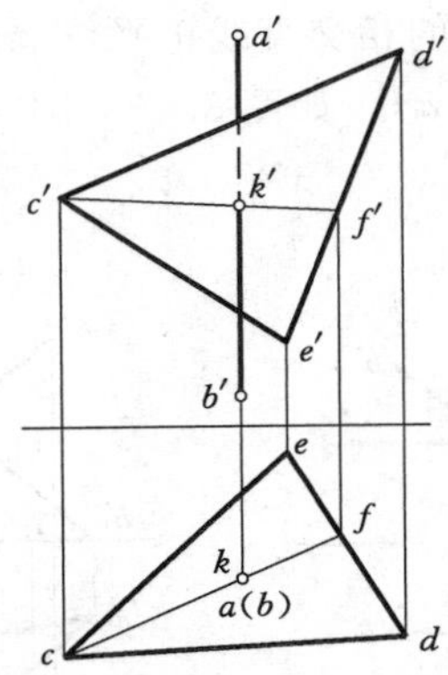

图 3.46　铅垂线与一般位置平面相交

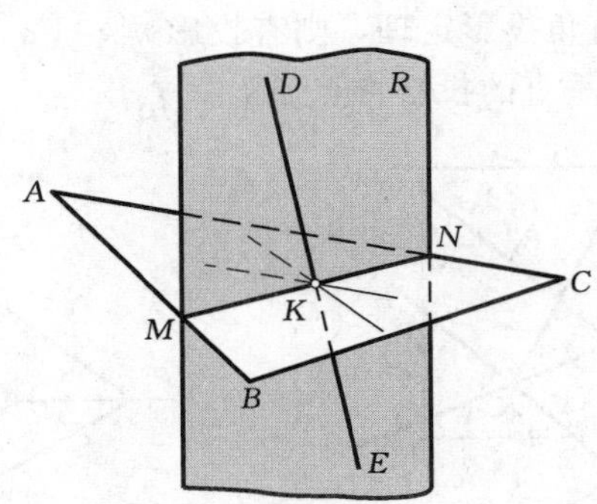

图 3.47　一般位置的直线、平面相交

以图 3.48（a）为例，一般位置直线与一般位置平面相交的作图步骤如下：

1）包含直线作辅助面。为作图简便，常以垂直面为辅助面，并用迹线面表示，如图 3.48（b）的正垂面 R。

2）求辅助面与已知平面的交线。如图 3.48（b）所示，利用辅助面 R 的积聚性，可直接求出与平面 ABC 交线（辅助线）的正面投影 $m'n'$，再按面上取线的方法求出交线的水平投影 mn。

3）求交线与已知直线的交点。如图 3.48（c）所示，水平投影中交线 mn 和直线 de 交于 k，再用线上取点法求出正面投影 k'，则 K 点即为直线与平面的交点。

4）根据线面重影判别直线的可见性。由图 3.48（c）水平投影可以看出，de 在 ab 的后面，所以正面投影 $k'd'$ 中被平面遮挡的部分画虚线；由图 3.48（c）正面投影可以看出，$d'e'$ 在 $b'c'$ 的下方，所以水平投影 ke 中被平面遮挡的部分画虚线。

视频资源 3.14
一般位置直线和平面的相交关系

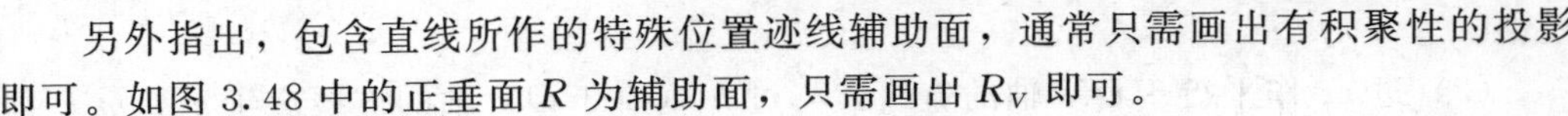
另外指出，包含直线所作的特殊位置迹线辅助面，通常只需画出有积聚性的投影即可。如图 3.48 中的正垂面 R 为辅助面，只需画出 R_V 即可。

3. 直线与平面垂直

图 3.49（a）中直线 NK 垂直于平面 P。由初等几何可知：若直线垂直于平面，

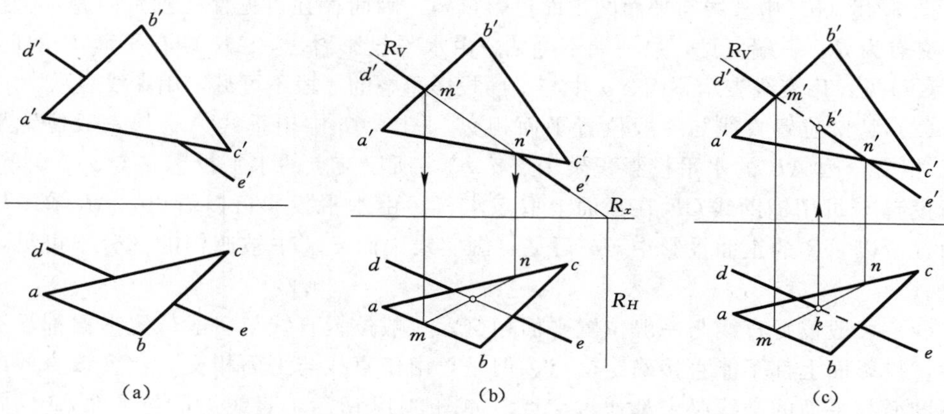

图 3.48　一般位置直线与一般位置平面相交

则必垂直于平面内任何一条直线，也就垂直于平面内的相交直线正平线 AB 和水平线 CD。根据直角投影定理，则有投影 $n'k' \perp a'b'$，$nk \perp cd$，如图 3.49（b）所示。由此可知，线面垂直的投影特点如下：

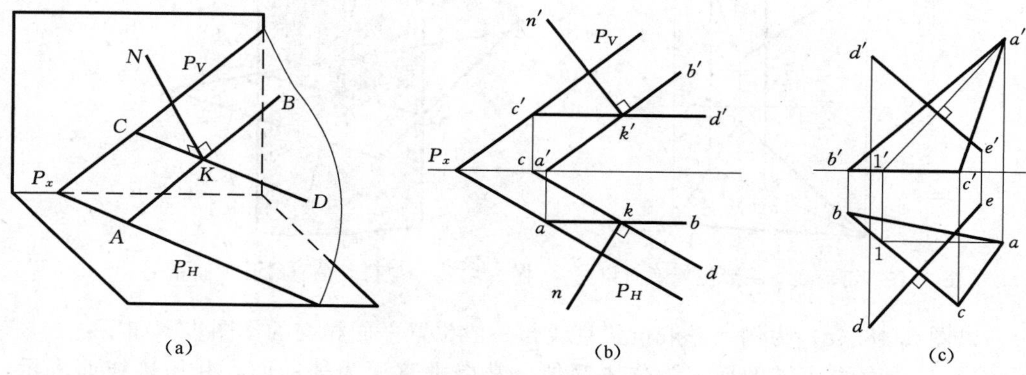

图 3.49　直线垂直于平面

若直线垂直于某平面，直线的水平投影必垂直于该平面上水平线的水平投影；同时，它的正面投影又垂直于该平面上正平线的正面投影。如图 3.49（c）所示，由于 $d'e' \perp a'1'$（正平线），$de \perp bc$（水平线），故直线 $DE \perp$ 平面 ABC。

【例 3.9】 求图 3.50（a）所示 M 点到平面 $ABCD$ 的距离。

分析： 由于平面 $ABCD$ 是铅垂面，过 M 点向它所作的垂线必然是水平线，水平投影反映实长（即距离）和垂直关系，其正面投影平行于 OX 轴。

作图： 如图 3.50（b）所示。

（1）过 m 作 mk 垂直于平面的积聚性投影 $a(d)c(b)$，交点 k 为就是垂足的水平投影。

（2）过 m' 作平行于 OX 轴的直线，与过 k 垂直于 OX 轴的连线交于 k'，$m'k'$ 即垂线的正面投影。因 MK 为水平线，水平投影 mk 长度即为 M 点到平面 $ABCD$ 的距离。

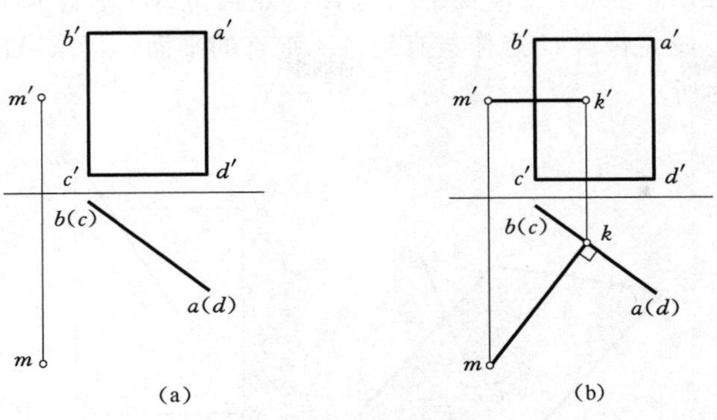

图 3.50 求点到铅垂面的距离

【**例 3.10**】 求图 3.51（a）所示 D 点到△ABC 的距离。

分析：△ABC 是一般位置平面，所以与它垂直的线也是一般位置直线。为此，应先过 D 点作△ABC 的垂线，求垂线与平面的交点（垂足），再用直角三角形法确定距离。

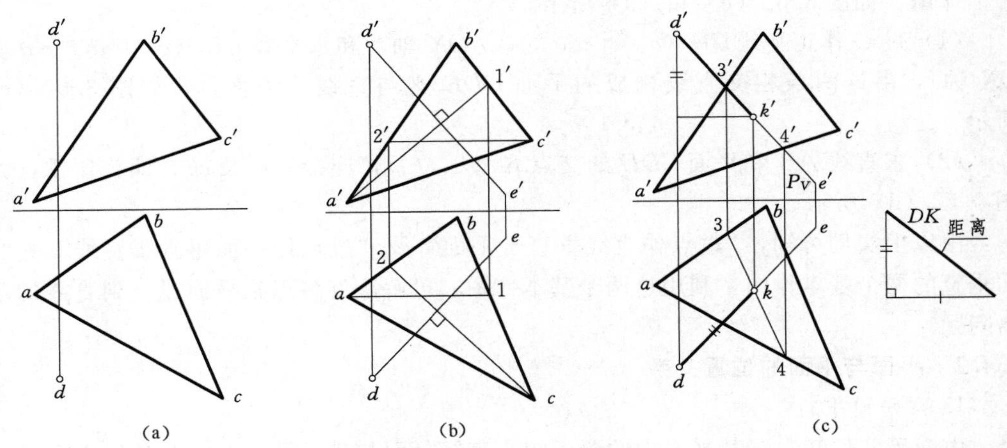

图 3.51 求点到一般位置平面的距离

作图：如图 3.51（b）和（c）所示。

（1）在△ABC 上作正平线 AⅠ和水平线 CⅡ，如图 3.51（b）所示。

（2）过 D 点作 DE 垂直于△ABC，即 $d'e' \perp a'1'$（正平线），$de \perp c2$（水平线），如图 3.51（b）所示。

（3）包含 DE 作正垂面 P，求 DE 与△ABC 的交点，得垂足 K；判别可见性，因 dk 在 ab 之前、$d'k'$在 $a'c'$之上，故 $d'k'$和 dk 都可见，用粗实线绘制，即得垂线 DK，如图 3.51（c）所示。

（4）用直角三角形法求 DK 实长，即 D 到△ABC 的距离，如图 3.51（c）所示。

【**例 3.11**】 如图 3.52（a）所示，过 C 点作直线与已知直线 AB 垂直且相交。

分析：因 AB 是一般位置直线，与之垂直的直线 CK 也是一般位置直线，它们的

投影不反映直角关系。但是，CK 必然在包含 C 点且与 AB 垂直的平面上，如图 3.52（b）所示。所以，应先包含 C 点作与直线 AB 垂直的平面，再求 AB 与该平面的交点 K，连接 CK 即为所求。

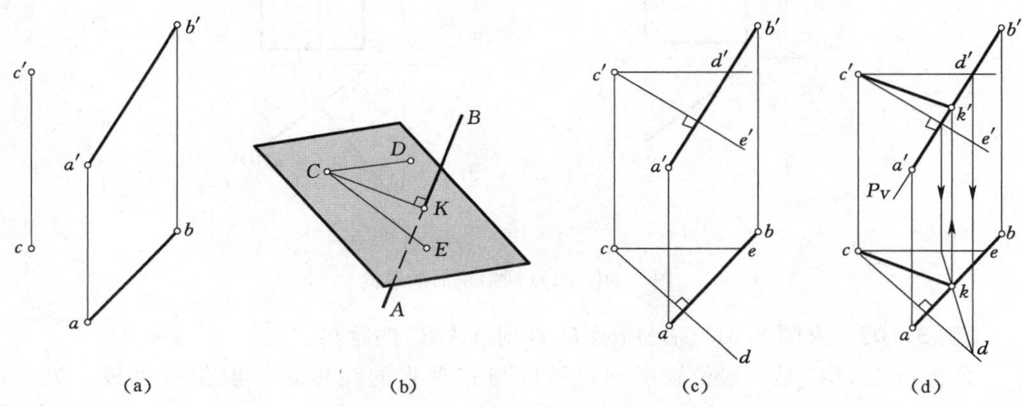

图 3.52　过 C 点与已知直线的垂线

作图： 如图 3.52（c）和（d）所示。

（1）过 C 作正平线 CE（$c'e' \perp a'b'$、$ce /\!/ OX$ 轴）和水平线 CD（$cd \perp ab$、$c'd' /\!/ OX$ 轴），由这两条相交直线构成的平面 CDE 必与直线 AB 垂直，如图 3.52（c）所示。

（2）求直线 AB 和平面 CDE 的交点 K（k，k'），连接 $c'k'$ 及 ck，即为所求，如图 3.52（d）所示。

由以上实例可知，“过点作直线垂直于平面”及“过点作平面垂直于直线”是线面垂直的两个基本作图，利用这两个基本作图，可解决许多点到平面或点到直线的距离问题。

3.4.2　平面与平面的位置关系

1. 两平面平行

由初等几何知：若某平面内的两条相交直线分别与另一平面内的两条相交直线对应平行，则两平面相互平行。如图 3.53 所示，P 平面内相交直线 AB、AC 与 Q 平面内相交直线 DE、DF 对应平行，则平面 P、Q 相互平行。

【例 3.12】 判别图 3.54（a）所示的两平面是否平行。

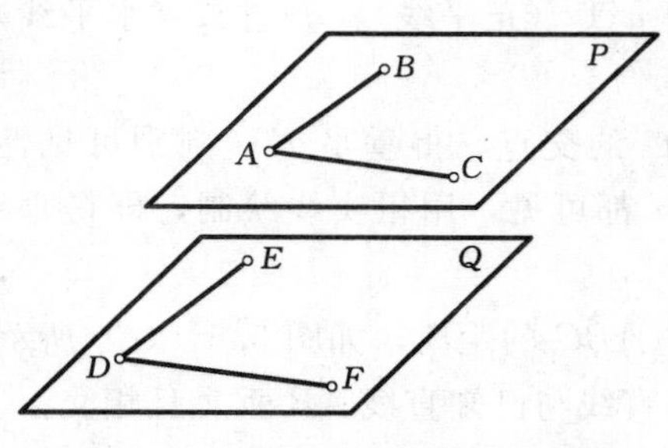

图 3.53　相交直线才能判别平面平行

分析： 若两平面平行，必能在一平面内作相交两直线与另一平面内相交两直线对应平行。

作图： 如图 3.54（b）所示。

（1）作 $DL /\!/ AB$，即 $d'l' /\!/ a'b'$、$dl /\!/ ab$；作 $E\text{Ⅱ} /\!/ AC$，即 $e'2' /\!/ a'c'$、$e2 /\!/ ac$。

（2）因直线 DL 和 $E\text{Ⅱ}$ 相交于 K 点，且 K 点符合点的投影规律，故平面 $ABC /\!/ DEF$。

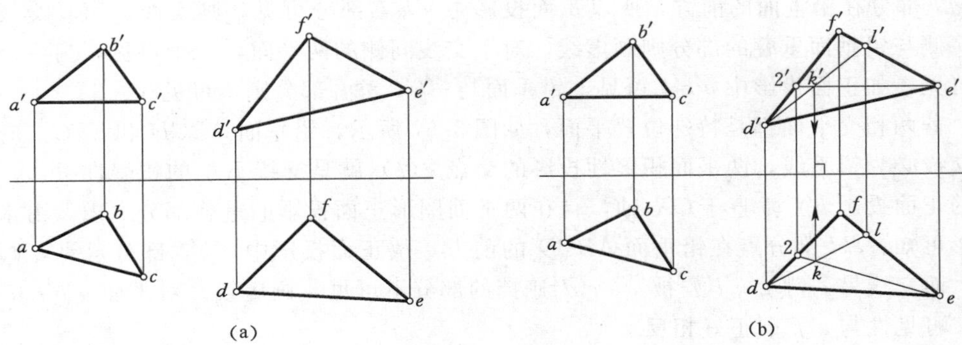

图 3.54　判别两平面是否平行

【例 3.13】 包含图 3.55（a）中 K 点作一平面，使其与两平行直线 AB、CD 所确定的平面平行。

分析： 根据两平面平行的条件，过 K 点作两相交直线分别与已知平面内的两相交直线平行即可。

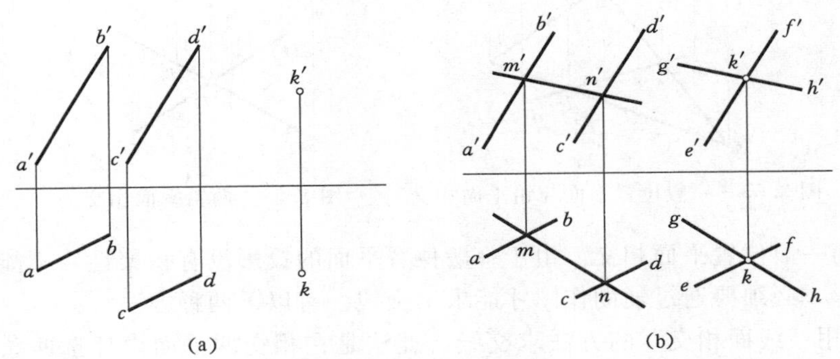

图 3.55　包含点 K 作平面与已知平面平行

作图： 如图 3.55（b）所示。

（1）过 K 点作 $EF // CD$，即 $e'f' // c'd'$、$ef // cd$。

（2）任作一条与两平行线平面相交的辅助线 MN，再过 K 作直线 $GH // MN$，即 $g'h' // m'n'$、$gh // mn$，则相交直线 EF、GH 所确定的平面与 $ABCD$ 平面平行。

2. 两平面相交

两平面之间不平行则必然相交。平面与平面相交于一直线，交线是两平面的共有线。求两平面的交线，只要找出交线上的两点并连线，交线就确定了。

（1）一般位置平面与特殊位置平面相交。利用特殊位置平面的积聚性投影，可确定该投影面上交线的投影，再利用线面取点法求出交线的另一面投影。图 3.56 是铅垂面与一般位置平面相交，利用铅垂面的积聚性，先确定它与一般位置平面 EFG 交线的水平投影 kl，再在线上取点求出其正面投影 k'、l'，连接 $k'l'$，KL 即为交线。

两平面图形的重叠部分，必然存在可见性的判别。对单个平面而言，可见性是以交线为界，一侧可见，另一侧必不可见。如图 3.56 所示，水平投影中一般位置平面

的 ekl 部分在铅垂面的前方，所以正面投影中 $e'k'l'$ 部分可见，画实线；而其交线的另一侧与铅垂面重叠的部分则画虚线。对于交线同侧的两平面，一个可见，另一个必不可见，如正面投影中 $e'k'l'$ 可见，铅垂面与 $e'k'l'$ 重叠部分则不可见。

若两相交平面都是特殊位置平面，如图 3.57 所示，铅垂面 $ABCD$ 和 EFG，它们的交线必为铅垂线，两平面积聚性投影的交点 $k(l)$ 就是交线 KL 的积聚性投影。交线的正面投影 $k'l'$ 垂直于 OX 轴，且在两平面图形正面投影的重叠部分之内。由水平投影可知：ekl 部分点在铅垂面 $ABCD$ 的前方，故正面投影中 $e'k'l'$ 部分可见，画实线，而交线另一侧 $g'k'l'f'$ 被 $a'b'c'd'$ 遮挡的部分不可见，画虚线。对平面 $a'b'c'd'$ 而言，可见性与 $e'f'g'$ 正好相反。

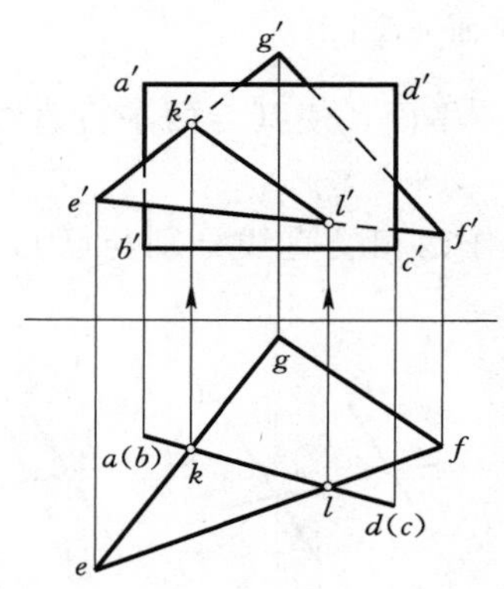

图 3.56　一般位置平面与铅垂面相交

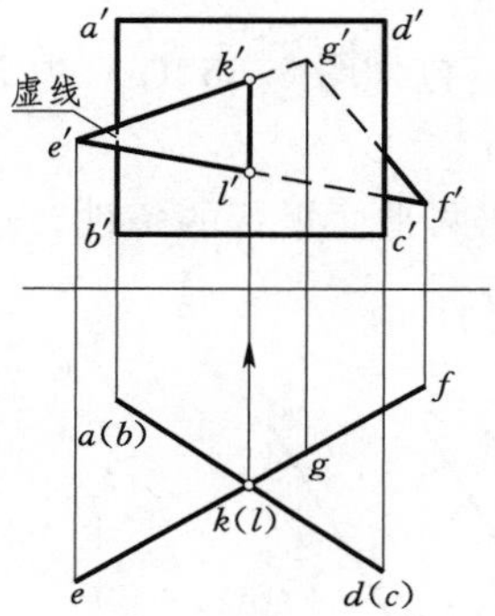

图 3.57　两铅垂面相交

（2）两一般位置平面相交。由于一般位置平面的投影没有积聚性，不能直接得到交线的投影，必须要通过辅助作图才能求出交线。有以下两种方法：

1）利用“线面相交”的方法求交线。此法是在相交两平面内任选两条直线，分别求出它们对另一平面的交点，连接交点即得交线。下面以图 3.58（a）为例，说明此法的作图步骤。

a. 求直线 DE 和平面 ABC 的交点 M，即包含 DE 作正垂面 P，先求平面 P 与平面 ABC 的交线（辅助线），再求辅助线与直线 DE 的交点 M，如图 3.58（b）所示。

b. 以同样方法包含 DF 作正垂面 Q，先求平面 Q 与平面 ABC 的交线（辅助线），再求辅助线和直线 DF 的交点 N，连接 MN 即为交线，如图 3.58（c）所示。

c. 判别可见性。由于两平面均是一般位置平面，必须利用重影点，才能判别可见性。在图 3.58（d）中Ⅰ、Ⅱ两点在正面重影，由水平投影可知 DE 上的Ⅰ点在前、BC 上的Ⅱ点在后，故正面投影中以交线 $m'n'$ 为界，重影点 $1'$ 所在的右侧 $e'm'n'f'$ 部分可见，画实线，而 $2'$ 所在的 $b'c'$ 被遮挡的部分不可见，画虚线；以交线 $m'n'$ 为界的左侧，两面重叠部分的可见性与右侧正好相反。同样，水平投影中的可见性，则可利用水平重影点Ⅲ（Ⅳ）的可见性另行判别。

应该指出，求两面交线所选辅助面包含的直线，可选自同一平面，也可分别选自两个平面，辅助面可以是正垂面，也可以是铅垂面。选择时，应以图面清晰，作图简捷为原则。

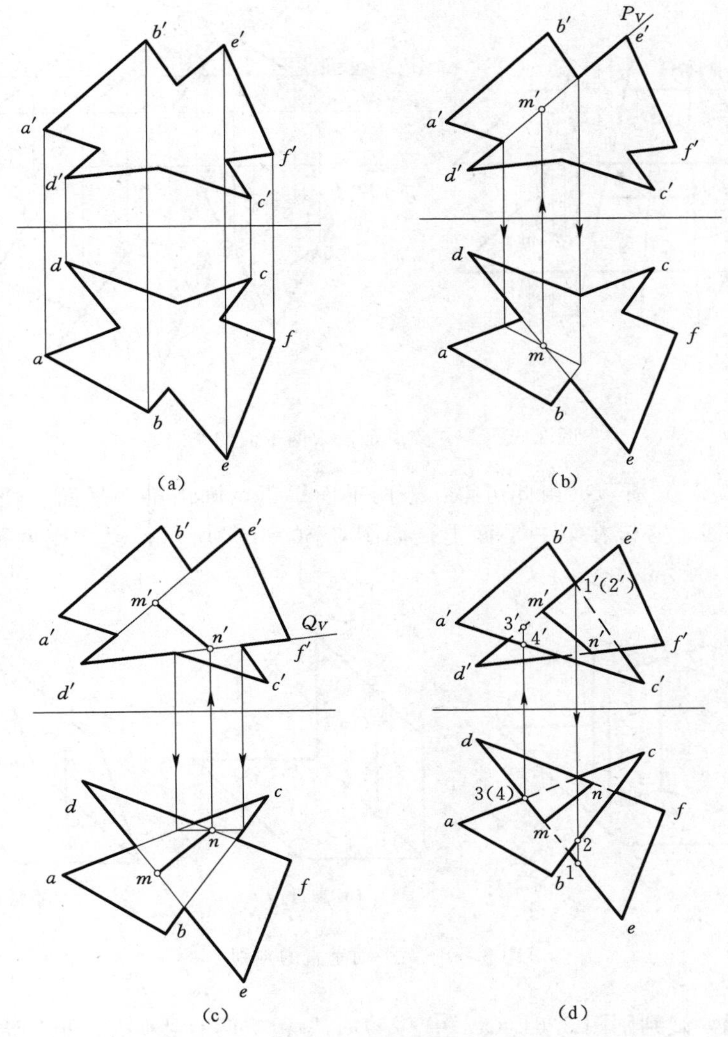

图 3.58　求两一般位置平面的交线

视频资源 3.15 两个一般位置平面的相交关系——线面相交法

2）利用“三面共点”的方法求交线。三个互交的平面有两条交线，这两条交线的交点就是这三面的共有点。此法的特点就是分别采用两个第三平面去切割已知的两平面，求出两个共有点并连线，即得两平面的交线。图 3.59（a）中 P、Q 为已知平面，R、S 为第三平面（辅助面），两交点 K_1、K_2 的连线就是 P、Q 两平面的交线。这一方法，特别适用于两平面的投影无公共区域的情况。

辅助面应取特殊位置平面，即投影面的平行面或垂直面。以图 3.59（b）为例，用了两个迹线水平面 R 和 S，求出交线 K_1K_2。由于两已知平面的投影无公共区域不重叠，不存在可见性的判别问题。

视频资源 3.16 两个一般位置平面的相交关系——三面共点法

3. 两平面垂直

由初等几何可知，若直线垂直某平面，则包含此直线的一切平面都与该平面垂

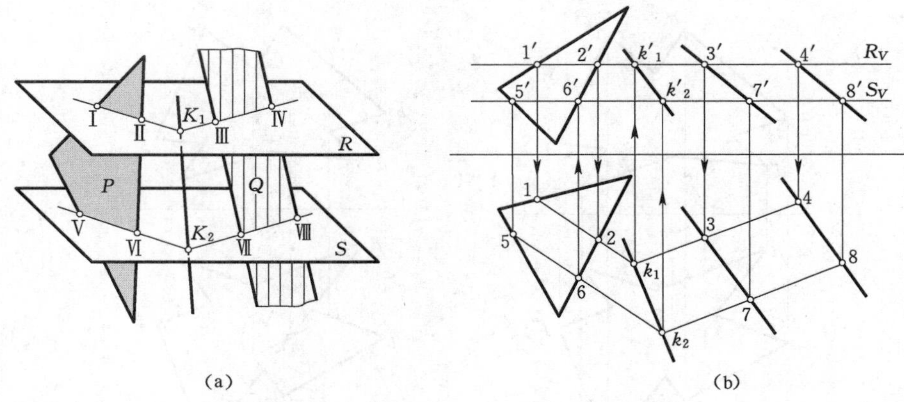

图 3.59　以三点共面法求两平面的交线

直，如图 3.60（a）所示。由此可得：若两平面垂直，则由第一平面上任一点向第二平面所作的垂线，必定在第一平面上，如图 3.60（b）所示；反之则两平面不垂直，如图 3.60（c）所示。

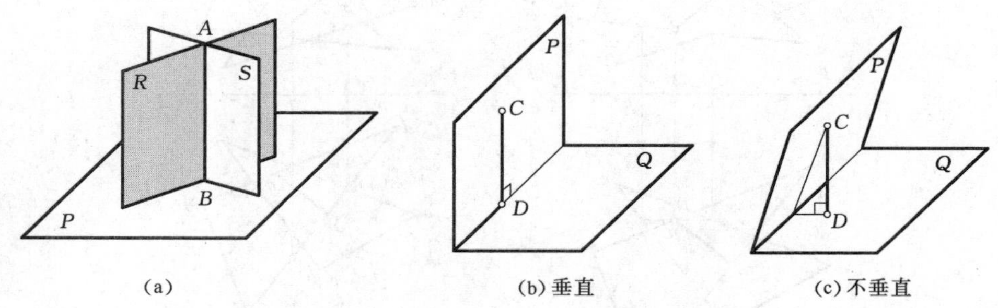

图 3.60　两平面垂直的判别

【例 3.14】　试判别图 3.61（a）中△ABC 与相交两直线 DE、FG 所确定的平面是否垂直。

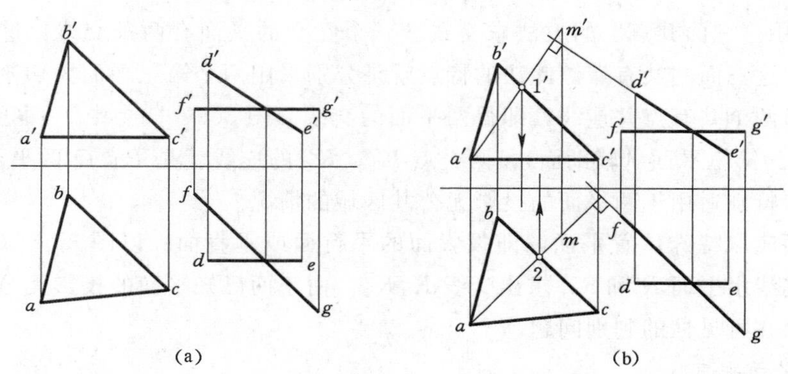

图 3.61　判别两平面是否垂直

分析：根据平面与平面垂直定理，可采用在第一平面上选点，向第二平面作垂线，再看该垂线是否在第一平面内的途径解决。图 3.61（a）所示两直线，DE 是正平线，FG 是水平线，故以△ABC 为第一平面作图。

作图：如图 3.61（b）所示。

（1）过 A 点作与 DE、FG 所确定平面的垂线 AM，即 $a'm' \perp d'e'$、$am \perp fg$。

（2）因正面投影 $a'm'$ 和 $b'c'$ 的交点 $1'$ 与水平投影 am 和 bc 的交点 2 不在同一竖直线上，不符合点的投影规律，说明 AM 不在平面 ABC 内，故两平面不垂直。

【例 3.15】 包含点 M 作平面与△ABC 垂直，如图 3.62（a）所示。

分析：根据两平面垂直定理，该平面必须包含由 M 点向△ABC 所作的垂线。显然，满足题设条件的平面有无数个，画出其中一个即可。

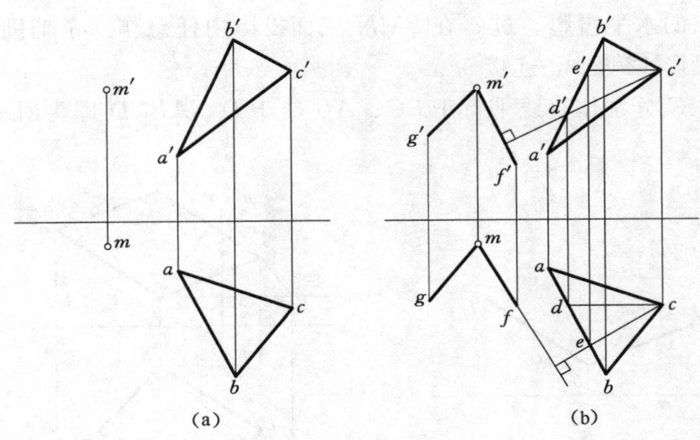

图 3.62 包含点 M 作平面与△ABC 垂直

作图：如图 3.62（b）所示。

（1）在 ABC 内作正平线 CD（$cd // OX$ 轴）和水平线 CE（$c'e' // OX$ 轴）。

（2）过点 M 作 MF 垂直于△ABC，即使 $mf \perp ce$，$m'f' \perp c'd'$。

（3）过 M 再任作一直线 MG，则由相交直线 MF、MG 所确定的平面 MFG 必垂直于△ABC。

3.5 综合举例

点、直线、平面投影中的基本作图可归纳如下：

（1）求线段的实长、对投影面的倾角以及在直线上取定长线段。

（2）在平面上取点、取线。

（3）求直线与平面的交点及两平面的交线。

（4）过点作直线（或平面）与已知直线（或平面）平行。

（5）过点作直线（或平面）与已知直线（或平面）垂直。

熟练掌握这些基本作图，就可以图解一些复杂的空间几何问题。解题前应看清题意，明确已知条件及所需求解的问题，还应特别注意挖掘隐含条件，同时分析空间情况，根据有关几何定理，确定解题的方法和步骤。

【例 3.16】 已知矩形 AB 边的两面投影及邻边 BC 的正面投影，试完成矩形 $ABCD$ 的两面投影，如图 3.63（a）所示。

分析：此题的关键是求出角点 C 的水平投影，然后再根据平行关系即可完成两面投影。因矩形的邻边 $BC\perp AB$，C 点必在过 B 点且与 AB 垂直的平面上，故应先作出此垂面，再根据面上取点的方法可定出 c。

作图：如图 3.63（b）所示。

（1）过 B 点作垂直于 AB 的垂面 BMN，即作正平线 BM（即 $b'm'\perp a'b'$，$bm/\!/OX$ 轴）和水平线 BN（即 $bn\perp ab$，$b'n'/\!/OX$ 轴）。

（2）求 c 点的水平投影。过 c'在 BMN 正面投影中任意作一条辅助线 $1'2'$，求出辅助线的水平投影 12 及 c，连接 bc。

（3）过 A、C 分别作直线平行于 BC、AB 交于 D，$ABCD$ 即为所求。

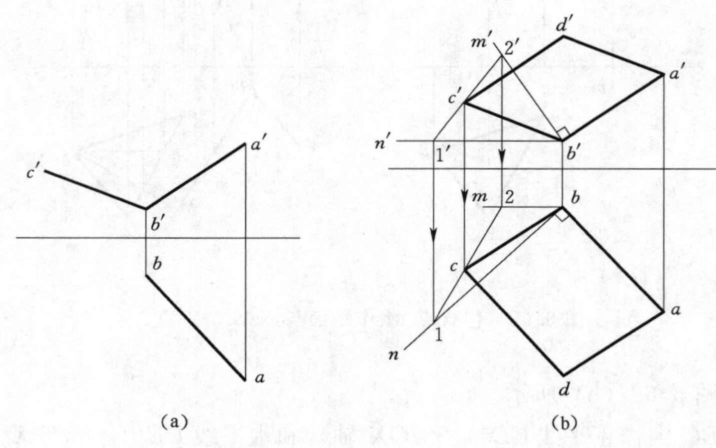

图 3.63　求作矩形 $ABCD$

【例 3.17】 试求以 AB 为底，顶点 C 在 DE 直线上的等腰△ABC 的两面投影，如图 3.64（a）所示。

分析：等腰三角形顶点 C 距底边两端点 A、B 的距离相等，所以 C 点必在 AB 线段的中垂面上。因 C 点是直线 DE 上的点，则 C 点就是直线 DE 与中垂面的交点。

作图：如图 3.64（b）所示。

（1）过 AB 的中点 M 作平面 MNL 垂直于 AB，即 $m'l'\perp a'b'$，$ml/\!/OX$ 轴；$mn\perp ab$，$m'n'/\!/OX$ 轴。

（2）以包含 DE 的正垂面 R 为辅助面，求出 DE 与中垂面 MNL 的交点 C，连接 AC、BC 即得所求。

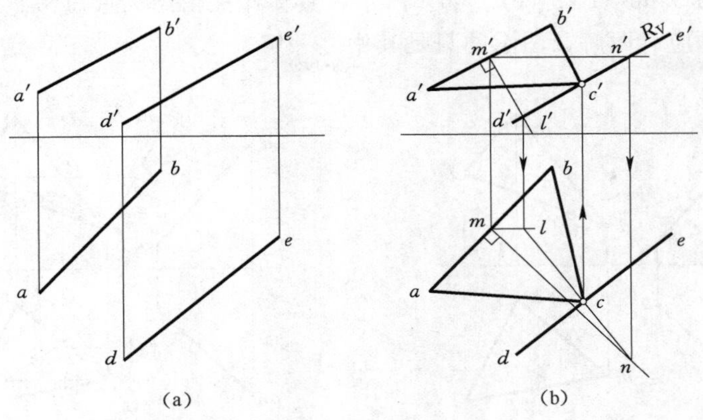

图 3.64 求作等腰△*ABC*

【例 3.18】 过 *A* 点作直线 *AK* 平行于△*BCD*，且与 *EF* 相交，如图 3.65 (a) 所示。

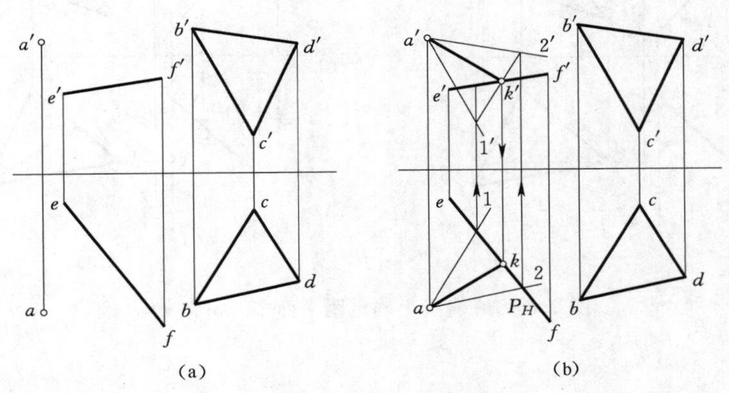

图 3.65 过点作已知平面的平行线且与另一线相交

分析： *AK* 在过 *A* 点且与△*BCD* 平行的平面上，因此先过 *A* 点作与△*BCD* 平行的平面，再求该平面与直线 *EF* 的交点 *K*，连接 *AK* 即为所求。

作图： 如图 3.65 (b) 所示。

(1) 过 *A* 作平面 *A* Ⅰ Ⅱ 平行于△*BCD*，即 $a'1' /\!/ b'c'$、$a1 /\!/ bc$、$a'2' /\!/ b'd'$、$a2 /\!/ bd$。

(2) 以包含 *EF* 的铅垂面 *P* 为辅助面，求出平面 *A* Ⅰ Ⅱ 与 *EF* 的交点 *K*，*AK* 即为所求。

【例 3.19】 如图 3.66 (a) 所示，在直线 *AB* 上找一点 *K*，使其到平面 *DEF* 距离为 15mm。

分析： 与平面 *DEF* 距离为 15mm 的点必在与该平面间隔 15mm 的平行平面上，因 *K* 点还要在直线 *AB* 上，故直线 *AB* 与平行平面的交点就是 *K* 点。

作图：如图 3.66（b）、（c）、（d）所示，具体作法留给大家思考。

注意：此题应有两解，图示的只是其中之一解。

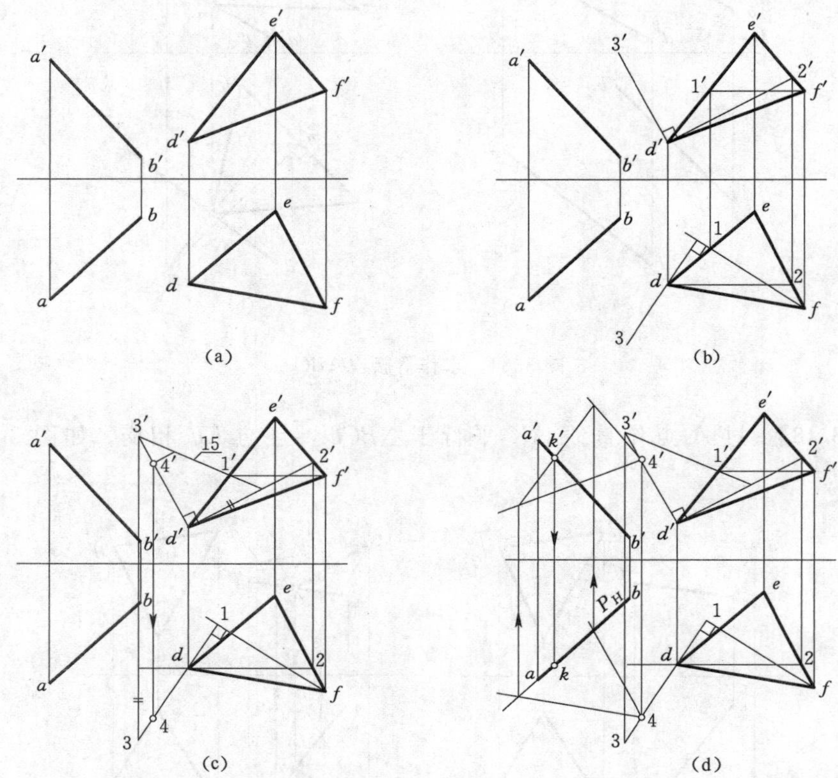

图 3.66　在直线上确定距平面 15mm 的点

第4章 换 面 法

4.1 概述

画法几何要解决的空间几何问题，大体上可分作定位和度量两类。定位问题是在投影图中确定几何元素本身及各自之间的相对位置，如求交点、交线等；度量问题就是图解几何元素的大小、形状、距离和角度等。从前面讨论不难看出，解决上述问题的难易程度，实际上取决于几何元素对投影面的相对位置。

如图 4.1 所示，求 C 点到直线 AB 距离的三种不同情况：图 4.1（a）中 AB 是铅垂线，C 点到 AB 的距离，就是水平投影中 c 与 AB 积聚性投影 $a(b)$ 的连线长；图 4.1（b）中 AB 是水平线，则需先按直角投影定理作出点到直线的垂线 CK（即距离）的投影 ck、$c'k'$，再用直角三角形法求出 CK 的实长；图 4.1（c）中 AB 是一般位置直线，不能直接确定垂足 K，作图也就相对复杂，应先包含 C 作 AB 的垂直面（辅助面），再求 AB 与垂直面的交点 K，最后求出 CK 的实长。显然，若将一般位置直线、平面变换成特殊位置，图解的方法也就能简单一些。

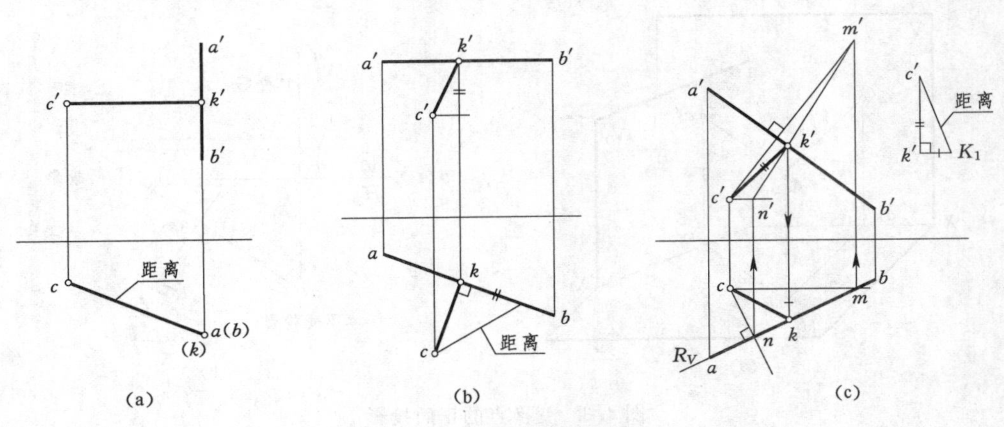

图 4.1 求点到直线的距离

换面法就是让空间几何元素不动，用新投影面代替原投影面，使几何元素处于最佳解题位置的方法。如图 4.2 所示，用一个与平面 ABC 平行的新铅垂面 V_1 代替原来的 V 面，使 V_1 面上的新投影$\triangle a_1'b_1'c_1'$反映实形。

用换面法解题，就必须掌握如何选择新投影面和怎样根据旧投影求出新投影。新投影面不能任意选定，它必须满足以下两个基本条件：

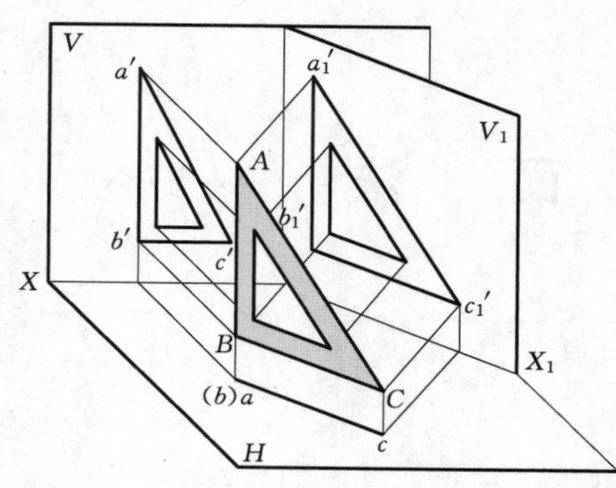

图 4.2 换面法原理

(1) 新投影面必须垂直于原投影体系中的一个投影面，以构成新的投影体系，只有这样，才能继续按正投影的规律作图。

(2) 新投影面应尽可能使几何元素处于解题的最佳位置。

点是最基本的几何元素，它的投影变换是其他几何元素变换的基础。

4.1.1 一次换面

在图 4.3 中，已知点 A 的两投影 a、a'，欲变换 A 的正面投影，则需用新的投影面 V_1 代替 V，它与原 H 面构成新的二面体系 V_1—H，交线 X_1 为新投影轴。自点 A 向 V_1 面作垂线，垂足 a_1'就是该点的新正面投影。本例中 H 为不变投影面，相应的 a 称为不变投影，而被替换的 a'称为旧投影，V_1 上的 a_1'称为新投影。

由图 4.3 (a) 可以看出，用 V_1—H 体系替换 V—H 体系时：

(1) 由于 $V_1 \perp H$，按正投影的规律可知；新投影 a_1'和不变投影 a 的连线必定垂直于新轴 X_1。

(2) 由于 H 面保持不变，故 A 点到 H 面的距离亦不变，即 $a_1'a_{X1}=Aa=a'a_X$

因此，新体系投影的作法是：选定新轴 X_1 的位置，由不变投影 a 作 X_1 的垂线交于 a_{X1}，然后在 aa_{X1} 的延长线上量取 $a_1'a_{X1}=a'a_X$ 即得新投影 a_1'，如图 4.3 (b) 所示。

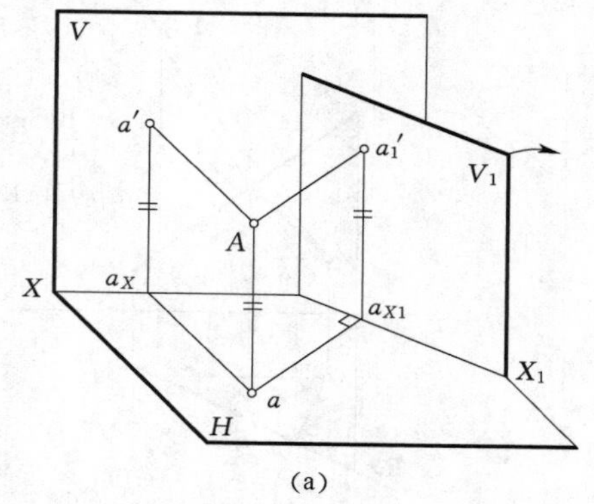

(a)

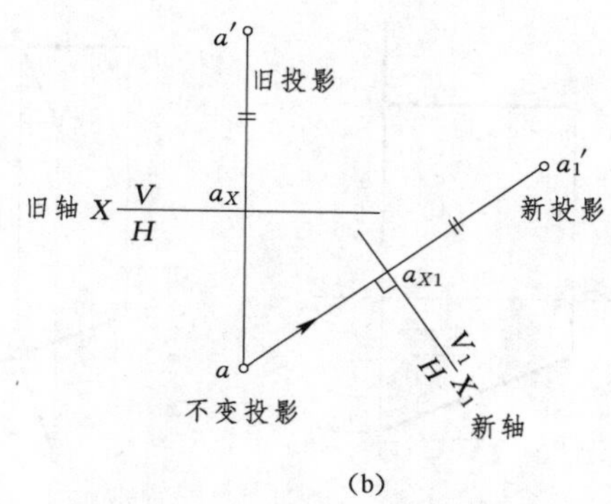

(b)

图 4.3 变换点的正面投影

同理，若要变换点 A 的水平投影，则需以 V 面为不变投影面，以新 H_1 面代替 H，它与 V 面构成新二面体系 V—H_1。由图 4.4 可见，a_1 为新投影，a'为不变投影，二者的连线 a_1a'垂直于新轴 X_1；由于 V 面保持不变，故 A 点到 V 面的距离亦不变，即 $a_1a_{X1}=Aa'=aa_X$。

综上所述，点的换面规律可概括如下：

(1) 新投影与不变投影的连线垂直于新投影轴。

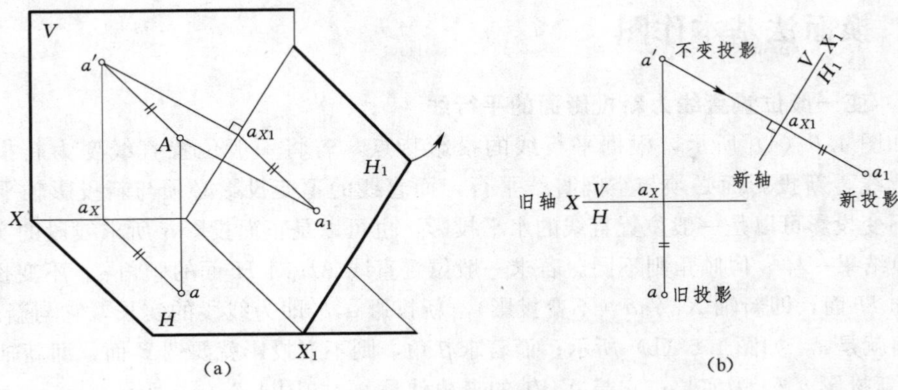

图 4.4　变换点的水平投影

(2) 新投影到新轴的距离，等于旧投影（被替换的）到旧轴的距离。

上述的投影变换，只替换了原投影体系中的一个投影面，称为一次换面。在解决实际问题时，常需变换二次或多次，下面讨论二次换面的情况。

4.1.2　二次换面

二次换面就是把原二面体系的两个投影面都换掉，构成一个全新的二面体系，但它必须在一次换面的基础上进行。如先以 V_1 换 V，形成 V_1—H 新的二面体系，再以 H_2 换 H，形成 V_1—H_2 全新的二面体系，如图 4.5 所示。也可先以 H_1 换 H，形成 V—H_1 新的二面体系，再以 V_2 换 V，形成 V_2—H_1 全新的二面体系。

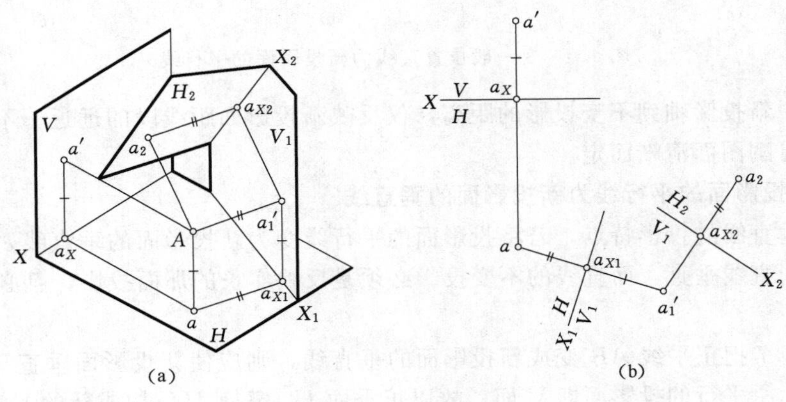

图 4.5　点的二次变换

视频资源 4.1
点的投影
变换

二次换面作图时必须注意以下几点：

(1) 每次只能变换一个投影面，而另一个则为不变投影面，并有相应的不变投影。如图 4.5 中第一次变换 a 是不变投影，而第二次变换 a_1' 是不变投影。

(2) 两个投影面必须交替变换，才能形成全新的二面体系。

用换面法解题，因题的难易程度不同，所需换面的次数也不同，但是解题的方式离不开以下四种基本作图。在熟练掌握基本作图的同时，还要注意提高空间的想象能力。

4.2　换面法基本作图

4.2.1　变一般位置直线为新投影面的平行线

如图 4.6（a）所示，根据平行线的投影特点，若将一般位置直线变为新投影面的平行线，新投影面必须与空间直线平行，而直线的不变投影必须与新投影轴平行。

不变投影可以是一般位置直线的水平投影，也可以是正面投影，所求线段的实长两种变换结果一样，但倾角则不同。若求一般位置直线 AB 对 H 面的倾角 α，不变投影面只能选 H 面，即新轴 $X_1 /\!/ ab$（不变投影），新投影 $a_1'b_1'$ 即为线段的实长，它与新轴 X_1 的夹角就是 α，如图 4.6（b）所示；而若求 β 角，则不变投影就要选 V 面，即新轴 $X_1 /\!/ a'b'$，新投影 a_1b_1 为实长，它与 X_1 轴的夹角就是 β，如图 4.6（c）所示。

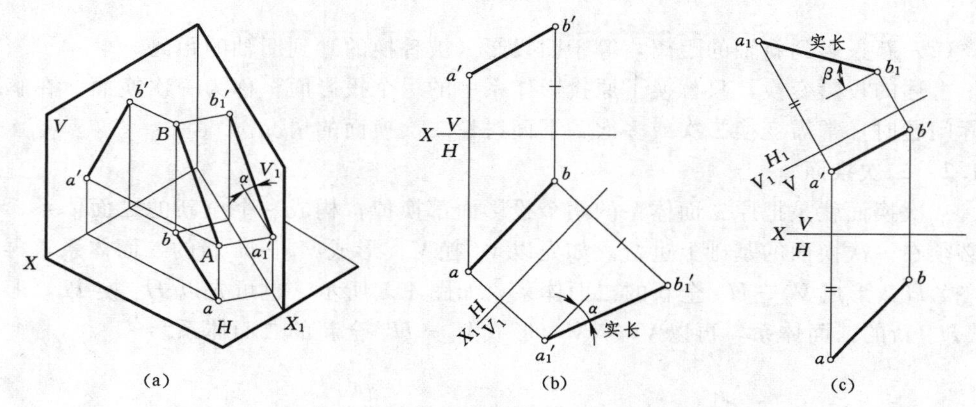

图 4.6　变一般位置直线为新投影面的平行线

注意： 新投影轴到不变投影的距离，仅反映新投影面距线段的远近，不影响作图结果，故可酌图面清晰而定。

4.2.2　变投影面的平行线为新投影面的垂直线

根据垂直线的投影特点，若将投影面的平行线变为新投影面的垂直线，新投影面必须与空间直线垂直，而直线的不变投影必须是反映实长的那面投影，且必须与新投影轴垂直。

如图 4.7 把正平线 AB 变成新投影面的垂直线，则应使新投影面垂直于 AB，亦垂直于 AB 所平行的投影面即 V 面，故以正垂面 H_1 替换 H，构成新的 $V—H_1$ 二面体系。这时，V 为不变投影面，新轴 $X_1 \perp a'b'$（不变投影），而 H_1 面上的新投影则积聚成一点 $a_1(b_1)$。

显然，若要把水平线变为新投影面的垂直线，则应以铅垂面 V_1 替换 V 面，构成 $V_1—H$ 新体系。

由上述直线投影变换的两个基本作图可知，一次换面可以改变直线对被替代了的旧投影面的倾角，而对不变投影面的倾角不变。若将一般位置直线变换为新投影面的垂直线，则要改变 α 角和 β 角，需两次换面，第一次换面先将一般位置直线变成新投影面的平行线，第二次换面再将平行线变成新投影面的垂直线，如

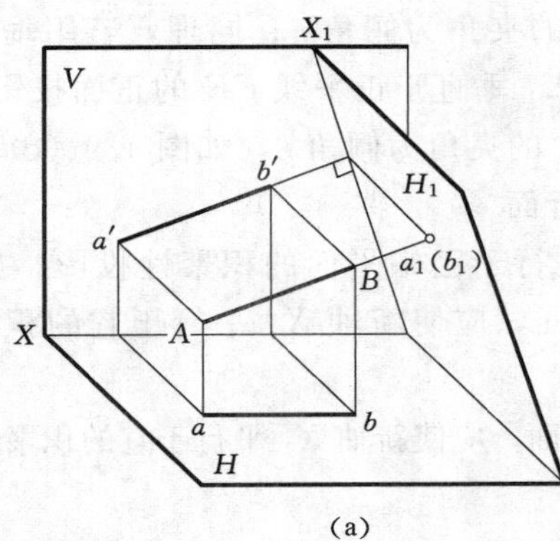

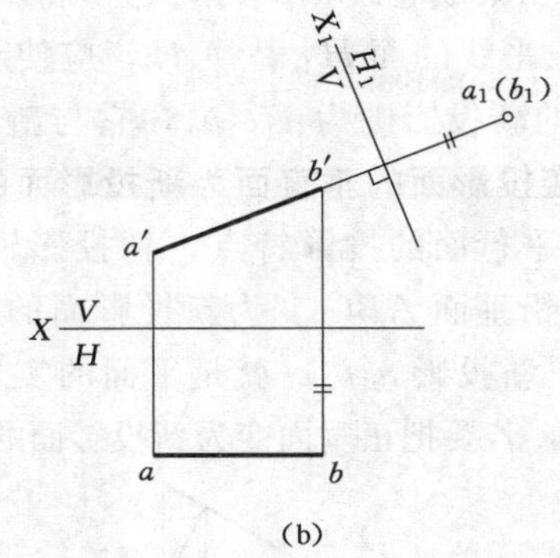

（a） （b）

图 4.7 正平线变为新投影面的垂直线

图 4.8 所示。

4.2.3 变一般位置平面为新投影面的垂直面

由两平面垂直的条件可知，将一般位置平面变换为新投影面的垂直面，必须使已知平面内的某条线变成新投影面的垂直线。平面内的一般位置直线需要二次换面才能变成垂直线，而平面内的平行线则需要一次变换就可以变成垂直线。所以，一般位置平面转换为新投影面的垂直面，要从平面内的平行线入手，即新投影面要垂直于已知平面内的正平线或水平线。

图 4.9（a）和（b）是用垂直于平面 ABC 内水平线 AD 的 V_1 面替换 V，即使新轴 X_1 垂直于其水平投影 ad，平面 ABC

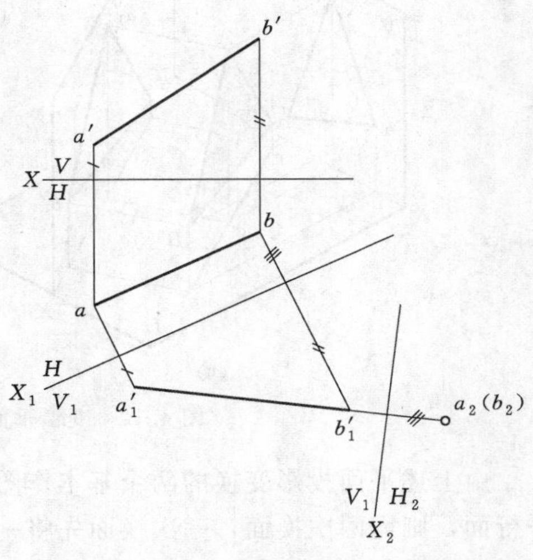

图 4.8 变一般位置直线为新投影面的垂直线

视频资源 4.2 直线的投影变换

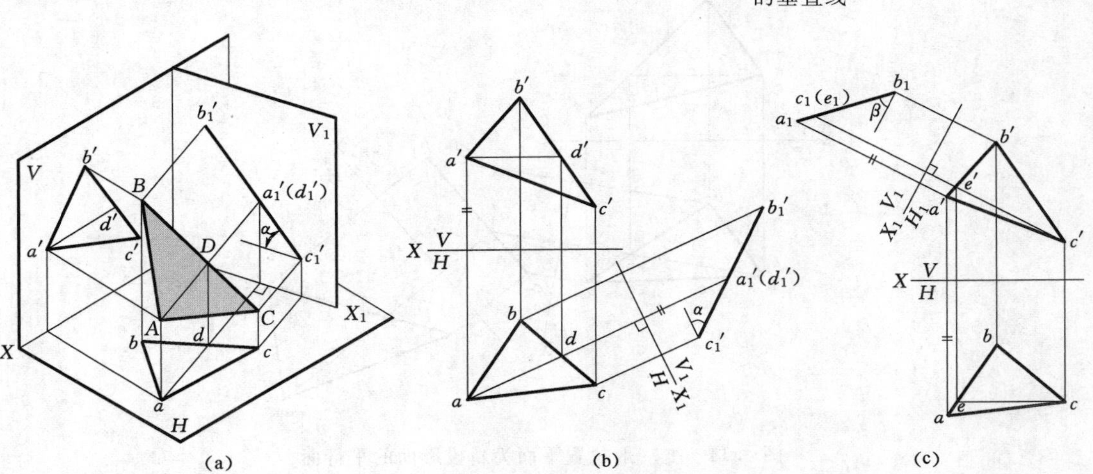

（a） （b） （c）

图 4.9 变一般位置平面为新投影面的垂直线

的新投影积聚成直线 $b_1'a_1'c_1'$，它与新轴 X_1 的夹角为倾角 α；同理，若用垂直于平面 ABC 内正平线的面 H_1 替换 H，应使新轴 X_1 垂直于正平线 CE 的正面投影 $c'e'$，平面 ABC 的新投影则为 $a_1c_1b_1$，它与新轴 X_1 的夹角为倾角 β，如图 4.9（c）所示。

4.2.4　变投影面的垂直面为新投影面的平行面

根据平行面的投影特点，新投影轴应平行于已知平面的积聚性投影。如图 4.10 所示，把铅垂面 ABC 变为新投影面的平行面，应使新轴 X_1 平行于它的积聚性投影 cab，所得新投影 $a_1'b_1'c_1'$ 就是平面的实形。

显然，若要把正垂面变为新投影面的平行面，应使新轴 X_1 平行于它的积聚性投影。

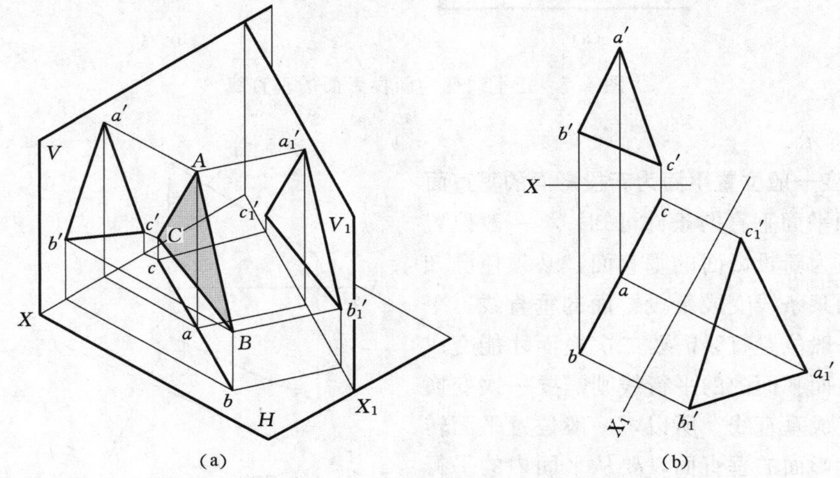

图 4.10　变铅垂面为新投影面的平行面

由上述平面投影变换的两个基本作图可知，若将一般位置平面变换为新投影面的平行面，则需两次换面，一次换面先将一般位置平面变换成新投影面的垂直面，二次换面再将垂直面变成新投影面的平行面，如图 4.11 所示。

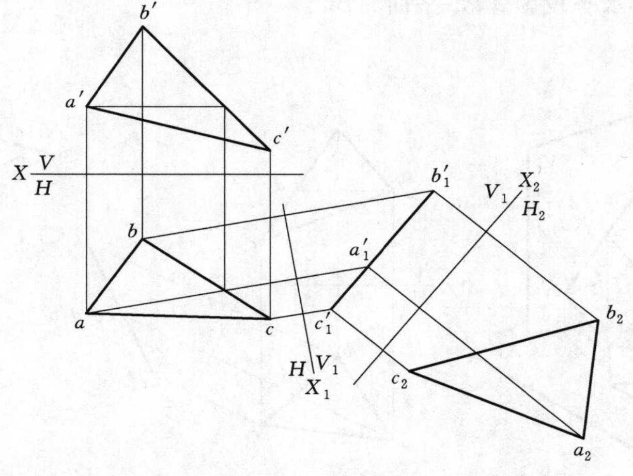

图 4.11　变一般位置平面为新投影面的平行面

视频资源 4.3 平面的投影变换

4.3 换面法综合举例

【例 4.1】 求图 4.12（a）所示 D 点到平面 ABC 的垂足及距离。

分析： 平面 ABC 是一般位置平面，若将其变成新投影面的垂直面，则与它垂直的直线就是新投影面的平行线，该线的新投影反映直角关系和点到平面距离的实长。把一般位置平面变换成新投影面的垂直面只需一次换面，以 H 为不变投影面，V_1 为新投影面，使 V_1 垂直于平面 ABC 上的水平线即可。显然，若使新投影面 H_1 垂直于平面 ABC 上的正平线，其结果也一样。

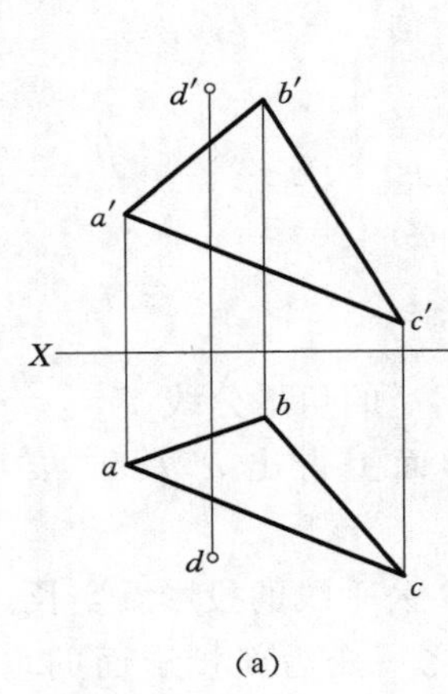

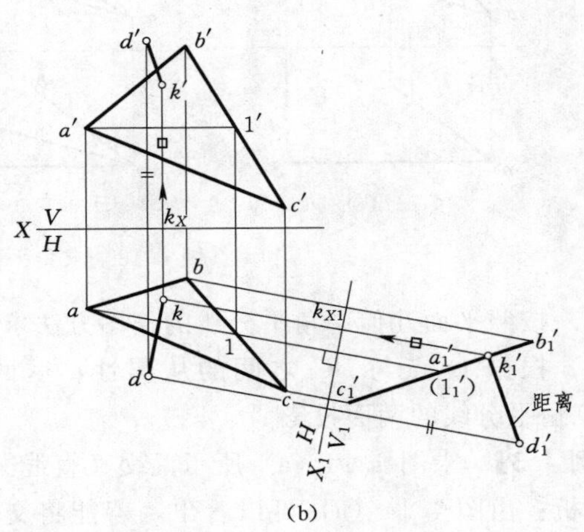

图 4.12 求点到平面的距离

作图： 如图 4.12（b）所示。

（1）在平面 ABC 上，过 A 作水平线 A Ⅰ，即 $a'1' /\!/ X$ 轴，再根据从属性定出 $a1$。

（2）作新轴 $X_1 \perp a1$，并求出 D 点和△ABC 在新投影面 V_1 上投影 d_1' 和 $b_1'a_1'c_1'$。

（3）过 d_1' 作 $b_1'a_1'c_1'$ 的垂线，即得垂足 k_1'，$d_1'k_1'$ 就是 D 到平面 ABC 距离的实长。

（4）将垂足 K 返回原两面投影中。由于 DK 是 V_1 的平行线，所以 $dk /\!/ X_1$ 轴，过 d 作 X_1 轴平行线与过 k_1' 作 X_1 轴垂线交于 k，再根据新旧投影的变换关系得 k'。

【例 4.2】 求图 4.13（a）所示∠BAC 的角平分线。

分析： 由图 4.13（a）可知 AB 是一般位置直线，AC 是正平线，∠BAC 不反映实形。若将两相交直线确定的面 ABC 变换成新投影面的平行面，则该面内的角度都可以反映实形。将一般位置平面 ABC 变换成新投影面的平行面，需要两次变换。

作图： 如图 4.13（b）所示。

（1）AC 是正平线，作新轴 $X_1 \perp a'c'$，在新投影面 H_1 上得到面 ABC 的积聚性投影 $a_1(c_1)b_1$。

（2）作新轴 $X_2 /\!/$ 积聚性投影 $a_1(c_1)b_1$，在新投影面 V_2 上得到面 ABC 的实形 $a_2'b_2'c_2'$。

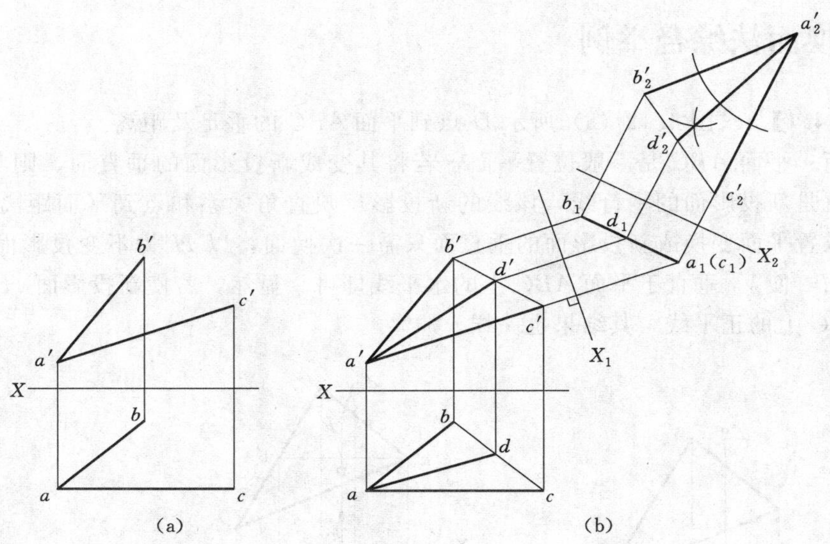

图 4.13　求角平分线

(3) 按照平面几何中角平分线的作图方法求出$\angle b_2'a_2'c_2'$的角平分线 $a_2'd_2'$。

(4) 根据 D 点与 BC 之间的从属性，返回原投影面上得出 $a'd'$ 和 ad，即为$\angle BAC$ 角平分线的两面投影。

【例 4.3】 求图 4.14 (a) 所示两交叉直线 AB、CD 公垂线的投影及实长。

分析：由图 4.14 (a) 可以看出，若能将交叉直线之一变为新投影面的垂直线，此时公垂线平行于新投影面，其投影即反映实长，且与另一直线的投影呈直角关系(直角投影定理)。由于题示两直线都是一般位置直线，故需经二次换面。先将某一直线变为投影面的平行线，再将其变为新投影面的垂直线。

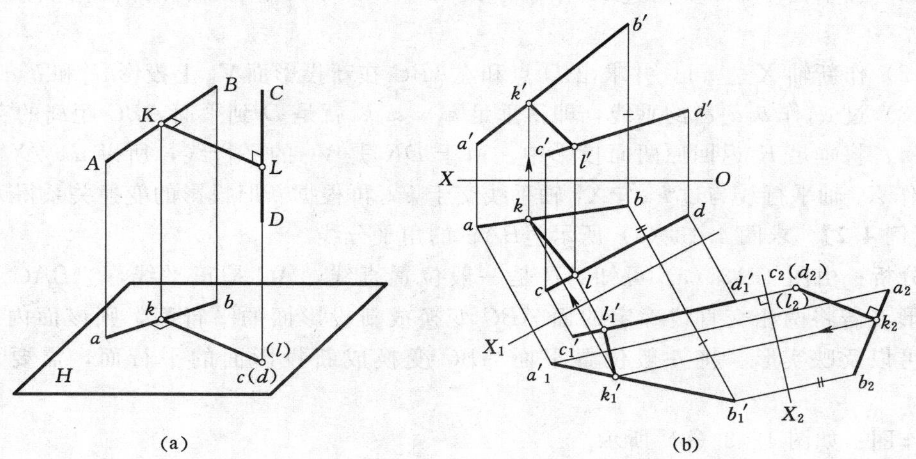

图 4.14　求交叉直线的公垂线

作图：如图 4.14 (b) 所示。

(1) 将直线 CD 变为新投影面 V_1 的平行线，即新轴 $X_1 /\!/ cd$，并作两线的新投影 $a_1'b_1'$ 和 $c_1'd_1'$。

(2) 再将正平线 C_1D_1 变为新 H_2 面的垂线，即新轴 $X_2 \perp c_1'd_1'$，并作两线的新投影 a_2b_2 和 $c_2(d_2)$。

(3) 过积聚投影 $c_2(d_2)$，作 $k_2l_2 \perp a_2b_2$，k_2l_2 为平行线，反映公垂线的实长。

(4) 根据平行线的投影特点（$k_1'l_1' /\!/ X_2$）和从属性，将公垂线返回原两面投影中（kl 和 $k'l'$），图中以箭头示出其步骤。

【例 4.4】 求图 4.15（a）所示平面 ABC 与 ABD 的二面角 θ。

分析： 由图 4.15（a）可知，当两平面同时垂直于第三平面时，其积聚性投影的夹角就是该二面角 θ 的实形。用换面法作图时，应使新投影面同时垂直于两平面，即使新投影面垂直于两平面的交线。由于交线 AB 是一般位置直线，故需通过二次换面，才能将其变为新投影面的垂直线。

作图： 如图 4.15（b）所示。

(1) 先将交线 AB 变为 V_1 的平行线，即新轴 $X_1 /\!/ ab$，作两面在 V_1 上的新投影 $a_1'b_1'c_1'$ 和 $a_1'b_1'd_1'$。

(2) 再将 AB 变为 H_2 的垂线，即新轴 $X_2 \perp a_1'b_1'$，作两面在 H_2 面上的积聚性投影 $a_2(b_2)c_2$ 和 $a_2(b_2)d_2$，它们之间的夹角即二面角 θ 的实形。

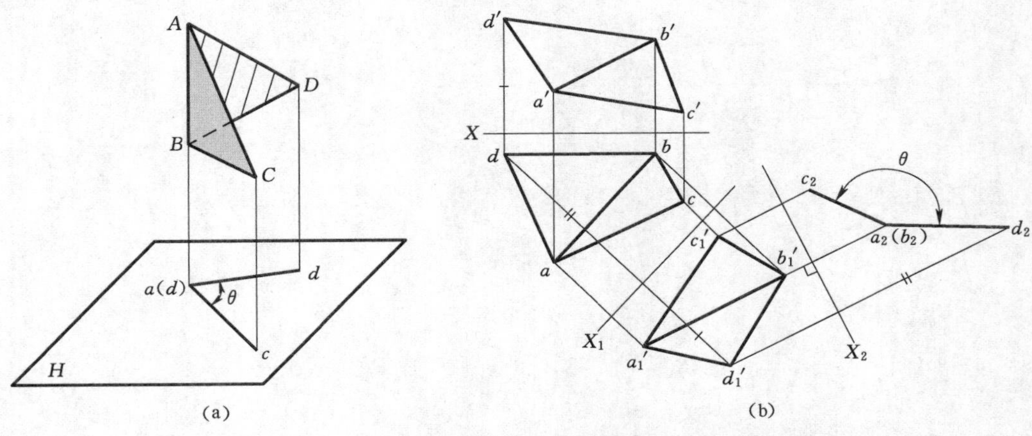

图 4.15 求两平面的二面角 θ

【例 4.5】 求图 4.16 所示的两一般位置平面 ABC 和 DEF 的交线。

分析： 第 3 章是通过作辅助面求两一般位置平面的交线，而通过换面法，把其中一个一般位置平面换成新投影面的垂直面，利用积聚性投影即可求得交线。把一般位置平面 DEF 换成新投影面 V_1 的垂直面，则需要使 V_1 面与 DEF 面内的水平线垂直。若采用 DEF 面内的正平线与 H_1 面垂直，同样可以求得交线。

作图： 如图 4.16 所示。

(1) 用 V_1 替换 V 面，使面 $DEF \perp V_1$ 面，即新轴 $X_1 \perp$ 面 DEF 内水平线的水平投影 $f1$，一般位置平面 DEF 积聚为直线 $d_1'f_1'e_1'$。

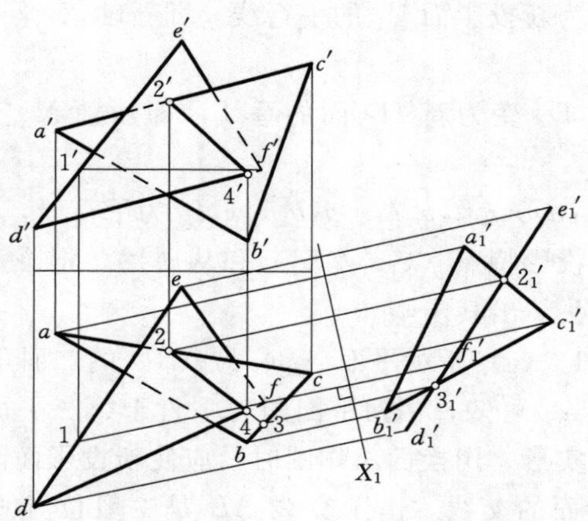

图 4.16　用换面法求两一般位置平面的交线

（2）按照点的投影变换规律求出面 ABC 的新投影 $a'_1b'_1c'_1$，$2'_13'_1$即为交线的新投影。

（3）返回在 V、H 面上求出 AC 上的Ⅱ点和 BC 上的Ⅲ点。

（4）用粗实线连出面 ABC 和 DEF 有限图形的共用线Ⅱ Ⅳ，并判别投影重合部分的可见性。

第5章　曲 线 与 曲 面

曲线、曲面与直线、平面一样，也是构成形体表面的基本几何元素。某些情况下，建筑形体采用以曲线、曲面组成的结构，能够改善受力状况或水流条件，达到造型新颖、结构合理的效果。图5.1为峡谷中的高坝采用薄拱形，能改善挡水结构的受力状况，节约工程投资。

图5.1　土建工程中的曲面

5.1　曲线

5.1.1　曲线概述

1. 曲线的形成和分类

曲线可以看作是一动点在空间运动的轨迹。按点的运动轨迹有无规律性，曲线可以分为规则曲线和不规则曲线，建筑工程上常采用规则曲线。

曲线还可分为平面曲线和空间曲线两类。曲线上所有的点都在同一平面内，称为平面曲线；曲线上任意四个连续点不在同一平面内的，称为空间曲线。

2. 曲线的投影特点

由于曲线是点运动的轨迹，故只要画出曲线上一系列点的投影，并依次光滑连接，即得曲线的投影。如果掌握了某曲线的形成规律和投影特点，则能更迅速、准确地画出它的投影。

一般情况下，曲线的投影仍是曲线。对于平面曲线，当曲线所在的平面垂直于投影面时，曲线的投影积聚成直线，如图5.2（a）所示；而曲线所在的平面平行于投影面时，则投影反映实形，如图5.2（b）所示。平面曲线投影的性质一般与原曲线相同，如双曲线的投影仍是双曲线，抛物线的投影仍是抛物线。

空间曲线在任何情况下，投影都是曲线，但它的以下性质在投影前后仍保持不变：空间曲线上的特殊点，也是投影上的特殊点，如图5.3（a）中的切点C和图5.3（b）中的回折点N。但是，曲线投影上的某些特殊点，不一定是空间曲线的特殊点，如图5.3（a）水平投影的“交点”$b(d)$，只是曲线上B、D两点的重影。

5.1.2　圆曲线

视频资源5.1
曲线曲面
概述

圆是平面曲线，在工程中应用很广，这里着重介绍它的投影特点及作图方法。

当圆所在平面倾斜于投影面时，投影为椭圆。圆内任一对相互垂直的直径，其投影为椭圆的一对共轭直径。共轭直径互相平分，且平分与另一直径平行的弦，如图

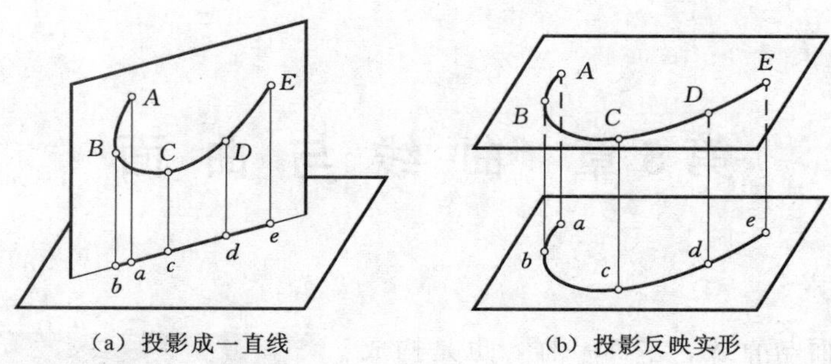

(a) 投影成一直线　　(b) 投影反映实形

图 5.2　平面曲线的投影

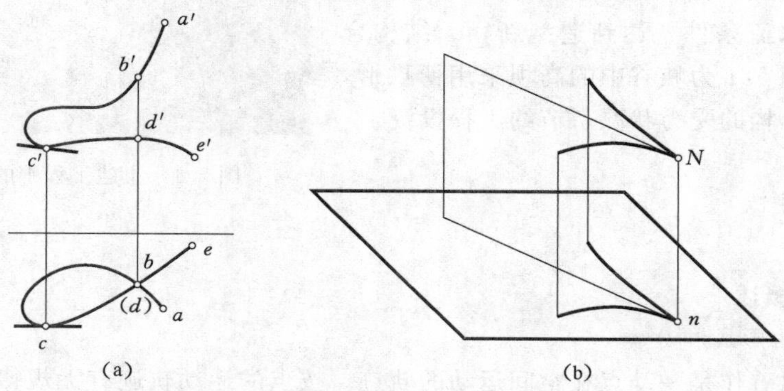

(a)　　(b)

图 5.3　空间曲线的投影

5.4 (a) 所示。

投影中椭圆的共轭直径有无数对，其中只有一对互相垂直，即是椭圆的长短轴。圆内平行于投影面的直径，其投影是椭圆的长轴，而与之垂直的直径是圆平面对该投影面的最大斜度线，其投影即为椭圆的短轴。如图 5.4 (b) 中 $AB/\!/H$ 面，因 $CD\perp AB$，根据直角投影定理则 $cd\perp ab$；长轴 $ab=AB$，短轴 $cd=CD\cos\alpha$，其中 α 即圆平面对 H 面的倾角。

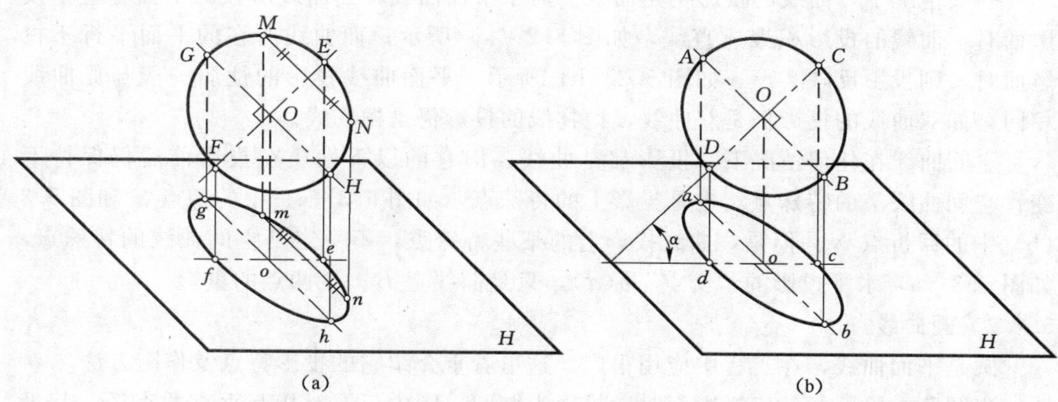

(a)　　(b)

图 5.4　倾斜圆的投影

1. 已知长、短轴作椭圆

(1) 同心圆法。作图方法如图 5.5 所示。

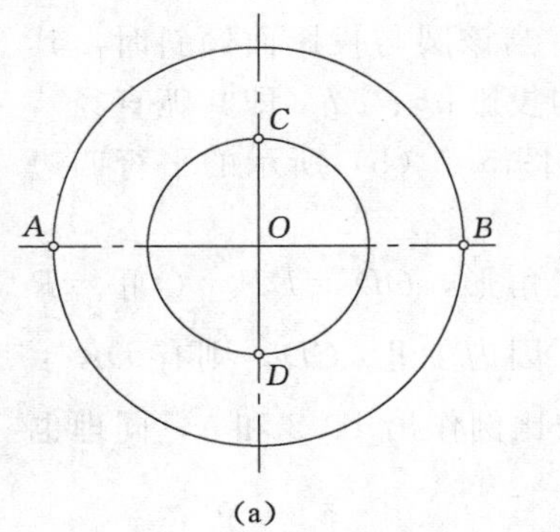

(a)

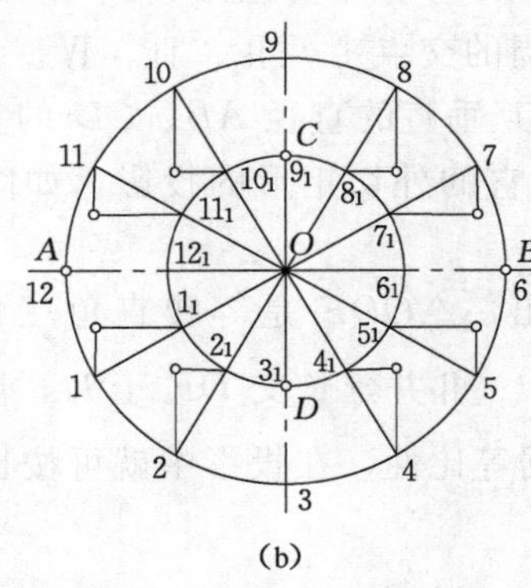

(b)

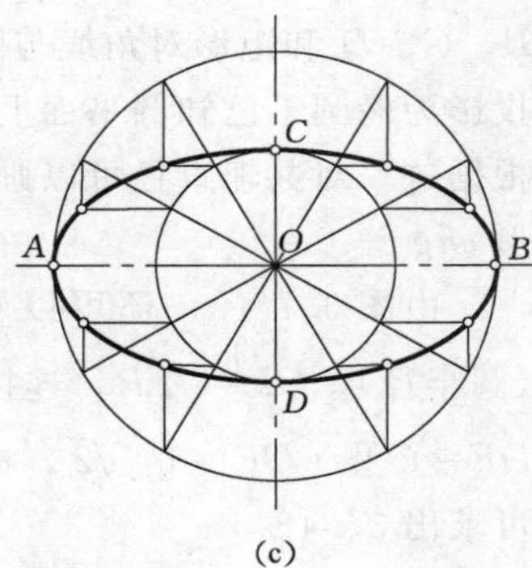

(c)

图 5.5 同心圆法画椭圆

1) 以 O 为圆心，分别以长轴 AB，短轴 CD 为直径画同心圆，如图 5.5 (a) 所示。

2) 等分圆周，连接相应等分点，分别与大小圆相交，过大圆上的交点作短轴 CD 的平行线，过小圆上的交点作长轴 AB 的平行线，两平行线的交点即为椭圆上的点，如图 5.5 (b) 所示。

3) 用曲线板依次光滑连接即为所求，如图 5.5 (c) 所示。

(2) 四心圆法。作图方法如图 5.6 所示。

视频资源 5.2
圆曲线的投影

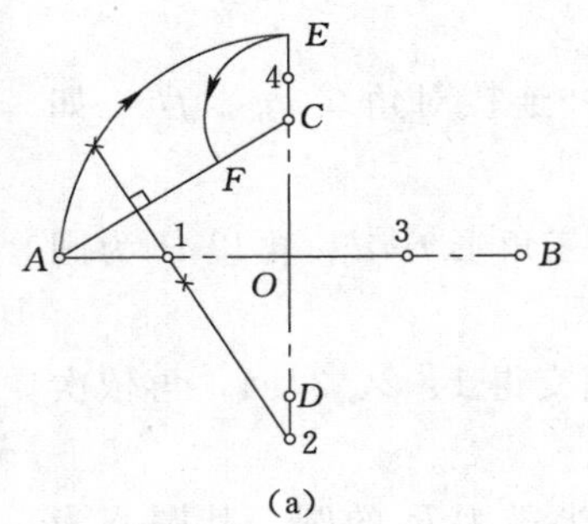

(a)

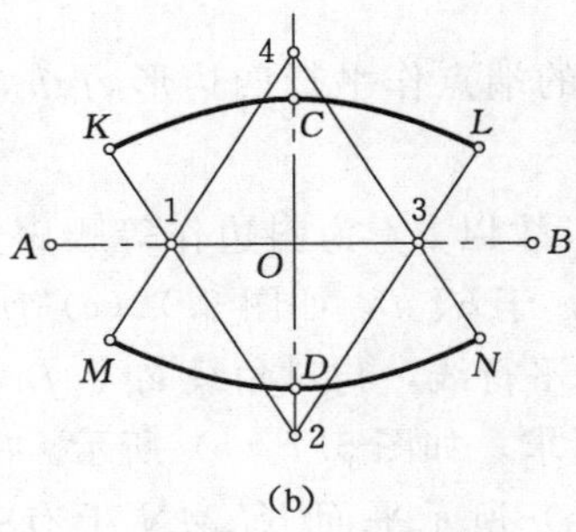

(b)

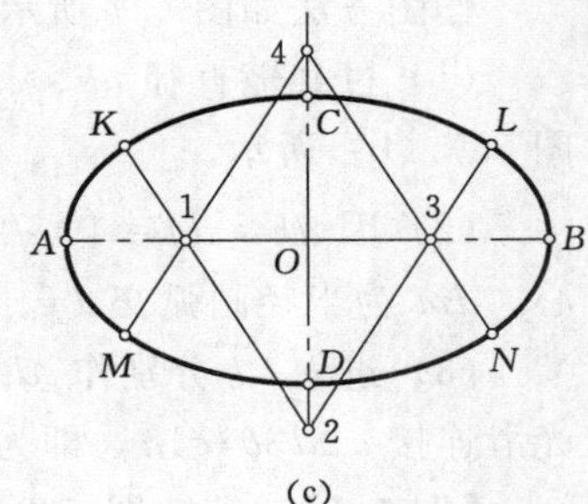

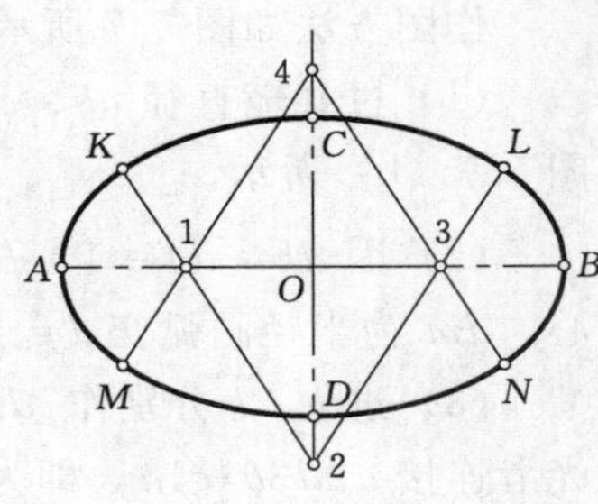
(c)

图 5.6 四心圆法画椭圆

1) 连接长短轴的端点 AC，在短轴 OC 的延长线上取 E，使 $OE=OA$，并截取 $CF=CE$；作 AF 的中垂线分别与长轴和短轴的延长线交于 1、2，并作它们的对称点 3、4，这四个点即为近似椭圆的四个圆心，如图 5.6 (a) 所示。

2) 连接 23、34、41，并顺势延长，分别以 2、4 为圆心，$2C$ 及 $4D$ 为半径画弧，与 21、23、41、43 的延长线交于 K、L、M、N 四点，如图 5.6 (b) 所示。

3) 分别以 1、3 为圆心，$1A$ 及 $3B$ 为半径在 K、M 点及 L、N 点之间画弧即得所求，如图 5.6 (c) 所示。

2. 已知共轭直径作椭圆——八点法

有时，投影椭圆的长短轴未知，也可以根据椭圆上的任意一对共轭直径来画椭圆。图 5.7（a）为空间水平圆及它的外切矩形，图中示有八个特征点，即切点 A、B、C、D 和矩形对角线与圆周的交点Ⅰ、Ⅱ、Ⅲ、Ⅳ。当该圆与投影面倾斜时，其投影为椭圆。已知圆平面上相互垂直的直径 AB、CD 的投影 ab、cd（即共轭直径），根据这一对共轭直径可以画出它的外切矩形的投影，如图 5.7（b）所示的平行四边形 $ehgf$。

由图 5.7（a）还可以看出，$\triangle ODF$ 是等腰直角三角形，$OD=DF=O$Ⅱ$=R$（圆半径），$OF=\sqrt{2}R$，连接Ⅰ、Ⅱ并延长交 DF 于 K，因为ⅠⅡ$//CD$，则有 DK ∶ $DF=O$Ⅱ ∶ $OF=1:\sqrt{2}$。根据等比性，在投影中就可按比例作出 1、2 和 k，同理也可求出 3、4。

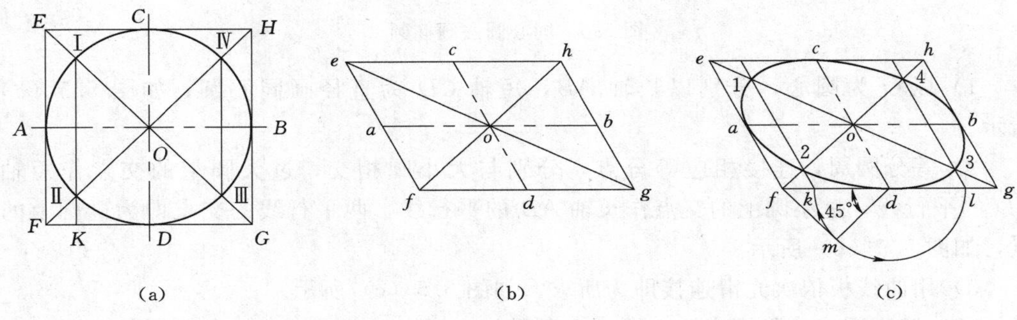

图 5.7　八点法画椭圆

作图方法如图 5.7 所示。

（1）过共轭直径 ab、cd 的端点作平行四边形 $efgh$，并连接对角线 eg、fh，如图 5.7（b）所示。

（2）因 $dk:df=1:\sqrt{2}$，故以 df 为斜边作等腰直角三角形 fmd，再以 d 为圆心，dm 为半径画弧交 df、dg 于 k、l，如图 5.7（c）所示。

（3）过 k、l 分别作 cd 的平行线，与对角线 eg、fh 相交得 1、2、3、4，再依次光滑连接 $a2d3b4c1a$，即为所求，如图 5.7（c）所示。

【例 5.1】 已知图 5.8（a）所示平面 $KLMN$ 上有一半径为 R 的圆，其圆心为 O，求作其投影。

分析： 因 $KLMN$ 是一般位置面，故圆的两投影都是椭圆，水平投影的长轴 ab 为过圆心 O 的水平线，长度为 $2R$；短轴 cd 为过圆心 O 对 H 面最大斜度线的投影，且 $ab\perp cd$，其长度为 $2R\cos\alpha$；正面投影椭圆可根据水平椭圆长短轴端点的投影 $a'b'$、$c'd'$，再用八点法画出。

作图： 如图 5.8 所示。

（1）分别过 o'、o 作水平线 $1'2'$、12，如图 5.8（a）所示。

（2）在水平投影 12 上量取 $oa=ob=R$，ab 为投影椭圆的长轴，再由线上取点法求出 $a'b'$。

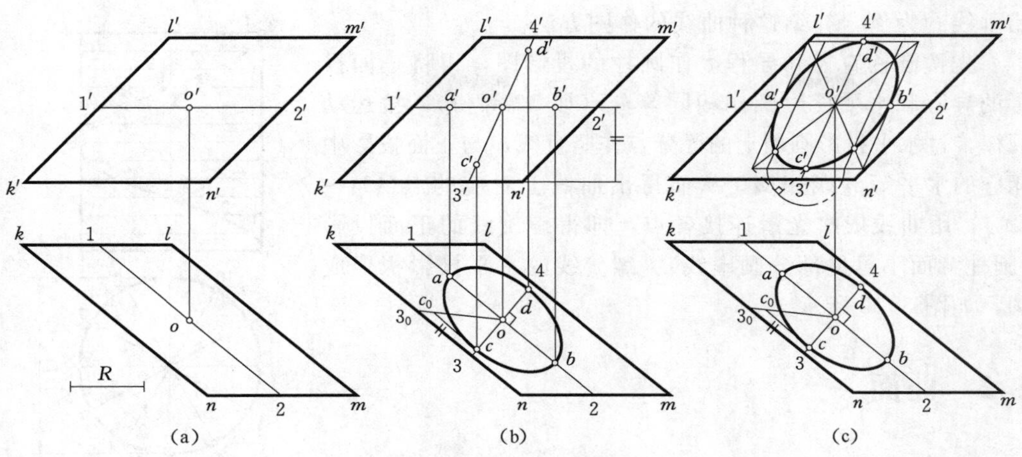

图 5.8 在平面上作圆的投影

(3) 过 o 作 12 的垂线交 kn、lm 得 3 和 4，34 为平面对 H 面最大斜度线的水平投影，用实长三角形求 OⅢ实长 $o3_0$，并量取 $oc_0=R$，可根据相似三角形反求 R 对应的 c 点，从而得出 cd 和 $c'd'$，如图 5.8（b）所示，而 ab、cd 是水平投影椭圆的长、短轴，可用四心圆法画出（作图步骤略）。

(4) $a'b'$ 和 $c'd'$ 是椭圆的一对共轭直径，可用八点法作出正面投影的椭圆，如图 5.8（c）所示。

5.1.3 圆柱螺旋线

1. 圆柱螺旋线的形成

螺旋线是工程上常见的空间曲线，这里只介绍应用较广的圆柱螺旋线。

动点作匀速圆周运动，同时又平行于轴线作匀速直线运动，这一复合运动的轨迹称圆柱螺旋线。当动点绕轴旋转上升的方向符合右手法则时，所得螺旋线称为右螺旋线，如图 5.9（a）所示；若符合左手法则时，则称为左螺旋线，如图 5.9（b）所示。动点旋转一周时沿轴向移动的距离，称为导程，以“P_h”标记。

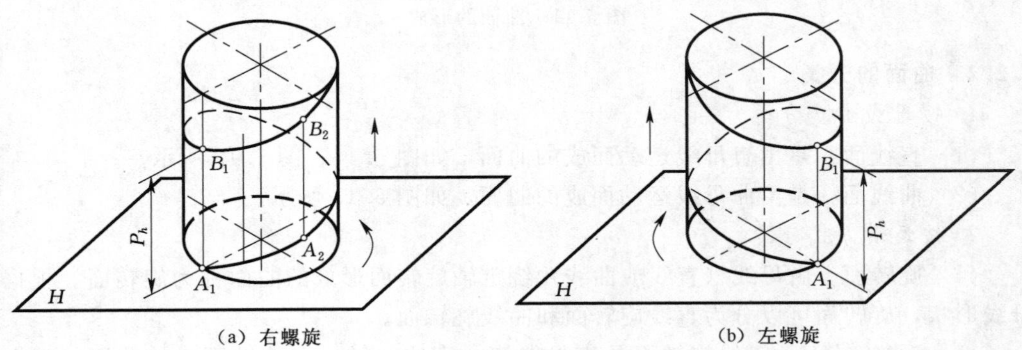

图 5.9 圆柱螺旋线

2. 圆柱螺旋线的投影

圆柱螺旋线由圆柱直径、旋向及导程这三个基本要素来确定。以右螺旋（轴线为

铅垂线）为例，介绍这种曲线的作图方法。

先按圆柱直径和导程，作圆柱的投影图，再将正面投影的导程和水平投影圆作相同等分（如 12 等份），按运动规律，过水平投影圆周上的等分点作竖直线，与正面投影中相应的水平等分线相交，从而得出曲线上对应的点（1′～12′），用曲线依次光滑连接各点，即得螺旋线的正面投影（圆柱背面不可见部分画虚线）。螺旋线的水平投影积聚成圆，如图 5.10 所示。

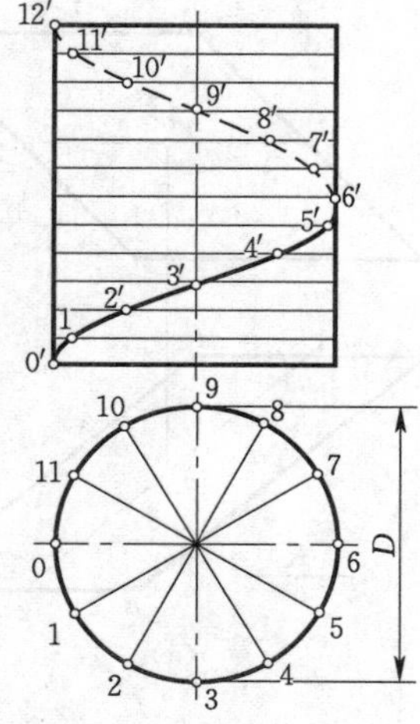

图 5.10　圆柱螺旋线

视频资源 5.3 圆柱螺旋线的投影

5.2　曲面

5.2.1　曲面的形成

曲面可以看作是一动线的运动轨迹，动线称为母线。母线在曲面上任一位置时称为素线，因此，曲面也可以看作是素线的集合。控制母线运动的点、线、面分别称作定点、导线、导平面。图 5.11 中，是直母线 AA_1 始终平行于直导线 MN，且沿曲导线 ACB 运动所形成的曲面，母线在任一位置的 BB_1、CC_1、…称为曲面的素线。

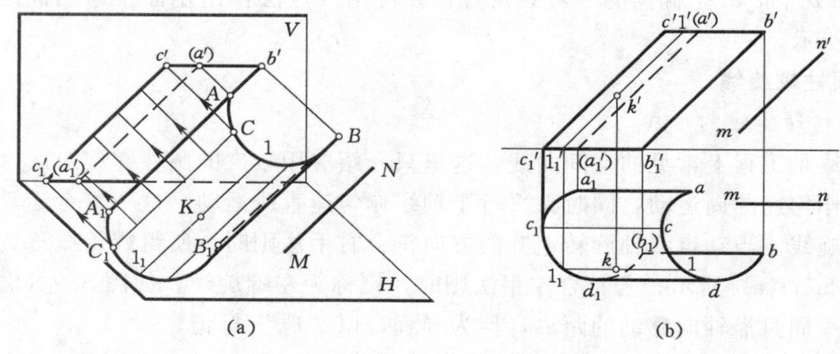

图 5.11　曲面的形成

5.2.2　曲面的分类

1. 按母线形状分类

（1）直线面：是由直母线运动而成的曲面，如图 5.11、图 5.12 所示。

（2）曲线面：是由曲母线运动而成的曲面，如图 5.13 所示。

2. 按运动方式分类

（1）旋转面。由母线（直线或曲线）绕定轴旋转而形成的曲面称为旋转面。根据母线形状，旋转面可以分为直线旋转面和曲线旋转面。

1）直线旋转面。直线旋转面是直母线绕一直线（轴线）旋转而成的曲面。根据母线与轴线的相对位置，常见的直线旋转面如下：

圆柱面：直母线与轴平行，绕轴旋转一周形成的曲面，如图 5.12（a）所示。

圆锥面：直母线与轴相交，绕轴旋转一周形成的曲面，如图 5.12（b）所示。

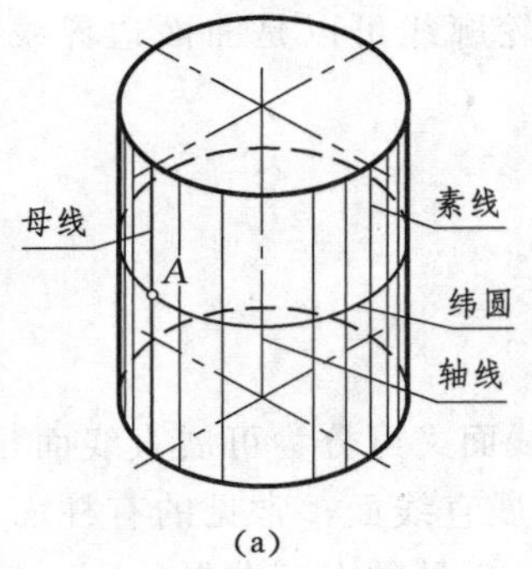

(a)

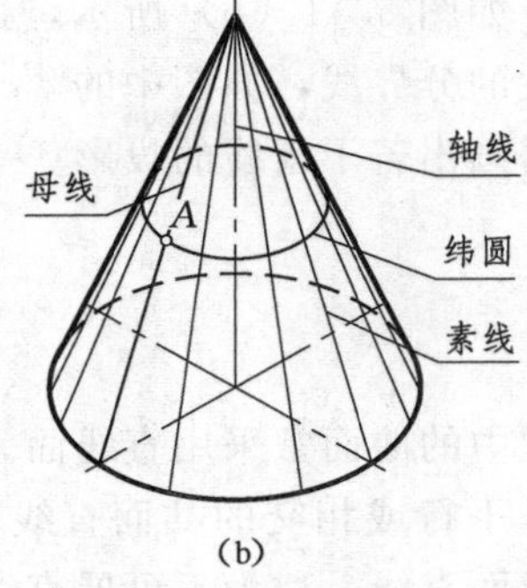

(b)

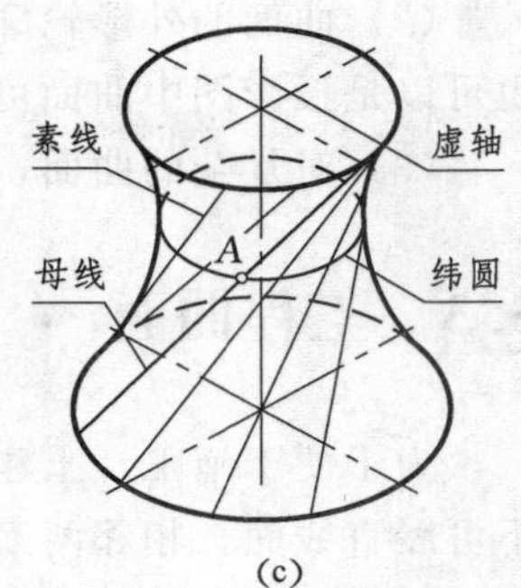

(c)

图 5.12 直线旋转面的形成

单叶双曲旋转面：直母线与轴交叉，绕轴旋转一周形成单叶双曲旋转面，如图 5.12（c）所示。这种曲面也可看作是双曲线绕其虚轴旋转所形成的曲面。

2）曲线旋转面。曲线旋转面指曲母线绕一直线（轴线）旋转而成的曲面。常见的曲线旋转面如下：

视频资源 5.4 单叶双曲旋转面的投影

圆球面：母线圆绕过其圆心的轴线旋转而成的曲面，如图 5.13（a）所示。

圆环面：母线圆绕与其共面不通过圆心的轴线旋转而成的曲面，如图 5.13（b）所示。

双叶双曲旋转面：双曲线绕其实轴旋转而成的曲面，如图 5.13（c）所示。

工程中常见的旋转面，其投影和投影特点，将在第 6 章中详细介绍。

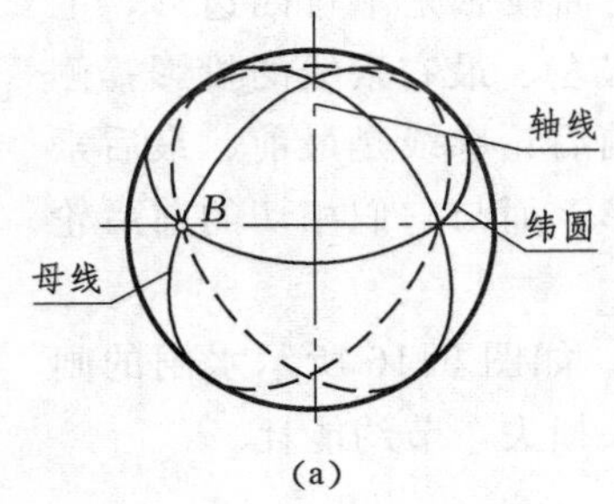

(a)

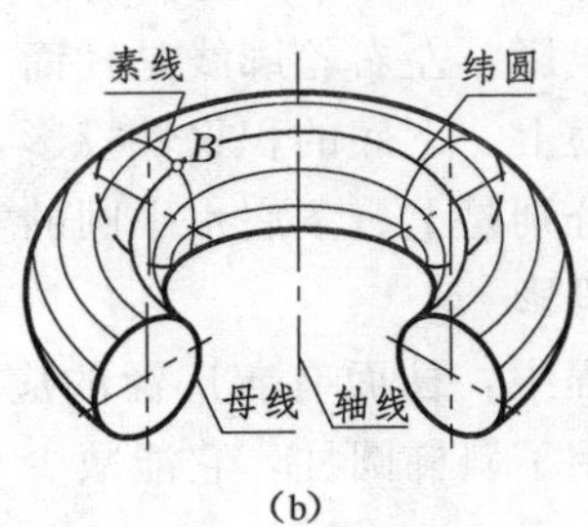

(b)

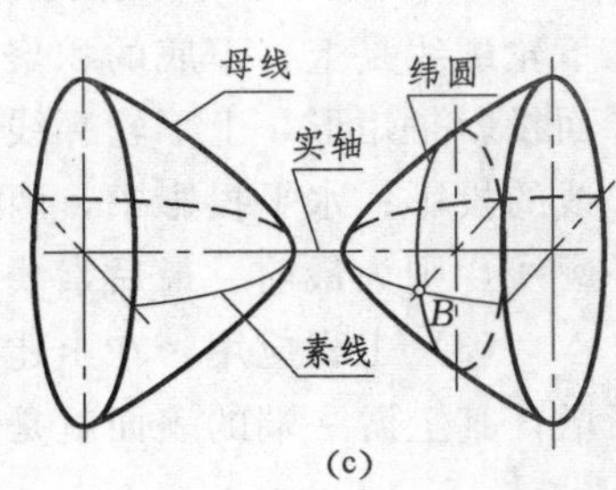

(c)

图 5.13 曲线旋转面的形成

（2）非旋转面：是由母线根据其他约束条件运动而形成的曲面，如图 5.14 所示。

3. 曲面的投影

曲面的投影与平面的投影相似，只要画出形成曲面的几何元素，如母线、定点、导线、导平面、旋转轴等的投影，曲面就可以确定。为了使图形更加形象，更加明显，曲面的投影通常还应包括以下内容：

（1）曲面边界线的投影，如图 5.11（a）中 AA_1、BB_1 的投影。

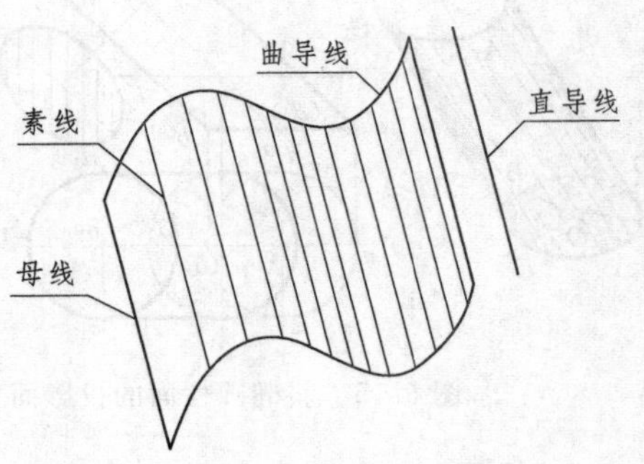

图 5.14 非旋转面

（2）曲面的外形轮廓线，如图 5.11（b）所示，这些轮廓线可以是曲面边界线，也可以是投影图中曲面可见性的分界线，如图中的 $c'c_1'$。

（3）对复杂的曲面，还需画出若干素线的投影。

5.3　工程曲面

为了便于施工，土建工程中的曲面常采用直线面。直线面又可分为可展直线面与不可展直线面。相邻两素线是平行或相交的共面直线称可展直线面，常见的有柱面、锥面等；相邻素线是交叉的异面直线，称为不可展直线面，常见的有双曲抛物面、柱状面、锥状面和单叶双曲旋转面等。

5.3.1　可展直线面

1. 柱面

（1）柱面的形成。直母线沿曲导线运动，且始终平行于一直导线，所形成的曲面称为柱面，如图 5.11 所示。曲导线可以是闭合的，也可以是不闭合的。

柱面素线互相平行，若用一组与直导线相交的平行平面去截，所得截交线的形状、大小相同。垂直于柱面素线的截面称为正截面，正截面为圆，则称为圆柱面；正截面为椭圆称为椭圆柱面。另外，柱面的导线垂直于投影面时，称为正柱面；倾斜于投影面时，称为斜柱面。

（2）投影特性。图 5.15 所示是一斜椭圆柱面，曲导线为水平圆，直导线为正平线 OO_1，曲面上所有素线都是平行于 OO_1 的正平线。其正面投影是平行四边形，上下轮廓线是上、下底的积聚性投影，左右轮廓线是柱面上最左、最右素线的投影；侧面投影是矩形，上下轮廓线仍为上、下底的积聚性投影，前后轮廓线是最前、最后素线的投影；水平投影中，两圆分别是上、下底水平圆的实形，而与它们相切的前后轮廓线，则为最前、最后素线的投影。

（3）工程应用。在土建工程中，柱面有着广泛的应用，如图 5.16 所示水闸的闸墩，其上游一端的表面就是采用了斜椭圆柱，它能减少水头损失，节约能耗。

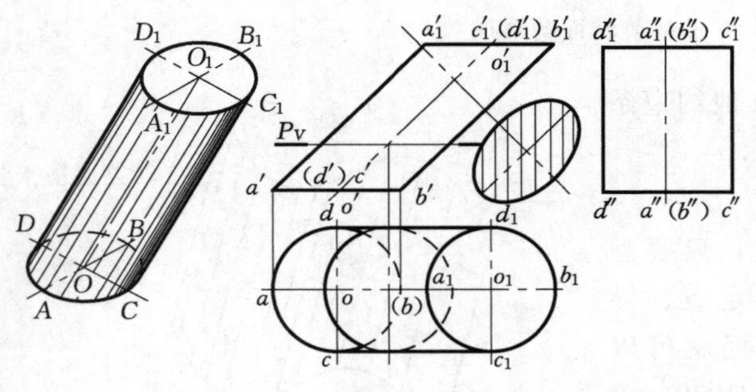

图 5.15　斜椭圆柱面的投影面

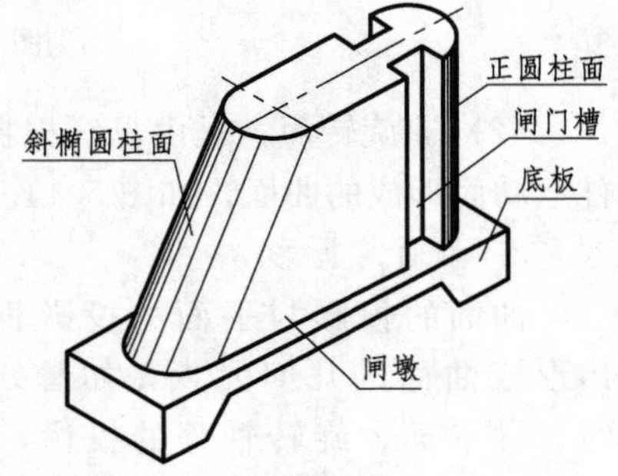

图 5.16　斜椭圆柱的工程应用

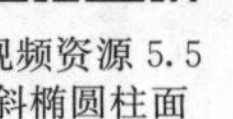

视频资源 5.5 斜椭圆柱面的投影及面上取点

2. 锥面

（1）锥面的形成。如图 5.17（a）所示，直母线 SE 一端点 E 沿曲导线 $ABCD$ 运

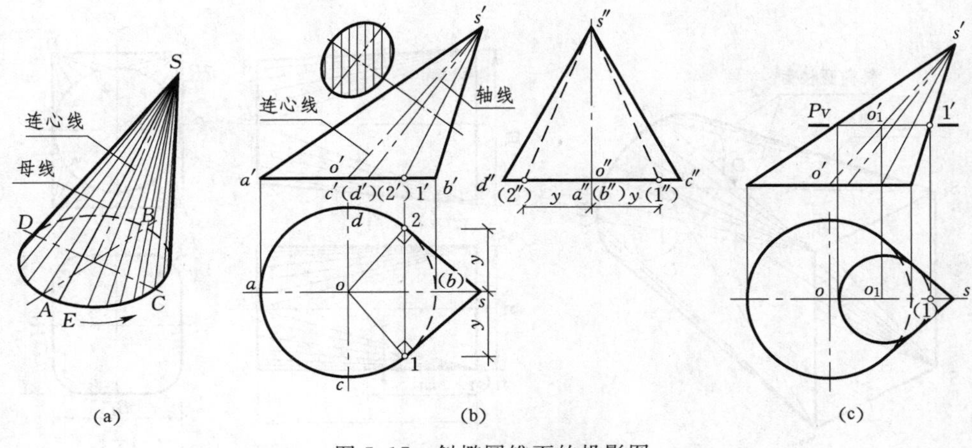

(a) (b) (c)

图 5.17 斜椭圆锥面的投影图

动，另一端点始终通过定点 S 所形成的曲面称为锥面。S 称为锥面的顶点，锥面上所有素线都通过锥顶。当锥面有两个或两个以上的对称平面时，它们的交线称为锥面的轴线。垂直于锥面轴线的截面称为正截面。

按正截面形状分：正截面是圆，称圆锥面；正截面是椭圆，称椭圆锥面。按轴线对投影面的位置分：轴垂直于投影面，称为正锥面；轴倾斜于投影面，称斜锥面。

(2) 投影特点。图 5.17 (b) 是曲导线为水平圆的斜椭圆锥，图中画出了顶点、曲导线和外形轮廓线的三面投影。正视轮廓线是锥面最左、最右素线 SA、SB 的投影；侧视轮廓线则是最前、最后素线 SC、SD 的投影；而俯视轮廓线则是锥面上素线 SⅠ、SⅡ的投影。图中还画出了椭圆锥的轴线、连心线（锥顶和底圆心的连线）以及俯视轮廓线 SⅠ、SⅡ的正、侧面投影。若用水平面截切该斜椭圆锥面，其截面都是圆，且圆心都在连心线上，半径则需根据截平面的位置而定，如图 5.17 (c) 所示。

视频资源 5.6 斜椭圆锥面的投影及面上取点

(3) 工程应用。在水利工程中，水电站的引水管道，通常是圆形断面，而闸室的闸门处则需做成矩形断面，为使水流平顺，在矩形和圆形之间，常常需要以渐变段过渡，如图 5.18 所示。

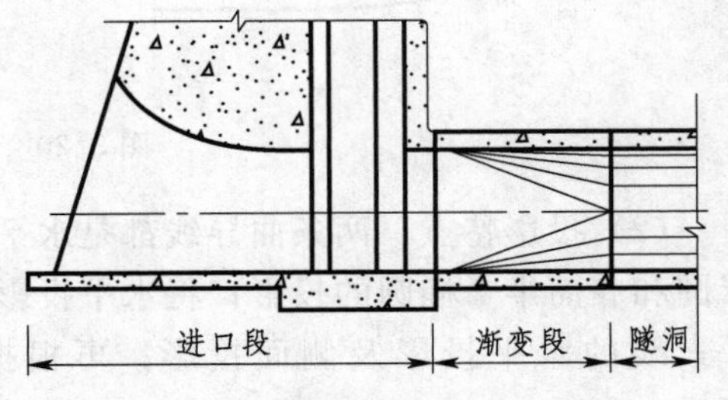

图 5.18 斜椭圆锥面应用实例

由图 5.19 (a) 可以看出，渐变段是由四个三角形平面和四个四分之一斜椭圆锥面相切而形成的组合曲面。矩形的四个角点分别是四部分斜椭圆锥面的顶点，而圆周上四段圆弧是它们的曲导线。图 5.19 (b) 画出了渐变段的三个投影，图中的斜椭圆锥面以素线表示，而锥面边界线的正面投影和水平投影则与连心线重影。

5.3.2 不可展直线面

1. 柱状面

(1) 柱状面的形成。图 5.20 中的柱状面是由直母线 MN 两端沿不在同一平面内

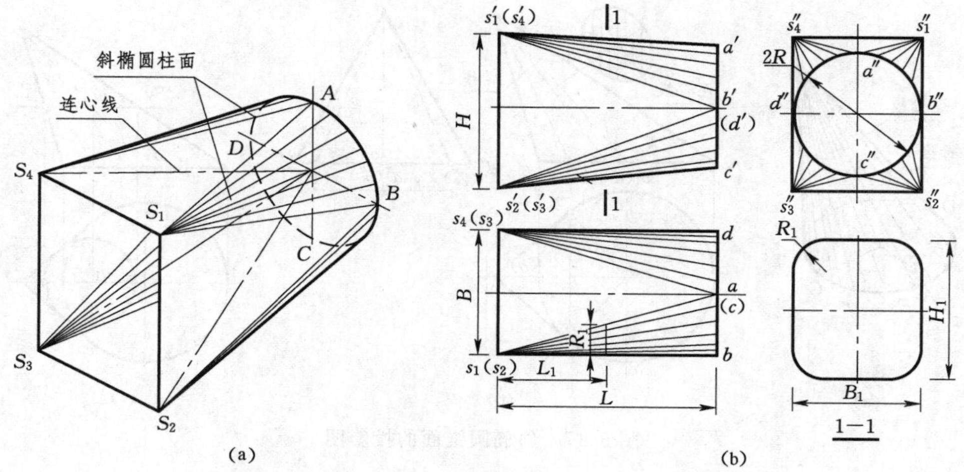

图5.19 渐变段的投影

的两曲导线运动（顶面半圆弧和底面半椭圆弧），且始终平行于导平面 P（正面）移动而形成的曲面，其素线都平行于导平面（正平线），相邻素线是交叉直线。

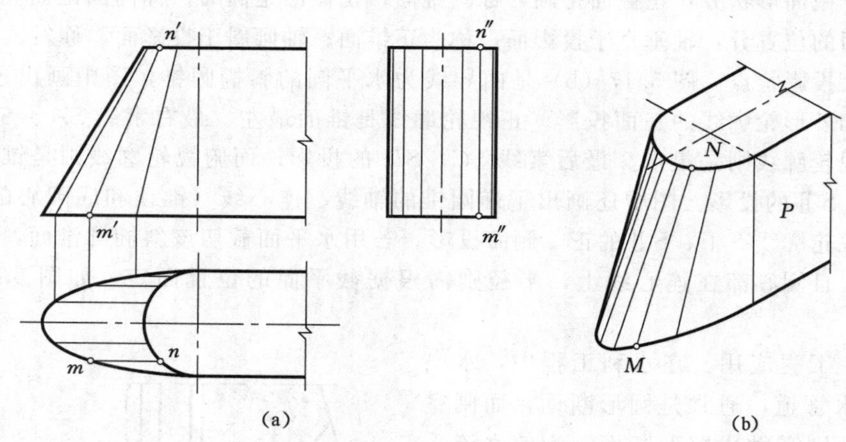

图5.20 柱状面的投影

（2）投影特点。两条曲导线都是水平曲线，在水平投影中确定位置，并画出顶面半圆和底面半个椭圆的投影；将水平投影中的顶面半圆弧等分，并过各等分点画出正平素线的水平投影及侧面投影；再根据投影关系画其正面投影，如图5.20（a）所示。

（3）工程应用。土建工程中柱状面多用于水闸、桥梁的墩台。如图5.20（b）所示，上部为半圆，底部为半椭圆，导平面为 P 平面的桥墩。

2. 锥状面

（1）锥状面的形成。图5.21所示的锥状面，是一直母线 AE，沿直导线 AB 及曲导线 EDC 运动，并始终平行于侧面 W 而形成的曲面。因导平面是侧面 W，故其素线都是侧平线，相邻素线是交叉直线。

（2）投影特点。图 5.21（b）为该曲面的投影。先画出锥状面几何要素直导线、曲导线的三面投影，然后将曲导线（或直导线）作若干等分，因曲面上所有素线为侧平线，所以过等分点所作素线的正面投影和水平投影都互相平行，再根据素线的投影规律作出侧面投影。

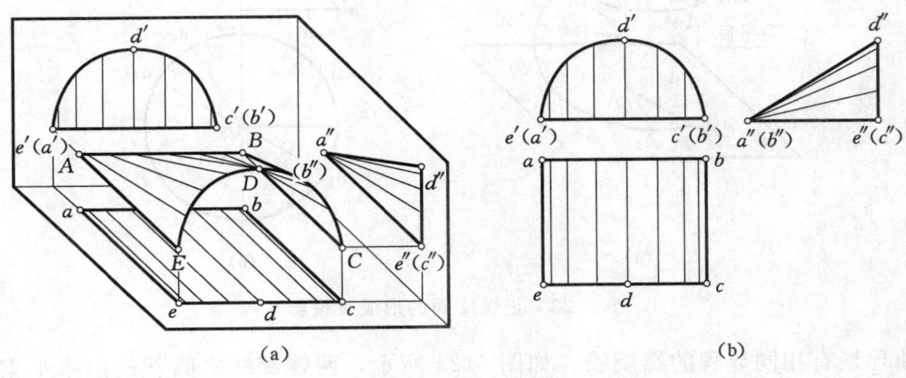

图 5.21　锥状面的投影

视频资源 5.7 锥状面、柱状面的投影

（3）工程应用。土建工程中，锥状面多用于屋面、雨篷、旋梯等轻型结构。如图 5.22（a）为一由锥状面构成的雨篷，而图 5.22（b）中的旋梯，它的台阶就是在锥状面上生成的。由于旋梯的导线是圆柱螺旋线及其轴线，所以这种锥状面又称螺旋面。

(a) 雨篷　　(b) 旋梯

图 5.22　锥状面的应用实例

土建工程图中常见的旋梯多为正螺旋面，它是由直母线一端沿圆柱螺旋线，另一端沿其轴线（铅垂线）运动，且始终平行于导平面（水平面）而形成，如图 5.23（a）所示，其作图如图 5.23（b）所示，步骤如下：

1）画出圆柱螺旋线的两面投影，并将其导程（正面投影）和圆（水平投影）作相同等分，如 12 等份。

2）将圆周各等分点与圆心（轴的积聚投影）相连，即得正螺旋面素线的水平投影。

3）过导程各等分点作 OX 轴的平行线，即得其素线的正面投影。

旋梯曲面一般是由一正螺旋面被一同轴小圆柱相截后生成，其内侧的截交线是一

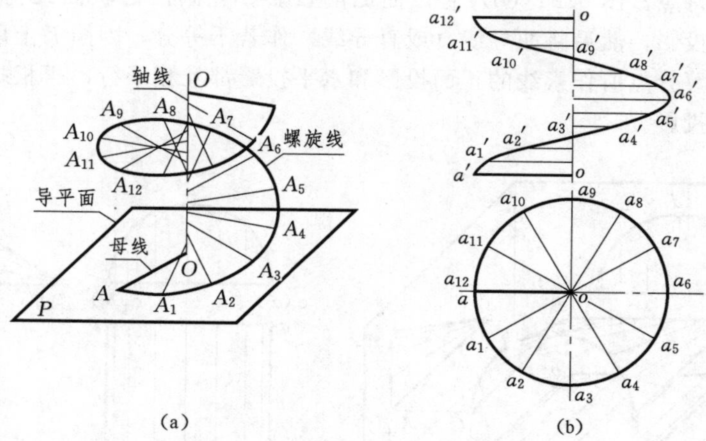

图 5.23　正螺旋面的形成及投影

根与曲导线有相同导程的螺旋线，如图 5.24 所示，两螺旋线之间就是由水平素线构成的螺旋面。

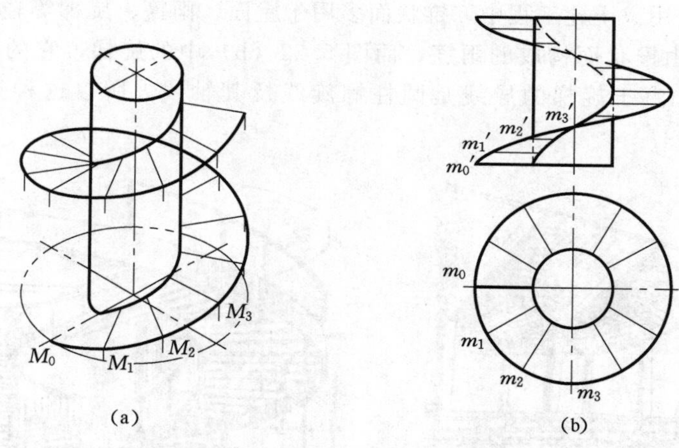

图 5.24　旋梯的形成及投影

3. 双曲抛物面

（1）曲面的形成。如图 5.25 所示，双曲抛物面是由直母线 AD 的两端，分别沿两交叉直线 AB、CD 运动，且始终平行于铅垂导平面 Q 而形成。也可以看成是由直母线 AB 的两端，分别沿两交叉直线 AD、BC 运动，且始终平行于另一铅垂导平面 P 而形成。双曲抛物面上有两组直素线，每一条素线与同组素线都交叉，但与另一组的所有素线都相交，如图 5.25 中的素线ⅠⅡ与同组素线 AD、BC 都交叉，而与另一组素线ⅢⅣ相交于 K 点。

视频资源 5.8 双曲抛物面的投影

（2）投影特点。当已知两直导线 AB、CD 为一般位置线，导平面 Q 为铅垂面，就可以作出双曲抛物面的三面投影。如图 5.25（b）所示，首先将一条直导线 AB（或 CD）作若干等分，本例题中作 5 等分；过各等分点作导平面 Q 的平行线，得曲

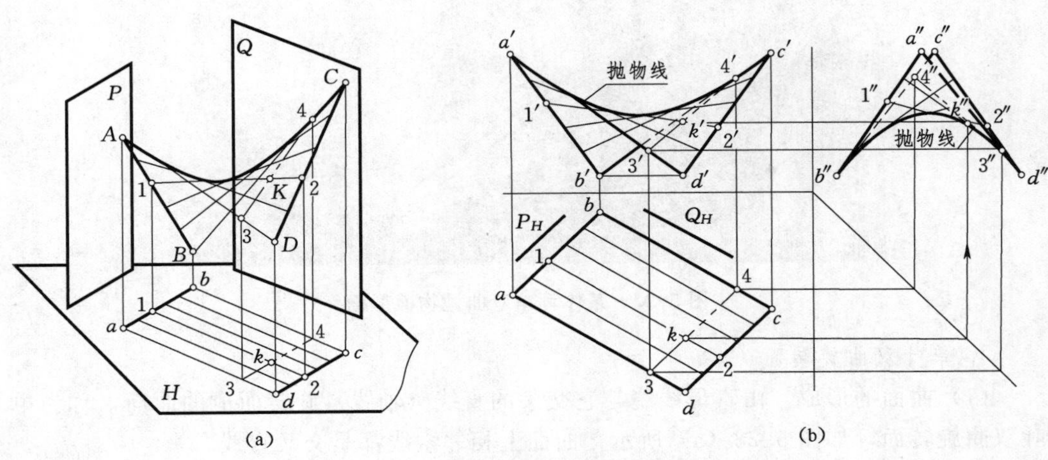

图 5.25 双曲抛物面的形成及投影

面上素线的水平投影；根据素线的三面投影关系，即可做出素线的正面投影和侧面投影；在正面投影和侧面投影中，分别作各素线的外包络曲线——抛物线，即得双曲抛物面的投影。图 5.25 中若用水平面截切双曲抛物面，交线为双曲线（读者可自行补出），所以这种曲面称为双曲抛物面。

（3）工程应用。土建工程中双曲抛物面应用较多，如水利工程常在水闸、渡槽、涵洞等与渠道连接时，因断面变化而采用这种曲面作为渐变段。图 5.26（a）为一梯形断面的渠道与一矩形断面的闸口连接，为使水流平顺，减少损失，采用了双曲抛物面渐变过渡。图中画出了该面上的两组素线，一组平行于水平面，另一组平行于侧平面。图 5.26（b）是水工图中双曲抛物面的规定画法：正面投影和水平投影中画出水平素线的投影；侧面投影中画出侧平素线的侧面投影。在房屋建筑工程中，现代化的大跨度公共设施的屋面，也常采用这种曲面，如图 5.27 为某体育馆所采用的屋面，就是一双曲抛物面被椭圆柱面截切而形成的马鞍形屋面。

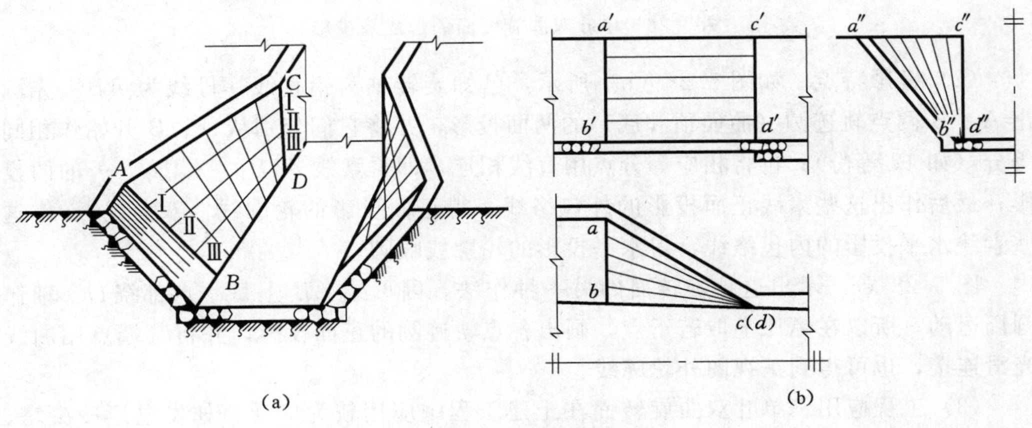

图 5.26 扭面的投影

图 5.27　某体育馆双曲抛物面屋面

4. 单叶双曲旋转面

(1) 曲面的形成。由直母线绕与它交叉的直线（轴线）旋转而成的曲面，称为单叶双曲旋转面，如图 5.28 (a) 所示，曲面上相邻素线都是交叉直线。

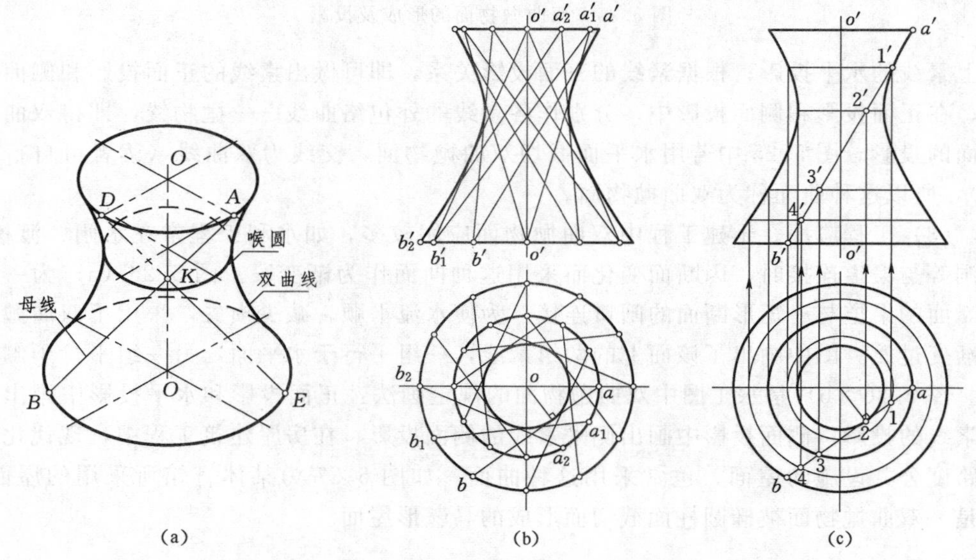

图 5.28　单叶双曲旋转面的形成及投影

(2) 投影特点。如图 5.28 (b) 所示，已知旋转轴为铅垂线，母线为 AB。先画出 A、B 两点轨迹圆（曲面顶和底）的两面投影，并将它们分别从 A、B 开始作相同等分（如 12 等份）；再将相应等分点用直线相连，即得素线 A_1B_1、A_2B_2、…的两投影；最后作出这些素线正面投影的外包络线，得正面投影的轮廓线（双曲线），作这些素线水平投影的内包络线，得水平投影的轮廓线喉圆。

图 5.28 (c) 示出这种旋转面的另一种作法。因母线 AB 上每一点都绕 OO 轴作圆周运动，所以在 AB 上取若干点，画出各点轨迹圆的正面投影，并将其端点用曲线光滑连接，也可得到正视图外轮廓线。

(3) 工程应用。单叶双曲旋转面在土建工程中应用较为广泛，如发电厂冷凝塔、电视塔等。

第 6 章　立体及立体表面交线

6.1　概述

由若干表面围成的空间形体，称为立体。土建工程中，常把柱、锥、球等单一立体称为基本形体，它们是构建或解构复杂工程形体的基础。按其表面性质，立体可分为以下几类：

（1）平面立体：由平面围成的立体，常见的平面立体如棱柱、棱锥等。

（2）曲面立体：由曲面或平面与曲面围成的立体，常见的曲面立体如圆柱、圆锥、圆球、圆环等。

工程形体无论多复杂，都可以看成由基本形体叠加、切割而成。工程形体的表面，必然存在着各种各样的交线，绘制工程形体的视图，就必须正确地画出这些交线，而基本形体的视图及表面取点取线是形体表面交线绘制的基础。

工程形体表面的交线，可分为截交线与相贯线两大类。截交线是指平面与立体相交时表面的交线，如图 6.1 所示的某洞门端墙上的截交线，即平面与半圆柱的交线；相贯线是指两立体相交时表面的交线，如图 6.2 所示的廊道主、支洞表面的交线。

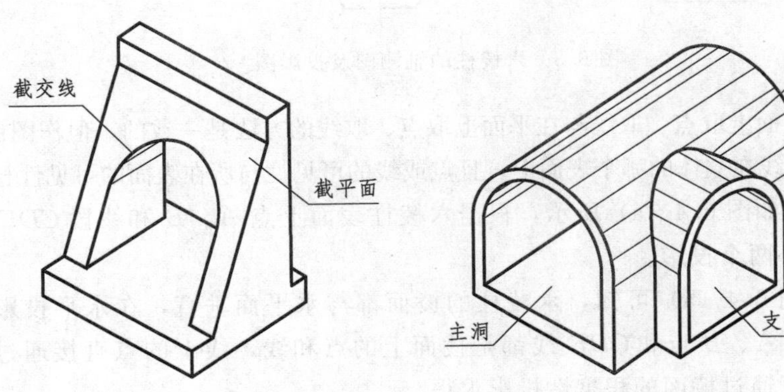

图 6.1　洞门的截交线　　图 6.2　主、支洞的相贯线

绘制工程形体表面的交线包括形体分析与投影分析两个主要环节，综合性较强；其中曲面体的相贯线一般是空间曲线，对作图者的空间想象能力要求较高，因而，它是本课程学习的难点。

6.2　立体

6.2.1　平面立体

平面立体相邻表面交线，称为棱线或底边线。棱柱的棱线彼此平行；棱锥的棱线汇交于一点（顶点）。由于立体表面是由平面围成的，所以绘制其投影图时，只要画出组成立体的平面（棱线及底边）的投影，并按相对位置判别可见性，将可见轮廓线画成粗实线，不可见轮廓线画成虚线即可。

1. 棱柱体

下面以图 6.3 所示的六棱柱为例，简单说明棱柱体的投影特征。六棱柱由 6 个棱面和上、下两个底面围成，由图可以看出：6 个棱面都与水平投影面垂直，其水平投影积聚为线；6 个棱面中的前、后棱面是正平面，在正面投影中反映实形，在侧面投影中积聚为线，其余 4 个棱面是铅垂面，在正面和侧面投影中都是类似形；上、下底面是水平面，其水平投影反映底面实形，其他投影积聚为线。因此，当棱线垂直于底面并且垂直于投影面时，棱柱的三面投影中有一个投影反映底面实形，另外两面投影的外轮廓是矩形。

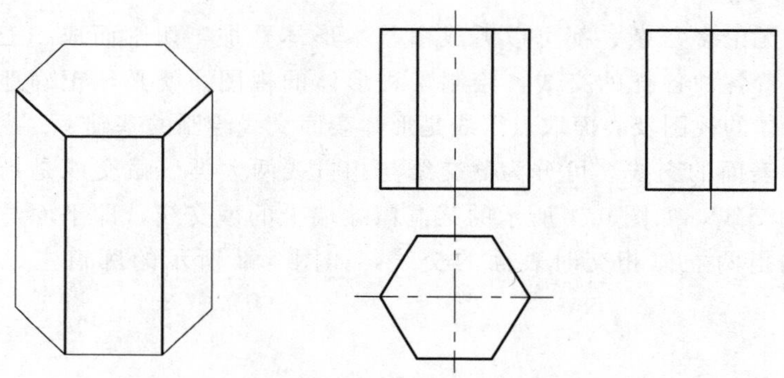

图 6.3　六棱柱的轴测图及投影图

平面立体表面上取点、取线与在平面上取点、取线的方法是一致的，但作图前，必须明确要取的点或线在立体的哪个表面上，且点或线的可见性与所在表面的可见性相同。

【例 6.1】 如图 6.4（a）所示，根据六棱柱表面上点 A、B 和线段 CDE 的正面投影，求其另外两个投影。

分析：由图 6.4（a）可知，六棱柱的棱面都与水平面垂直，在水平投影中积聚于六边形各边，A、B 点和 CDE 线都是棱面上的点和线，线上的点直接通过线上取点，面上的点可通过棱面的积聚性投影求得。

作图：如图 6.4（b）所示。

（1）根据 a' 可见知 A 点为六棱柱左前棱面上的点，“长对正”得到 a，“高平齐、宽相等”得到 a''，左前棱面在侧面是可见的，面上的 a'' 也是可见的。

（2）根据 b' 不可见知 B 点是后棱面上的点，后棱面是正平面，在水平和侧面投

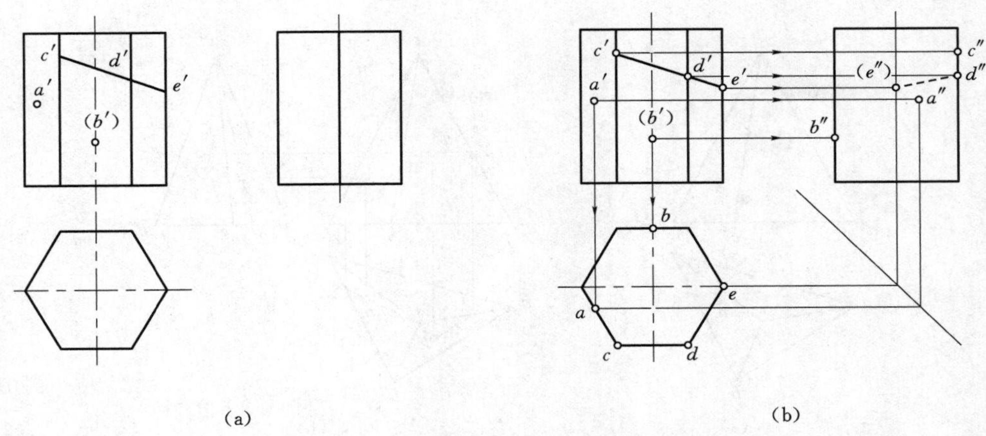

图 6.4 棱柱表面取点、取线

影中都积聚，分别按“长对正、高平齐”在积聚性投影上取得 b 和 b''，积聚性面上的点不判别可见性。

(3) 根据 $c'd'e'$ 可见知 CD 是前棱面上的线、DE 是右前棱面上的线，C、D、E 三点分别是左前、右前、右棱线上的点。“长对正、高平齐”分别得到 c、d、e 和 c''、d''、e''，CD 随着前棱面在侧面投影中积聚，DE 所在的右前棱面和 E 所在的右棱线在侧面投影中都不可见，故面上的线 $d''e''$、线上的点 e'' 都不可见。

2. 棱锥体

以图 6.5 所示的三棱锥为例，简单说明棱锥体的投影特征。三棱锥由 3 个棱面和 1 个底面围成，图中三棱锥的底面是水平面，其水平投影反映实形，其他两个投影积聚为直线；3 个棱面中后棱面是侧垂面，在侧面积聚为线，在水平和正面投影中都是类似形；左、右前棱面是一般位置面，三面投影都是类似形，二者的侧面投影重合。因此，当棱锥底面为某投影面的平行面时，在该投影中底面反映实形，而其他两面投影的外轮廓是三角形。

视频资源 6.1 平面立体表面取点

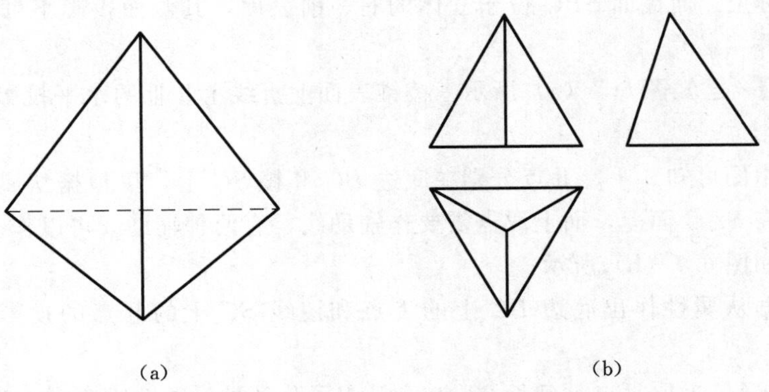

图 6.5 三棱锥的轴测图及投影图

【例 6.2】 补画图 6.6 (a) 所示三棱锥的侧面投影图，并求其表面上 K、N 点的另外两投影。

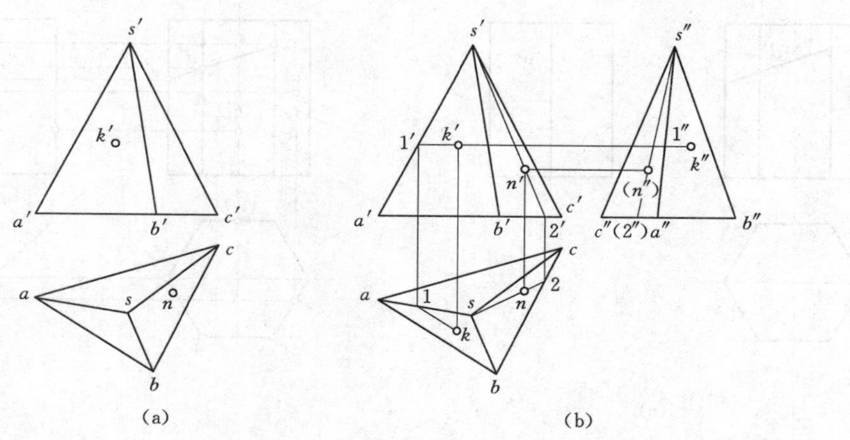

图 6.6　在三棱锥表面上取点

分析：由图 6.6（a）可见，锥底 ABC 是水平面，三个棱面都是一般位置面。图示 K 点的正面投影 k'是可见的，故 K 点一定在前表面 SAB 上；N 点的水平投影 n 也是可见的，故 N 点一定在上表面 SBC 上。

作图：如图 6.6（b）所示。

（1）根据“高平齐、宽相等”补画棱锥的侧面投影。由于 C 点是三棱锥上位于最后位置的点，建议侧面投影中先确定 c''的位置，分别求出 C、A、B、S 4 个点的侧面投影，依次连接底边和棱线，并判别其可见性。

（2）SAB 面上取 K 点：过 k'作直线 $k'1'$，使 $k'1' /\!/ a'b'$，只要根据平行性作出辅助线 $k1$、$k''1''$，即得 k 和 k''。

（3）SBC 面上取 N 点：连接 sn 并延长交 bc 于 2 点，求出辅助线 $s'2'$和 $s''2''$，根据从属性得 n'、n''。

由于棱面 SAB 位于立体的左、前表面，其三个投影都可见，故 K 点的投影 k、k'、k''亦都可见；而棱面 SBC 位于立体的右、前表面，其侧面投影不可见，故 n''亦不可见，记作（n''）。

【例 6.3】　已知图 6.7（a）所示三棱锥表面上折线ⅠⅡⅢ的水平投影，求作其正面与侧面投影。

分析：由图可知，Ⅰ、Ⅱ点分别在底边 BC 和棱 SC 上，可根据从属性直接线上取点；Ⅲ点在 SAC 面上，面上取点需要作辅助线，有两种辅助线可以作。

作图：如图 6.7（b）所示。

（1）根据从属性作出底边 BC 上的Ⅰ点和棱线 SC 上的Ⅱ点的投影，得 $1'2'$和 $1''2''$。

（2）面 SAC 上取Ⅲ点：延长 23 交 ac 于 d，分别求出辅助线 $2'd'$、$2''d''$，再根据从属性作出 $3'$和 $3''$。

由于ⅠⅡ线位于立体的右后表面 SBC 上，故其正面和侧面投影都不可见，画虚线；而ⅡⅢ线位于立体的左前表面 SAC 上，故三面投影都可见，画实线。

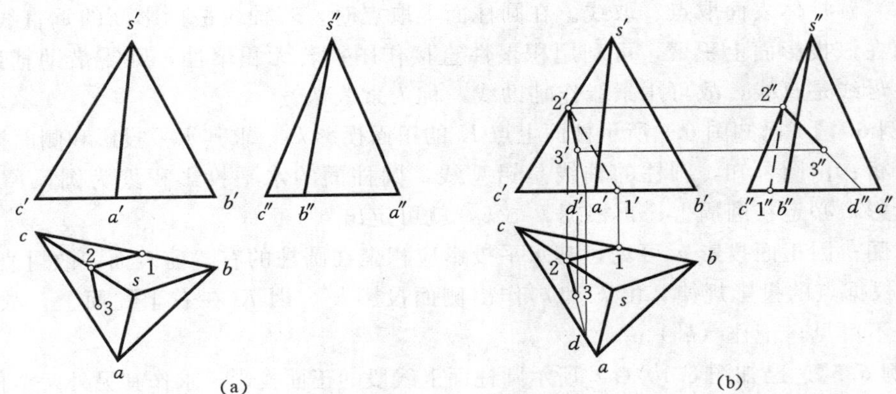

图 6.7　在三棱锥表面上取线

值得注意的是：Ⅰ、Ⅲ两点不在同一表面上，不能连线。

6.2.2　曲面立体

由前面的内容可知，母线绕轴线旋转而成的曲面，称为旋转面。由旋转面或旋转面与平面围成的立体，称旋转体。工程上常见的旋转体有圆柱、圆锥、圆球和圆环。画旋转体三视图时，应先画中心线及定位轴线，再画反映为圆的视图，最后画其他视图。

1. 圆柱体

直母线绕与之平行的轴线旋转一周得到的曲面是圆柱面，母线在任意位置时称为素线，圆柱面上所有素线相互平行。圆柱面和上、下底面围成的立体称为圆柱体。当上、下底面相互平行，且垂直于轴线时，称正圆柱体。

(1) 圆柱体的表示法。图 6.8 (a) 所示为一正圆柱。由图 6.8 (b) 可以看出，柱体的水平投影是一个圆，该圆反映上、下底面的实形，圆周则是柱面的积聚性投影。柱体的正面和侧面投影均为一矩形，矩形的上、下边为底面的投影；正面投影矩形的两边 $a'a_1'$ 和 $b'b_1'$ 是圆柱的正视轮廓线，也是最左、最右素线的正面投影，它们将圆柱分为前、后两半，前半部分可见；侧面投影矩形的两边 $c_1''c_1''$ 和 $d''d_1''$ 是圆柱侧视轮廓线，也是最前和最后素线的侧面投影，它们将圆柱分为左、右两半，左半部分可见。

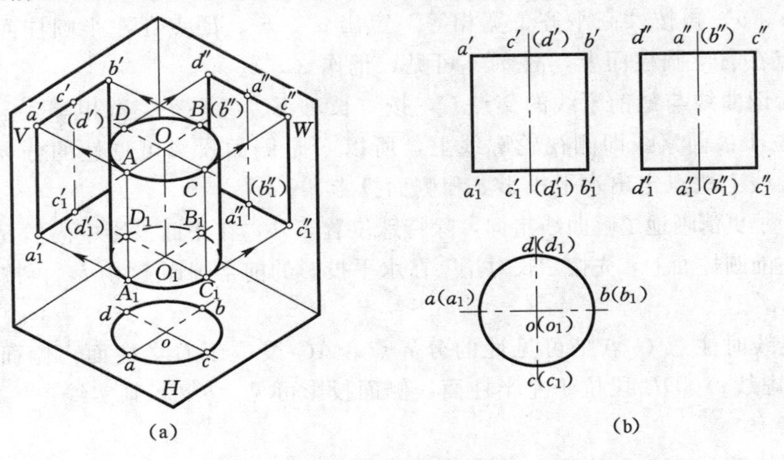

图 6.8　正圆柱的投影

视频资源 6.2 圆柱的投影及表面取点、取线

(2) 圆柱体表面取点、取线。在圆柱面上取点时，若轴线是投影面的垂直线，则圆柱面在该投影面上积聚，可利用积聚性直接作图；若无积聚性，则需借助辅助线。因圆柱母线是直线，故可用素线作辅助线，称为素线法。

【例 6.4】 已知图 6.9 所示柱面上点 K 的正面投影 k'，求其水平投影和侧面投影。

分析： 由图可知，圆柱的轴线是铅垂线，圆柱面的水平投影积聚为圆，K 点的水平投影 k 必定在圆周上；再根据 k'、k，就可定出 k''。

作图： 因正面投影 k' 可见，其水平投影应积聚在圆柱的右、前表面，故可直接定出 k。根据点的投影规律，由 k 和 k' 作出侧面投影 k''。因 K 在右半柱面上，故其侧面投影不可见，记作 (k'')。

【例 6.5】 已知图 6.10 (a) 所示圆柱面上线段的正面投影，求作其另外两个投影。

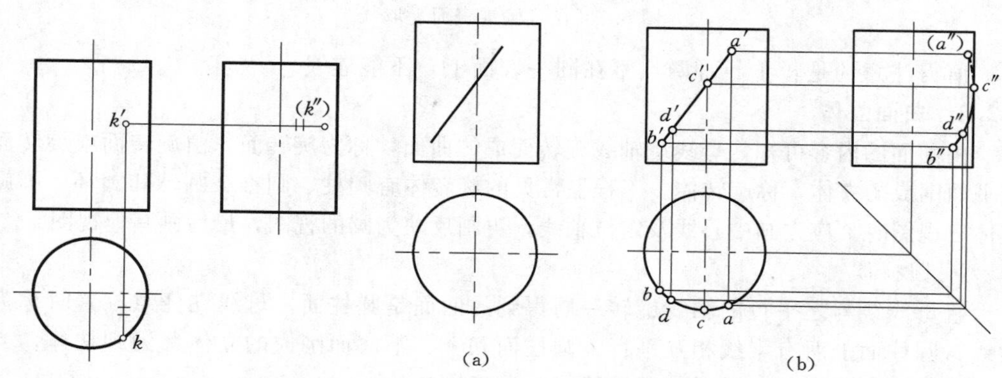

图 6.9　圆柱面上取点

图 6.10　圆柱面上取线

分析： 因圆柱轴线为铅垂线，故圆柱面的水平投影积聚为圆。因线段的正面投影可见且与轴线倾斜，可知此线是一平面曲线（椭圆弧），需求出曲线上一系列点的投影，再依次相连。值得注意的是，找点要先找出线段上特殊位置的点。

作图： 如图 6.10 (b) 所示。

(1) 标记曲线的端点 A、B，因曲线正面投影可见，故可直接在水平投影的前半圆周定出 a、b，再按"高平齐、宽相等"定出 a''、b''；B 点在左半圆柱面上，故 b'' 可见，A 点在右半圆柱面上，故 a'' 不可见，记作 (a'')。

(2) 标记曲线与最前素线的交点 C，按"长对正、高平齐、宽相等"定出 c、c''；由于点 C 位于最前素线即侧视轮廓线上，所以 c'' 是侧面投影可见性的分界点，可直接在最前素线上取点定出水平投影 c 和侧面投影 c''。

(3) 为了更清晰地了解曲线走向，除特殊位置点外，在正面投影中内插 d'，D 点如同 B 点在左前圆柱面上，先按"长对正"在水平投影的前半圆周上得 d，再按"高平齐、宽相等"得 d''。

(4) 连线时注意 C 点是可见性的分界点。AC 段位于右半柱面，侧面投影不可见，$a''c''$ 画虚线；CDB 段位于左半柱面，侧面投影可见，$b''d''c''$ 画实线。

2. 圆锥体

直母线绕着与之相交的轴线旋转一周得到的曲面是圆锥面，交点称为锥顶，母线

在任意位置时称为素线，所有素线交于锥顶，母线上任意点的轨迹都是圆，该圆称为纬圆。纬圆垂直于旋转轴，圆心在轴上。圆锥面与底面围成的立体称为圆锥体。当底面垂直于轴线时，称为正圆锥体。

(1) 圆锥体的表示法。图 6.11 (a) 所示为一正圆锥。由图 6.11 (b) 可以看出：其水平投影为圆，它是底圆的实形也是锥面的投影，锥面的水平投影可见；正面和侧面投影都是等腰三角形，三角形的底是底圆的积聚性投影；在正面投影中，正视轮廓线是锥面上最左 (SA)、最右 (SB) 素线的投影，它们将圆锥分为前、后两半，前半部分可见；在侧面投影中，侧视轮廓线是圆锥面上最前 (SC)、最后 (SD) 素线的投影，它们将圆锥分成左、右两半，左半部分可见。

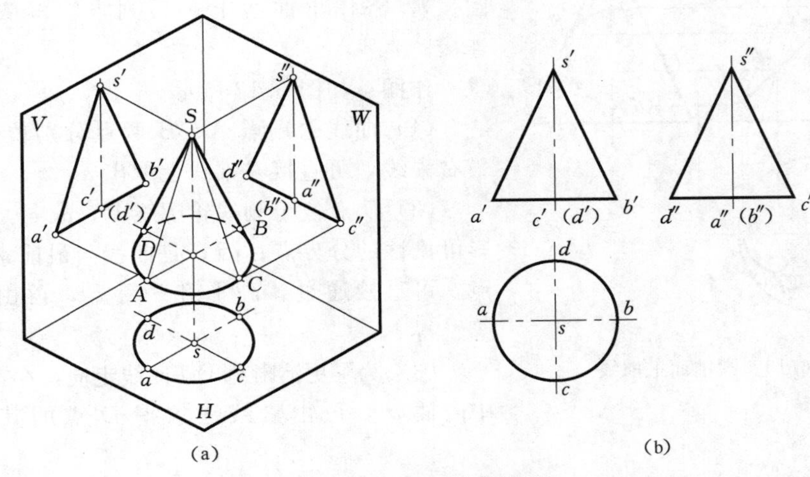

图 6.11 正圆锥的投影

(2) 圆锥体表面取点、取线。因圆锥面无积聚性，取点时必须借助圆锥面上的线。圆锥面是直线面，可用直素线作辅助线，称为素线法；另外，圆锥面又是旋转面，也可用纬圆作辅助线，称为纬圆法。

视频资源 6.3 圆锥的投影及表面取点、取线

【例 6.6】 已知图 6.12 所示圆锥面上 A 点的正面投影 a'，求其水平投影和侧面投影。

分析： 通过圆锥面上的直素线或者纬圆作为辅助线，完成圆锥面上取点。圆锥面上的直素线必然通过锥顶；圆锥面上的纬圆都和轴线垂直，因轴线是铅垂线，故纬圆为水平纬圆。

作图： 如图 6.12 所示。

A 点的正面投影 a' 可见，故判断 A 点位于圆锥面的左、前表面，该点的水平投影和侧面投影也都可见。

素线法：先作出通过锥顶 S 点和 A 点的辅助线——直素线 $s'm'$，再 “长对

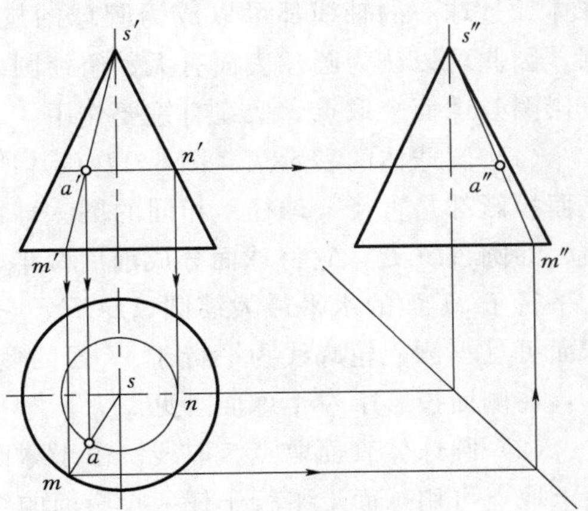

图 6.12 圆锥面上取点

正、宽相等”画出辅助线的另外两面投影 sm 和 $s''m''$，线 SM 上取 A 点，由从属性作出 a 和 a''。

纬圆法：先作出通过 A 点所在水平纬圆的正面投影，其正面投影积聚为直线并垂直于轴线交正面轮廓于 n'，“长对正”得到 n，再根据 n 画出其水平纬圆的实形，又通过“长对正”圆曲线上取点 a，最后“高平齐、宽相等”作出侧面投影 a''。

【例 6.7】 已知图 6.13 所示圆锥面上 AB 线的正面投影，求其水平投影和侧面投影。

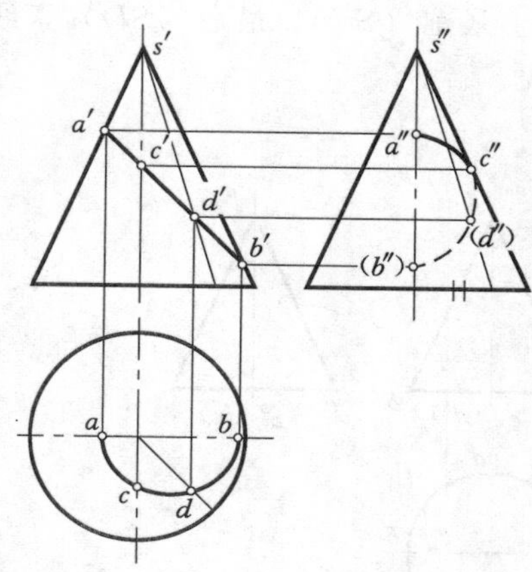

图 6.13　圆锥面上取线

分析： 已知线的正面投影可见，且与轴线斜交，可知该线为一位于前半锥面的非圆曲线（椭圆弧），需作出曲线上一系列点，再依次光滑连接。

作图： 如图 6.13 所示。

（1）曲线的端点 A、B 两点分别位于最左、最右素线，可直接在素线上取出 a、b、a''、b''。

（2）C 点位于侧视轮廓线上，故 c'' 是侧面投影可见性的分界点；因 c' 是曲线与最前素线的交点，可直接通过“高平齐”得 c''，再由“宽相等”得 c。

（3）为了更清晰地了解曲线走向，在正面投影中内插 d'，可由素线法求得 D 点的其他投影 d、d''。

（4）连线。曲线的水平投影都可见，画实线；C 点是侧面投影可见性的分界点，曲线 AC 段位于锥面的左、前表面，CDB 段位于锥面的右、前表面，故 AC 段侧面投影可见，画实线，而 CDB 段侧面投影不可见，画虚线。

3. 圆球体

由半圆弧绕着其直径旋转一周得到的曲面是圆球面，由圆球面围成的立体称为圆球体。过球心的轴线都可以成为圆球的旋转轴，每一个方向的旋转轴就对应一组纬圆，因此可以认为圆球表面有无数组纬圆，其中三组与投影面平行的纬圆对于圆球的投影图及球面上取点、取线有重要作用。

（1）圆球体的表示法。图 6.14（a）所示为一圆球。由图 6.14 可以看出，球面的三面投影都是直径（球径）相同的圆。球的正视轮廓线为球面上平行于 V 面的正平最大纬圆 $ABCD$，它将球面分成前后两半，在正面投影中前半球面可见；俯视轮廓线为平行于 H 面的水平最大纬圆 $AECF$，它将球面分成上下两半，在水平投影中上半球面可见；侧视轮廓线为平行于 W 面的侧平最大纬圆 $BEDF$，它将球面分成左右两半，在侧面投影中左半球面可见。

视频资源 6.4 圆球的投影及表面取点、取线

（2）圆球体表面取点、取线。由于球面是曲线旋转面，表面没有直素线，在圆球面上取点可用球面上平行于任一投影面的纬圆作辅助线，即用正平纬圆、水平纬圆或侧平纬圆。

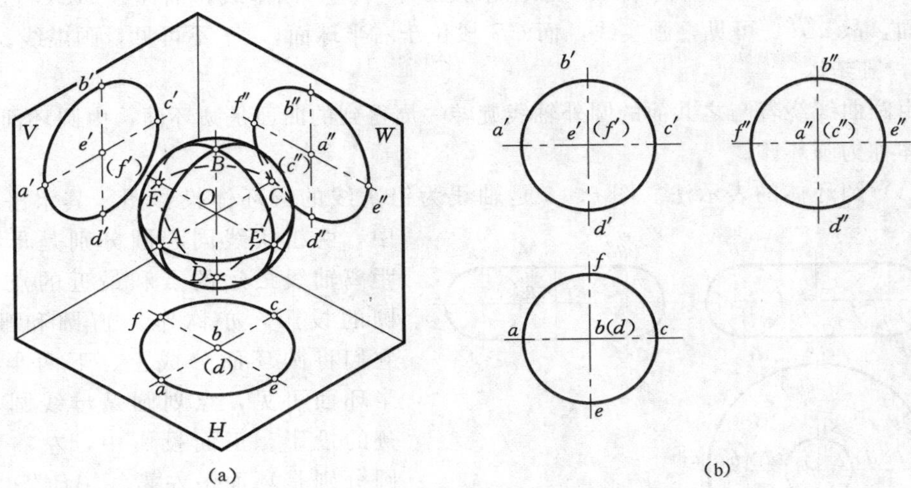

图 6.14　圆球的投影

【例 6.8】 已知图 6.15 (a) 所示圆球上线段 AB 的正面投影 $a'b'$，求其另外两个投影。

分析： 由于线段的正面投影 $a'b'$ 可见，且与轴线倾斜，故 AB 是一段位于前半球面的曲线，其投影是非圆曲线（椭圆），需求出曲线上一系列点，再依次光滑连接。

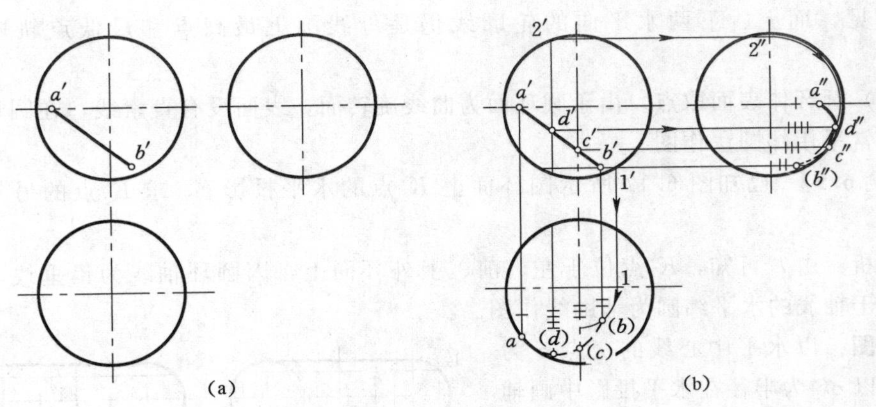

图 6.15　圆球表面上取线

作图： 如图 6.15 (b) 所示。

(1) A 点位于水平最大纬圆、C 点位于侧平最大纬圆，可在前半球面直接求得 a、a''、c''和 c。

(2) 以过 b'（线段端点）的水平纬圆为辅助线求得 b 及 b''。

(3) 为了准确画出曲线，取任一中间点 D，以过 d'的侧平纬圆为辅助线求得 d''和 d。

由于线段 AB 位于下半球面，故水平投影不可见，画虚线；而曲线 ADC 位于左半球面，故 $a''d''c''$ 可见，画实线，而 CB 段位于右半球面，$c''b''$ 不可见，画虚线。

4. 圆环体

由圆曲线绕着与之共面的圆外轴线旋转一周得到的曲面是圆环面，由圆环面围成的立体称为圆环体。

（1）圆环体的表示法。图 6.16 是轴线为铅垂线的圆环体投影图。其水平投影中，两粗实线同心圆分别是母线上距离轴线最远的点和最近的点轨迹圆的投影，亦称作赤道圆和喉圆，它们将圆环面分成上、下两半，上半环面可见，点划圆是母线圆心轨迹的投影。正面投影中，左右两侧圆分别是环面最左素线 $ABCD$ 和最右素线 $A_1B_1C_1D_1$ 的投影，它们将圆环面分成前、后两半，其中只有前半外环面可见，而内环面和后环面均不可见，而上、下两水平向的轮廓线分别是母线圆上最高点 B 和最低点 D 轨迹圆的投影。侧面投影中，两侧圆分别是最前素线 $EFGH$ 和最后素线 $E_1F_1G_1H_1$ 的投影，它们将环面分成左、右两半，其中只有左半外环面可见，其余均不可见，而上、下两水平向的轮廓线仍是母线圆上最高点和最低点轨迹圆的投影。

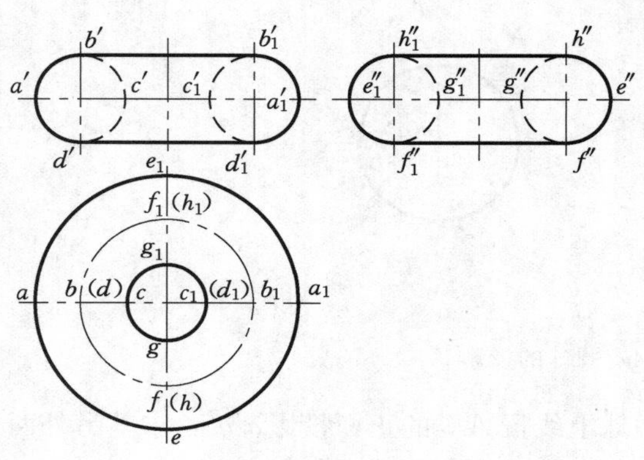

图 6.16　圆环的投影

视频资源 6.5
圆环的投影
及表面取点

（2）圆环体表面取点。由于圆环面为曲线旋转面，表面没有直素线，在圆环面上取点通常采用纬圆法作图。

【例 6.9】 已知图 6.17 所示圆环面上 K 点的水平投影 k，求 K 点的另外两面投影。

分析：由 k 可知，K 点位于左、前、上外环面上，因圆环轴线为铅垂线，故可用垂直于轴线的水平纬圆为辅助线作图。

作图：以水平中心线的交点 o 为圆心，以 ok 为半径在水平投影中画辅助线水平纬圆的实形，其正面投影积聚为垂直于轴线的直线，因 K 点位于左、前、上外环面，辅助圆的正面投影必定位于上半环面，据此作出它的正面和侧面投影；再根据从属性定出 k' 和 k''。

因 K 点位于左、前外环面，故正面投影 k' 和侧面投影 k'' 都可见。

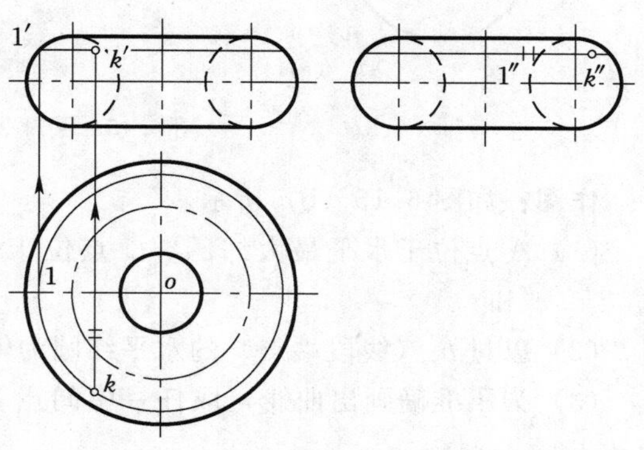

图 6.17　圆环表面上取点

6.3 立体表面的交线

由本章概述知，立体表面的交线分为截交线与相贯线两大类。平面与立体相交时表面的交线是截交线；两立体相交时表面的交线是相贯线。下面分别来看截交线与相贯线的作图方法。

6.3.1 截交线

立体被平面截切所形成的截（断）面，是由截交线围成的平面图形。截交线的性质如下：

（1）截交线上的每一点，都是截平面与立体表面的共有点。

（2）由于空间形体的尺度总是有限的，所以截交线一般是封闭曲线。

空间形体按其表面形状可分为平面立体与曲面立体两类，形体表面形状不同，截交线的作图方法也不相同。下面分别讨论平面立体和曲面立体截交线的投影特点与作图方法。

6.3.1.1 平面立体截交线

平面立体的截面是闭合多边形。多边形的顶点是立体各棱线（或底边）与截平面的交点，也是截平面与相邻两棱面的共有点，而多边形的边则是棱面（或底面）与截平面的交线。因此，平面立体截交线的作图方法可归纳为以下两种：

（1）求出截平面与平面立体各棱线（或底边）的交点，再依次相连。

（2）求出截平面与平面体各棱面的交线。

下面举例说明平面立体截交线的作图方法。

【例 6.10】 求图 6.18（a）所示截平面与三棱锥的截交线。

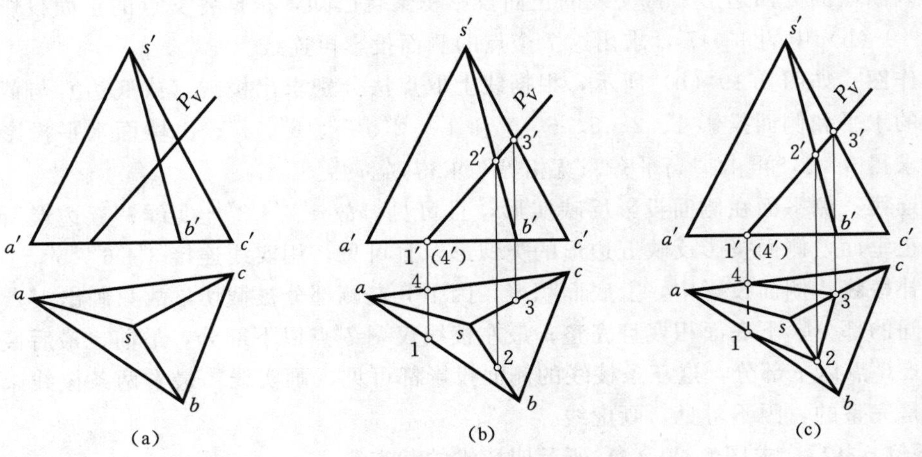

图 6.18　三棱锥的截交线

分析： 截平面 P 为正垂面，它与侧棱 SB、SC 及底边 AB、AC 相交，截面为四边形，因其正面投影积聚在 P_V 上，故可根据各交点的正面投影，直接作出水平投影。

作图：根据线上取点法分别求出 AB、AC、SB、SC 与截平面交点的水平投影 1、4、2 和 3。

连线：截交线的可见性与它所在棱面的可见性一致。水平投影中，侧棱面都可见，故 12、23、34 可见，画实线；底面不可见，则 14 不可见，画虚线。

【例 6.11】 求图 6.19（a）所示截切后五棱柱的侧面投影。

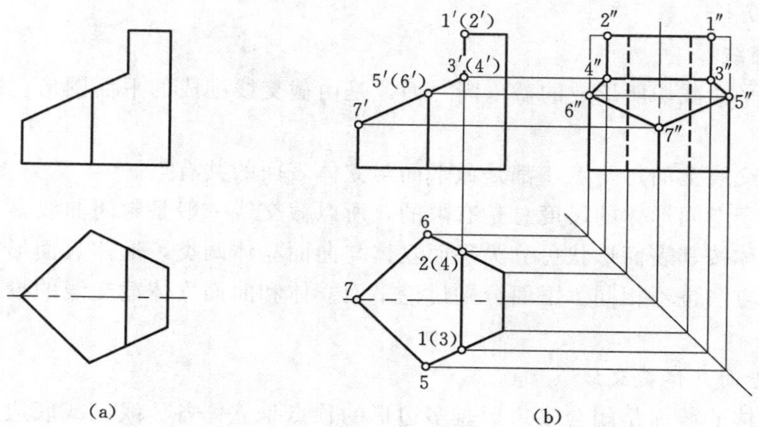

图 6.19　五棱柱的截交线

分析：从已知图 6.19（a）的正面投影和水平投影可以看出，基本平面立体是五棱柱，分别被正垂面和侧平面两个截平面截切。正垂面与左、前、后三条棱线相交于Ⅴ、Ⅵ、Ⅶ 3 个点，且与侧平面的交线为正垂线（Ⅲ、Ⅳ交线），据此判断截面为五边形；侧平面与上顶边（右前、右后顶边）相交于Ⅰ、Ⅱ 2 个点，连同与正垂面的交线，判断截面为四边形。截交线的正面投影积聚且已知，根据各交点的正面投影，如图 6.19（b）中的 1′～7′，求出这 7 个点的侧面投影再连线。

作图：如图 6.19（b）所示，根据线上取点法分别求出棱线（或底边）与截平面交点的水平和侧面投影 1、2、5、6、7 和 1″、2″、5″、6″、7″；由棱面水平投影的积聚性求得 3、4，再由“高平齐、宽相等”求得 3″、4″。

连线：侧平面在侧面投影反映实形，且可见，故 1″2″4″3″连实线；五边形所在的面是正垂面，侧面投影反映五边形的类似形，且可见，用实线连接 3″4″6″7″5″。

补棱线：侧面投影中，上底面积聚，因ⅠⅡ左侧部分被截切，故只画出 1″点与 2″点之间的部分；下底面积聚且完整；最左棱线仅剩 7″点以下部分，最前、最后棱线仅剩 5″、6″点以下部分，这三条棱线的侧面投影都可见，画实线；最右两条棱线未被截切，是完整的，因不可见，画虚线。

视频资源 6.6 棱柱的截交线

【例 6.12】 求图 6.20（a）所示四棱锥的截交线。

分析：从已知图 6.20（a）的正面投影和水平投影可以看出，基本的平面立体是四棱锥，分别被正垂面和水平面两个截平面截切。正垂面与左、前、后三条棱线相交于Ⅰ、Ⅱ、Ⅲ 3 个点，且与水平面的交线为正垂线（ⅣⅤ），据此判断截面为五边形；水平面也与左、前、后三条棱线相交于Ⅵ、Ⅶ、Ⅷ 3 个点，连同与正垂面的交线，判

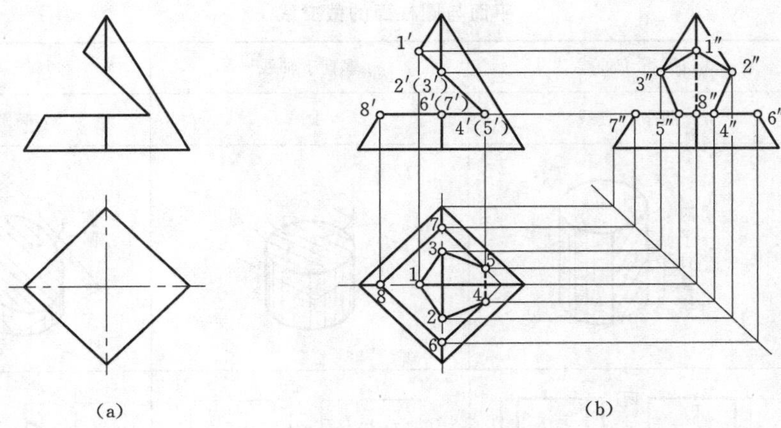

图 6.20 四棱锥的截交线

断截面也为五边形。截交线的正面投影积聚且已知，根据各交点的正面投影，如图 6.20（b）中的 1′～8′，用棱锥体表面取点的方法求出其他两面投影。

作图：如图 6.20（b）所示，根据线上取点法分别求出棱线与截平面的交点的水平和侧面投影 1、2、3、6、7、8 和 1″、2″、3″、6″、7″、8″；Ⅳ、Ⅴ两点是右前、右后棱面上的点，按照面上取点的方法作辅助线（过Ⅵ、Ⅶ点作底边的平行线），分别求得 4、5 和 4″、5″。

连线：水平投影中，正垂面上的五边形，在水平投影中反映类似形，各边的可见性与棱面的可见性一致，粗实线连 12、13、24、35；水平面上的五边形反映实形，粗实线连 86、87、64、75；45 被棱锥顶部遮挡，不可见，连虚线。侧面投影中，水平面上的五边形积聚，即 4″5″6″7″8″积聚，连实线；正垂面上的五边形在侧面投影中是其类似形，且可见，用粗实线连 1″2″3″4″5″。

补棱线：水平投影中，下底面四边形完整，左、前、后棱线中 18、26、37 之间因截切而擦除，剩余棱线和底边都可见，画实线。侧面投影中，下底面完整且积聚，画实线；左、前、后棱线的 1″8″、2″6″、3″7″之间因截切而擦除，三条棱线剩余部分都可见，画实线；最右侧棱线完整，不可见，画虚线，上下两端与最左棱线的剩余部分实线重合。

6.3.1.2 曲面立体截交线

曲面立体截交线一般由曲线或曲线与直线围成，截交线上每一点都是截平面与立体表面的共有点，只需求出足够的共有点，然后依次连接即得截交线。

视频资源 6.7 棱锥的截交线

圆柱与圆锥的底面是平面，截平面与底面相交时交线是直线，绘图简便。所以，下面着重讨论旋转面上截交线的投影特点与作图方法。

1. 圆柱

圆柱面与截平面的交线，因截平面与柱轴的相对位置不同而异：截平面平行于轴线时，截交线为两条平行直线；截平面垂直于轴线时，截交线为圆；截平面倾斜于轴线时，截交线为椭圆。平面截切圆柱面时的轴测图、投影图和截交线形状，见表 6.1。

表 6.1　　平面与圆柱面的截交线

截平面位置	平行于轴线	垂直于轴线	倾斜于轴线
截交线形状	两平行直线	圆	椭圆
轴测图	两平行直线	圆	椭圆
投影图	两平行直线	圆	椭圆

截交线椭圆的长轴随截平面与轴线间的倾角变化而增减，短轴则始终为圆柱直径，椭圆的投影一般情况下仍然是椭圆。求圆柱截交线的非圆曲线投影，通常采用素线法，即画出若干素线与截平面的交点后，依次连接即可；当圆柱的轴线为某一投影面的垂直线时，圆柱面投影积聚成圆，则可利用其积聚性作图。

视频资源 6.8 圆柱的截交线

【例 6.13】 求平面 P 与图 6.21（a）所示正圆柱的截交线。

分析： 截平面与圆柱轴线斜交且截断柱面，其截交线为一完整的椭圆；截平面为正垂面，其正面投影积聚成直线（已知）；圆柱轴线为铅垂线，圆柱面的水平投影积聚成圆，故截交线椭圆的水平投影与圆周重合（已知），因此，本例根据已知两投影补出侧面投影。

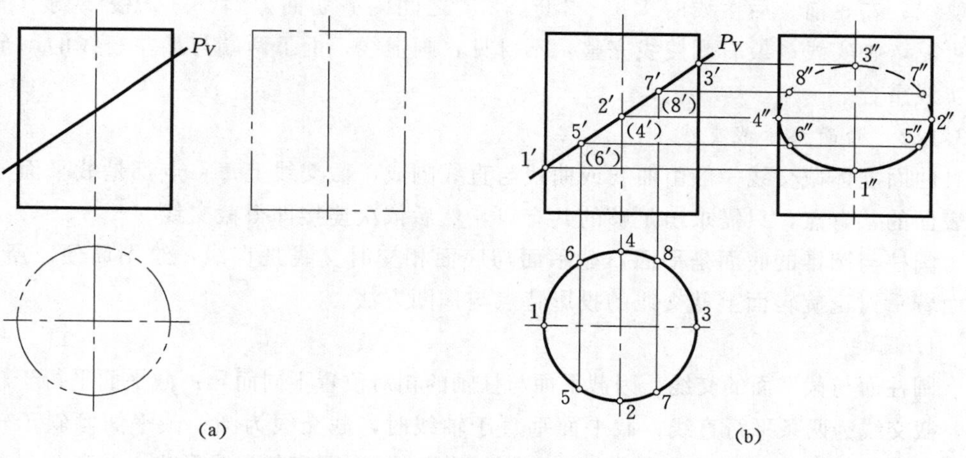

图 6.21　正垂面与正圆柱的截交线（椭圆）

作图： 如图 6.21（b）所示。

（1）求特殊点：正视轮廓线上的Ⅰ、Ⅲ点是椭圆长轴的端点，既是椭圆曲线上的最低、最高点，又是最左、最右点。侧视轮廓线上的Ⅱ、Ⅳ点是椭圆短轴的端点，也是最前、最后点，它们均可按特殊素线上取点直接求得。

（2）补中间点：利用圆柱表面取点法，适当加密侧面投影，如图中 5″、6″、7″、8″。

连线： 侧面投影中，左半柱面上的 2″5″1″6″4″段可见，连实线；右半柱面上的 2″7″3″8″4″段不可见，连虚线。

【例 6.14】 补绘图 6.22（a）所示切口圆柱的投影。

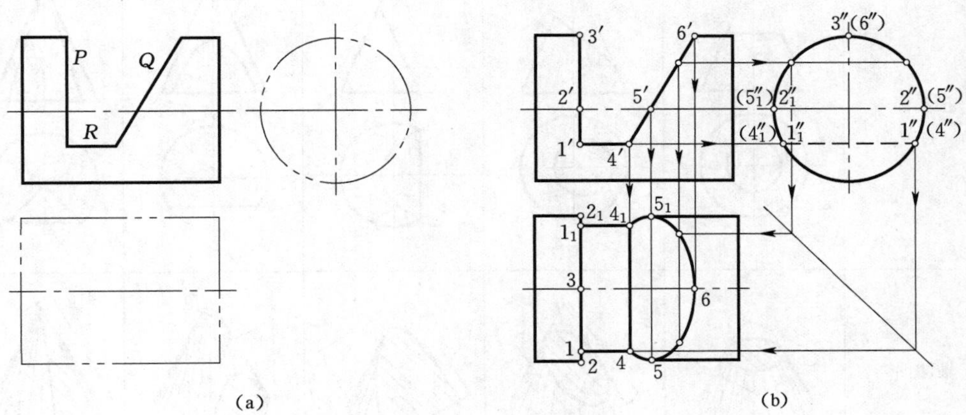

图 6.22 求圆柱间切口的投影

分析： 圆柱轴线为侧垂线，圆柱面的侧面投影积聚为圆，切口由侧平面 P、水平面 R 和正垂面 Q 围成，其正面投影已知，需求作水平投影和侧面投影。截平面 R 与 P、Q 的交线都是正垂线。

作图： 如图 6.22（b）所示。

（1）侧平面 P 垂直于圆柱轴线，与圆柱面交线为圆弧Ⅰ Ⅱ Ⅲ Ⅱ$_1$ Ⅰ$_1$，其侧面投影反映实形，水平投影积聚成线。

（2）水平面 R 平行于圆柱轴线，与圆柱面交线为素线Ⅰ Ⅳ和Ⅰ$_1$Ⅳ$_1$，与 P、Q 两平面的交线是两条正垂线Ⅰ Ⅰ$_1$ 和Ⅳ Ⅳ$_1$，这四条线围成矩形Ⅰ Ⅰ$_1$Ⅳ Ⅳ$_1$，其水平投影反映实形，侧面投影积聚为线。

（3）正垂面 Q 倾斜于圆柱轴线，与圆柱面交线是椭圆弧Ⅳ Ⅴ Ⅵ Ⅴ$_1$Ⅳ$_1$，椭圆弧最高点是Ⅵ、最前点是Ⅴ、最后点是Ⅴ$_1$、最低点是Ⅳ和Ⅳ$_1$，图中以箭头示出了中间点的作图：先标出它们的正面投影，按“高平齐”以及柱面积聚性求其侧面投影，再按“长对正、宽相等”求其水平投影。

连线： 侧面投影 1″1″$_1$、4″4″$_1$不可见，连虚线；水平投影均可见，连实线。

整理轮廓： 侧面投影中，圆柱左右端面完整，画完整圆；水平投影中，左右端面完整，积聚成线，而圆柱最前、最后素线经截切，擦除Ⅱ Ⅴ和Ⅱ$_1$Ⅴ$_1$ 段。

2. 圆锥

圆锥面与截平面相交，因截平面与圆锥轴线的相对位置不同，圆锥面截交线有

圆、椭圆、抛物线、双曲线和相交二直线五种情况，总称为圆锥曲线，截平面与锥底面的截交线为直线。平面截切圆锥面时的轴测图、投影图和交线形状，见表 6.2。

视频资源 6.9 圆锥的截交线

表 6.2　　平面与圆锥面的截交线

截平面位置	垂直于轴线 $\theta=0°$	与素线都相交 $\theta<\alpha$	平行于一条素线 $\theta=\alpha$	平行于轴线 $\theta=90°$	过锥顶 $\theta>\alpha$
截交线形状	圆	椭圆	抛物线	双曲线	相交二直线
投影图		θ α			
轴测图					

注　表中的 α 为锥底角，θ 为截平面与水平面之夹角；当 $\alpha<\theta\leqslant 90°$时，截交线均为双曲线。

圆锥曲线的投影，一般仍为原曲线的类似形。求作圆锥曲线的投影，可采用素线法或纬圆法，得出交线上的若干点后，依次光滑连接。

【例 6.15】　求平面 P 与图 6.23（a）所示正圆锥的截交线。

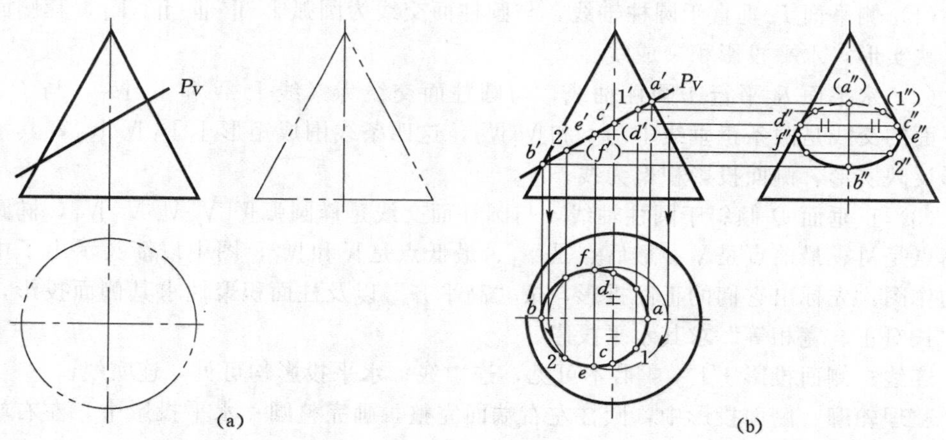

图 6.23　正垂面与正圆锥的截交线（椭圆）

分析： 截平面 P 与圆锥轴线斜交，且通过所有素线（即 $\theta<\alpha$），交线是椭圆。截

平面 P 是正垂面，交线椭圆的正面投影积聚成直线；其余投影均为类似形——椭圆，可用纬圆法，也可用素线法求作。

作图：如图 6.23（b）所示。

（1）求特殊点：正视轮廓线上的 A、B 点是椭圆长轴的端点，既是椭圆曲线的最高、最低点，又是最右、最左点；侧视轮廓线上的 C、D 点是侧面投影可见性的分界点（注意：C、D 点不是短轴的端点），A、B、C、D 点的投影可直接根据特殊素线上取点法求出。长轴中垂线上的 E、F 点是椭圆短轴的端点，也是最前、最后点，正面投影 e'（f'）积聚在 $a'b'$ 中点位置，其水平投影和侧面投影用纬圆法求得，如图 6.23（b）中箭头所示。

（2）补中间点：用纬圆法适当加密中间点，如图中的Ⅰ、Ⅱ及其对称点。

连线：因圆锥轴线为铅垂线，水平投影中圆锥面都可见，椭圆也可见，画实线；侧面投影中因 $c''e''2''b''f''d''$ 位于左半锥面，可见而连实线，$c''1''a''d''$ 不可见而连虚线。

【例 6.16】 求平面 P 与图 6.24（a）所示正圆锥的截交线。

分析：截平面 P 平行于圆锥轴线，截交线由双曲线（锥面上）和直线（底面上）围成。截平面是侧平面，截交线的正面和水平投影都积聚成直线，侧面投影反映双曲线的实形。

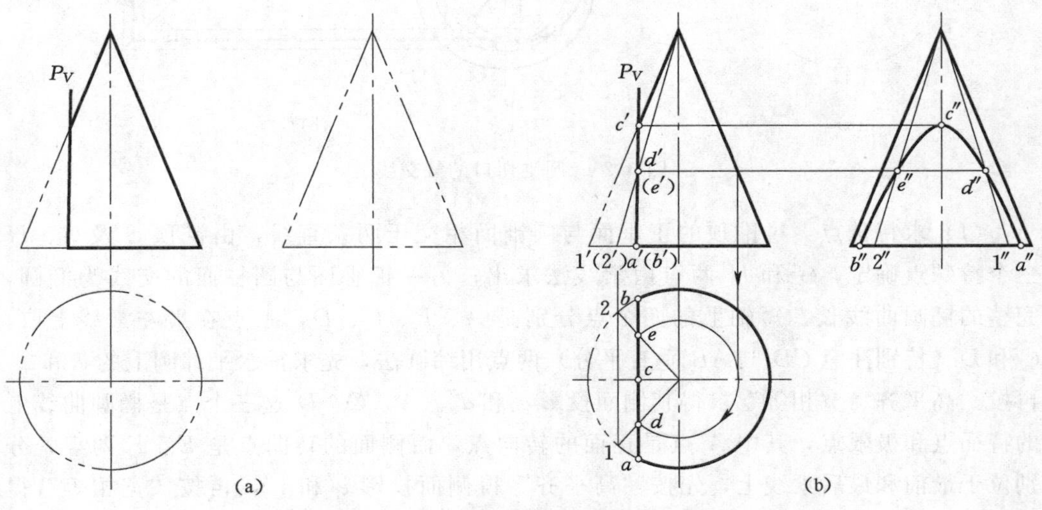

图 6.24 侧平面与正圆锥的截交线（双曲线）

作图：如图 6.24（b）所示。

（1）求特殊点：正视轮廓线上的 C 点是双曲线的最高点；底圆上的 A、B 点是双曲线的最前、最后点，也是最低点，它们的投影都可直接利用素线和纬圆上取点法得出。

（2）补中间点：可用素线法，也可用纬圆法，补中间点 D、E，图 6.24（b）中示出了两种作图方法。

连线：因截平面只与左半锥面相交，故截交线的侧面投影可见，画实线；截交线的水平投影积聚。

整理轮廓：水平投影中，底面圆和锥面左侧部分因被截切，不画线；侧面投影中，底面圆积聚，锥面最前、最后素线完整，侧面轮廓与未截切圆锥相同。

【例 6.17】 补绘图 6.25（a）所示切口圆锥的投影。

分析：截平面是两个正垂面。一个正垂面过锥顶，与圆锥面的交线是两条相交直线；另一个正垂面与圆锥轴线倾斜且 $\theta<\alpha$，交线是椭圆。截交线的正面投影积聚，其余投影均为直线和椭圆曲线的类似形，可用素线法或纬圆法取点连线。

作图：如图 6.25（b）所示。

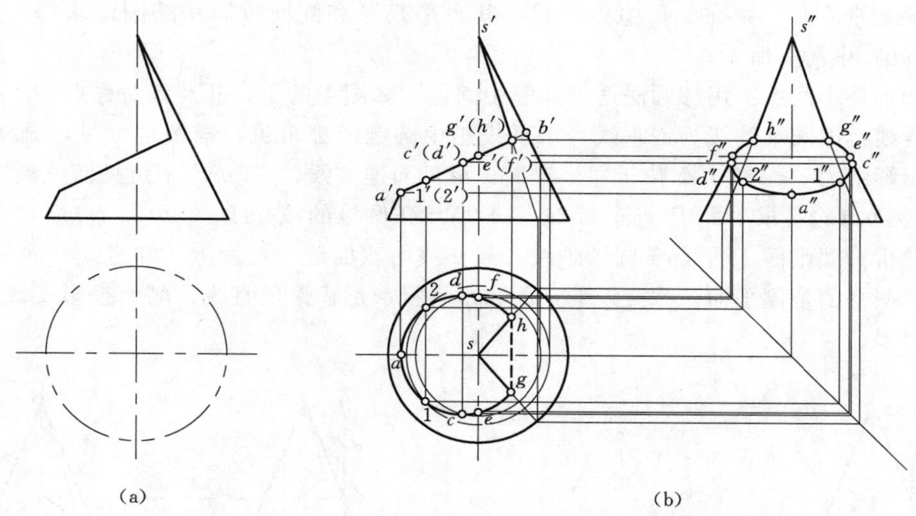

图 6.25　圆锥切口的截交线

（1）求特殊点：过锥顶的正垂面与圆锥面相交于两条直线，由锥顶 S 及 G、H 三个特殊点确定，G 和 H 两点由素线法求出；另一正垂面与圆柱面的交线为椭圆，完整的椭圆曲线长、短轴上的四个点分别是 A、B、C、D，A 点在最左素线上取，C 和 D（特别注意 CD 与 AB 垂直平分）两点用纬圆法，先求得水平纬圆上的 c 和 d，再按“高平齐、宽相等”求得其侧面投影 c''和 d''。A、C、D 这三个点是椭圆曲线上的特征点和极限点，其中 A 点是正面的转向点，而侧面的转向点是 E、F 两点，分别位于最前和最后素线上，先按“高平齐”得侧面投影 e''和 f''，再按“宽相等”得水平投影 e 和 f。

（2）补中间点：椭圆曲线上除了有 A、C、D、E、F、G、H 这七个特殊点，还应在 AC 和 AD 中间插一般点，可用素线法或纬圆法求得。如图 6.25（b）中的中间点Ⅰ和Ⅱ，由纬圆法先求得水平纬圆上的 1 和 2 点，再按“高平齐、宽相等”求得其侧面投影 $1''$和 $2''$。

连线：因切口位于左上部，所以截交线的侧面投影无遮挡，可见并画实线；两截平面交线 GH 的水平投影被锥上部遮挡，画虚线；其他交线的水平投影可见，画实线。

整理轮廓：水平投影中，因底面圆未被截切，水平圆应画完整；侧面投影中，底面圆积聚为线，最前、最后素线上的 SE 和 SF 段被截切，故只保留 E 和 F 点以下部分。

3. 圆球

平面截切圆球时，因截平面的位置不同，截交线在空间中是不同直径的圆，而其投影则可能积聚为直线、呈实形圆或类似形椭圆，通常采用纬圆法作图。

视频资源 6.10 圆球的截交线

【例 6.18】 求平面 P 与图 6.26（a）所示圆球的截交线。

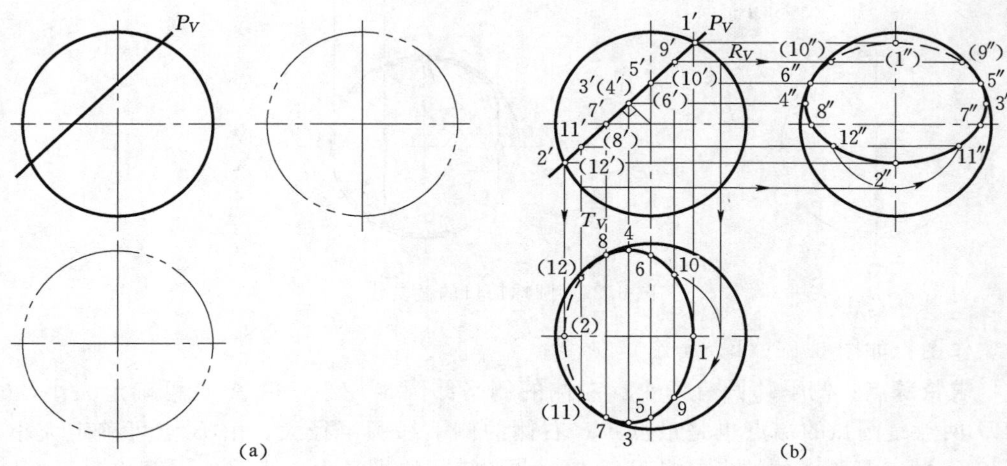

图 6.26 圆球的截交线

分析：截平面 P 为正垂面，交线（圆）的正面投影积聚成直线，另外两个投影均为椭圆。

作图：如图 6.26（b）所示。

（1）求特殊点：正视轮廓线上的Ⅰ、Ⅱ点是截交线水平投影椭圆短轴的端点，也是截交线上的最高、最低点；侧视轮廓线上的Ⅴ、Ⅵ点是截交线侧面投影可见性的分界点；俯视轮廓线上的Ⅶ、Ⅷ是截交线水平投影可见性的分界点。Ⅰ、Ⅱ、Ⅴ、Ⅵ、Ⅶ、Ⅷ均可用特殊纬圆上取点法直接求出。椭圆的长轴端点Ⅲ、Ⅳ是截交线上的最前、最后点，其正面投影 3′（4′）重影于短轴 1′2′的中点处，可用纬圆法求出另外两个投影。

（2）补中间点：为了准确画出椭圆曲线，以水平面 R 为辅助面作出Ⅸ、Ⅹ点的三面投影；以侧平面 T 为辅助面作出Ⅺ、Ⅻ点的三面投影，图中均以箭头示出它们的作图。

连线：由于截切后球面还是完整的，上半球面的水平投影可见，故 7－3－5－9－1－10－6－4－8 连实线，其余不可见，连虚线；左半球面的侧面投影可见，故 5″－3″－7″－11″－2″－12″－8″－4″－6″连实线，其余不可见，连虚线。

【例 6.19】 补绘图 6.27（a）所示切口圆球的投影。

分析：截平面是两个侧平面和一个水平面，截交线就是两个侧平纬圆（弧）和一个水平纬圆（弧）。正面投影积聚成直线；水平投影中，水平纬圆反映实形，侧平纬圆积聚成直线；侧面投影中，侧平纬圆反映实形，水平纬圆积聚成直线。本题的截交线投影中没有非圆曲线，因此不需要取中间点。

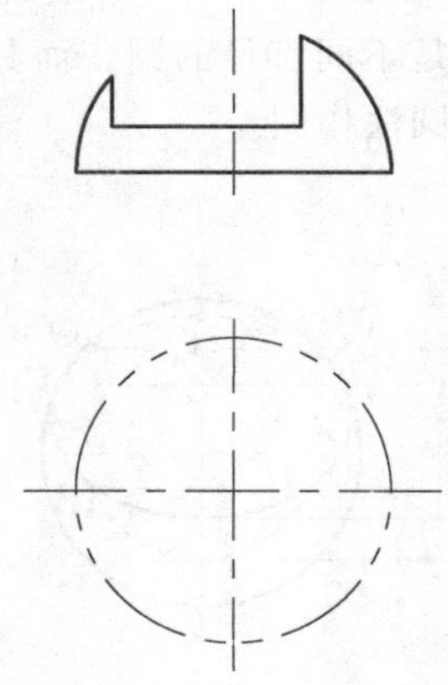

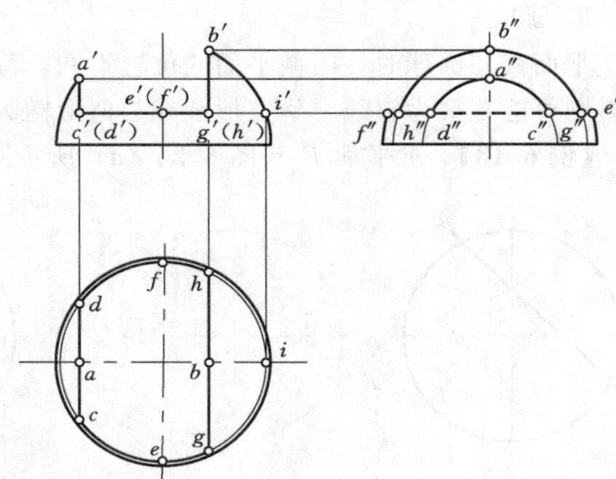

图 6.27　圆球切口的截交线

作图：如图 6.27（b）所示。

求特殊点：侧平纬圆有两个。左侧的侧平纬圆半径小，由 A 点可确定大小，C 和 D 两点是圆弧的端点也是最低点；右侧的侧平纬圆半径大，由 B 点可确定大小，G 和 H 两点是圆弧的端点也是最低点。水平纬圆的半径由 I 点确定，画出水平纬圆的实形，C、D、E、F、G、H 这六个点都位于该水平纬圆上。

连线：水平投影中，水平纬圆的前后两段圆弧都可见，两个侧平纬圆积聚为线，均连实线；侧面投影中，两个侧平纬圆在侧面都可见，前后两段水平纬圆弧积聚为线，均连实线，但两条交线 $c''d''$ 部分由于左侧遮挡而不可见，应连虚线。

整理轮廓：水平投影中，由于水平最大纬圆未被截切，故其俯视轮廓线应画完整；侧面投影中，侧平最大纬圆被截切，故侧视轮廓线只保留 E 和 F 点以下圆弧。

至于平面与圆环的截交线，其形状因截平面与圆环轴线的相对位置不同而异。截平面垂直于轴时，为两同心圆；过轴线时，为两个素线圆；与轴斜交时，为两个或一个封闭的平面曲线。虽然截交线的形状及投影有时会很复杂，但都可以用纬圆法求解。鉴于土建工程中，截割圆环的情况较少遇到，这里不再举例说明。

视频资源 6.11 截交线的工程应用——平面切口

6.3.2　相贯线

两个立体相交也称为相贯，相贯线是相交两立体表面的交线，一般来说，它应具有以下两个基本性质：

（1）相贯线是两立体表面的分界线，相贯线上的点是两立体表面上的共有点。

（2）由于立体的空间尺度有限，所以相贯线一般都是封闭的。

一立体的所有棱线或素线都穿过另一立体时称为全贯，如图 6.28（a）所示，否则称为互贯，如图 6.28（b）所示。不难看出，全贯时，立体表面将产生两条相贯线；而互贯只有一条。

由于相交两立体表面形状不同，相贯线的特点也不同，因此，相贯线可分为平面体相贯线与曲面体相贯线两类。

6.3.2.1　平面体相贯线

平面体相贯线是指两平面立体或平面立体与曲面立体相交的交线，它是以平面立

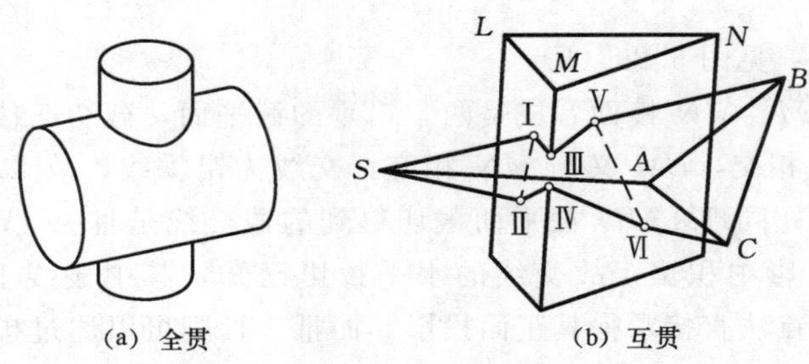

图 6.28 两平面立体相交

体的棱面为截平面而形成的，作图方法同截交线。

1. 平面立体与平面立体相交

两平面立体的相贯线一般是一条或两条闭合的空间折线，相贯线上每一线段都是两立体的表面交线，而折点则是一立体的棱线（或底边线）对另一立体的贯穿点（直线与立体表面相交，其贯入点和穿出点总称为贯穿点），如图 6.28（b）中Ⅰ、Ⅴ两点即为 SB 棱线的贯穿点。

求作两平面立体（全贯或互贯）的相贯线，通常采用下面两种方法：

（1）截交线法：求出一立体各有关平面与另一立体的截交线，然后再分析、组合，得出相贯线。

（2）贯穿点法：求出两立体上各有关棱线的贯穿点，然后按一定顺序连成相贯线。

为避免作图的盲目性，在解题前都必须分析哪些线、面参与相贯。下面，举例说明其作图方法。

视频资源 6.12
贯穿点

视频资源 6.13
两平面立体
相贯线

【例 6.20】 求作图 6.29（a）所示三棱柱与三棱锥的相贯线。

分析： 由水平投影可以看出三棱柱的 L、N 棱和三棱锥的 SA 棱没有参与相交，本例为互贯，相贯线是一条闭合的空间折线。棱柱的上、下底面为水平面，侧面为铅垂面，相贯线的水平投影积聚于 lm 和 mn 棱面，本题只需求出相贯线的正面投影。

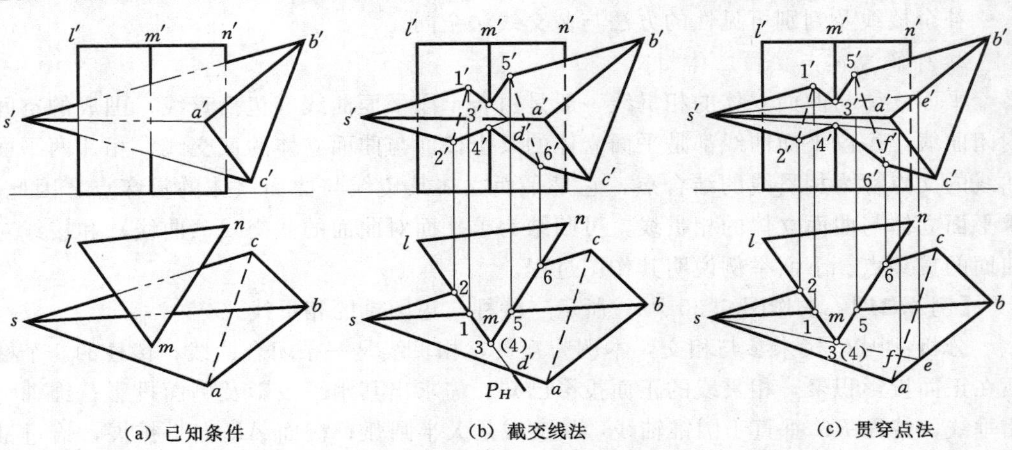

图 6.29 三棱柱与三棱锥的相贯线

作图：

（1）截交线法：见图 6.29（b）。

将三棱柱的 LM、MN 棱面看成是两个铅垂的截平面，截切三棱锥。LM 截平面与 SB、SC 两棱线相交，LM 又与 MN 相交，交线为铅垂线，故 LM 截切得到的截交线是Ⅲ Ⅰ Ⅱ Ⅳ；同理，MN 截平面截切得到的截交线是Ⅲ Ⅴ Ⅵ Ⅳ。由于 LM、MN 棱面在水平投影中积聚，故交线的水平投影已知，其中棱线上的交点Ⅰ、Ⅱ、Ⅴ、Ⅵ可由线上取点法直接求得其正面投影。而Ⅲ、Ⅳ则可以通过扩展棱面 LM（铅垂面 P）求出，先作 P 平面与棱锥的截交线Ⅰ Ⅱ D，M 棱与截交线Ⅰ ⅡD 的交点即为Ⅲ、Ⅳ。

连线：只有同时位于两立体可见表面上的交线，才属可见，否则不可见。本例棱柱 LM、MN 棱面和棱锥 SAB、SAC 棱面的正面投影都可见，故相贯线正面投影 $1'3'$、$2'4'$、$3'5'$、$4'6'$均可见，画实线；棱面 SBC 正面投影不可见，故交线 $1'2'$及 $5'6'$画虚线。不同于截交线的作法是，Ⅲ、Ⅳ之间不连线。

补棱线：补棱线的原则是补画贯穿点之外的棱线或底边。

依次检查并补充三棱锥的 SA、SB、SC、AB、AC、BC 和三棱柱的上下底面与 L、M、N 棱线位于贯穿点之外的部分，并判别可见性。尤其注意，位于相贯体最前面的 SA 棱未参与相交，故正面投影中 SA 棱画实线；而位于后面的 N、L 棱部分被三棱锥遮挡，故正面投影画虚线。

（2）贯穿点法：如图 6.29（c）所示。

该相贯线共有 6 个贯穿点，分别是：棱锥的 SB 和 SC 棱对棱柱的贯穿点Ⅰ、Ⅴ和Ⅱ、Ⅵ，棱柱的 M 棱对棱锥的贯穿点Ⅲ、Ⅳ，其投影可分别用线上取点法和如图 6.29（c）所示的面上取点法（辅助线 SE、SF 分别用来求Ⅲ、Ⅳ）求出。

连线：①平面体相贯线是甲、乙两立体表面的交线，故只有当两个贯穿点既在甲的同一表面，又在乙的同一表面时，才能相连，而图 6.29（c）中Ⅰ和Ⅳ虽都在柱面 LM 上，却分别在锥面 SAB 和 SAC 上，它们之间就不能连线；②因相贯线是闭合的，每一贯穿点均应与相邻贯穿点相连，但在同一棱线上的两贯穿点间不连线。

补全棱线及判别可见性的方法与截交线法全同。

2. 平面立体与曲面立体相交

平面立体与曲面立体的相贯线一般是由若干段平面曲线（包括直线）围成的空间封闭曲线，每段平面曲线都是平面立体的某个棱面与曲面立体的截交线。相邻两平面曲线的交点称为相贯线的结合点，它是平面立体某棱线与曲面立体的贯穿点。因此，求平面立体与曲面立体的相贯线，可归结为求平面对曲面的截交线（曲线）和棱线对曲面的贯穿点。下面举例说明其作图过程。

视频资源 6.14 平面立体与曲面立体相贯线

【例 6.21】 求作图 6.30（a）所示三棱柱与正圆锥的相贯线。

分析：因 C 棱未参与相交，本例为互贯，相贯线是一条闭合曲线；棱柱的 3 个棱面在正面投影积聚，相贯线的正面投影已知，需求出其水平投影及侧面投影；锥轴为铅垂线，棱面 BC 垂直于圆锥轴线，其交线是大半圆弧；棱面 AB 向上扩展，恰过锥顶 S，其交线为两段直素线；棱面 AC 与锥轴斜交，其交线为大半椭圆弧。

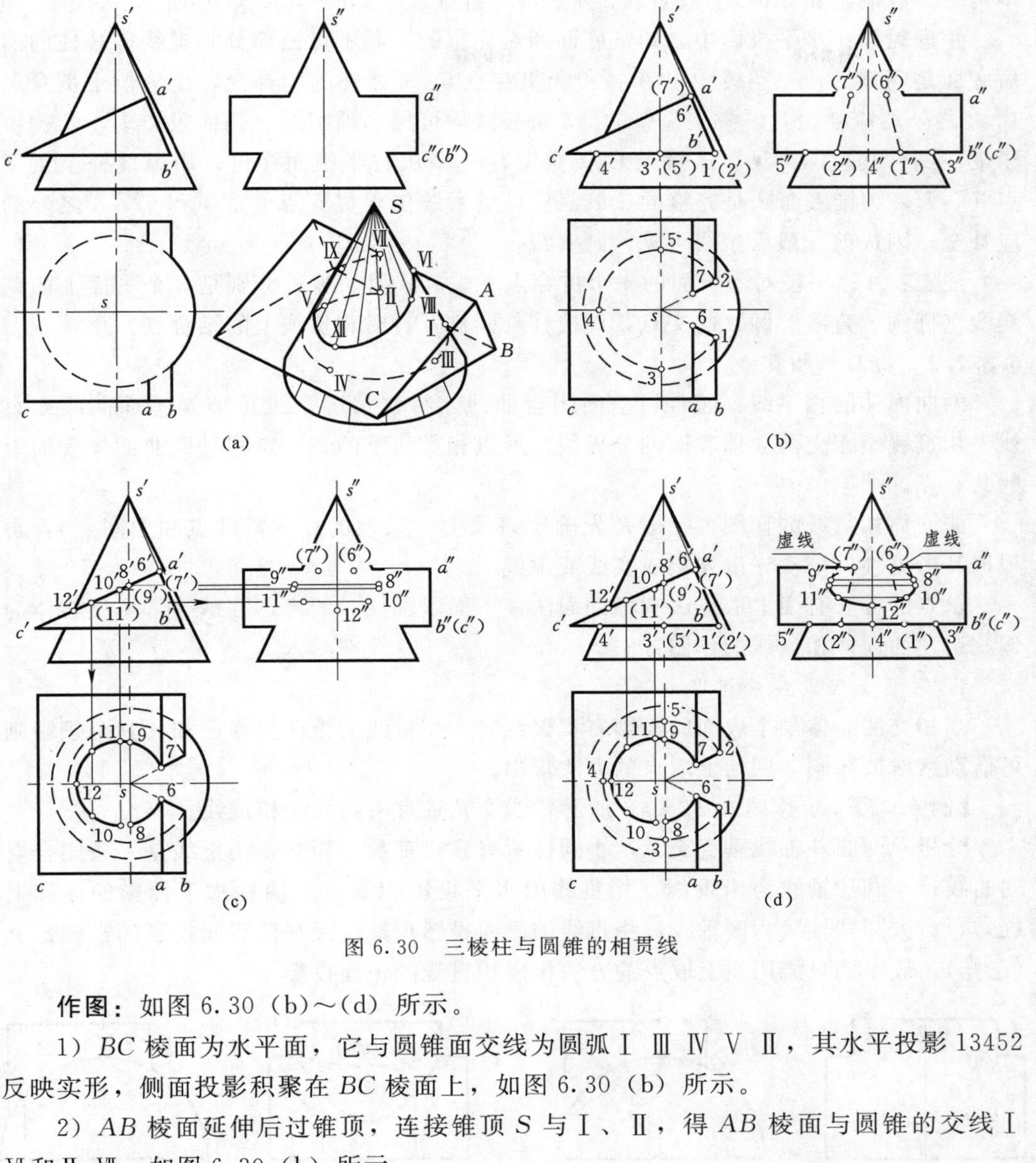

图 6.30 三棱柱与圆锥的相贯线

作图：如图 6.30（b）～（d）所示。

1）BC 棱面为水平面，它与圆锥面交线为圆弧Ⅰ Ⅲ Ⅳ Ⅴ Ⅱ，其水平投影 13452 反映实形，侧面投影积聚在 BC 棱面上，如图 6.30（b）所示。

2）AB 棱面延伸后过锥顶，连接锥顶 S 与Ⅰ、Ⅱ，得 AB 棱面与圆锥的交线Ⅰ Ⅵ和Ⅱ Ⅶ，如图 6.30（b）所示。

3）AC 棱面与圆锥面的交线是椭圆弧，其最高点（A 棱对圆锥的贯穿点）Ⅵ、Ⅶ已由上一步求得。椭圆弧上的其他特殊点：圆锥面最左素线上的Ⅻ，最前、最后素线上的Ⅷ、Ⅸ，都由特殊素线上取点法求得；椭圆短轴的端点Ⅹ、Ⅺ，可用圆锥面上取点法（纬圆法或素线法）作出。椭圆弧上的中间点：在特殊点Ⅹ、Ⅺ、Ⅻ之间插入中间点，用纬圆法或素线法作出，如图 6.30（c）中箭头所示。

连线：同一棱线上的两贯穿点之间不连线。水平投影中，圆锥面与棱面 AC 和 AB 上的交线（椭圆弧和直线）都可见，画实线；棱面 BC 上的交线（圆）不可见，画虚线。侧面投影中，左半圆锥可见，故椭圆弧 8″10″12″11″9″画实线；而右半圆锥面

不可见，故椭圆弧 8″6″9″7″及直线 1″6″和 2″7″画虚线，如图 6.30（d）所示。

整理轮廓：水平投影中，圆锥底面圆是完整的，其不可见部分画虚线；棱柱的前后底面是完整的，三条棱线中 *A* 棱位于贯穿点 6、7 之外的应补全，*B* 棱位于贯穿点 1、2 之外的应补全，*C* 棱是完整的，3 条棱线均可见，画实线。侧面投影中，*C* 棱位于最左侧，其投影可见，*B* 棱与 *C* 棱重影，*A* 棱从右半锥面穿过，用虚线补至贯穿点 6″、7″；圆锥底面圆是完整的，最前、最后素线位于贯穿点 8″、3″和 9″、5″之外的应补全，因最前、最后素线可见，画实线。

注意：*A*、*B* 棱对圆锥面的 4 个贯穿点Ⅰ、Ⅱ、Ⅵ、Ⅶ，分别是 3 个平面上的截交线（椭圆、直线、圆）的交点，即棱柱与圆锥互贯时相贯线上的结合点。

6.3.2.2　曲面体相贯线

两曲面体的相贯线，通常为空间闭合曲线，特殊情况下也可能是平面曲线或直线。相贯线是相交两立体表面的分界线，所以相贯线上的每一点都是两曲面体表面上的共有点。

曲面体相贯线的作图，一般是先确定该线上一系列的点（特殊点和中间点），再根据其可见性，依次光滑连接成实线或虚线。

求点的方法有面上取点法和辅助面法。下面以圆柱、圆锥、圆球等常见旋转体为例，讲述曲面体相贯线的作图方法。

1. 用面上取点法求相贯线

当相交两立体某个表面的投影有积聚性时，相贯线的该面投影已知，其余投影则可借助素线或纬圆，用面上取点的方法求出。

【例 6.22】　求作图 6.31（a）所示轴线交叉垂直两圆柱的相贯线。

分析：两圆柱轴线垂直交叉，小圆柱所有素线都参与相交，相贯线是一条闭合空间曲线；小圆柱轴线为铅垂线，相贯线的水平投影积聚在小圆柱水平投影的圆周上（已知）；大圆柱轴线为侧垂线，相贯线的侧面投影积聚在大圆柱侧面投影的半圆弧上（已知）；故本例只需用面上取点的方法作出相贯线的正面投影。

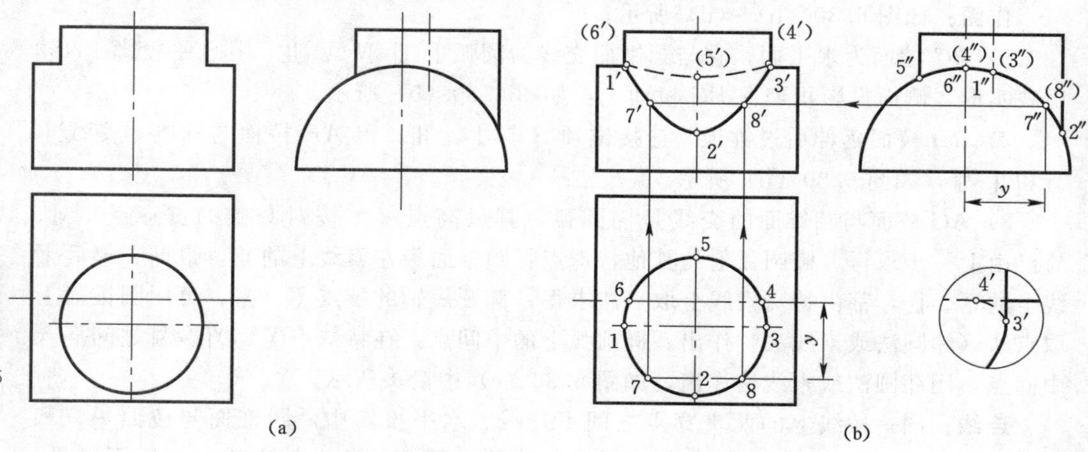

视频资源 6.15
两曲面立体
相贯线（面
上取点法）

图 6.31　轴线交叉垂直两圆柱的相贯线

作图： 如图 6.31（b）所示。

(1) 特殊点：小圆柱正视和侧视轮廓线（即最左、右、前、后素线）对大圆柱的贯穿点Ⅰ、Ⅲ、Ⅱ、Ⅴ是相贯线上的最左、右、前、后控制点；而大圆柱正视轮廓线（最高素线）对小圆柱的贯穿点Ⅳ、Ⅵ则是相贯线上的最高点，它们都可用特殊素线上取点法直接求出。

(2) 中间点：用线上取点的方法加密中间点，如图 6.31（b）中箭头所示的Ⅶ、Ⅷ点。

连线： 小圆柱前半柱面上的 $1'7'2'8'3'$ 可见，连实线；其余的不可见，连虚线。

整理轮廓： 正面投影轮廓线中应重点关注大圆柱的最高素线和小圆柱的最左、最右素线。这三条素线的贯穿点分别是Ⅳ、Ⅵ、Ⅰ、Ⅲ，同一条轮廓线上的两贯穿点之间不连线，贯穿点之外的轮廓线应补全。图 6.31（b）右下角放大示出 $3'$、$4'$ 附近，两圆柱正视轮廓线与相贯线的局部情况。由图可见，小圆柱轮廓线应画到 $1'$、$3'$ 处，由于这两点位于大圆柱前半柱面上，故用实线画；而大圆柱轮廓线应画到 $4'$、$6'$ 处，由于这两点位于小圆柱后半柱面上，故被小圆柱遮挡的线段部分画虚线。

工程实践中，常遇到两圆柱相贯，尤其是两圆柱轴线垂直相交的情况，如图 6.32 所示，其相贯线比图 6.31 中的简单，采用面上取点法作图即可。

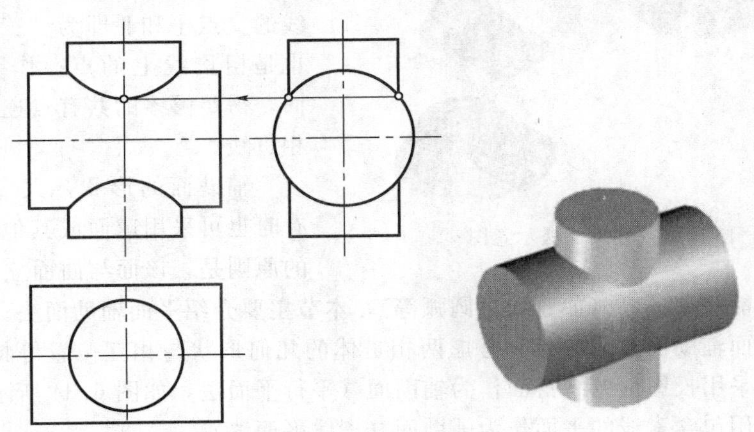

图 6.32 两圆柱轴线垂直相交

除了两圆柱外表面的相交，还常见有两圆柱内表面与外表面之间的相交，如图 6.33（a）所示；两圆柱内表面与内表面之间的相交，如图 6.33（b）所示，图中主视图和左视图不是普通的视图而是全剖视图，这将在后面章节中学习。无论是圆柱面的内表面还是外表面之间的相交，其相贯线的作图方法都是一样的。

2. 用平面辅助面法求相贯线

当相贯的两曲面立体中，其中一曲面体的曲面有积聚性时，可利用“面上取点”的方法求作相贯线。而当两曲面立体的曲面都无积聚性时，只能用“辅助面法”求相贯线。“辅助面法”是求作两曲面体相贯线的基本方法，既可用于旋转体，也可用于非旋转体。

相贯线是两曲面立体表面的共有线，由一系列共有点集合而成。因此，相贯线上

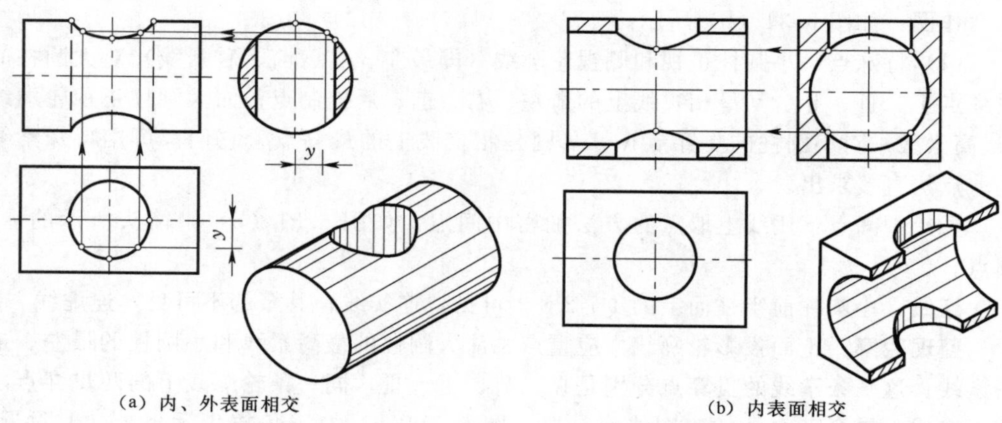

图 6.33　孔、柱正交相贯线实例

的每一点，都可以想象为某辅助面、两曲面体表面三个面上的共有点，如图 6.34 所示。辅助面 P 同时与圆柱和圆锥相交，得到两截交线，两截交线的交点Ⅰ和Ⅱ即为“三面共有点”，也是相贯线上的点；作一系列辅助面，得足够多的共有点连线即可得到相贯线。

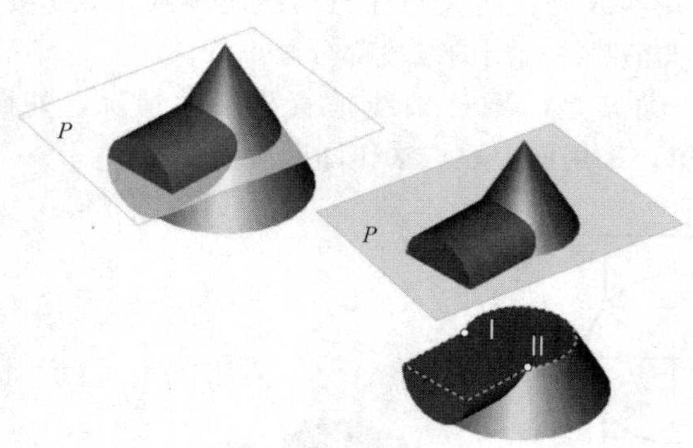

图 6.34　辅助面法示意图

辅助面的形状，大多采用平面，有时也可采用球面或其他曲面；选择的原则是，该面与曲面立体截交线的投影要尽可能简单易画（如直线、圆弧等），本节主要介绍平面辅助面法。

选择平面辅助面时，应充分考虑两相贯体的几何形状与相互位置等特征。例如，旋转体通常采用投影面的平行面作为辅助面（平行平面法，如图 6.34 所示），而直线面也可考虑用包含素线的平面作为辅助面（素线平面法）。

视频资源 6.16 两曲面立体相贯线（辅助平面法）

下面，通过例题介绍平面辅助面法求相贯线的作图过程。

【例 6.23】 求作图 6.35 (a) 所示圆锥与圆球的相贯线。

分析： 若要使辅助面与圆锥和圆球的截交线简单易画，辅助面与圆锥、圆球截交线的投影最好是圆或直线，如是椭圆、双曲线或抛物线，其投影绘制繁复。综合考虑，此题可选的平面辅助面：一系列水平辅助面、一个过圆锥轴线的正平辅助面和一个过圆锥轴线的侧平辅助面。

作图： 如图 6.35 (b) 所示。

(1) 特殊点：将过圆锥轴线的正平面 P_1 作为辅助面，P_1 与圆锥面的交线是最左和最右素线，与圆球的交线是其正平最大纬圆，二者的交点 A、B（首先得到其正面投影）是相贯线上的最高、最低、最左和最右极限位置点；将过圆锥轴线的侧平面 P_2 作为辅助面，P_2 与圆锥面的交线是最前和最后素线，与圆球的交线是其侧平纬圆

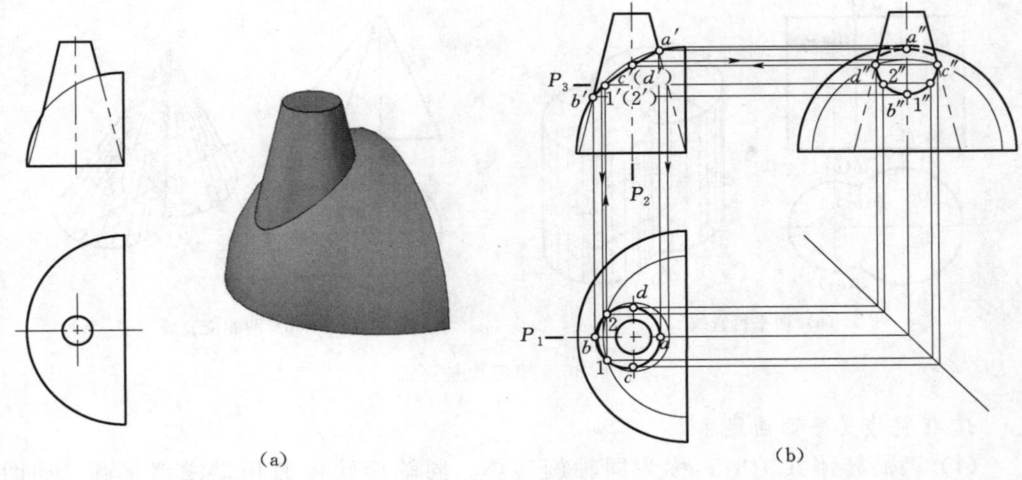

图 6.35 圆锥与圆球相贯线实例

(图中正视图与侧视图间的箭头所示)，二者的交点 C、D（首先得到其侧面投影）是相贯线上的最前和最后极限位置点。

(2) 中间点：将垂直于圆锥轴线的水平面 P_3 作为辅助面，P_3 与圆锥面的交线是锥面水平纬圆，与圆球的交线是球面水平纬圆，图中正视图与俯视图间的箭头所示，二者的交点Ⅰ、Ⅱ（首先得到其水平投影）是相贯线上的中间点，这样的中间点还可以作出很多，图中仅演示一组用于加密特殊点 B、C、D 的中间点。

连线：相贯线位于圆锥面和圆球的上半表面，其水平投影可见，$ac1b2d$ 画实线；相贯线前后对称，其中 $a'c'1'b'$ 位于圆锥和圆球的前半表面，其正面投影可见，画实线，而 $a'd'2'b'$ 位于圆锥和圆球的后半表面，应画虚线，与 $a'c'1'b'$ 实线重合；相贯线中 $c''1''b''2''d''$ 位于圆锥左半表面（以及圆球左半表面），其侧面投影可见，画实线，而 $c''a''d''$ 位于圆锥右半表面（以及圆球左半表面），侧面投影不可见，故画虚线。

整理轮廓：正面投影中，圆球与圆锥轮廓互不遮挡，圆球的正视轮廓线位于贯穿点 A、B 以外的部分用实线补全，两贯穿点之间不连线；圆锥的最左和最右素线（即正视轮廓线）位于贯穿点 B、A 以上的部分用实线补全。水平投影中，圆球的俯视轮廓线是完整的；由于两形体合二为一，圆锥底面圆的轮廓线不再画出。侧面投影中，圆球的侧视轮廓线是完整的，但被左侧圆锥遮挡的圆弧段应画虚线；圆锥的最前和最后素线（即侧视轮廓线）位于贯穿点 C、D 以上的部分用实线补全。

6.3.2.3 曲面体相贯线的变化

曲面体的相贯线，一般情况下为闭合空间曲线，有时也可能是直线或平面曲线。

1. 相贯线是直线

(1) 两柱轴线平行且柱底共面，相贯线是两平行直线，如图 6.36 (a) 所示。

(2) 两锥共顶且锥底共面，相贯线是两相交直线，如图 6.36 (b) 所示。

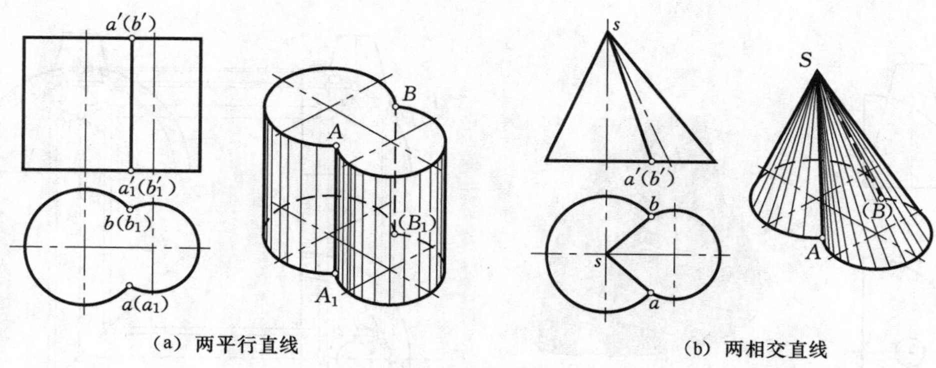

(a) 两平行直线　　(b) 两相交直线

图 6.36　相贯线是直线

2. 相贯线是平面曲线

(1) 两旋转体共轴时，称为同轴旋转体。同轴旋转体的相贯线都是圆，如图 6.37 所示。

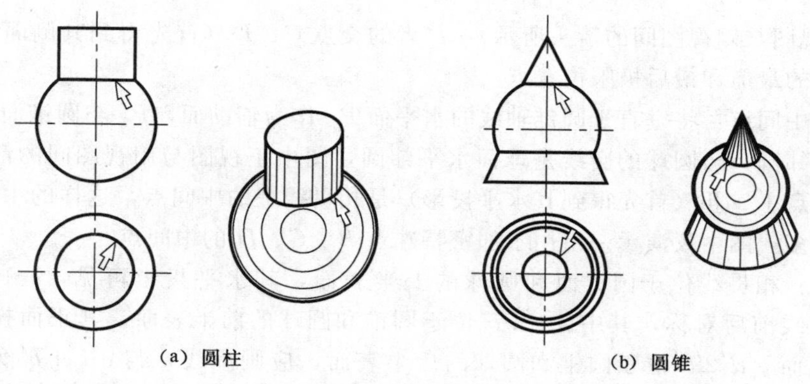

(a) 圆柱　　(b) 圆锥

图 6.37　旋转面与圆球的相贯线

(2) 当圆柱与圆柱（或圆锥）相交，且内切同一球面时，相贯线为椭圆，如图 6.38 所示。

图 6.38 (a) 中两圆柱的直径相等，轴线正交，相贯线是两全等椭圆（短轴为柱径）；图 6.38 (b) 中两圆柱的直径相等，轴线斜交，相贯线为长轴不等的两椭圆弧（短轴为柱径）；图 6.38 (c) 中圆柱与圆锥的轴线正交且共切圆球，相贯线是两全等椭圆，短轴为圆柱的直径。顺便指出，图 6.38 所示两旋转体相交轴线所在的平面都是正平面，故相贯线——椭圆曲线的正面投影均积聚为直线。

为提高对旋转体相贯线的空间想象能力，准确绘制曲面立体相贯线，可进一步讨论相交两立体的尺寸或相对位置改变时，相贯线形状的变化。下面，仅以轴线垂直相交或交叉的两圆柱为例，对相贯线的变化趋势加以说明。

(1) 两圆柱轴线间相对位置不变，改变两圆柱尺寸（直径），相贯线变化如图 6.39 所示。

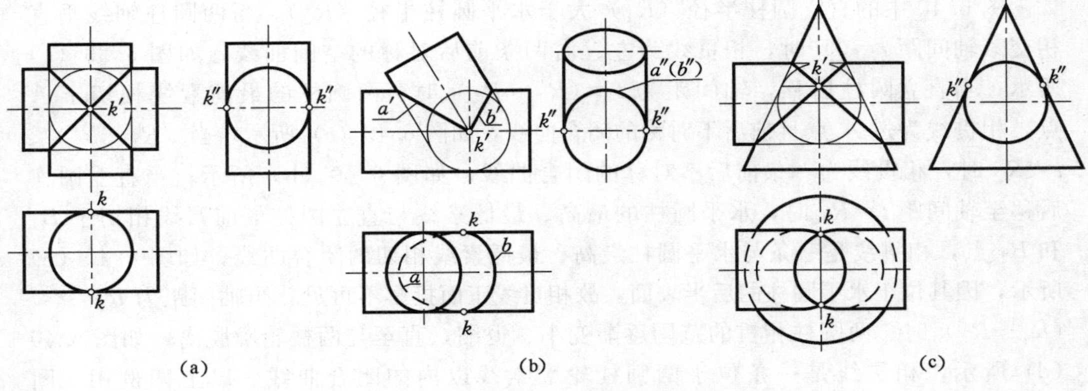

图 6.38 相贯线是平面曲线

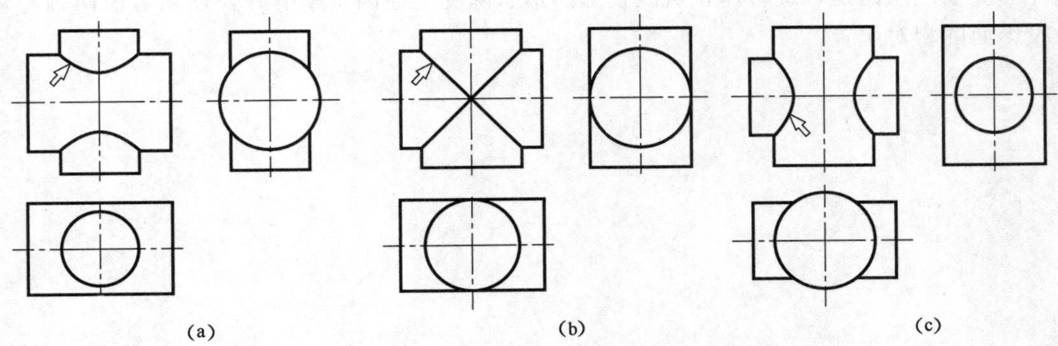

图 6.39 改变两圆柱尺寸（直径）时的相贯线

由图 6.39 可见，当直立圆柱的直径小于水平圆柱时，相贯线为上、下两条空间曲线，如图 6.39（a）所示；当两圆柱的直径相等时，相贯线为平面曲线（椭圆），如图 6.39（b）所示；当直立圆柱的直径大于水平圆柱时，相贯线为左、右两条空间曲线，如图 6.39（c）所示。

（2）两圆柱尺寸（直径）不变，改变两圆柱轴线间相对位置，相贯线的变化如图 6.40 所示。

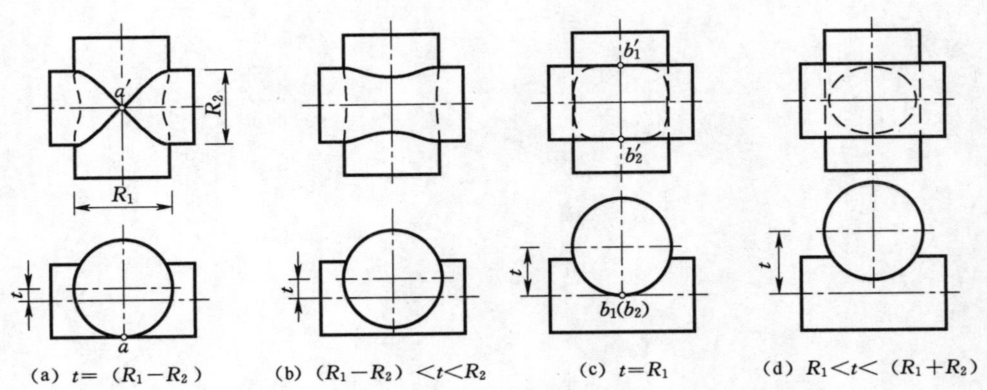

(a) $t=(R_1-R_2)$　(b) $(R_1-R_2)<t<R_2$　(c) $t=R_1$　(d) $R_1<t<(R_1+R_2)$

图 6.40 改变两圆柱轴线间相对位置时的相贯线

图 6.40 中的直立圆柱半径（R_1）大于水平圆柱半径（R_2）。当两圆柱轴线垂直相交（轴间距 $t=0$）时，相贯线为左、右两条前后对称的空间曲线，如图 6.39（c）所示；当直立圆柱后移，轴间距为 $t=(R_1-R_2)$ 时，两圆柱的最前素线相切于 A 点，相贯线为过 A 点且前后不对称的闭合曲线，如图 6.40（a）所示；当 $(R_1-R_2)<t<R_2$ 时，相贯线为一条前后不对称的闭合曲线，如图 6.40（b）所示；当直立圆柱后移至轴间距 $t=R_1$ 时，水平圆柱的最高、最低素线与直立圆柱最前素线相切于 B_1 和 B_2 点，相贯线是一条与水平圆柱最高、最低素线相切的闭合曲线，如图 6.40（c）所示，因其位于水平圆柱的后半表面，故相贯线正面投影不可见；当轴间距为 $R_1<t<(R_1+R_2)$ 时，两圆柱相贯的范围逐渐变小、退缩，直至与两柱轮廓脱离，如图 6.40（d）所示，相贯线是一条位于两圆柱轮廓素线以内的闭合曲线。以上四例中，图 6.40（a）为全贯，而图 6.40（b）～（d）为互贯。

视频资源 6.17 相贯线的变化分析

应该注意的是，旋转体相贯线投影的形状除受上述因素影响外，还须考虑两轴与投影面的相对位置。

第 7 章　轴　测　投　影

7.1　概述

正投影图虽能完整、准确地表达形体形状，作图简便，并为工程界普遍采用，但由于它不具备立体感，常使缺乏投影知识的人感到读图困难；同时，对于某些新型结构或产品，即使有投影知识，往往也难以很快地想象出它的形状。因此，在工程建筑图中，常用能在一个视图中反映形体长、宽、高三个方向尺度，富有立体感的轴测投影（轴测图），进一步进行表达。

图 7.1（a）所示的形体本不复杂，但因每个投影只反映长、宽、高三个向度中的两个，即使有三面视图也不易看出其形状。若改用反映物体三个向度的轴测投影，效果就显著不同了，如图 7.1（b）所示。

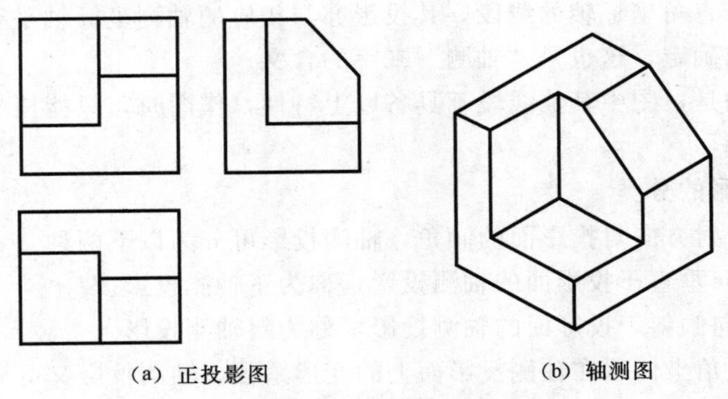

图 7.1　正投影图与轴测图

轴测图是把物体连同度量该物体的直角坐标系一起，用平行投射线向单一投影面投射，得到的投影图。图 7.2 表示空间点 A 和确定其位置的直角坐标系，用平行投射线（箭头方向）向平面 P 投影的情况，P 面称为轴测投影面；轴测投影面上的投影 A_1，称为空间点 A 的轴测投影；坐标轴在 P 面上的投影 O_1X_1、O_1Y_1、O_1Z_1 称为轴测投影轴，简称轴测轴；轴测轴间的夹角$\angle X_1O_1Y_1$、$\angle Y_1O_1Z_1$、$\angle Z_1O_1X_1$ 称为轴间角。

画轴测图时，因直角坐标轴都倾斜于轴测投影面，所以它们在 P 面上的投影都变短了。令 u 为直角坐标系中的单位长度，i、j、k 为分别为单位长 u 在 X_1、Y_1、Z_1 轴测轴上的投影长。投影长度与单位长度 u 之比，称为轴向变形系数：

X 轴向变形系数用 p 标记，即 $p=i/u$；

Y 轴向变形系数用 q 标记，即 $q=j/u$；

Z 轴向变形系数用 r 标记，即 $r=k/u$。

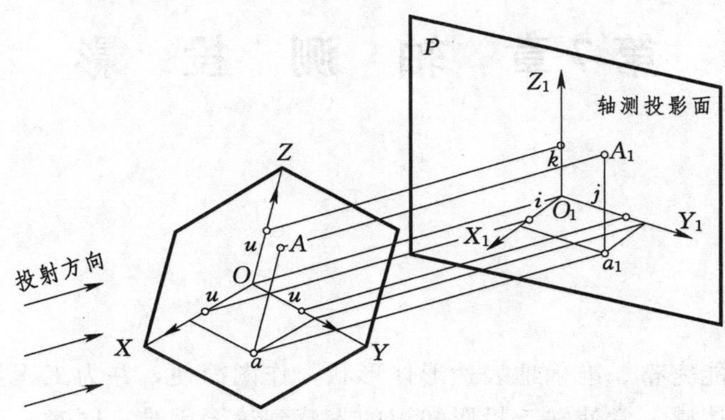

图 7.2　轴测坐标系及轴向变形系数

轴测投影由轴间角和轴向变形系数两个主要参数决定，也是画轴测图的依据，参数不同，其图形效果也不同。

视频资源 7.1
轴测投影的
基本知识

7.1.1　轴测投影的特性

由于轴测投影采用的是平行投影法，所以，轴测图仍保持如下的投影特性：

(1) 形体上相互平行的线段，其轴测投影也平行且长度间的比例仍保持不变。

(2) 平行于直角坐标轴的线段，其投影亦与相应的轴测坐标轴平行，其长度可由该轴向变形系数确定，这也是“轴测”二字的含义。

值得注意的是，图中其他线段不具备以上特性，作图时，只能按坐标法确定其端点后再连线。

7.1.2　轴测投影的分类

(1) 根据投射方向对投影面的倾角，轴测投影可分为以下两种：

1) 投射方向垂直于投影面的轴测投影，称为正轴测投影。

2) 投射方向倾斜于投影面的轴测投影，称为斜轴测投影。

(2) 根据直角坐标系在轴侧投影面上的变形系数，轴测投影又可分为以下 3 种：

1) 若三个轴向变形系数均相等（$p=q=r$），称为等测投影。

2) 若两个轴向变形系数相等（$p=q$、$q=r$ 或 $p=r$），称为二测投影。

3) 若三个变形系数都不相等（$p\neq q\neq r$），称为三测投影。

本章主要介绍工程中最常用的正等测投影和斜二测投影的作图方法。

7.2　正等轴测图

7.2.1　正等轴测投影的坐标系及轴向变形系数

正等轴测投影三个轴向变形系数相等，由几何关系（图 7.8）计算可知，轴间角均为 120°，轴向变形系数都为 $\sqrt{2/3}\approx 0.82$。作图时，通常使轴测轴 O_1Z_1 处于铅直位置，再根据轴间角画出轴测坐标系，如图 7.3 所示。

为了作图简便，习惯上简化轴向变形系数，即 $p=q=r=1$，作图时可按形体的实际尺寸沿轴向直径量取。这样，轴测图中各轴向长度均被放大了 1/0.82=1.22 倍。如图 7.4 所示，两个不同轴向变形系数绘出的正等轴测图可以看出，二者大小虽有差异，但形状和立体感相同，实用效果是一样的。

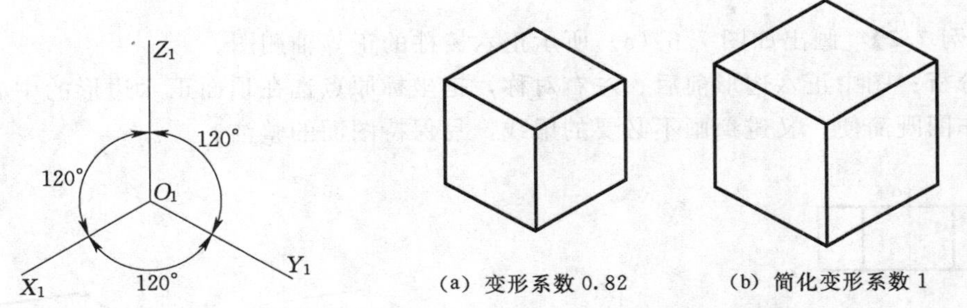

图 7.3　正等轴测投影的坐标系

图 7.4　不同轴向变形系数的效果图

7.2.2　正等轴测图的基本画法

轴测图常用的作图方法有坐标法、端面法、切割法和叠加法。无论是正等轴测图还是斜二轴测图，这几种做图方法都是相通的。

1. 坐标法

根据物体的形状特点，设置坐标位置并画出轴测轴，按坐标关系确定形体各特征点的投影位置，再依次连接即得其轴测图，这种方法称为坐标法，是画轴测投影图最基本的方法。

【例 7.1】 如图 7.5（a）所示，根据三棱锥正视图和俯视图，画出三棱锥的正等轴测图。

分析： 根据投影图的特点，把坐标原点选在底面 B 点处，则 AB 与 OX 轴重合。

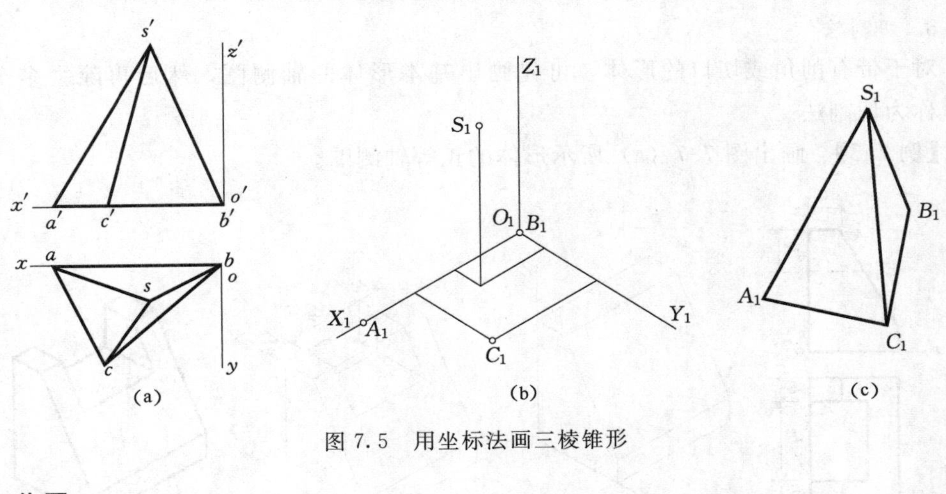

图 7.5　用坐标法画三棱锥形

作图：

（1）画出正等轴测图的轴测轴，并根据各顶点坐标画出其轴测投影，如图 7.5（b）所示。

(2) 用实线连接各顶点间的可见线段，擦去多余作图线和不可见线，加粗可见线，完成全图，如图 7.5 (c) 所示。

2. 端面法

先画出形体的一个特征面的轴测投影，再画其他可见部分的投影，这种方法称为端面法。

【例 7.2】 画出如图 7.6 (a) 所示正六棱柱的正等轴测图。

分析： 图中正六边形前后、左右对称，把坐标原点选在顶面正六边形的中心，这样，作图既简便，又避免画不必要的虚线，易保持图面的整洁。

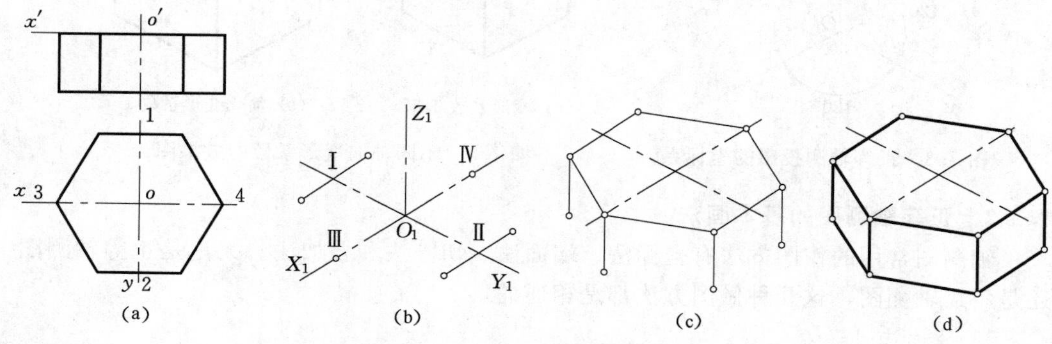

图 7.6　用端面法画六棱柱

作图：

(1) 画正等轴测的轴测轴，确定顶面各角点的轴测投影，如图 7.6 (b) 所示。

(2) 连接各点得顶面六边形的轴测投影，再从各可见棱线的顶点向下作 O_1Z_1 轴的平行线，并截取棱高，即得棱线，如图 7.6 (c) 所示。

(3) 依次连接棱线的下端点，加深并完成全图，如图 7.6 (d) 所示。

3. 切割法

对于带有削角或切口的形体，可先画出基本形体的轴测图，然后再除去多余部分，称为切割法。

【例 7.3】 画出图 7.7 (a) 所示形体的正等轴测图。

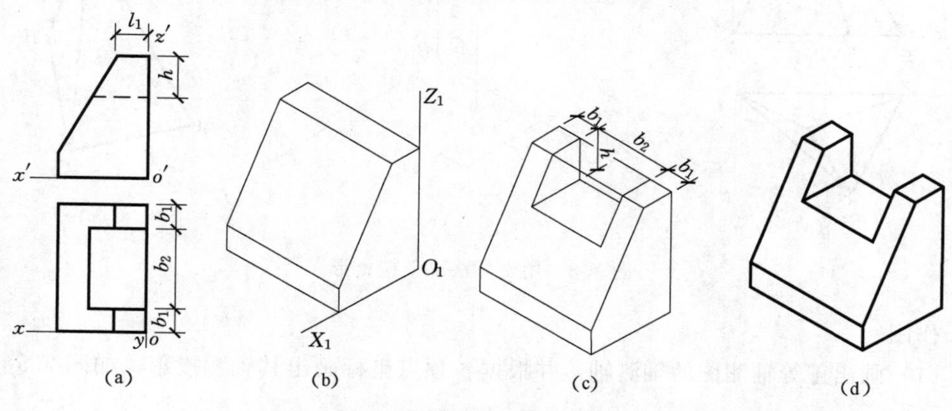

图 7.7　用切割法画轴测图

分析： 该物体可看成由五棱柱切割而成。为了便于作图，将坐标原点选在棱柱前右下角。

作图：

(1) 画正等轴测轴，并用端面法画出五棱柱的轴测图，如图 7.7 (b) 所示。

(2) 根据切口尺寸 b_1、b_2 和 h 画出中上方的切口，如图 7.7 (c) 所示。

(3) 擦去多余的作图线，加深并完成全图，如图 7.7 (d) 所示。

4. 叠加法

以叠加为主的组合体，可分别画出各个组成部分的基本形体，再按照相对位置关系叠加，称为叠加法。详见 [例 7.5]，本处不再赘述。

视频资源 7.2 平面立体的正等轴测投影

7.2.3 旋转体正等轴测图的画法

1. 平行于坐标面的圆

在正等轴测投影中，由于三个坐标面倾斜于轴测投影面且倾角相等，所以，平行于任一坐标面的圆，只要直径相同，它们的正等轴测图都是形状和大小相同椭圆，但是其长短轴方向并不相同。

图 7.8 所示坐标面 XOY 上的圆，是一个与第三轴 Z 垂直的圆，直径 $AB /\!/ P$，其轴测投影 A_1B_1 是椭圆的长轴，长度等于圆的直径 D；与 AB 垂直的直径 CD，是 XOY 面上对 P 面的最大斜度线，其轴测投影 C_1D_1 为椭圆的短轴，长度可按图示几何关系计算。

在图 7.8 所示的直角$\triangle Z_1OK$ 中，因$\angle OKZ_1 = 90° - \gamma$、正等测的轴向变形系数均为$\sqrt{2/3}$，坐标轴 X、Y、Z 对投影面 P 的倾角 $\alpha = \beta = \gamma = \arccos\sqrt{2/3} = 35°16'$，故短轴 $C_1D_1 = D\cos\angle OKZ_1 = D\sin\gamma = D\sin 35°16' \approx 0.577D$，作图时采用 $0.58D$。

由上可知：平行于坐标面的圆，其正等轴测椭圆的长轴垂直于第三轴测轴，长度等于圆的直径 D；短轴则平行于该轴，长度为圆直径与该轴倾角正弦值的乘积，即 $0.58D$。如图 7.9 所示，不同坐标方向上三个圆柱的正等轴测图中，三个椭圆的长短轴方向不同，其形状和大小相同。

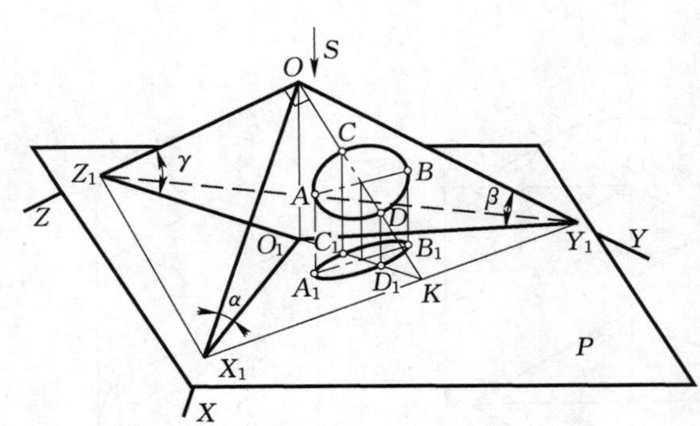

图 7.8 坐标面上圆的正等轴测椭圆

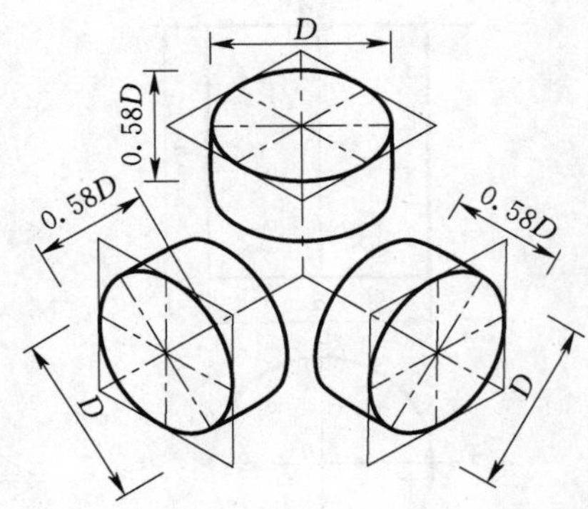

图 7.9 平行于坐标面圆的正等轴测图

下面，以水平圆为例，介绍一种画正等轴测椭圆的简便方法——四心圆法。

(1) 画正等测坐标系 $O_1X_1Y_1Z_1$，作圆的外切正方形的轴测投影——菱形

$E_1F_1G_1H_1$，其长对角线 $H_1F_1 \perp O_1Z_1$ 轴，短对角线 E_1G_1 与 O_1Z_1 轴重合，如图7.10（a）所示。

（2）连接 E_1D_1，E_1C_1，分别与长对角线 H_1F_1 交于1、2点，如图7.10（b）所示。

（3）分别以 E_1、G_1 为圆心，E_1D_1、G_1A_1 为半径，用粗实线画圆弧 D_1C_1 和 A_1B_1；再分别以1、2为圆心，$1A_1$、$2C_1$ 为半径，用粗实线画 A_1D_1 和 C_1B_1 即可，如图7.10（c）所示。

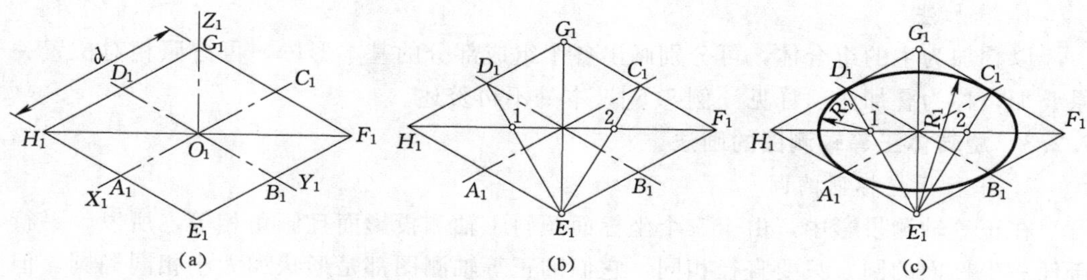

图7.10　用四心圆法画正等轴测椭圆

2. 旋转体的正等轴测图画法

（1）正圆柱。如图7.11所示，该圆柱端面圆平行于 XOY 面，故投影椭圆的长轴垂直于第三轴测轴 O_1Z_1，短轴平行于 O_1Z_1。作图时，先定出上、下底的中心，画出椭圆的投影，如图7.11（b）所示；再作两椭圆的公切线（注意切点），即得圆柱的轴测投影，如图7.11（c）所示。

其实，由于正圆柱上、下椭圆大小相等，对应点间距离均为柱高 h，画出顶面的椭圆后，底面椭圆可见部分就可以用移心法定出，如图7.11（d）所示；加深后的正等轴测图如图7.11（e）所示。由此可见，用移心法作图简便，图面清晰、整洁。

（2）正圆锥。如图7.12所示，作图时先画锥底椭圆和锥顶 S_1，如图7.12（b）所示；自 S_1 作椭圆的切线即得轮廓线，如图7.12（c）所示；擦去多余的作图线并加深可见轮廓线，如图7.12（d）所示。

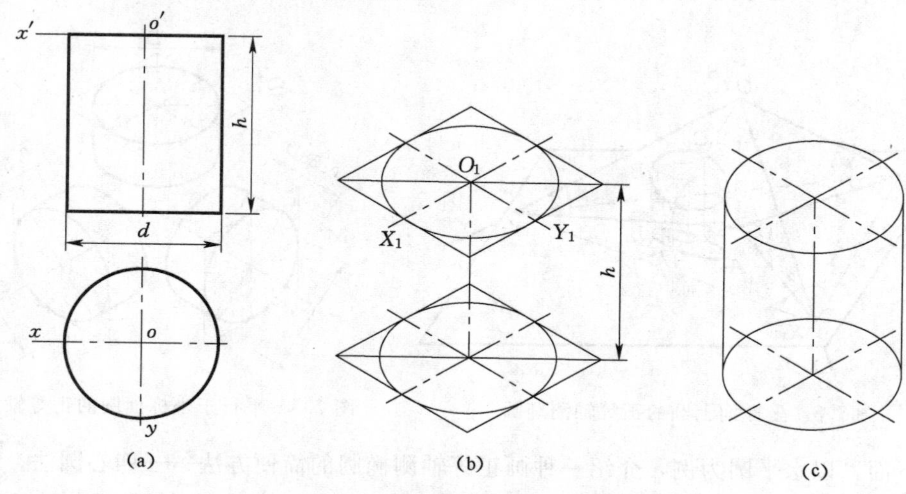

图7.11（一）　画正圆柱的正等轴测图

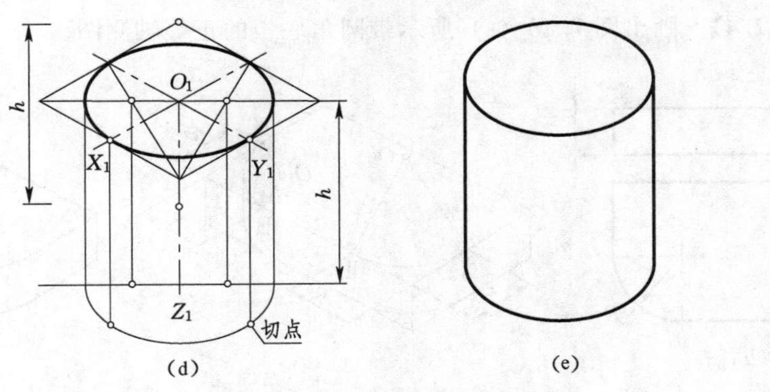

图 7.11（二） 画正圆柱的正等轴测图

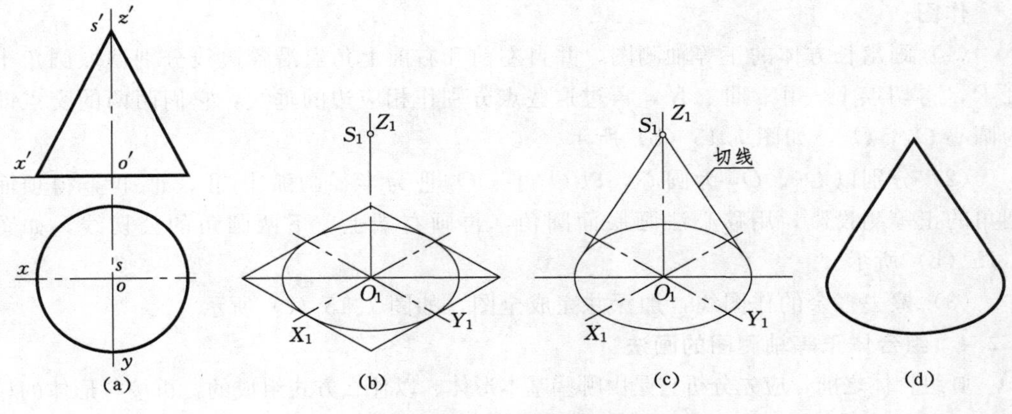

图 7.12 画正圆锥的正等轴测图

(3) 圆球。图 7.13 为一圆球的正等轴测图。由于球的正等轴测仍是一个圆，其直径等于球径。为了使其具有立体感，常需画出三个坐标面上圆的轴测投影，并以实线和虚线示出其可见性。

(4) 圆角。大多圆角为圆周的 1/4，其正等轴测图中恰是近似椭圆（四心圆法）中的四段圆弧之一。由图 7.10（c）可见，每段弧的圆心都是外切菱形对应边中垂线的交点，而对应边的中点又是相邻弧段的切点。为清楚起见，图 7.14 以分解图形示出了其中三段圆弧的切点和圆心的作图方法，其半径随之而定。

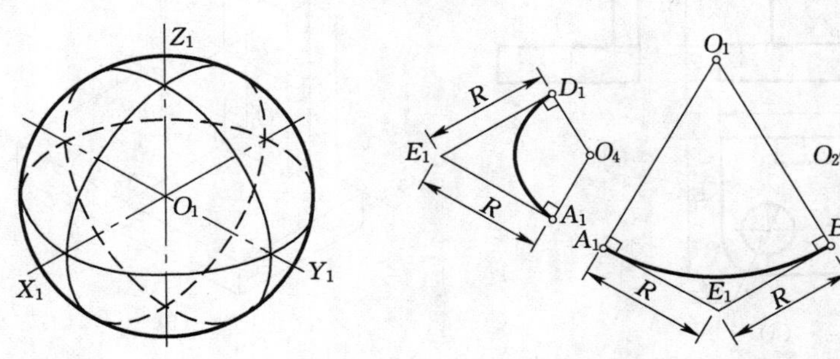

图 7.13 圆球的正等轴测图　　图 7.14 圆角的正等轴测图

【例 7.4】　画出图 7.15（a）所示带圆角底板的正等轴测图。

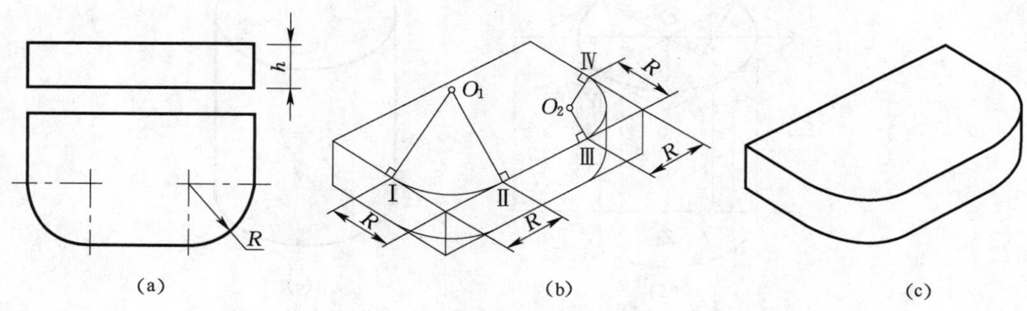

图 7.15　带圆角底板的正等轴测图

作图：

（1）画出长方体的正等轴测图，并自左前和右前上角点沿各边线分别截取圆角半径 R，得切点Ⅰ、Ⅱ、Ⅲ、Ⅳ，再过这些点分别作相应边的垂线，它们两两的交点即为圆心 O_1，O_2，如图 7.15（b）所示。

（2）分别以 O_1、O_2 为圆心，以 O_1Ⅰ、O_2Ⅲ为半径画弧Ⅰ Ⅱ、Ⅲ Ⅳ，得顶面圆角的正等测投影，用移心法画底面圆角，再画右端上、下两圆角的公切线，如图 7.15（b）所示。

（3）擦去多余的作图线，加深并完成全图，如图 7.15（c）所示。

视频资源 7.3 曲面立体的正等轴测投影

7.2.4　组合体正等轴测图的画法

画组合体之前，应先分析它是由哪些基本形体、以什么方式组成的，再按各形体的相对位置依次画出它们的轴测图。下面，介绍如何采用叠加法绘制组合体的正等轴测图。

【例 7.5】　画出图 7.16（a）所示轴承座的正等轴测图。

分析： 轴承座由带圆角底板和一端为半圆柱的竖板叠加而成，宜采用叠加法作图。由于轴承左、右对称，故取底板后上棱线的中点为形体坐标原点，这样量取尺寸、画图都较方便，如图 7.16（a）所示。

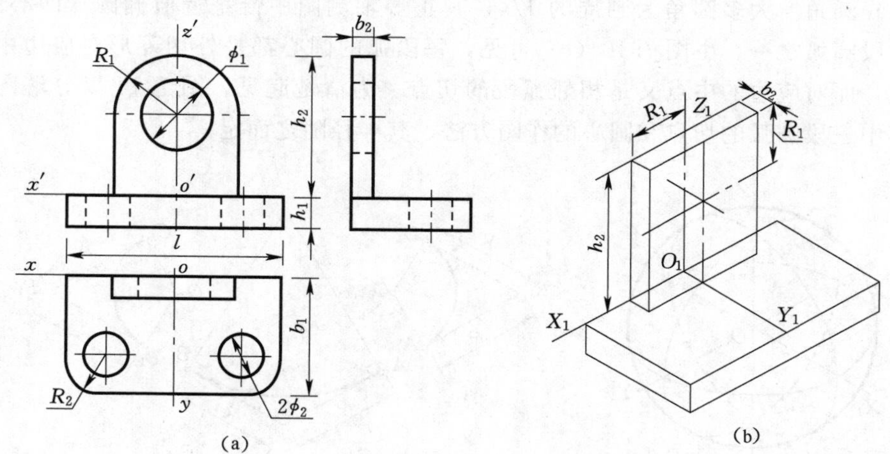

图 7.16（一）　轴承座的正等轴测图

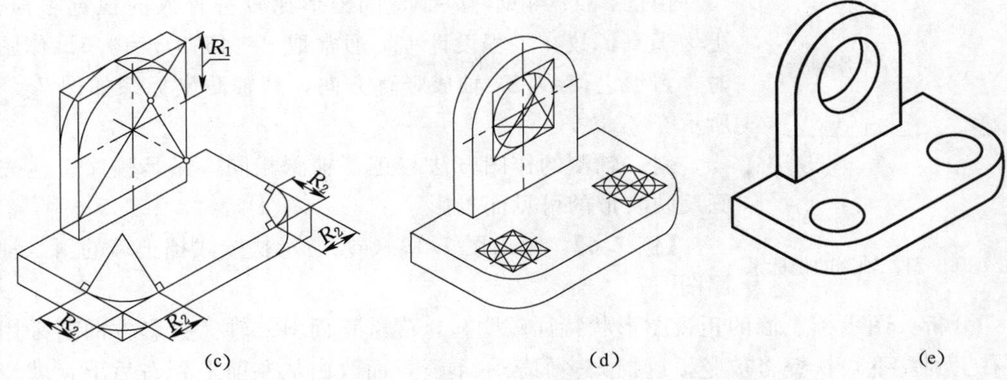

图 7.16（二） 轴承座的正等轴测图

作图：

（1）画轴测轴，分别以 l、b_1、h_1 和 $2R_1$、b_2、h_2 为长、宽、高作长方体底板和长方体竖板，并以尺寸 R_1 定出竖板圆孔前圆心，如图 7.16（b）所示。

（2）画竖板的半圆柱和底板左右圆角，如图 7.16（c）所示。

（3）画竖板的圆柱通孔和底板的圆柱通孔，如图 7.16（d）所示。

（4）擦去多余的作图线，加深并完成全图，如图 7.16（e）所示。

7.3 斜轴测图

斜轴测的投射方向倾斜于投影面，在土建工程中，常用的斜轴测有正面斜二轴测和水平斜等轴测。

7.3.1 正面斜二轴测投影

当轴测投影面与某坐标面平行时，与坐标面平行的图形轴测投影总是实形，即两个轴向变形系数都是 1，而第三轴向变形系数也可以按图示的效果任意选定。

以 V 面作为轴测投影面，所得的轴测图称为正面斜二轴测图。此时，X_1 和 Z_1 方向的变形系数 $p=r=1$，但 Y_1 的方向和变形系数 q 随投射方向变化而改变。为了简化作图，O_1Y_1 与水平线间的夹角 θ 可选用 30°、45°或 60°，变形系数 q 取 0.5。

图 7.17 为一立方体分别采用 $\theta=30°$、45°和 60°，所得的斜二轴测投影效果图。

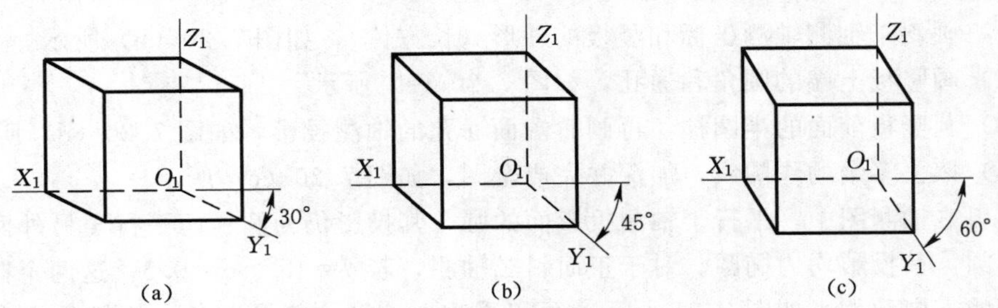

图 7.17 轴间角对斜二轴测图的影响

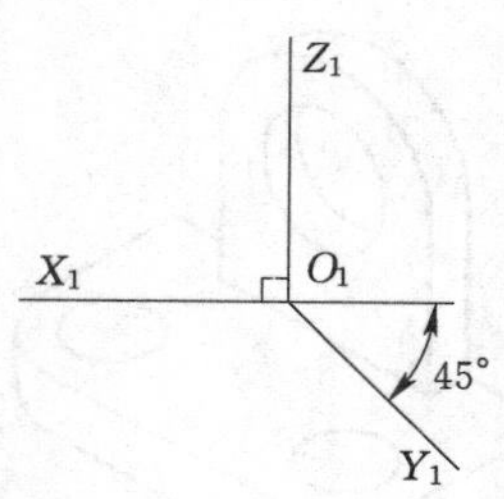

图 7.18　斜二轴测的坐标系

视频资源 7.4
斜二轴测
投影

由图 7.17 可见，$\theta=45°$的图形比较符合人的视觉习惯，更为逼真，故在工程设计中，通常取 $\theta=45°$、$q=0.5$。作图时，习惯上使 O_1Z_1 轴成竖直方向，其轴测坐标系如图 7.18 所示。

斜二轴测的作图方法与正等轴测相同，只是顺序上应先画反映实形的可见面投影。

【例 7.6】　画出图 7.19（a）所示扶壁式挡土墙的斜二轴测图。

分析：图示挡土墙的正视图形状特征较明显，应选正面斜二轴。投影方向若采用从右上到左下，扶壁将被竖板遮挡太多而表示不清，而改由从左前上到右后下，就清晰得多了。为作图方便，使坐标面 *XOZ* 与挡土墙的前表面重合，原点 *O* 放在竖板与底板的左交点，*Y* 坐标向右后方向。

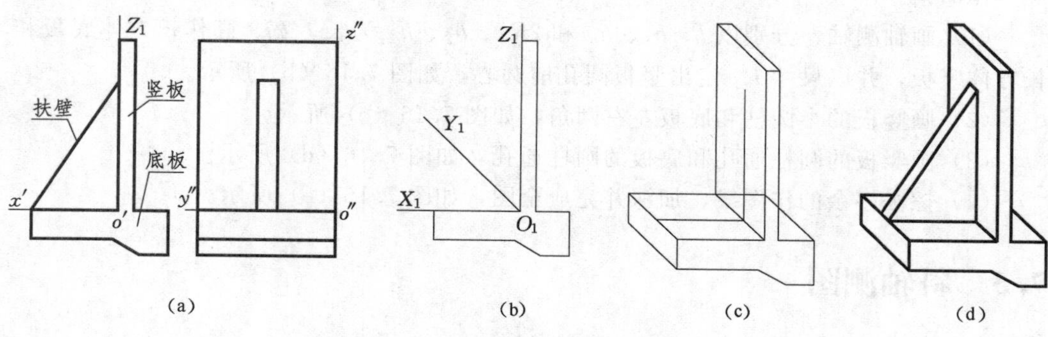

图 7.19　扶壁式挡土墙的斜二轴测图

作图：

(1) 画轴测轴、底板和竖板可见面的实形，如图 7.19（b）所示。

(2) 根据 $q=0.5$ 画出底板、竖板的轴测图，再定扶壁的位置，如图 7.19（c）所示。

(3) 画出扶壁的轴测图，擦去多余线的作图并完成全图，如图 7.19（d）所示。

【例 7.7】　画出图 7.20（a）所示组合体的斜二轴测图。

分析：该形体是由带圆角竖板和半圆筒叠加而成。由于只在正视图中有圆，所以采用正面斜二轴测。为作图方便，使坐标面 *XOZ* 与竖板的前表面重合，如图 7.20（a）所示。

作图：

(1) 画斜二轴测轴测坐标和竖板的外形（长方体），如图 7.20（b）所示。

(2) 画竖板上端的圆角和通孔，如图 7.20（c）所示。

(3) 画竖板前面的半圆柱，再画后端面通孔的轴测投影，如图 7.20（d）所示。

(4) 擦去多余的作图线，加深并完成全图，如图 7.20（e）所示。

在斜二轴测图中，平行于轴测投影面的圆，其投影仍为圆；而平行于另外两个坐标面的圆，其投影均为椭圆。对于正面斜二轴测，若 $\theta=45°$、$q=0.5$，这两个椭圆的长短轴的方向和大小如图 7.21 所示，可以看出，这两个椭圆的长、短轴的方向与相应的轴测轴既不平行也不垂直。

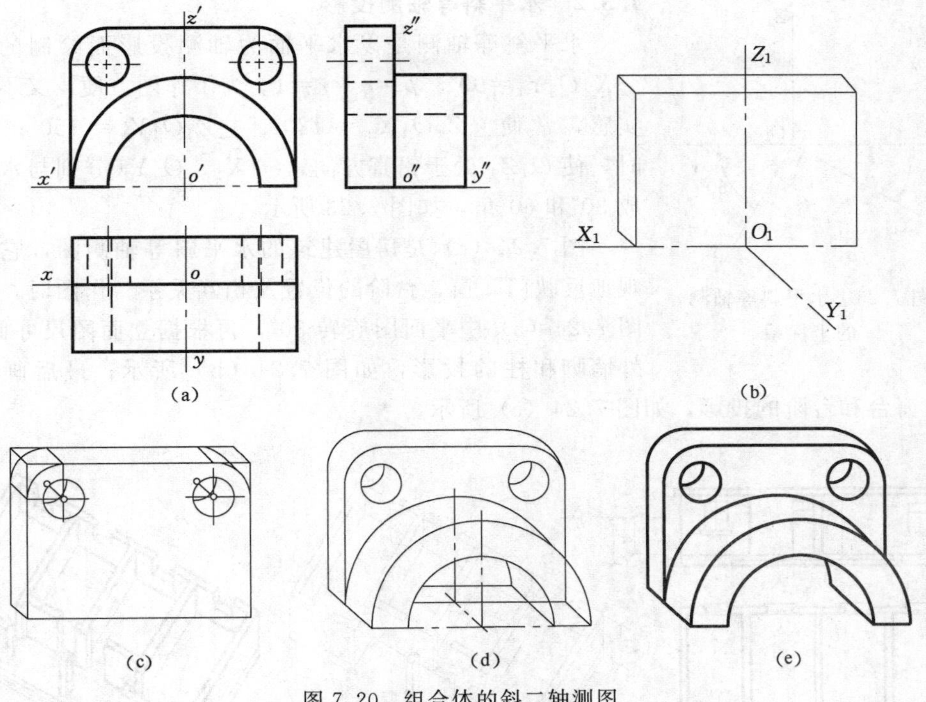

图 7.20 组合体的斜二轴测图

下面以图 7.22 中的平行于 XOY 面的水平圆为例，用平行于坐标轴的弦确定投影椭圆，这种作图方法称为平行弦法。其步骤如下：

(1) 以圆心 O 为坐标原点，中心线为坐标轴，将 Y 向直径 AB 分成 n 等份，图中将半径 OB 分成 4 等份，如图 7.22 (a) 所示，再过各等分点作 X 轴的平行线，得相应弦 11、22、33。

(2) 画斜二轴测坐标系 $X_1O_1Y_1$，再根据轴向变形系数 $p=1$、$q=0.5$，按坐标法分别画出相应弦的轴测投影，依次光滑连接弦的端点，即得椭圆，如图 7.22 (b) 所示。

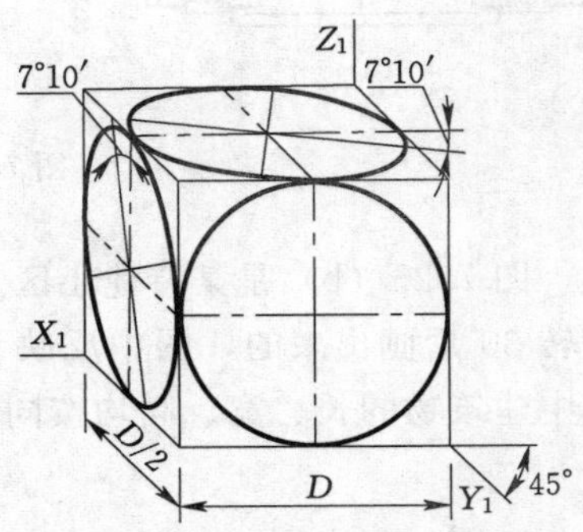

图 7.21 各坐标圆的斜二轴测图

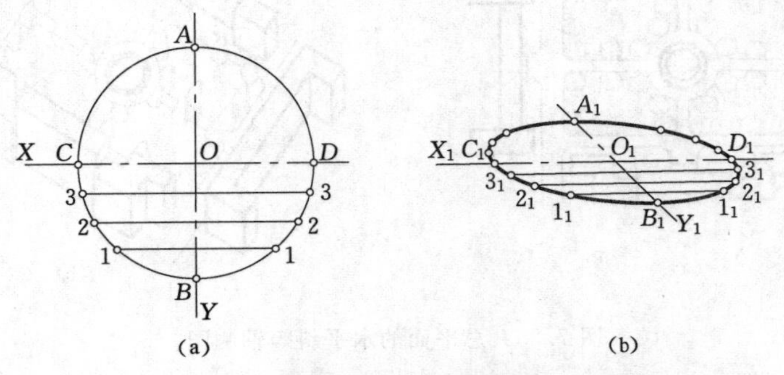

图 7.22 用平行弦法画圆的斜二轴测图

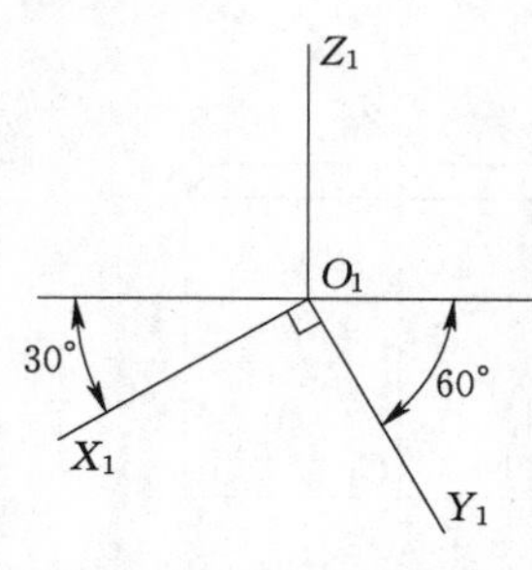

图 7.23　水平斜等轴测的坐标系

7.3.2　水平斜等轴测投影

水平斜等轴测是以水平面为轴测投影面绘制的，故$\angle X_1O_1Y_1=90°$，$p=q=r=1$。为了作图方便，又不失真实感，常使$\angle Z_1O_1X_1=120°$、$\angle Z_1O_1Y_1=150°$；画图时，使O_1Z_1处于铅直方向，O_1X_1、O_1Y_1分别与水平线成30°和60°角，如图7.23所示。

图7.24（c）是房屋建筑的水平斜等轴测图，它能直观地反映门、窗、台阶的位置及相互关系。作图时，先将图7.24（a）中平面图旋转30°，再根据立面图尺寸画内、外墙脚和柱的投影，如图7.24（b）所示；最后画门窗洞、窗台和台阶的投影，如图7.24（c）所示。

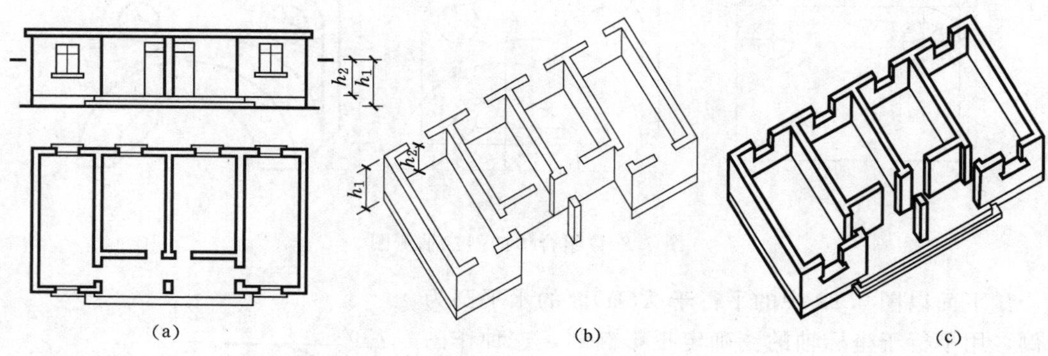

图 7.24　房屋的水平斜等轴测图

图7.25（b）是某待建小区总平面的水平斜等轴测图。它是将总平面图7.25（a）旋转30°后画出来的，图中反映了楼群、道路、室外设施等的平面布置及相互关系，其中建筑物的长、宽、高均按同一比例绘制。

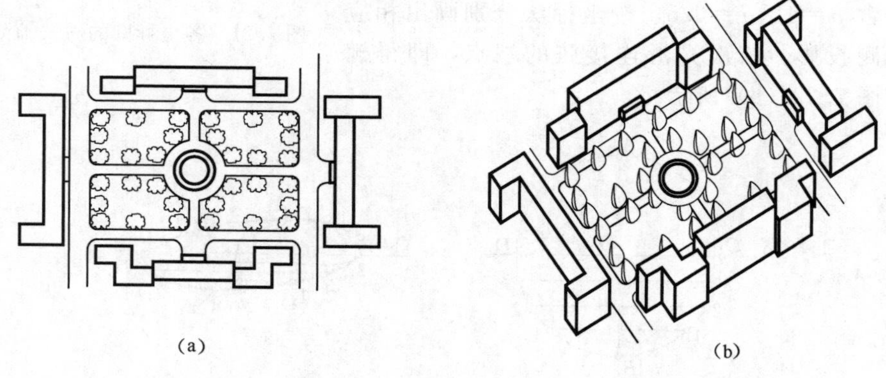

图 7.25　总平面的水平斜等轴测图

7.4 常用轴测图的比较

常用轴测图的轴间角和轴向变形系数不同，致使图形立体感有强有弱，画图有难有易。所以，画图前应根据形体特点和轴测图的种类，有针对性地进行选择。

7.4.1 图示效果的比较

在平行投影中，若直线、平面与投射方向一致时，它的投影有积聚性，就会使所得的图面缺乏立体感。图 7.26 所示形体的水平投影为正方形，其对角线所在的平面与正等轴测图的投影方向平行，对角面上各棱线轴测投影积聚，致使所得等轴测图显得呆板、缺乏立体感，如图 7.26（b）所示；但若改用正面斜二轴测投影就无此弊病，如图 7.26（c）所示。由此可见，水平投影为正方形的形体一般不宜画正等轴测图。

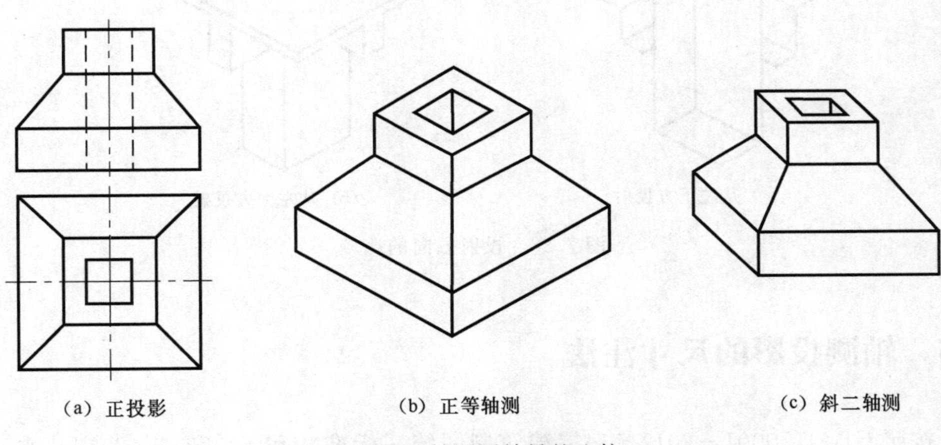

图 7.26 轴测图效果的比较

图 7.27（a）是压盖的正投影图，由图可见，其正面投影多圆、较复杂，若用正面斜二轴测来表达，可使平行于正面圆的投影保持不变，作图简捷；同时，图 7.27（c）所示的正面斜二轴测能穿透各孔，而图 7.27（b）所示的正等轴测图却不能。所

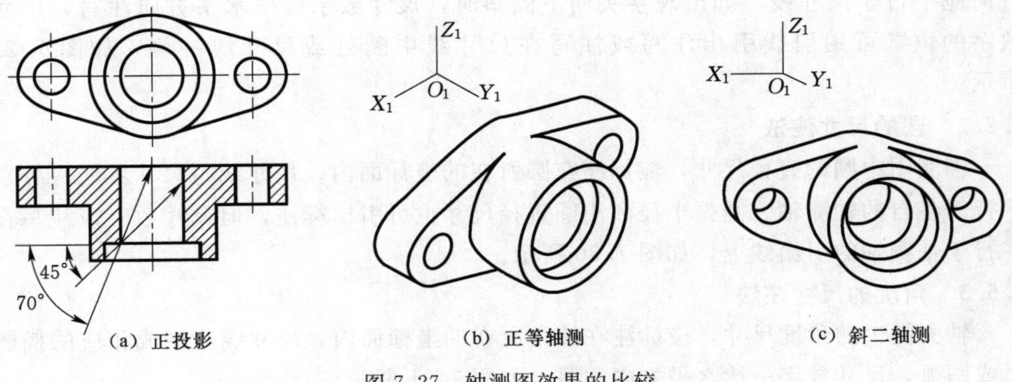

图 7.27 轴测图效果的比较

以，当需要表达带有孔洞小且深度大的形体特征时，采用斜二轴测轴测图立体感强，效果将会更好一些。

7.4.2 不同投射方向的比较

轴测种类确定后，由于投射方向不同，轴测轴的指向和其图形效果也明显不一样。以建筑结构中常见的柱头为例，其板下结构复杂，图 7.28（a）是从左下方投射，能清晰地表达板下结构，其效果显然比图 7.28（b）从左上方投射好得多。

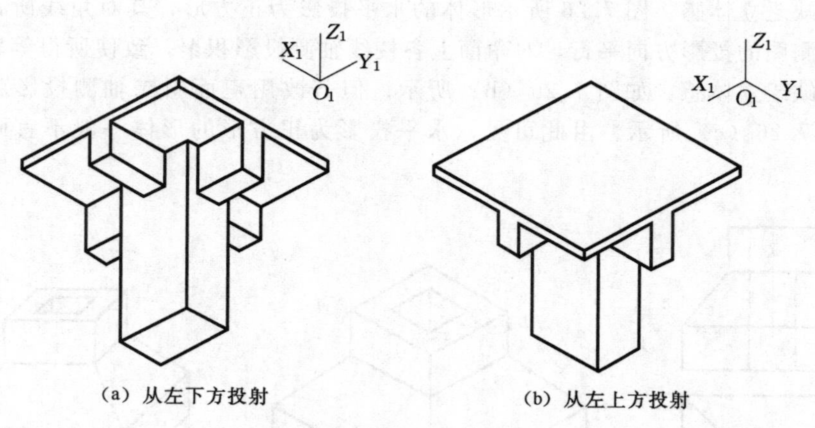

（a）从左下方投射　　（b）从左上方投射

图 7.28 投射方向的比较

7.5 轴测投影的尺寸注法

按照 GB/T 50001—2017《房屋建筑制图统一标准》和 SL 73.1—2013《水利水电工程制图标准 基础制图》，轴侧图的尺寸注法应符合下列规定。

7.5.1 线性的尺寸注法

轴测图线性尺寸的起止符号宜用小圆点。线性尺寸应标注在各自所在的坐标面内，尺寸线应与被注长度平行，尺寸界线应平行于相应的轴测轴，尺寸数字的书写方向应平行于尺寸线，如出现字头向下倾斜时，尺寸数字应按水平方向注写，尺寸数字的位置可用引线引出注写或注写在尺寸线中断处或尺寸线一侧，如图 7.29 所示。

7.5.2 圆的尺寸注法

轴测图中圆的直径尺寸，应标注在圆所在的坐标面内；尺寸线与尺寸界线应分别平行于各自的轴测轴。圆弧半径和小圆直径尺寸也可引出标注，但尺寸数字应注写在平行于轴测轴的引出线上，如图 7.30 所示。

7.5.3 角度的尺寸注法

轴测图中的角度尺寸，应标注在该角所在的坐标面内，尺寸线应画成相应的椭圆弧或圆弧，尺寸数字一律水平方向注写，如图 7.31 所示。

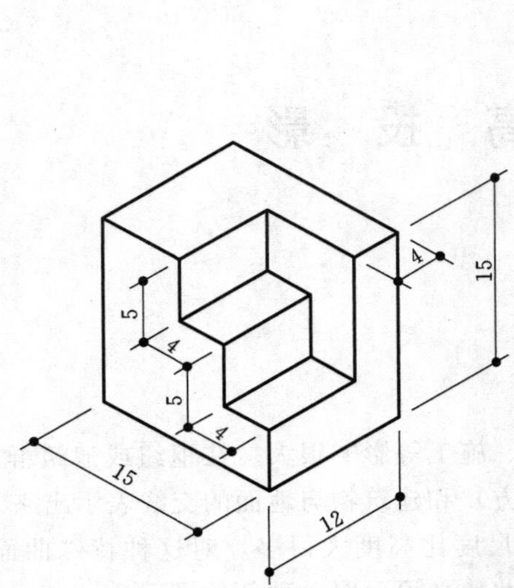

图 7.29　轴测图中线性尺寸的注法

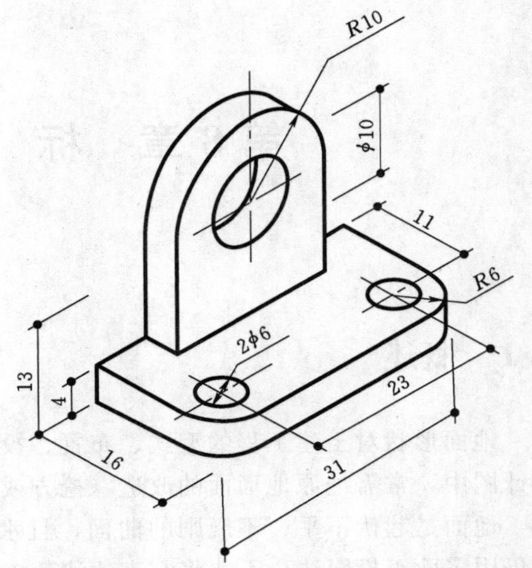

图 7.30　轴测图中圆的尺寸注法

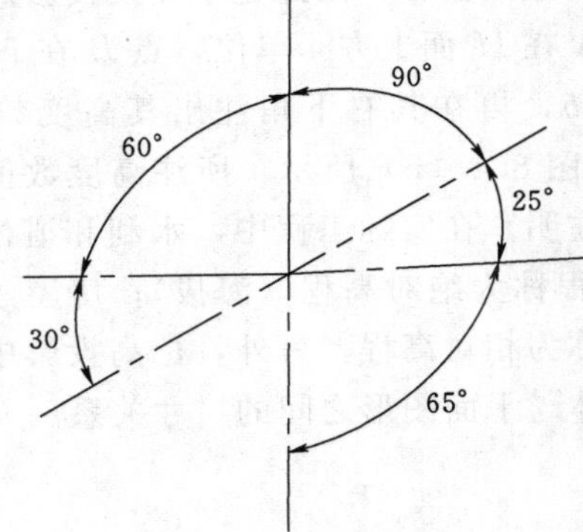

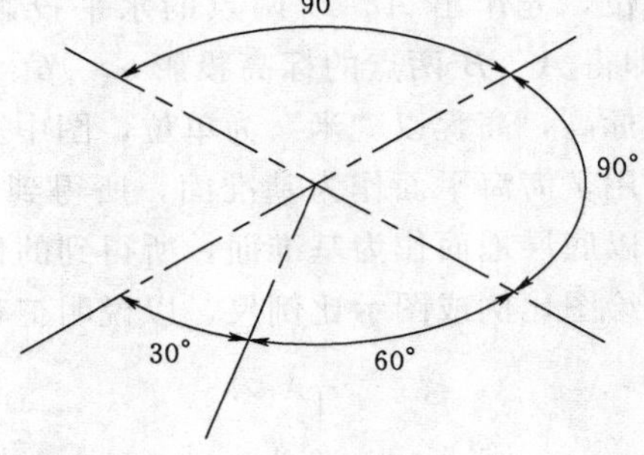

图 7.31　轴测图中角度的尺寸注法

第8章　标　高　投　影

8.1　概述

地面形状对土建工程的型式、布置、投资、施工等影响很大。在枢纽或建筑群的设计图中，常需把原地形面的改造（挖方或填方）和建筑物与地面的交线表示出来。

地面是起伏不平、不规则的曲面，且水平尺度比高度大得多。对这种特殊曲面，若仍用多面正投影法，无法将它表达清楚，为此，必须采取一种新的图示方式——标高投影法。标高投影法是直接在水平投影图上标注其高度数值（高程）来表示空间形体的方法。由于标高投影略去了表达形体高度的立面投影，因此是单面正投影。

图8.1（a）是以水平面 H 为基准面，点 A 在 H 面上方4单位，点 B 在 H 面下方3单位，先作出 A、B 两点的水平投影 a、b，再在其右下角注出其高度数值4、−3，即得 A、B 两点的标高投影 a_4、b_{-3}，如图8.1（b）所示。所注高度数值称为高程或标高，高程以"米"为单位，图中不必注明。在实际工程中，水利和道桥工程专业常用黄海海平面作为基准面，所得到的高程称为绝对高程（海拔）；房屋建筑工程专业以底层地面作为基准面，所得到的标高称为相对高程。另外，标高投影中还必须标注绘图比例或图示比例尺，以说明工程实体与平面图形之间的尺寸关系。

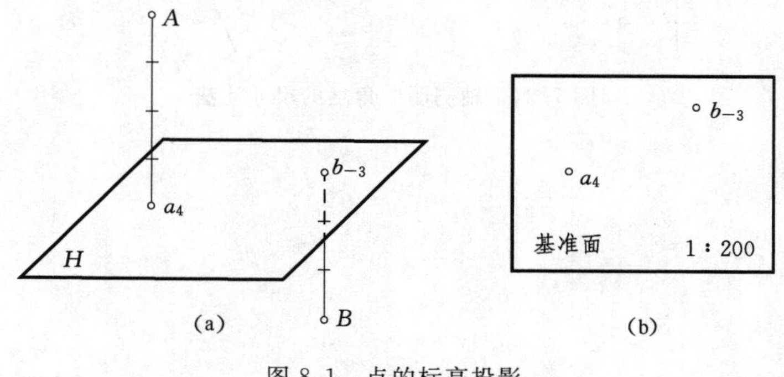

图8.1　点的标高投影

8.2　直线、平面的标高投影

8.2.1　直线的标高投影

在标高投影中，直线的位置可以由直线上的两点或直线上一点及直线的方向确定。

1. 直线的坡度与平距

工程上采用坡度或平距表示直线对水平面的倾斜程度。

(1) 直线的坡度：直线上任意两点的高差与其水平距离的比值，即

$$坡度(i)=高差(\Delta H)/水平距离(L)=\tan\alpha$$

图 8.2 (a) 中直线 AB 高差 $\Delta H=6-3=3\text{m}$，水平距离 $L=6\text{m}$，所以，坡度 $i=\Delta H/L$，记作 1∶2。

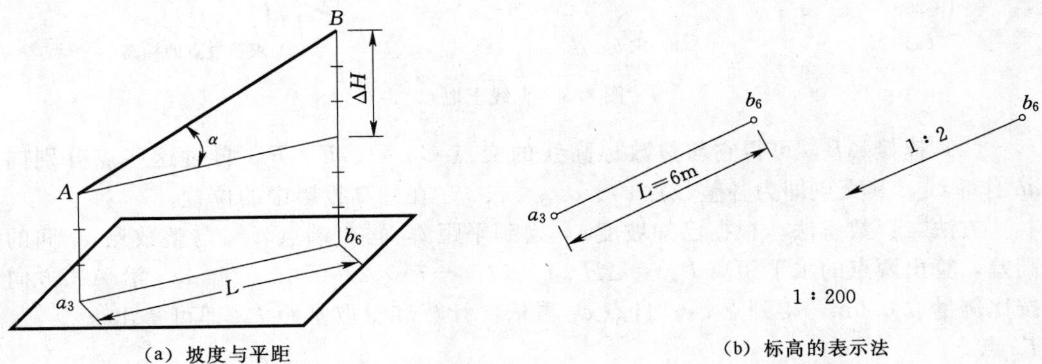

(a) 坡度与平距　　(b) 标高的表示法

图 8.2　直线的标高投影

(2) 直线的平距：直线上任意两点的水平距离与其高差的比值，即

$$平距(l)=水平距离(L)/高差(\Delta H)=\cot\alpha=1/\tan\alpha=1/i$$

由此可见，平距和坡度互为倒数，坡度大则平距小，坡度小则平距大。据此，我们就能够在标高投影中，根据已知直线求出该线上某设定点的标高，或某设定标高所对应的点位。

2. 直线的标高表示法

工程中直线的标高投影表示法有以下两种：

(1) 在直线的标高投影中，标出线上两点的高程，如图 8.2 (b) 所示的点 a_3、b_6。

视频资源 8.1
点和直线的标高投影

(2) 标出直线上一点的高程和直线的方向，如图 8.2 (b) 中的点 b_6 及方向（用坡度 1∶2 和箭头表示），箭头指向下坡方向。

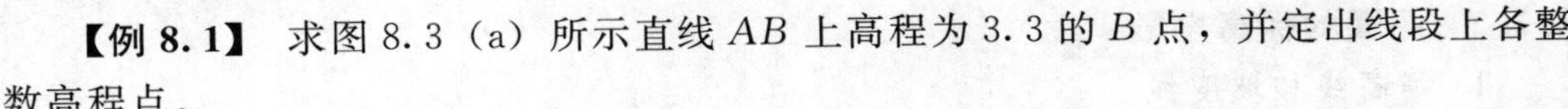

【例 8.1】 求图 8.3 (a) 所示直线 AB 上高程为 3.3 的 B 点，并定出线段上各整数高程点。

分析： 求 B 点。AB 两点的高差 $\Delta H=7.3-3.3=4\text{m}$，平距 $l=1/i=2$，AB 两点的水平距离 $L=l\Delta H=2\times4=8\text{m}$，自 $a_{7.3}$ 顺箭头按 1∶200 取 8m 即得 $b_{3.3}$，如图 8.3 (b) 所示。

求整数标高点。

作图：

方法一：图解法。包含 $a_{7.3}b_{3.3}$ 作铅垂面 P，如同换面法中将一般位置直线 AB 换成新投影面的平行线，P 平面上可得 AB 的实长。作图方法如下：

(1) 按比例作与铅垂面 P 上整数高程相应的平行线组，如图 8.3 (c) 中 3、4、5、…；自 ab 两端作垂线，根据其高程值定出 A、B 点。

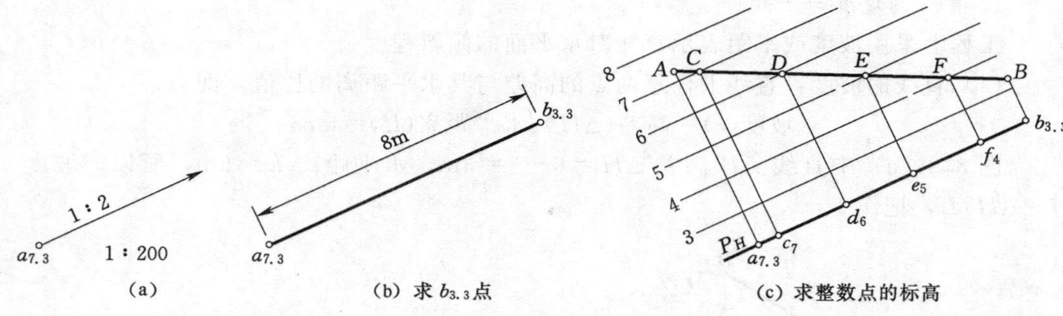

图 8.3 直线上取点

(2) 连接 AB，可得它与整数标高线的交点 C、D、E、F，再过这些点分别向 ab 作垂线，其交点即为各整数点 c_7、d_6、e_5、f_4 在标高投影中的位置。

方法二：数解法。根据已知坡度 i，得到平距 l，再由端点 $a_{7.3}$ 与整数点 a_7 间的高差，算出两点的水平距离 $L_{AC}=\Delta H_{AC}l=(7.3-7)\times 2=0.6\text{m}$。自 $a_{7.3}$ 沿 AB 方向按比例量取 0.6m，得到点 c_7。自点 c_7 再依次计算和量取平距 l，即可得出 d_6、e_5、f_4 点。

另外，根据标高投影，还可直接判别空间两直线的相对位置，其规则如下：两直线的标高投影平行、倾向一致且坡度或平距相等，则两直线平行，如图 8.4 所示；若两直线的标高投影相交，且在交点处的标高数值相同，则两直线相交，如图 8.5 所示。

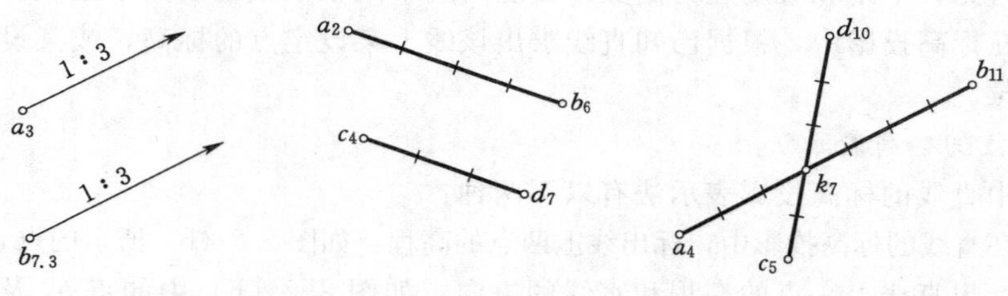

图 8.4 平行线的标高投影　　图 8.5 相交直线的标高投影

8.2.2 平面的标高投影

1. 等高线和坡度线

等高线是地形面上相同高程点的连线（即水平线），也可以理解为水平面与地形面的交线。所以，倾斜平面上的等高线相互平行。图 8.6 (a) 所示斜面 $ABCD$ 上的等高线 0、Ⅰ、Ⅱ、…相互平行，其标高投影 0、1、2、…相互平行，且高差相等时其水平间距也相等，如图 8.6 (b) 所示。

视频资源 8.2 平面的标高投影

坡度线就是斜面对水平面的最大斜度线，与面内等高线（即水平线）垂直，如图 8.6 所示，$AB\perp AD$、$ab\perp ad$。坡度线的坡度就是该斜面的坡度，即 AB 对 H 面的倾角 α 就是斜面 $ABCD$ 对 H 面的倾角。

【例 8.2】 求图 8.7 所示平面 ABC 对 H 面的倾角 α。

分析： 平面 ABC 对 H 面的倾角即其坡度线对 H 面的倾角，而坡度线垂直于该

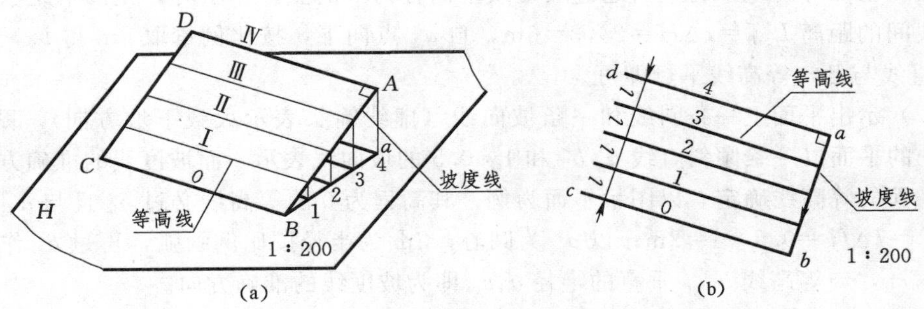

图 8.6 平面上的等高线和坡度线

面的等高线，故本题应先作出等高线，然后画其坡度线，再求倾角 α。

作图：用图解法先作出任意两边的整数标高点，得出等高线，再作等高线的垂直线 de，即得坡度线；然后以 de 为实长三角形一直角边，以其高差（5－2）m 为另一直角边，则斜边 df 为 DE 的实长，$\angle edf$ 即为平面 ABC 对 H 面的倾角 α。

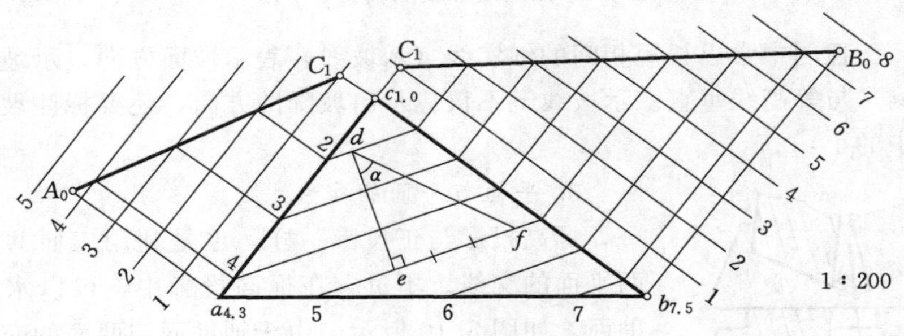

图 8.7 求平面 ABC 对 H 面的倾角

2. 平面的标高表示法

在标高投影中，平面大多是人工开挖或填筑的斜面，为了图面清晰，根据斜面投影特点以"示坡"的方式表达。

(1) 示出平面上一条等高线和一条坡度线。图 8.8（a）中的平面是用高程为 3 的等高线和带箭头的坡度线（1∶2）表示的。

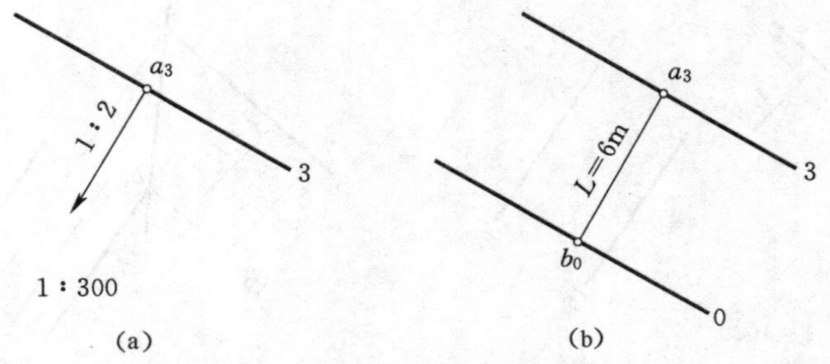

图 8.8 用等高线和坡度线表示平面

据此，可作出平面上任一等高线，如图 8.8（b）中高程为 0 的等高线。由于该

等高线与已知等高线平行，且通过坡度线上高程为 0 的点。作图时，先按平距求出两等高线间的距离 $L_{AB}=l\Delta H=2\times 3=6\text{m}$，自 a_3 点向下，按比例量取 6m 得 b_0，再过 b_0 作直线与已知等高线平行即可。

（2）示出平面上一条斜线和一条坡向线（虚线箭头表示大致下坡方向）。图 8.9（a）中的平面以一条倾斜直线 a_4b_0 和 1∶0.5 的坡向线表示，而坡度线的准确方向应根据平面的等高线确定。以图示平面为例，其高程为 0 的等高线必过 b_0 且与 a_4 的距离为 $L=l\Delta H=0.5\times 4=2\text{m}$；以 a_4 为圆心，2m 为半径按比例画弧，再过 b_0 作圆弧切线 b_0c_0，与等高线 b_0c_0 垂直的半径 a_4c_0 即为坡度线的准确方向。

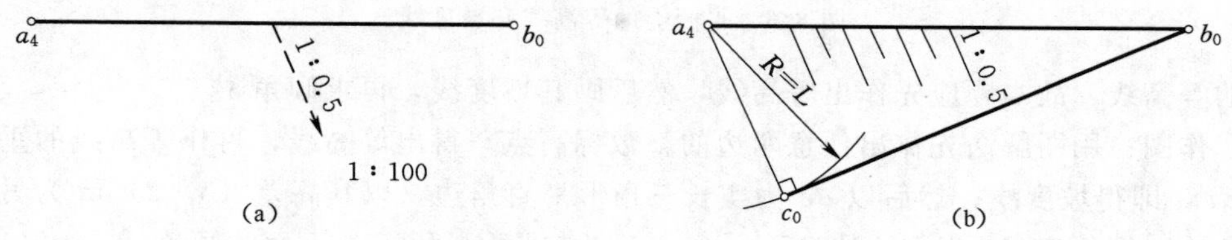

图 8.9　用斜线和坡度线表示平面

另外，工程图中常以长短相间的细实线（示坡线）表示坡面方向，示坡线总是画在高的一侧，与等高线垂直。示坡线上不仅应示出坡降的方向，还要标注坡度，如图 8.9（b）中的 1∶0.5。

3. 平面与平面的交线

标高投影与正投影一样，也是利用三面共点原理求两平面的交线。不过，在标高投影中，仅以水平面作辅助面，如图 8.10 所示。由于辅助面与两面的交线是两条同高程等高线，其交点即为三面共有点，所以两面（平面或曲面）内各相同高程等高线交点的连线，就是两面的交线。

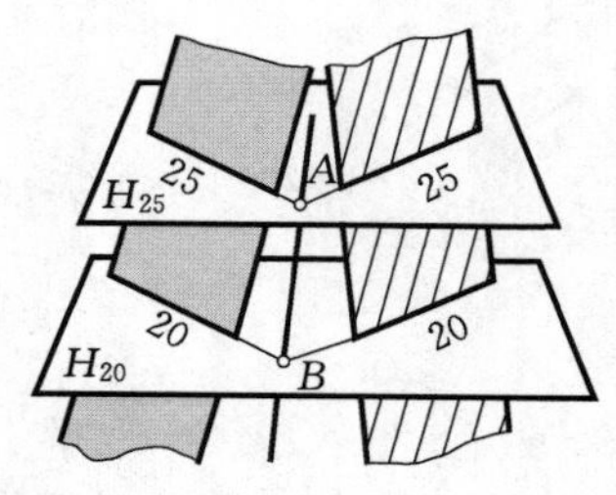

图 8.10　求平面交线

在土建工程中，相邻坡面的交线称为坡面交线；坡面与地面的交线，在填方工程中称为坡脚线，在挖方工程中称为开挖线或开口线。

【例 8.3】 求作图 8.11（a）所示两平面的交线。

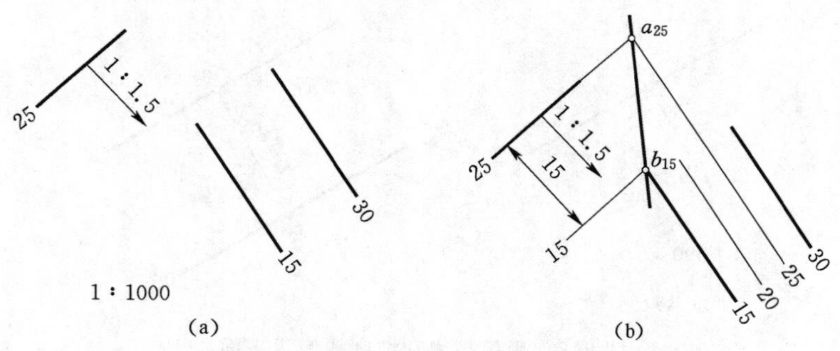

图 8.11　求两平面的交线

分析与作图： 由于两平面的交线是直线，所以在两平面上分别作出高程为 25 和 15 的等高线，得出同高程等高线的交点 a_{25}、b_{15}，连接 $a_{25}b_{15}$ 即为交线，如图 8.11（b）所示。

【例 8.4】 在水平地面上挖一基坑，坑底形状、高程和各坡面的坡度如图 8.12（a）所示，求其开口线（开挖线）和坡面交线。

分析与作图：

（1）开口线：因坑底线为水平线，故各坡面为平面，开口线是坡面上高程为 0.00 的等高线，它们分别平行于相应坑底边线（等高线－4.00）且水平距离 $L_1=1\times4=4\text{m}$；$L_2=1.5\times4=6\text{m}$；$L_3=2\times4=8\text{m}$。

（2）坡面交线：相邻坡面同高程等高线的交点是二者的共有点，由于坡面都为平面，坡面交线是直线，故连接高程为 0.00 和－4.00 两点，即得坡面交线。

（3）画出各坡面的示坡线并标注其坡度，如图 8.12（b）所示。

不难看出，若相邻坡的坡度相同，其交线是两坡同高程等高线的角平分线，见图 8.12（b）左下角的坡面交线。

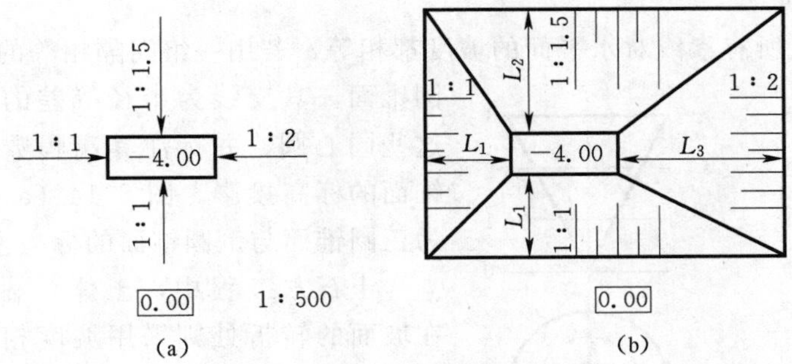

图 8.12　水平地面矩形基坑的开口线

【例 8.5】 用一直引道把地面和堤顶平台相连，平台比地面高 4m，各坡面的坡度如图 8.13（a）所示，求作平台与引道侧坡的坡脚线和坡面交线。

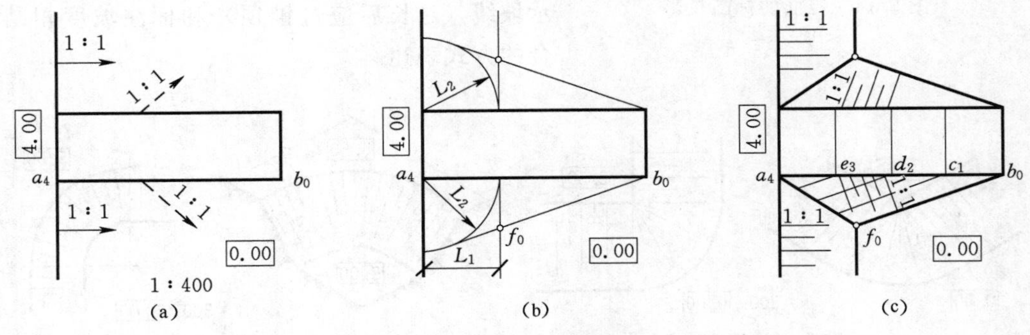

图 8.13　直引道的坡脚线及坡面交线

分析与作图：

（1）坡脚线：坡脚线为平台各坡面上高程为 0.00 的等高线，与堤顶线平行，其

水平距离 $L_1=1\times4=4\text{m}$。引道两侧坡面的坡脚线作法如下：以 a_4 为圆心，$L_2=1\times4=4\text{m}$ 为半径按比尺画弧，再由 b_0 点作弧的切线，它与平台侧坡的坡脚线交于 f_0，b_0f_0 即坡脚线，如图 8.13（b）所示。

（2）坡面交线：平台边坡与引道边坡均为平面，其交线为直线。只要将两坡面同高程等高线的交点相连即得交线，如图 8.13（c）中的 a_4f_0。

（3）画出各坡面的示坡线（方向应垂直于坡面等高线）并标注其坡度，如图 8.13（c）所示。

另外指出，因引道与侧坡均为平面，故二者的等高线均与其坡脚线平行。作法如图 8.13（c）所示：先定引道边界上的整数高程点 c_1、d_2、e_3，再分别过各高程点作堤顶线和坡脚线 b_0f_0 的平行线，即得引道与侧坡上的等高线。

8.3　曲面的标高投影

本节主要介绍工程中常用的圆锥面和同坡曲面的标高投影及其表达方式。

8.3.1　正圆锥面

正圆锥面上所有素线对水平面的坡度都相等，若用一组间隔相等的水平面截切正圆锥面，其交线为半径等差的同心圆。画出这些同心圆，并标注其高程数值，即为正圆锥面的标高投影。图 8.14（a）和（b）分别为正圆锥面与倒圆锥面的标高投影。

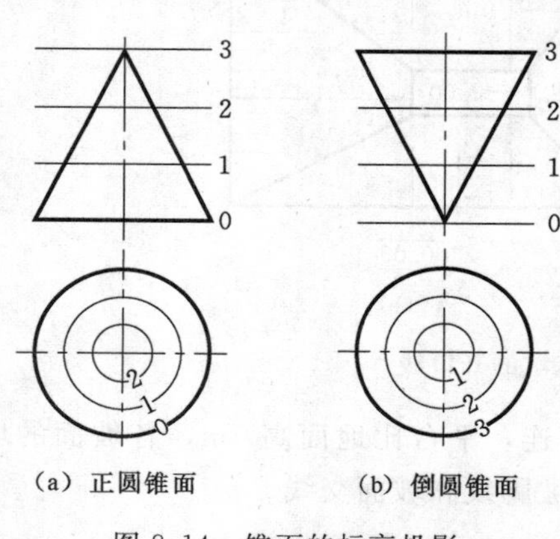

（a）正圆锥面　　（b）倒圆锥面

图 8.14　锥面的标高投影

土石方工程中，土体常做成坡面形式，在坡面的转折处则采用坡度相同的锥面，如图 8.15（a）表示用 1/4 正圆锥面连接两填筑坡面的轴测图和标高投影；图 8.15（b）则表示用 1/4 倒圆锥面连接两挖方坡面的轴测图和标高投影。土建工程的锥面，常用圆曲线、示坡线（延长后应过锥顶）和标注坡度相结合的方式表达。

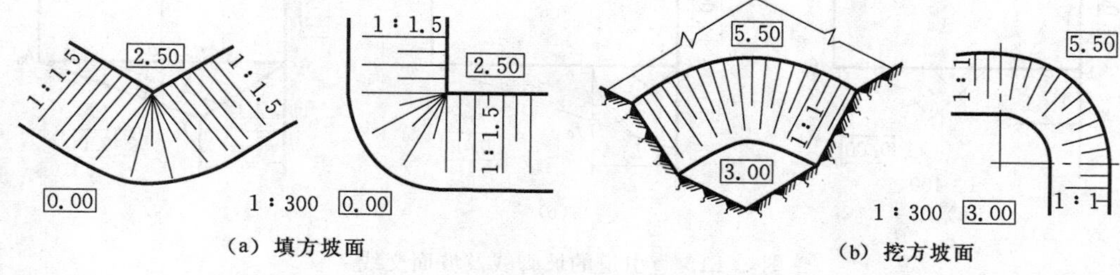

（a）填方坡面　　（b）挖方坡面

图 8.15　在转角处用锥面连接坡面

视频资源 8.3 曲面的标高投影

【例 8.6】 在地面（3.00m）上修筑一高程为 8.00m 的土堤，堤顶的形状、高程

和各坡面的坡度如图 8.16（a）所示，求作坡脚线和坡面交线。

分析与作图：

（1）坡脚线：因地面和左、后堤坡均为平面，坡脚线都是平行于堤顶线的直线，坡脚线（高程为 3m）与堤顶线（高程为 8m）的水平距离 $L_{左侧}=1\times(8-3)=5\text{m}$，$L_{上侧}=2\times(8-3)=10\text{m}$，可按比尺直接画出；中间部分为正圆锥面，由于堤顶边线是 1/4 圆弧，其坡脚线应为堤顶的同心弧，其半径差 $\Delta R=1.5\times(8-3)=7.5\text{m}$。

（2）坡面交线：坡面交线有两条，由于左堤坡的坡度大于锥坡，故交线为一段双曲线，而上堤坡的坡度小于锥坡，故交线为一段椭圆曲线。只要作出各坡面上相同整数高程等高线的交点，再用曲线依次光滑连接即可。

（3）画出各坡面示坡线并标注坡度，如图 8.16（b）所示。

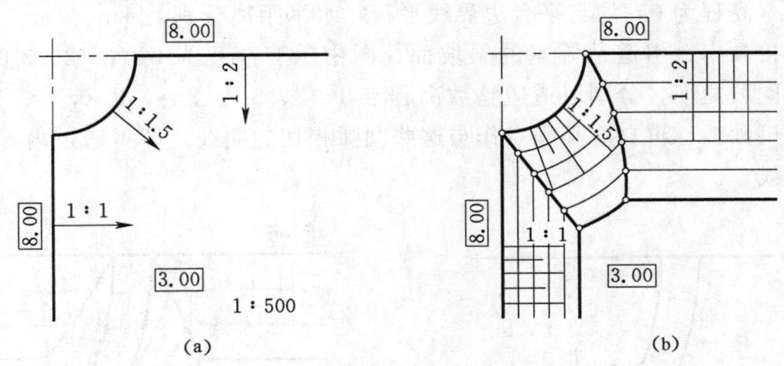

图 8.16　求土堤的坡脚线和坡面交线

8.3.2 同坡曲面

坡度处处相等的曲面称为同坡曲面，图 8.17（a）所示弯曲上升的引道，其侧坡就是这种曲面。

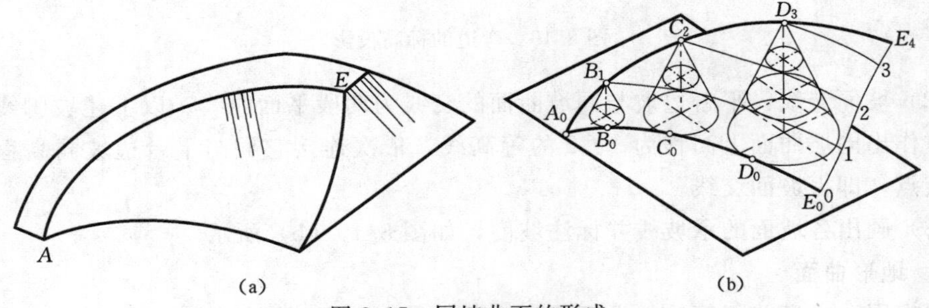

图 8.17　同坡曲面的形成

由图 8.17（b）可见，这种曲面是由正圆锥的顶点沿曲导线 AE 运动形成的；运动时，锥轴始终垂直于 H 面且锥顶角保持不变，所有正圆锥的包络面就是同坡曲面；由于曲面上的素线都与某一正圆锥的素线相对应，所以，该曲面对水平面的倾角处处相等。

同时，还可看出同坡曲面与圆锥面同高程的等高线一定相切，且切点必在二者的公切线上，据此就可画出同坡曲面的等高线。

实际工程中同坡曲面的表示法与锥面类似，多采用两边界曲线和示坡线相结合的

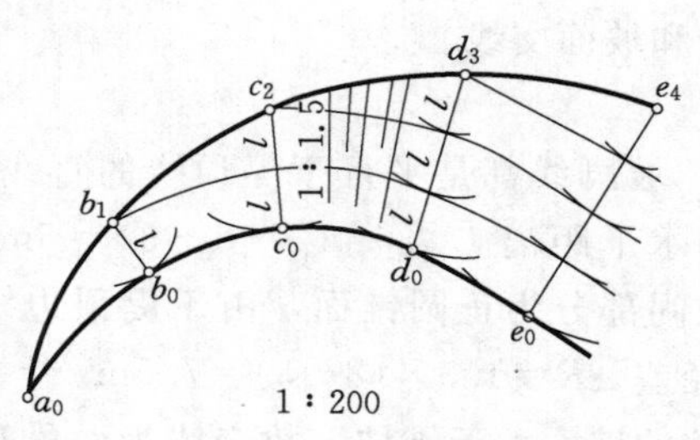

图 8.18　画同坡曲线的等高线

方式。图 8.18 示出了坡度为 1 : 1.5 时，同坡曲面上等高线的作图方法：分别以 b_1、c_2、d_3、e_4 为锥顶画出相应高程为 0、1、2、3 的水平圆，公切于同高程水平圆的曲线，就是同坡曲面的等高线。

【例 8.7】 修筑一弯道将地面与平台相连，平台和地面的高程、平台及弯道两侧边坡的坡比如图 8.19 (a) 所示，试求坡脚线及坡面交线。

分析与作图：

(1) 坡脚线：平台边界为直线，其侧坡为斜平面，斜平面上高程为 2、1 的等高线和坡脚线（高程为 0）均与平台边界线平行，水平距离分别是 1m、2m、3m，可按图示比尺直接画出；引道是等宽的斜坡面，图中示有高程为 0、1、2、3 的等高线；引道两侧为同坡曲面，分别以道边整数高程点 1、2、3 为圆心，以 0.75、1.5、2.25 为半径按比尺画弧，再自 0 高程点作与这些圆弧相切的曲线，即得弯道内、外侧同坡曲面的坡脚线。

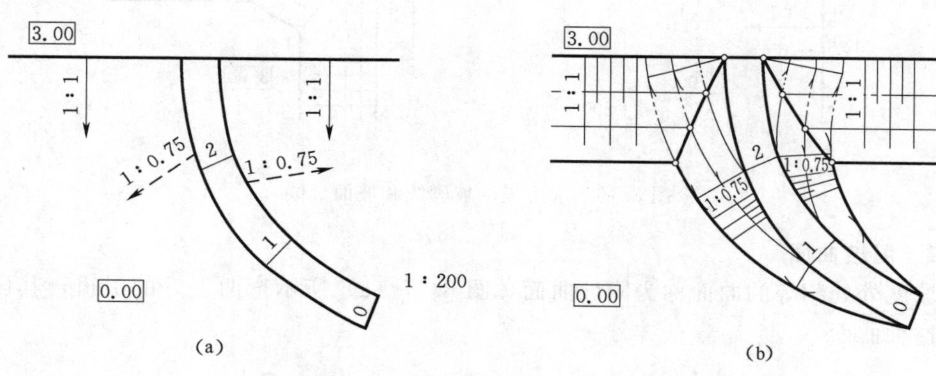

图 8.19　弯道的标高投影

(2) 坡面交线：平台边坡与同坡曲面的交线为两段平面曲线。以上述坡脚线作图方法，作出同坡曲面上高程为 1、2 的等高线，依次连接它们与平台边坡同高程等高线的交点，即得坡面交线。

(3) 画出各坡面的示坡线并标注坡度，如图 8.19 (b) 所示。

8.3.3　地形曲面

假想用一组高差相等的水平面切割地形，得到高程不同的等高线组（不规则的平面曲线），画出这些等高线的水平投影，并注出高程值，就得到地形面的标高投影，如图 8.20 所示。工程上将这种图称为地形图，它是用测量方法按比例绘制的；图中等高线的高程数值书写应朝上坡方向，相邻等高线的高差称为等高距。地形图中的比例与等高距取决于地形条件及设计要求。

图 8.21 (a)、(b) 所示的地形，等高距均为 5m，等高线看起来大致相似，但等高线的高程标注却不同，图 8.21 (a) 的等高线是四周低、中间高，表示山头；而图

8.21（b）则是中间低、四周高，表示洼地。

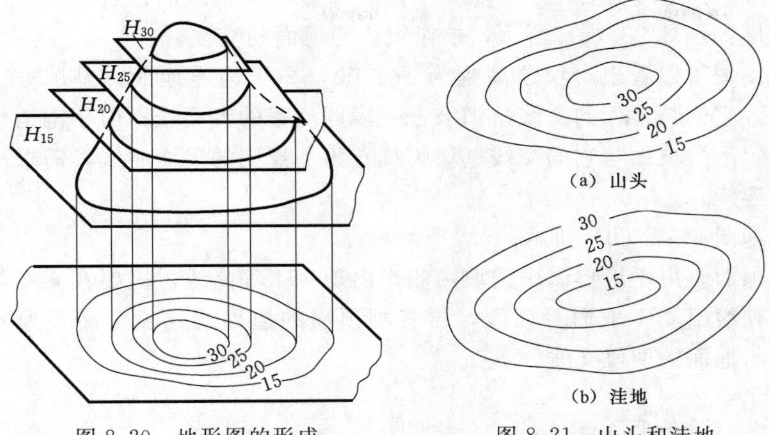

图 8.20　地形图的形成　　　图 8.21　山头和洼地

在地形图中，通常都应标明比例并加绘指北针，以这种方式表示的地形图能清楚反映出地势陡缓、坡面朝向以及河流、道路的走向等。由图 8.22 可以看出，左边环状等高线中间高，四周低，是一个山头；山头南面的等高线稀疏，山坡较平缓；山头东南侧为一狭长的山梁，山梁南面等高线较密集，坡度较陡，山梁北面有一条由东向西流的山沟。图中央所示“鞍部”，是指两侧高、中间低，形状像马鞍的区域。

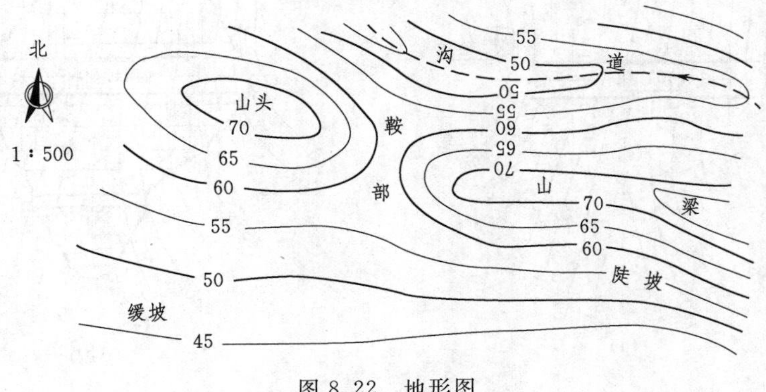

图 8.22　地形图

8.4　土石方工程的交线

土石方工程包括土石方的开挖与填筑，也就是对原有地形面的改造。例如：在修建道路、土石坝或楼房之前，先要平整场地、开挖基坑等。为了表达工程与地形面的衔接，就必须根据工程实体的平面形状，在地形图上画出各工程坡面之间的交线，以及坡面与地面的交线（坡脚线或开口线）。坡面可能是平面或曲面，地面也可能是水平面或不规则的曲面，交线的形状会有很大差别，但求解交线的基本方法都是三面共有点法，即求同高程等高线交点。若交线是直线，只需求出两个共有点；若是曲线，则应求出一系列共有点，再依次相连。下面举例说明这些交线的求法。

【例 8.8】 拟在沟道上筑一土坝，坝顶、马道、坝轴线的位置、尺寸以及上、下游坡面的坡度如图 8.23（a）所示，求作坝体与地面的交线。

分析： 由图可以看出，坝顶高程为 461.00，高于沟道地面，是填方。坝顶、马道为水平面，它们与地面的交线是沟坡上一段同高程的等高线；由于沟道地形是不规则曲面，上、下游坡面与它的交线（坡脚线）为不规则的平面曲线，需求出一系列共有点后才能连线。

作图： 如图 8.23（b）所示。

（1）坝顶面。由于地形图中沟坡两侧未出现 461 等高线，需要在 462 与 460 两线的中间位置补绘出 461 地面等高线，再将坝顶面的边界线延长至高程为 461 的等高线，即得它与地面的两段交线。

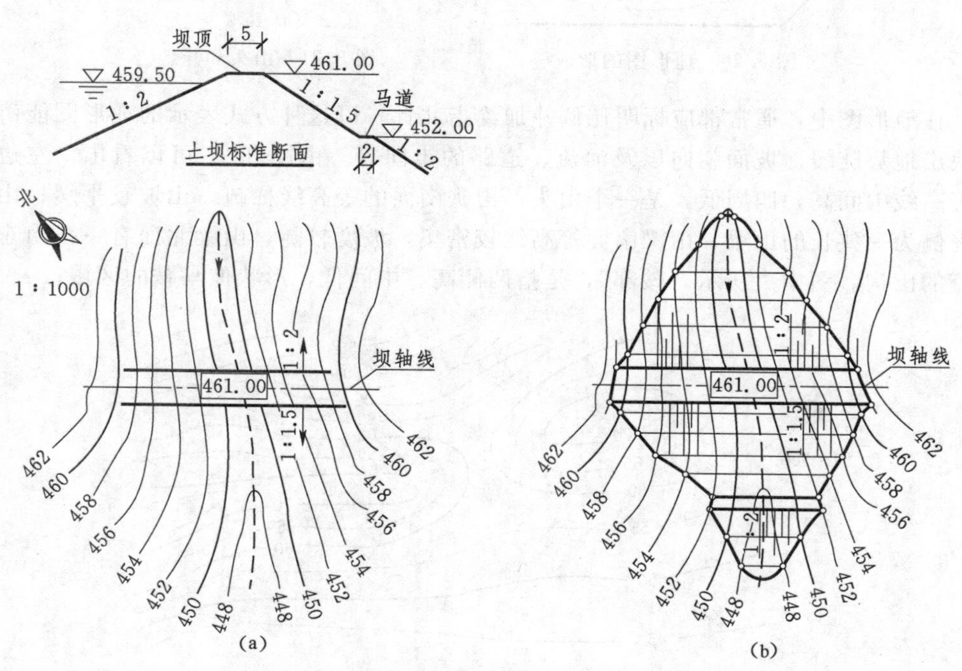

图 8.23　土坝坝体与地面的交线

（2）上游坡面。根据相邻等高线间的水平距离应等于“等高距×坡面平距”（如 460 与 458 等高线间的水平距离＝2×2＝4m），在坡面上作与地形高程相应的等高线，如 460、458、456、…求出它们与沟坡上同高程等高线的交点，再依次光滑连接即可。

（3）下游坡面。马道是高程为 452 的水平面，延长其边界至沟坡 452 等高线，得到它与地面的交线；马道上、下坡面交线的作图与上游坡面基本相似，但应特别注意坡面坡比不同，相邻等高线间的水平距离也不同，另外，因马道的阻隔，其坡脚线也应分开连接。

【例 8.9】 在图 8.24（a）所示的地面上，修建一高程为 25.00 的方圆形水平场

地，填方坡比取 1∶1.5，挖方取 1∶1，试求坡面与地面以及各坡面间的交线。

分析：水平场地高程为 25.00，故地形图上高程 25 的等高线是填、挖方的分界线，它与场地边界线的交点，即为填、挖方的分界点。场地北侧高于 25，为挖方区，其半圆边界线部分的坡面是倒圆锥面；其直线边界部分的坡面是与倒圆锥相切的平面，两者之间没有坡面交线。场地南侧低于 25，为填方区，因坡面是三个平面，故有三条坡脚线和两条直线坡面交线，由于地面是不规则曲面，所以挖方区的开口线和填方区的坡脚线都是曲线，需求出一系列点，再依次相连。

作图：如图 8.24（b）所示。

（1）挖方区的开口线：在坡面上作出与地形高程相应的等高线，如 26、27、28、…求出它们与地形同高程等高线的交点，再依次光滑连接，即得挖方区的开口线。

（2）填方区的坡脚线：在Ⅰ、Ⅱ、Ⅲ坡面上分别作与地形高程相应的等高线 24、23、22、…同上述，依次光滑连接它们与地形同高程等高线的交点，即得各自的坡脚线。

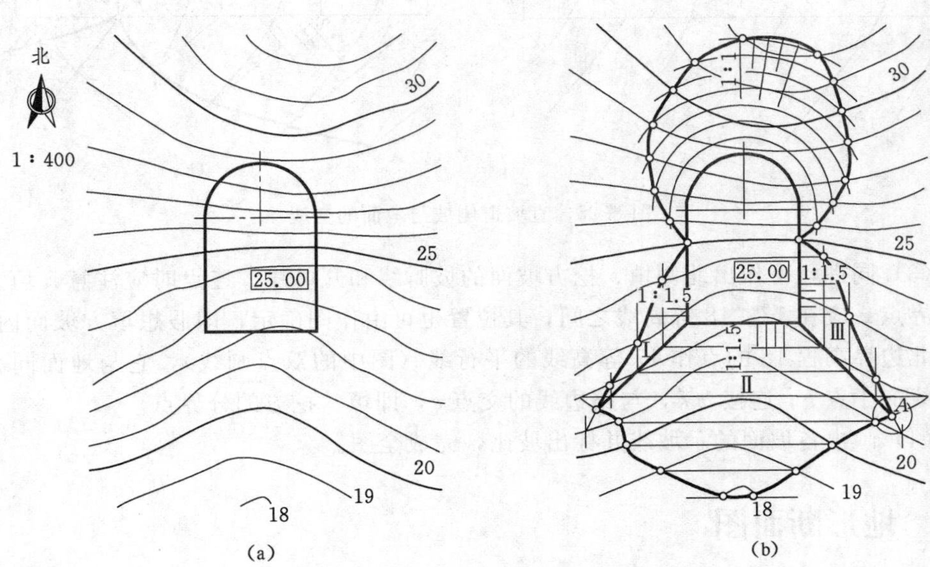

图 8.24　水平场地与地面的交线

（3）坡面交线：由于坡面交线是直线，所以，只要连接相邻坡面同高程等高线的两交点（如 25、23）即可。由于本例相邻坡面的坡度相等，其交线应同时在同高程等高线的角平分线上。

注意：根据三面共点原理，填方区左右两侧坡脚线与坡面交线应汇交，如图 8.24（b）右侧的 A 点。另外，挖方和填方的坡面还应示出其示坡线和坡比。

【例 8.10】　在图 8.25（a）所示的地面上修建一条直坡道，填、挖方边坡均为 1∶2，求作各坡面与地面的交线。

分析：由图可以看出道路的西头，路面高于地面，需填；而东头的地面则高于路面，应挖。由于路的边界是直线，故两侧坡面是平面，坡面等高线为直线，而坡脚线

与开口线均为平面曲线。

作图：如图 8.25（b）所示。

（1）南侧坡面的坡脚线：路边线与地面等高线在高程 18 处相交，交点是填、挖方的分界点。以填方区路面边界高程 16 的点为圆心，平距 2 为半径按比尺画弧后，自边界高程 15 的点作该弧的切线，即得侧坡面高程为 15 的等高线。再自边界高程 16、17 点作高程 15 等高线的平行线，得 16、17 的等高线；最后依次连接侧坡与地面同高程等高线的交点（如图中 a 点），得坡脚线。

（2）南侧坡面的开口线：挖方区侧坡等高线的作图方法与填方类似，但方向与填方相反。图中 b 点即高程为 19 侧坡等高线与地面同高程等高线的交点。

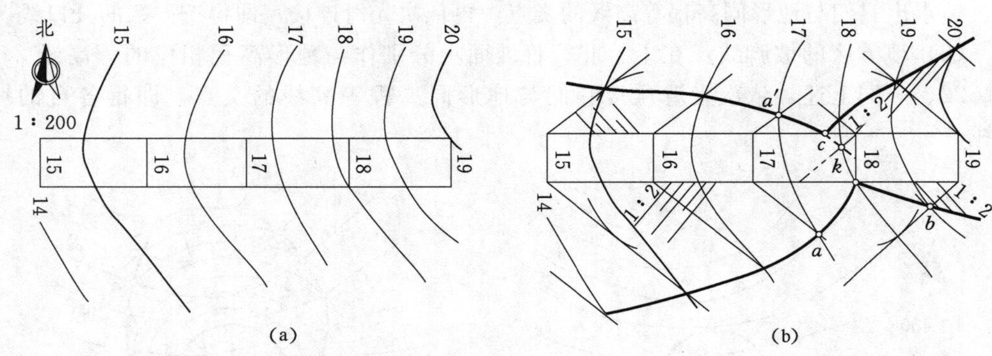

图 8.25　直坡道侧坡与地面的交线

（3）同理，可作出北侧填、挖方坡面的坡脚线和开口线。连点时应注意，填、挖方分界点 c 应在 17、18 等高线之间，其位置也可由作图确定，即假想填方坡面内扩，自路北边界高程 18 的点作 17 等高线的平行线（图中的双点画线），它与地面同高程等高线交于点 k；连接 $a'k$，与路边线的交点 c，即填、挖方的分界点。

（4）画出各坡面的示坡线并标出坡比，完成全图。

视频资源 8.4 土石方工程交线

8.5　地形断面图

前面介绍了土方工程中应用水平辅助面求作形体交线，绘制并完成标高投影图的方法。但是，许多情况下，仅画出工程的标高投影图（平面图），仍是不够的。土建工程的许多建筑物是带状的，其长度方向的尺度远大于其他两个方向，例如，渠道、道路、隧洞、堤坝等。对于这类狭长建筑物，如果仅使用以标高投影表达的平面地形图，设计与施工都会感到不方便，不能一目了然地看出建筑物与地形之间的高差关系。同时，为了更明确地表达地层地质、水文的变化，更方便地计算土石方工程量（尤其是地形起伏很大的情况下），靠平面图也不能满足设计要求。因此，工程中还大量使用以铅垂面作辅助面得出的地形断面图。

用一铅垂面剖切地形面，单独画出剖切平面与地形表面交线的实形图，称为地形断面图。对上述带状土建工程来说，利用地形断面图求作坡脚线或开挖线则显得更为

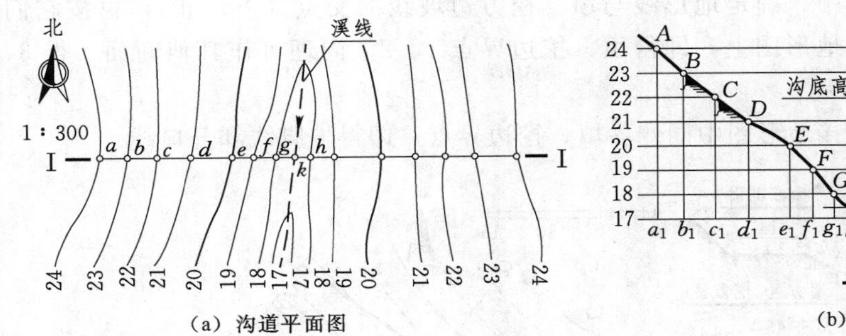

(a) 沟道平面图

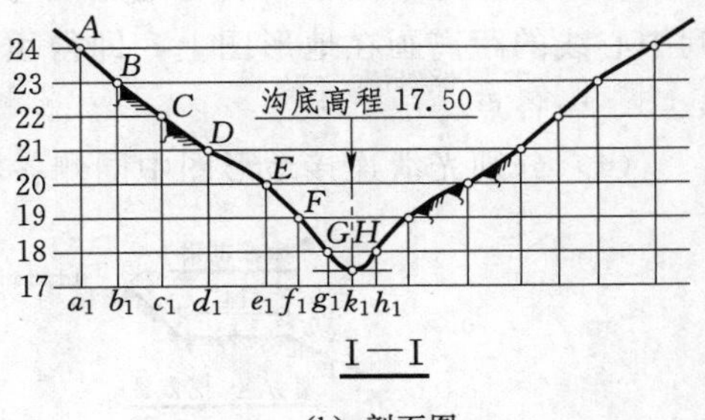

(b) 剖面图

图 8.26 地形断面图

方便、实用。下面，先介绍地形断面图的一般画法，然后再举例说明如何利用它求作坡脚线或开挖线。

图 8.26（a）为一沟谷的平面图。今以Ⅰ—Ⅰ剖切地形面，它与等高线交于 A、B、C、…点，其标高投影就是图 8.26（a）中的 a、b、c、…。据此，可按下述步骤作出地形断面图：

（1）按比例画出与地面等高线高程相应的平行线组，如图 8.26（b）中的 17、18、…、24。

（2）自最低高程线（17）起分别定出与上述 a、b、c、…相应的 a_1、b_1、c_1、…点。

（3）自 a_1、b_1、c_1、…作铅垂线，与相应的高程线相交，得 A、B、C、…各点。

（4）顺次光滑连接各交点，并根据地质情况画上相应的断面符号，即得地形（地质）断面图，如图 8.26（b）所示。

注意：沟底 G、H 两点之间，不能直接连线，而应按剖切线与溪线相交的点位，内插一高程 17.5 的等高线，画出交点 K 后，再根据地形趋势光滑连接。

【例 8.11】 今欲修筑一段傍山道路，道路中心线的位置及高程，路面宽度与挖、填方标准断面如图 8.27（a）所示，求作坡脚线及开口线。

分析：图示道路的路面为一由东向西逐渐抬升的等宽路面，沿程设有 5 个铅垂断面，断面的方向均应垂直于道路中心线。根据各断面处设计高程与地形高程的比较可以看出：道路内侧（北）边界，设计高程均低于地面，故为挖方，需画出开口线；道路外侧（南）边界的设计高程，在 C—C 断面恰与地面高程相等，应不挖不填，而其余各断面的地面均低于设计高程，故为填方。

由图 8.27（a）还可以看出，西侧道路的走向与等高线接近平行，不宜采用前述求坡面与地面同高程等高线交点的方法，而改用地形断面法就十分简便。

作图：以 A—A 断面为例，如图 8.27（b）所示。

（1）按比例绘出 A—A 地形断面图及道路中心线。

（2）镶套道路断面：以中心线为基准，按 A—A 断面处设计高程 542.0 绘出相应的路面标准断面。断面北侧为挖方，套挖方标准断面（坡比 1：1）；南侧为填方，套填方标准断面（坡比 1：2）。

（3）在上述断面中，确定地形线与填、挖方边坡线的交点（Ⅰ、Ⅱ），再按它们到中心线的距离画在地形图上，即得填、挖边界点1、2。同理可作其他断面，得3、4、5、…各点。

（4）分别光滑连接地形图中同侧各填、挖边界点，即得坡脚线和开口线。

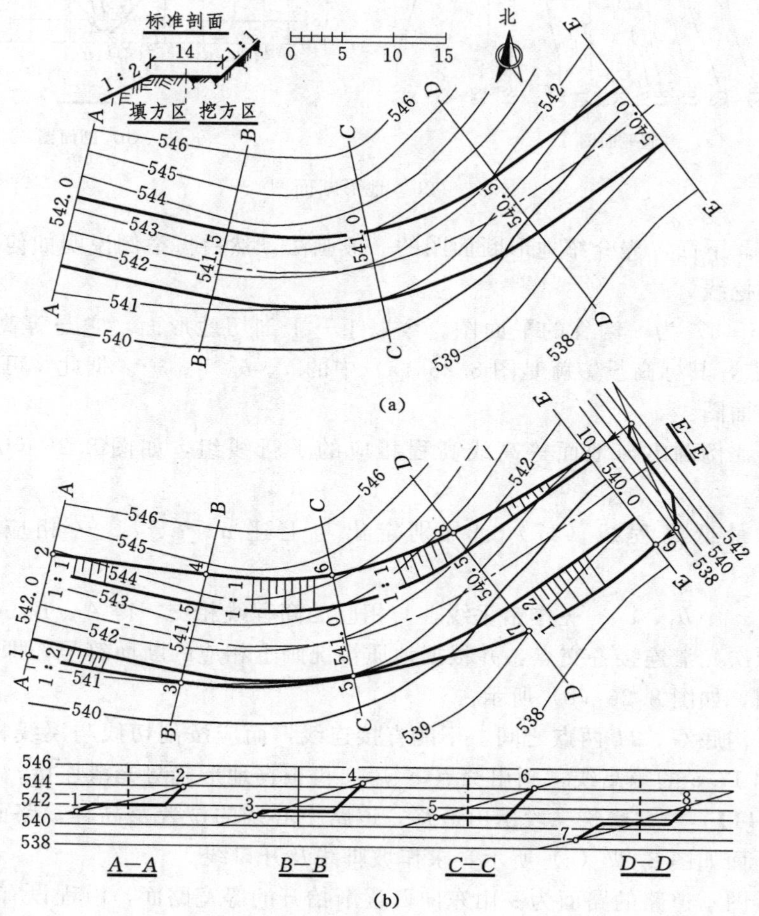

图8.27 用断面法求道路侧坡与地面交线

第9章　组　合　体

任何复杂的形体都可以看成由一些基本形体叠加或切割而成。由两个或多个基本形体组合而成的形体，称为组合体。本章重点介绍组合体视图的绘制、尺寸标注和阅读方法。

9.1　概述

9.1.1　形体分析法

根据组合体的形状，先设想它由哪些基本形体组合而成，然后分析形体间的连接关系及投影特点，这种分析问题的方法，称为形体分析法。如图 9.1 中的形体，可以看作由一被切去了左上角的四棱柱底板Ⅰ和另一顶部是半圆柱而中间穿有一圆孔的竖板Ⅱ叠加而成。

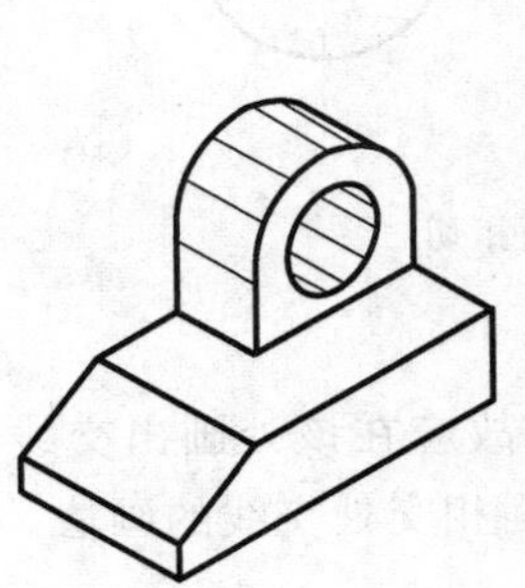

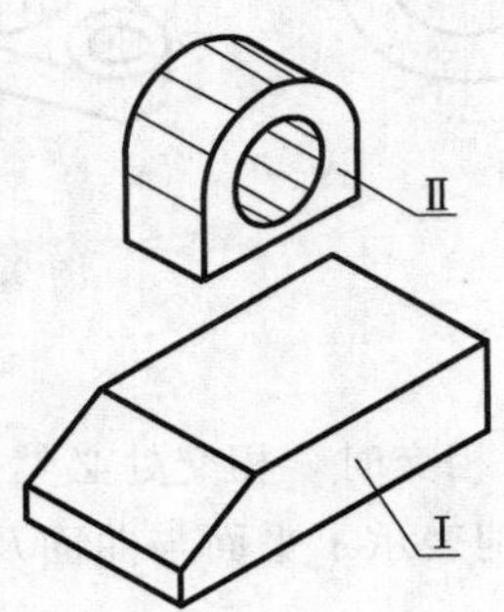

图 9.1　组合体的形体分析

9.1.2　形体表面连接方式

叠加是形体组合的基本方式，两形体的界面在视图中一般为直线或平面曲线，这种分界线都应画出，如图 9.2 所示。基本形体相邻界面的衔接关系可分为平齐、相切和相交。

1. 平齐

当相邻界面平齐（即共面）时，连接处就不存在分界线，故不能再画线，如图 9.3 所示。

2. 相切

当相邻界面相切时，相切处两表面是光滑过渡的，没有明显的分界线，所以，该处也不能画线。如图 9.4（a）和（b）分别示出了平面与曲面、曲面与曲面相切处的画法。

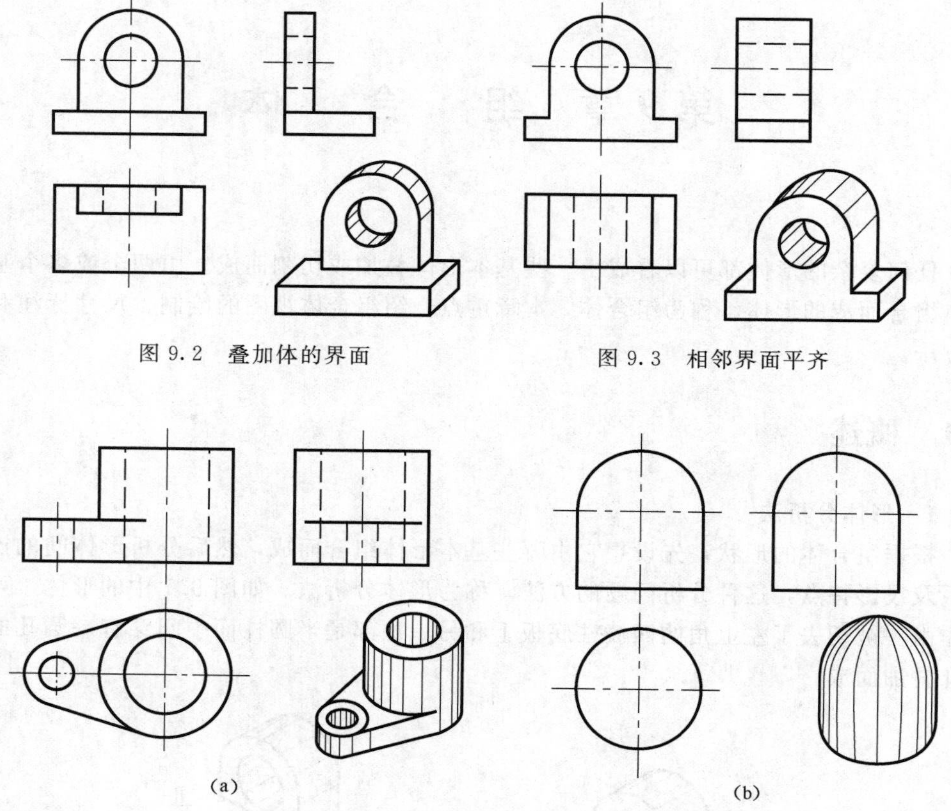

图 9.2　叠加体的界面　　　　图 9.3　相邻界面平齐

(a)　　　　(b)

图 9.4　相邻界面相切

3. 相交

当相邻界面相交时，相交处必然产生交线，故应在该处画出交线的投影。图 9.5 (a) 和 (b) 分别表示了平面与曲面及曲面与曲面相交处交线的画法。

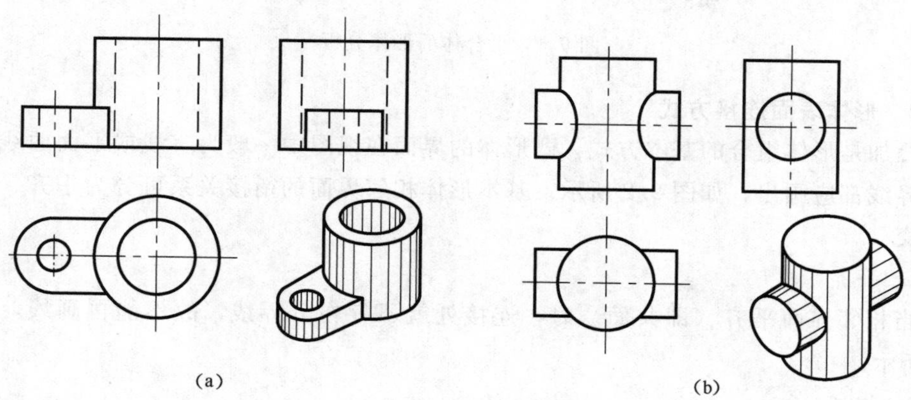

(a)　　　　(b)

图 9.5　相邻界面相交

应当指出，只有掌握了形体的组合方式及界面连接关系，才能正确表达其形状，绘图时做到不多线也不漏线，也便于读图者顺利而准确地想出形体的形状。

视频资源 9.1 组合体的画法

9.2 组合体的画法

绘制组合体的视图，应先用形体分析法研究其组合特点，确认各基本形体间界面的投影特征，从而通过视图的选择和比较，得出表达形体的最佳方案。

9.2.1 视图的选择

视图的选择，就是确定形体对投影面的相对位置及视图的数量。

1. 建筑形体安放位置的选择

确定形体与水平面的相对关系。建筑形体通常是按其工作位置坐落，对土建工程而言，其工作位置的基面就是地平面。建筑物构件的主要平面或主要轴线，应平行或垂直于水平面。如图 9.6（a）所示的挡土墙，应按其工作位置安放，使底板在下，直墙在上，且底板的顶面呈水平位置。

2. 正视图的选择

确定形体与各投影面的相对关系。正视图的方向，应尽可能充分表达形体各组成部分的特征及相互位置。如图 9.6（a）所示的挡土墙，它是由底板、直墙和支撑板组成的。从图示箭头方向看，不仅表达了各部分的位置关系，同时还能反映底板和支撑板的形状特征，所以该方向作为正视图较合适。

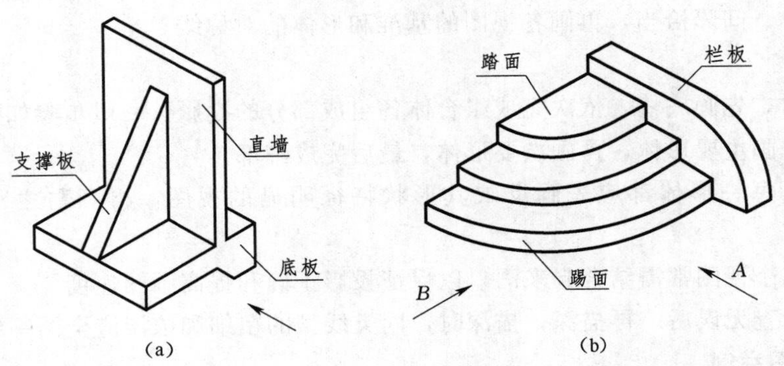

图 9.6 正视图的选择

选择正视图时，还应同时考虑尽可能减少其他视图中的虚线，如图 9.6（b）所示的台阶，若用 B 向作为正视图，踏步在左视图中的投影为虚线，且所占幅面长宽几乎相等，图纸利用不充分，如图 9.7（a）所示；而改用 A 向作为正视图则可避免这些弊端，如图 9.7（b）所示。

3. 确定视图的数量

正视方向确定后，就要考虑组合体上还有哪些部位在正视图中无法表达清楚，应选择什么视图来解决。如图 9.6 中台阶以 A 向作为正视图后，其踏面和栏板形状还需俯视图和左视图来表示，所以采用了正视图、俯视图和左视图来表达，如图 9.7（b）所示。

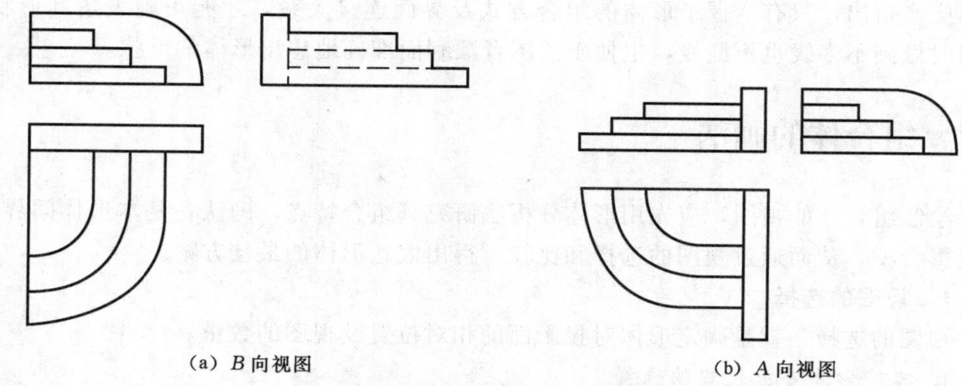

(a) *B* 向视图　　(b) *A* 向视图

图 9.7　正视方向对三视图的影响

9.2.2　画图的方法和步骤

1. 选比例、定图幅

视图表达方案确定后，应根据形体的大小和复杂程度确定绘图比例。一般来说，对大而简单的形体采用较小比例，反之则用较大比例，并根据视图和注写尺寸的需要选用标准图幅。另外，还应注意，所选的图幅需留有余地，以便画图框、标题栏和书写文字说明。

2. 布置视图

在选定的图幅上先画出图框和标题栏，以明确图纸可利用的范围。布图时，应力求图面匀称、间隔恰当，再画各视图的基准和形体的对称线。

3. 绘图

绘图时，先画底稿，依次完成组合体各组成部分的投影，一般步骤如下：

(1) 先画主要形体，再画次要形体，最后完成细部。

(2) 对每一形体都应先画反映其形状特征明显的视图，再画与之对应的其他视图。

(3) 三个视图常需结合起来画，以保证投影正确和提高画图速度。

(4) 检查无误后，再描深；描深时，同类线型的粗细和浓淡应全图一致。

9.2.3　绘图举例

绘图时，首先判断形体的主要组成方式是叠加还是切割。对于叠加体，应先分析其组成及其界面的投影特性，故以"形体分析法"为主；而画切割体，关键是求出切割面与形体表面或切割面与切割面之间的交线，故以"线面分析法"为主，一般先画切割前的基本形体，然后画切割面有积聚性的投影，最后再画交线的投影。

下面，分别以典型的"叠加"和"切割"为例说明其画图步骤。

【例 9.1】　用一组视图，表达图 9.8 所示的形体。

(1) 形体分析：由图可以看出，轴承座主要由底板、圆筒、支撑板和筋板叠加而成。支撑板的左右侧面与圆筒相切；筋板的顶面与圆筒相交，其交线为直线和圆弧。

(2) 视图选择：根据轴承座的工作位置应使它的主要轴线即圆筒的轴线水平放

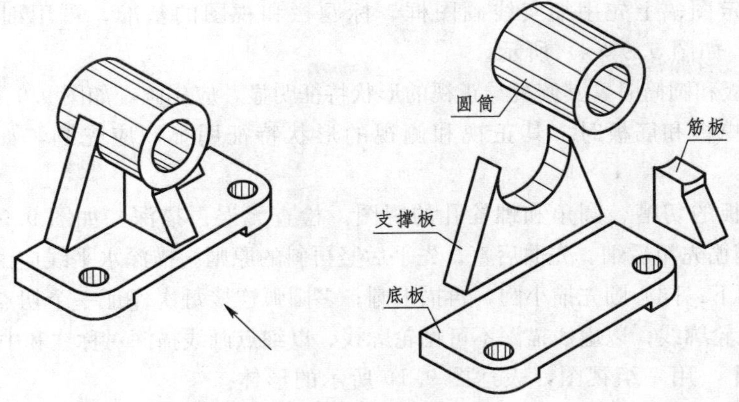

图 9.8 轴承座的形体分析

置。图示箭头方向能反映底板、圆筒和支撑板的形状特征，而且还能示出各组成部分的上下、左右位置关系，故作为正视图较好。

在正视方向确定后，底板的形状和螺栓孔的中心位置需俯视图来表达，而筋板形状还需左视图来表达，因此，选正视、俯视和左视三个视图是必要的。

(3) 作图：由以上分析可知，轴承座的圆筒和底板是起控制作用的主要形体，它们之间有严格的定位要求，所以，作图必须先从它们入手，再画支撑板和筋板，如图9.9所示。

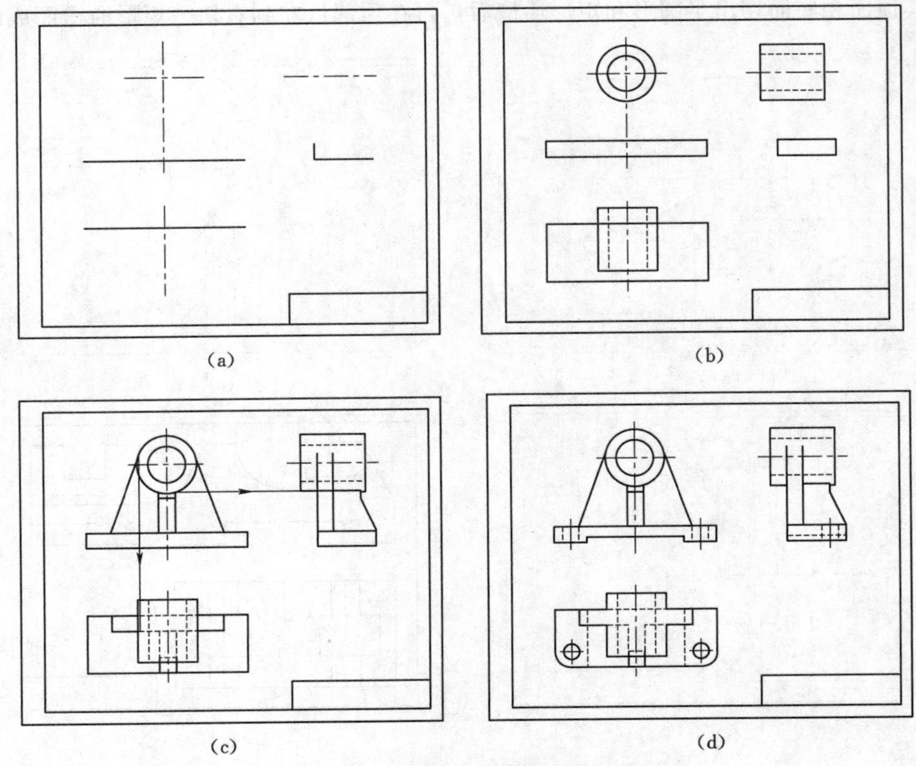

图 9.9 轴承座的画图步骤

1）在选定图幅上先用细实线画图框、标题栏和视图的基准，再用细点画线画形体的对称线，如图 9.9（a）所示。

2）画底板和圆筒时，其俯视与正视的形状特征明显，应先画，如图 9.9（b）所示。

3）画支撑板和筋板时，其正视和侧视的形状特征明显，应先画，如图 9.9（c）所示。

4）画底板的切槽、圆角和螺栓孔的视图。检查无误再描深，如图 9.9（d）所示。

描深应遵循先粗后细、先曲后直、先平后竖再斜的原则。描深水平线应由左向右，竖直线应由上而下；同心圆先描小圆，再描大圆；多圆弧连接每次保证一个切点光滑；以粗实线描深可见轮廓线；以虚线描深不可见轮廓线、以细点画线描深对称线和中心线。

【例 9.2】　用一组视图，表达图 9.10 所示的形体。

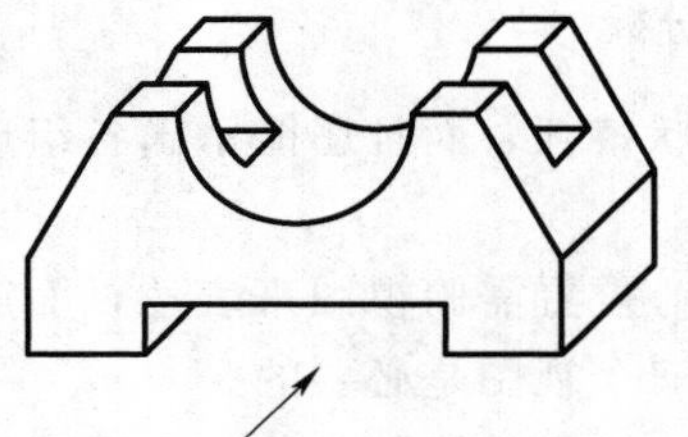

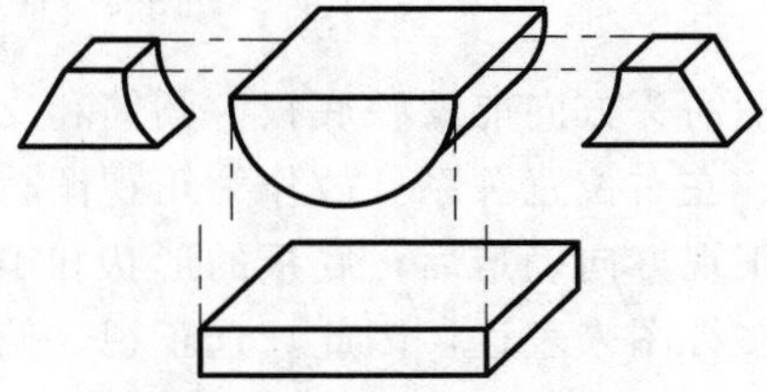

图 9.10　切割体的形体分析

（1）形体分析：由图可以看出，该形体未切割前是图 9.11（a）所示的六棱柱，分别在其顶面和底面切出半圆形和矩形通槽后，再在顶部从左到右切一矩形通槽而成的。

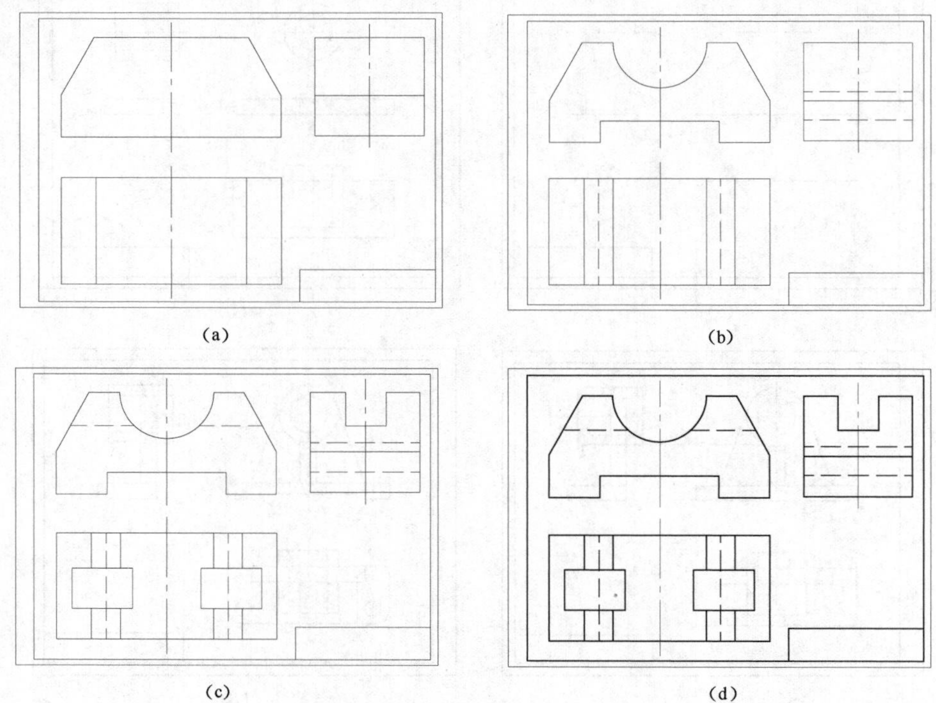

图 9.11　切割体的画图步骤

（2）视图选择：图9.10中箭头方向能反映形体的主要特征及各切割面的相互位置，选择作为正视图较合适；为了反映左右通槽的形状和整个形体的宽度，还需用左视图和俯视图补充。

（3）作图：

1）在选定图幅上先画图框、标题栏，用细点画线画出视图的对称轴线，确定三视图的位置，并完成未切割的六棱柱三视图，如图9.11（a）所示。

2）先画半圆柱和矩形通槽的正面投影，再画交线的其他投影，如图9.11（b）所示。

3）先画左右通槽的侧面投影，再画与形体表面交线的其余投影，如图9.11（c）所示。

4）检查无误再描深，如图9.11（d）所示。

9.3 组合体的阅读

工程图纸是反映设计思想、指导施工作业的主要依据。对工程技术人员来说，画图能力和读图能力都不可缺少，画图通过读图来提高，读图又通过画图来深化。另外，读图能力还与实际工程经验有关，因此，只有多读、多画、多实践，才能逐步提升这两种能力。

9.3.1 读图的方法

工程图样是采用多面正投影绘制，表达形体的一组视图是互相关联、不可分割的整体，它们彼此配合，共同表达形体的结构。读图时应注意，不能孤立地只看一个视图，而必须以某一视图为主，结合其他视图一起阅读。图9.12（a）～（c）的正视图都相同，对照俯视图就可看出它们是三个不同的形体，而图9.12（d）～（f）的正视、俯视图完全相同，但左视图的形状和图线有差别，所以，它们也是不同的形体。

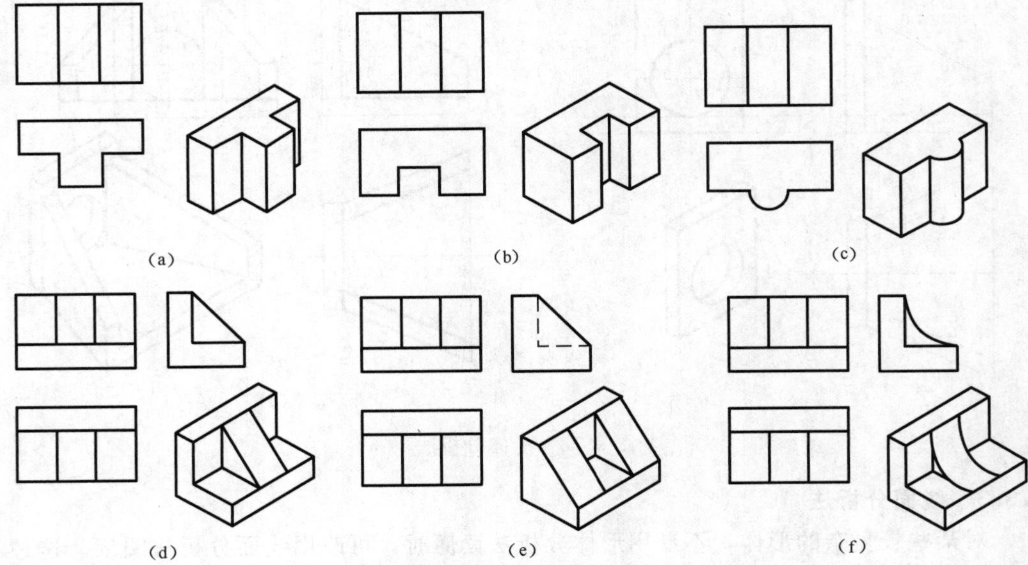

图9.12 根据多面视图判断组合体的形状

视频资源9.2 组合体读图概述、形体分析法读图

读图的基本方法为：以“形体分析法”为主，以“线面分析法”为辅。

9.3.2 形体分析法

形体分析法首先从特征明显的视图着手，将形体分成若干部分（线框），并从其他视图中找出与之对应的投影；再根据基本形体的投影特征，设想各部分的形状；最后根据各部分的相互位置关系，综合起来想象整体的形状。

【例 9.3】 阅读图 9.13（a）所示进水口的三视图。

（1）分线框、找投影、想形状：从正视图可以看出，进水口可以分成底板、直墙和八字翼墙三部分，各部分的视图及空间形状如图 9.13（b）～（d）所示。

（2）综合起来想整体：由图 9.13（a）可以看出，直墙位于底板的右侧，两翼墙呈八字形对称置于底板上。这样，就可以想象出进水口的整体形状，如图 9.13（d）所示的轴测图。

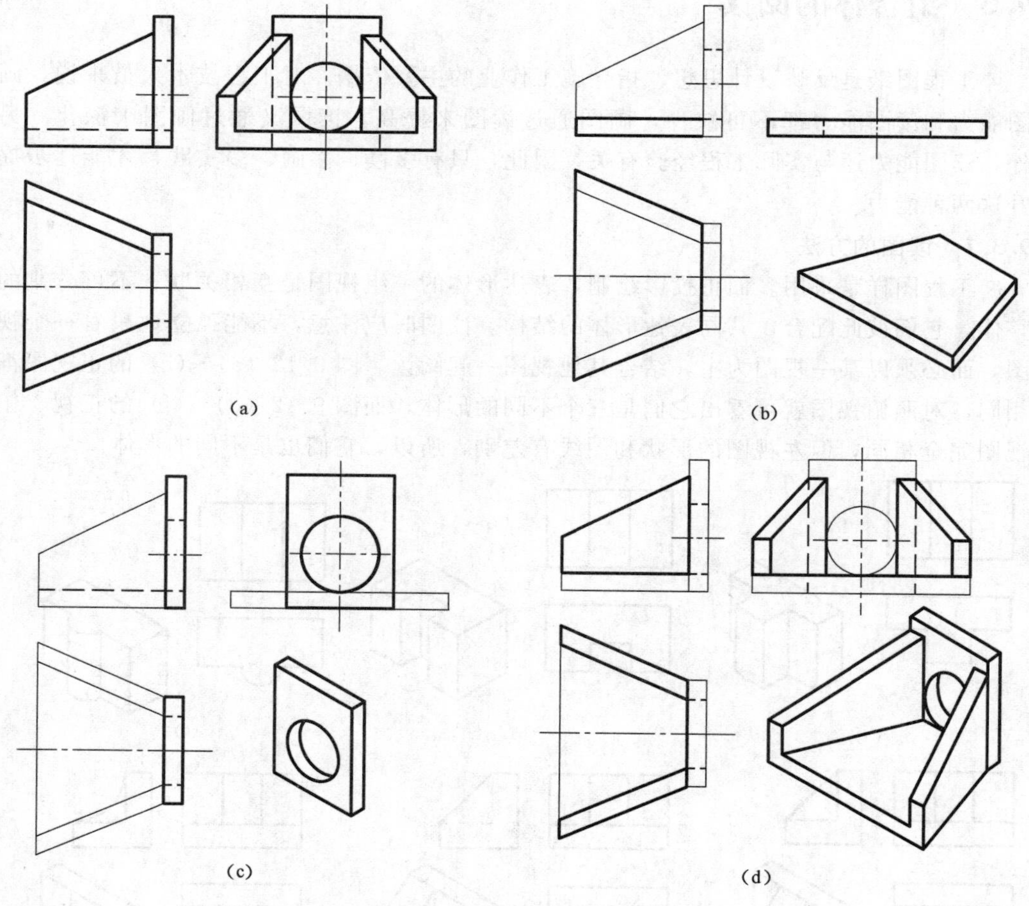

(a)　(b)

(c)　(d)

图 9.13 形体分析法

9.3.3 线面分析法

对某些较复杂的形体，不易用形体分析法读懂时，可改用线面分析法阅读。这种方法是在对形体某些表面、线段的投影和位置分析的基础上，再想象出形体或形体上某部分的形状。

(1) 视图上的一条线可能是形体某表面的积聚性投影，也可能是面与面交线的投影，如图 9.14 (a) 中的线段 1′2′ (3′) (4′) 就是水平面 1234 的积聚性投影；而线段 14 既是柱面与水平面交线的投影，又是柱面轮廓线的投影。

(2) 视图上一个封闭线框可能是平面的投影，也可能是曲面的投影，还可能是孔洞的投影。如图 9.14 (a) 俯视图中线框 1456 就是柱面的投影，而图 9.14 (b) 俯视图上同心圆就是阶梯孔的水平投影。

(3) 视图上相邻两线框通常是两个不同的表面，它们之间可能有平斜、高低、前后、左右之分，如图 9.14 (c) 所示。因此，各视图要相互对照，才能准确判定各个表面的相对位置。

(4) 视图中反映形体某表面的线框，若在其他视图中没相对应的类似线框，则必为一线段，即所谓的“无类似形必积聚”。如图 9.14 (c) 俯视图中的面 3，在正视图中没有与之对应的类似形，故其正面投影必积聚成一线段，即图中的斜线 3′。

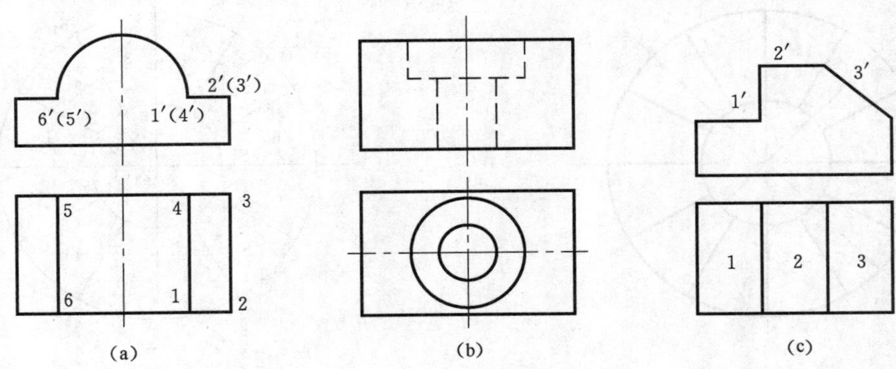

图 9.14　视图中线和线框的含义

【例 9.4】 阅读并想象图 9.15 (a) 所示斜降式翼墙的形状。

视频资源 9.3 线面分析法读图

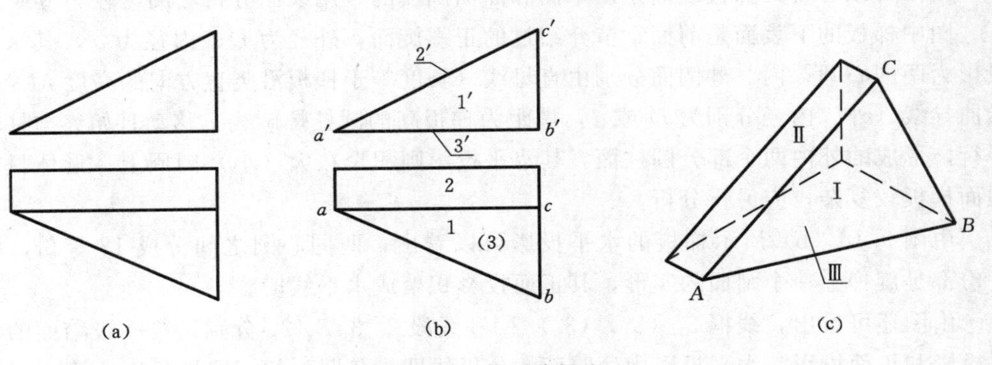

图 9.15　线面分析法

由俯视图可知，该形体有三个线框。正视图中三角形 $a'b'c'$ 与俯视图中线框 1 的投影对应，因其边界没有侧垂线，故该线框为一般位置平面；而正视图中没有与俯视图中线框 2、3 对应的类似形，故必积聚为线段，可见俯视图中矩形框 2 与正视图中

线段 $a'c'$ 对应，为一正垂面；而正视图中线段 $a'b'$ 与俯视图中不可见梯形框 3 对应，为一水平面。

由图还可以看出，形体的后表面为正平面（三角形），正面投影与平面 $1'$ 重合；形体的右表面为侧平面（直角梯形），其正视图与俯视图中均积聚成直线。由此可以想象出翼墙的形状如图 9.15（c）所示。

【例 9.5】 阅读图 9.16（a）所示螺旋梯板的视图。

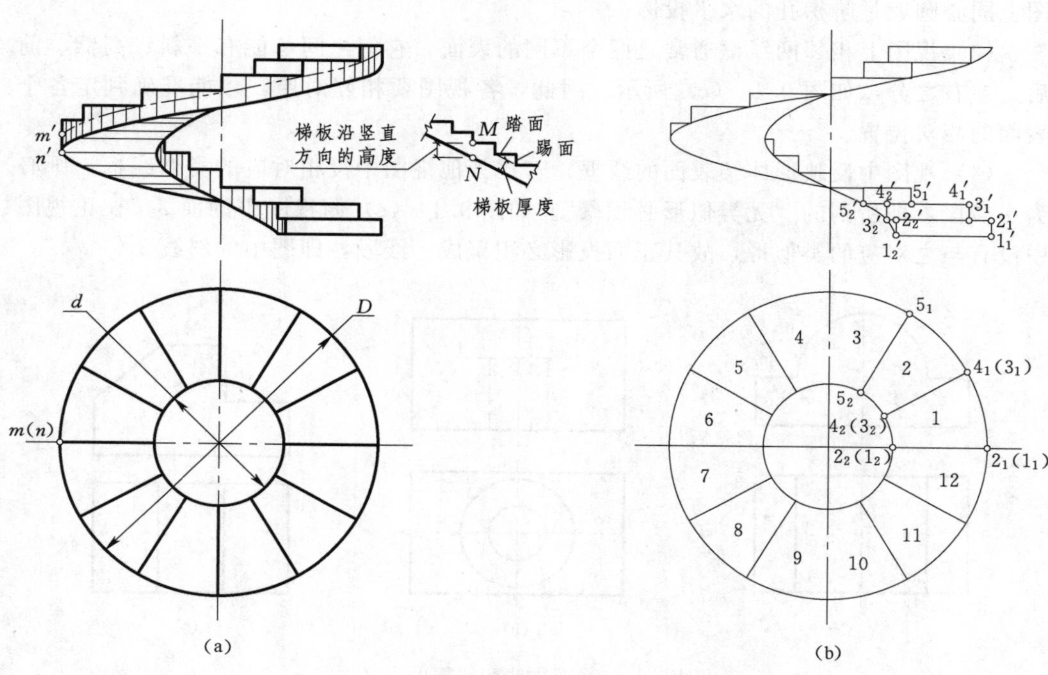

图 9.16 螺旋梯板的视图

由图可以看出，梯板表面是由平面和曲面围成的，用线面分析法阅读较为方便。

图中梯板的下表面是前面章节介绍过的正螺旋面，外径为 D、内径为 d，其水平投影为两同心圆；内、外侧面分别由直母线（长度等于梯板沿竖直方向的高度 MN），沿曲导线（外、内径分别为 D 或 d，螺距为梯板高的圆柱螺旋线）移动且始终与柱轴平行，形成的外内两个部分圆柱面，其水平投影则积聚在大（小）圆周上；形体只有顶面梯板较复杂，应另行分析。

由图 9.16（b）所示梯板的水平投影可以看出，两同心圆之间分成 12 等份，每一份都是旋梯上一个踏面的实形，其正面投影积聚成水平线段。

由图还可看出，线框 2_1（3_1）（3_2）2_2 和线段 $2_1'3_1'3_2'2_2'$ 分别是第一级踏面的水平投影和正面投影。水平投影中两踏面的分界线即为各踢面的积聚性投影，第一级踢面的水平投影积聚成线段（1_1）2_12_2（1_2），其正面投影反映实形（矩形）$1_1'2_1'2_2'1_2'$，而矩形的底线 $1_1'1_2'$ 则是螺旋面上的一根水平素线，用同样方法可找出其他各级踢面、踏面的对应投影。

视频资源 9.4
螺旋梯板

9.3.4 补视图和补缺线

补视图和补缺线是画图和读图的综合练习，多作这方面的练习可进一步提高读图能力和画图的准确性。

1. 补视图

补视图是在读懂已知视图的基础上，再根据所想象形体的形状和结构，补画出新的视图。

【例 9.6】 补画如图 9.17（a）所示 L 形挡土墙的左视图。

由正、俯视图可以看出，该挡土墙的形状可看成是被切去左、前方的长方体。

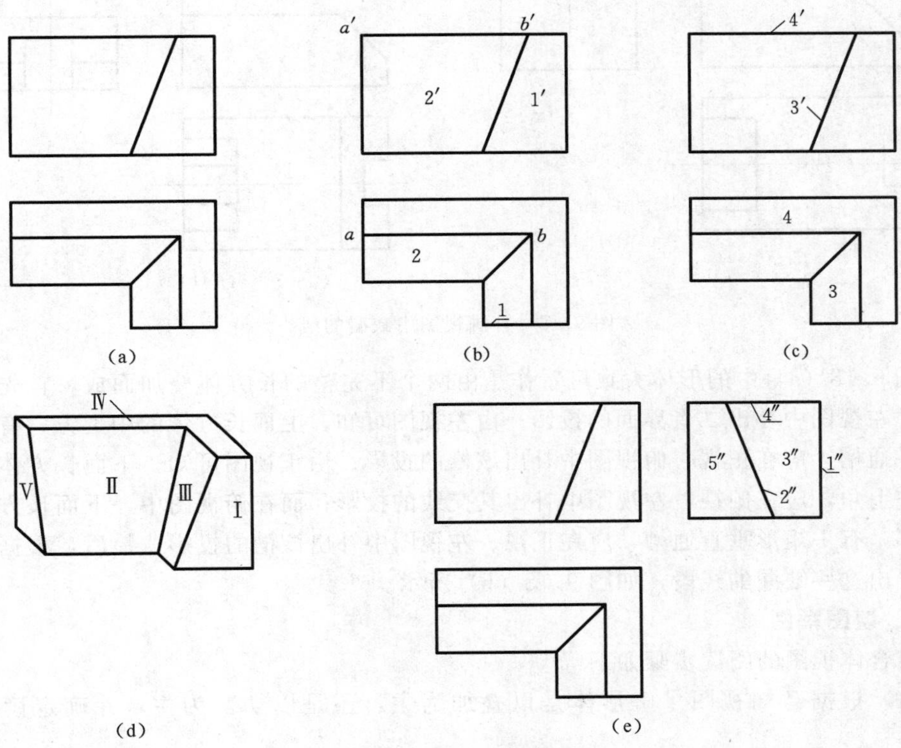

图 9.17 补画挡土墙的左视图

图 9.17（b）中正视图有 1′、2′两个梯形线框，俯视图中没有与线框 1′对应的类似形线框，只有线段 1 与之对应，可知Ⅰ面为正平面；线框 2′与俯视图中的线框 2 投影对应且形状类似，它可能是侧垂面或一般位置面，由于线段 AB 为侧垂线（$a'b'//ox$、$ab//ox$），所以包含 AB 的Ⅱ面必为侧垂面。

图 9.17（c）正视图中没有与俯视图的线框 3、4 对应的类似形，只有斜线 3′和水平线 4′与之对应，可知Ⅲ面是正垂面，而Ⅳ面是水平面。

综上分析，挡土墙是被侧垂面和正垂面切去了左前方的长方体，其形状如图 9.17（d）所示。由于形体左侧面的形状在原视图中没有表达清楚，还需补画左视图。这样，就可以根据线面分析的结果，按投影规律补出该形体的左视图，如图 9.17（e）所示。

2. 补缺线

用视图表达形体必须作到完整准确，不多线也不漏线。形体上每一结构在视图中都有相应的表达线段。补缺线就是补出视图中缺漏的线，这些线通常是相邻形体分界面的投影、切割体或相贯体的表面交线以及漏画的某些结构线。补这种线，通常采用分析形体、找对应投影的方法。

【例 9.7】　补画图 9.18（a）所示形体视图中缺漏的线。

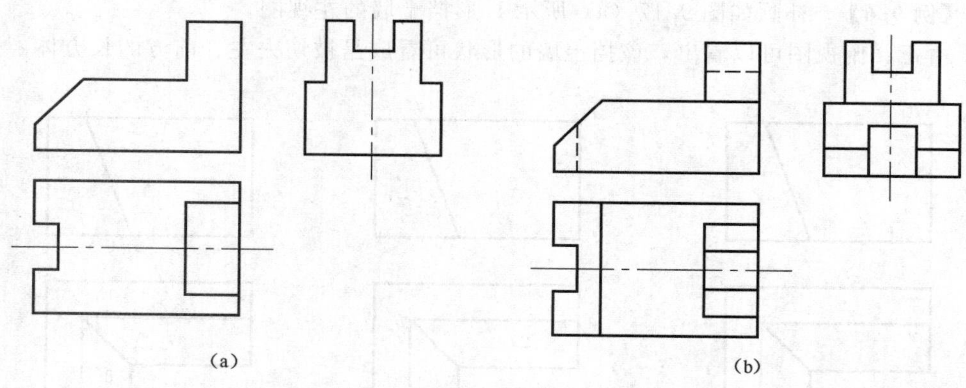

(a)　(b)

图 9.18　补画视图中缺漏的线

图 9.18（a）中的形体大致可看作是由两个不完整的长方体叠加而成，首先应在正视、左视图中补出二者界面的投影；由左视图可知，上面长方体的中上方，有一矩形水平通槽，应在正视、俯视图中补出该槽的投影；由正视图可知，下面长方体被切去了左上角，应在俯视、左视图中补出其交线的投影；而在俯视图中，下面长方体的左中部，有一矩形垂直通槽，应在正视、左视图中补出该槽的投影。最后，根据投影规律补出这些缺漏的线段，如图 9.18（b）所示。

9.3.5　读图举例

组合体视图的阅读步骤如下：

（1）根据已知视图了解形体是以叠加为主，还是以切割为主，并确定读图的方法。

（2）形体分析：用对线框、找投影的方法，将叠加体的各组成部分的投影从有关视图中分离出来，再按基本形体的投影特点，想象出它们各自的形状。

（3）线面分析：对切割体或不易读懂的局部结构，再用线面分析法解读。

（4）将所得的局部形状与它们在视图中的位置结合起来，想象出整体形状。

【例 9.8】　补画图 9.19（a）所示闸墩的左视图。

由图示的正视、俯视图中可以看出，闸墩是由底板、墩身以及两侧对称突出的闸门支撑座（工程上俗称牛腿）叠加而成的。底板是中下方被切去梯形通槽的长方体；墩身则是两端为半圆柱，中间为四棱柱的组合体。只有牛腿带斜面，不易直接想象出形状，需进一步分析。

为了便于分析，将牛腿的投影单独放大画出，如图 9.19（b）所示。由图可以看出，正视图中有 1′、2′两个线框，而在俯视图中线段 1 与线框 1′的投影对应，可知 I

面为正平面，并在形体的最前面；俯视图中的线框 2 与正视图中线框 2′对应，形状类似（四边形），Ⅱ面是一般位置面，在牛腿的右上方；正视图中倾斜线 4′、3′、5′，分别与俯视图中可见线框 4 和不可见线框 3、5 的投影对应，所以，它们均为正垂面。由以上分析，可想象出牛腿是一个斜放的截头四棱柱，该形体的轴测投影如图 9.19（b）所示。

综上可知：闸墩的形状如图 9.19（c）所示，根据投影规律依次补画出底板、墩身和牛腿的侧面投影，如图 9.19（d）所示。

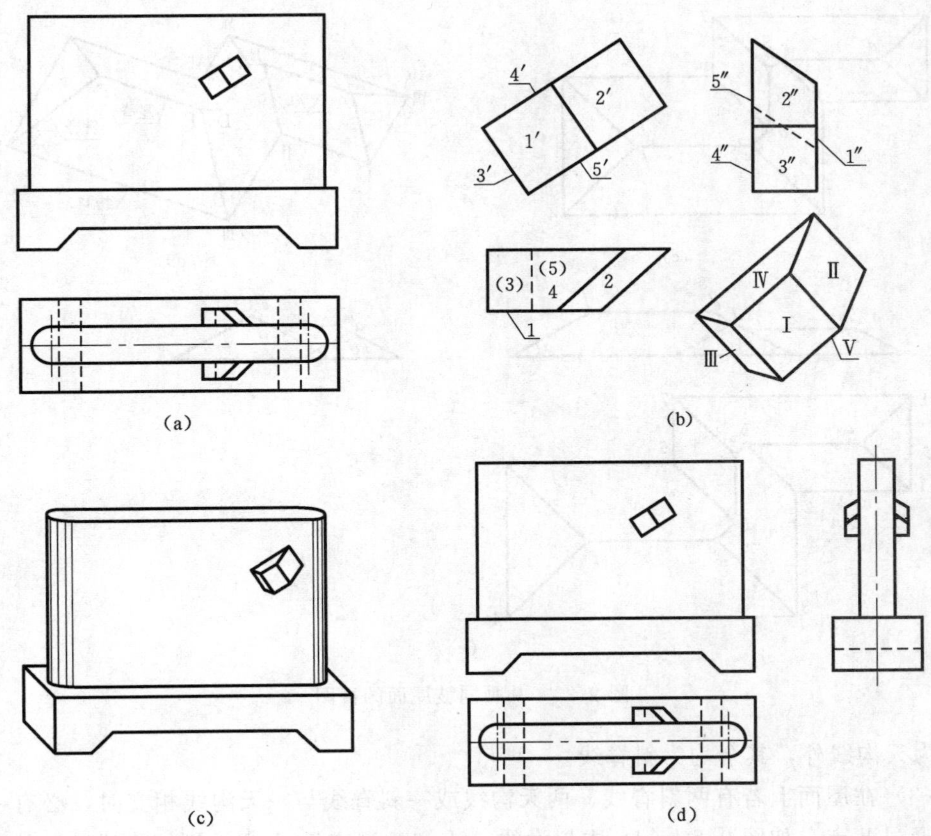

图 9.19　补画闸墩的左视图

【例 9.9】　根据图 9.20（a）所示同坡屋面檐口线的俯视图及坡面倾角 $\alpha=30°$，补画同坡屋面的交线及其余二视图。

分析：同坡屋面的各坡面都是水平倾角相等的平面，且图示的檐口线都是投影面的垂直线，故该屋面均为投影面的垂直面，且具有如下的投影特点：

视频资源 9.5
同坡屋面

（1）若共脊两坡面檐口线平行且等高，它们的交线屋脊线在水平投影中，与两檐口线平行且等距，如图 9.20（d）中屋脊线 AB、CD 和 EF。

（2）檐口线相交的两屋面交线为一斜线，其水平投影为两檐口线的角平分线，位于凸墙角的称斜脊线，位于凹墙角的称天沟线。由图 9.20（d）不难看出，除 BⅡ和

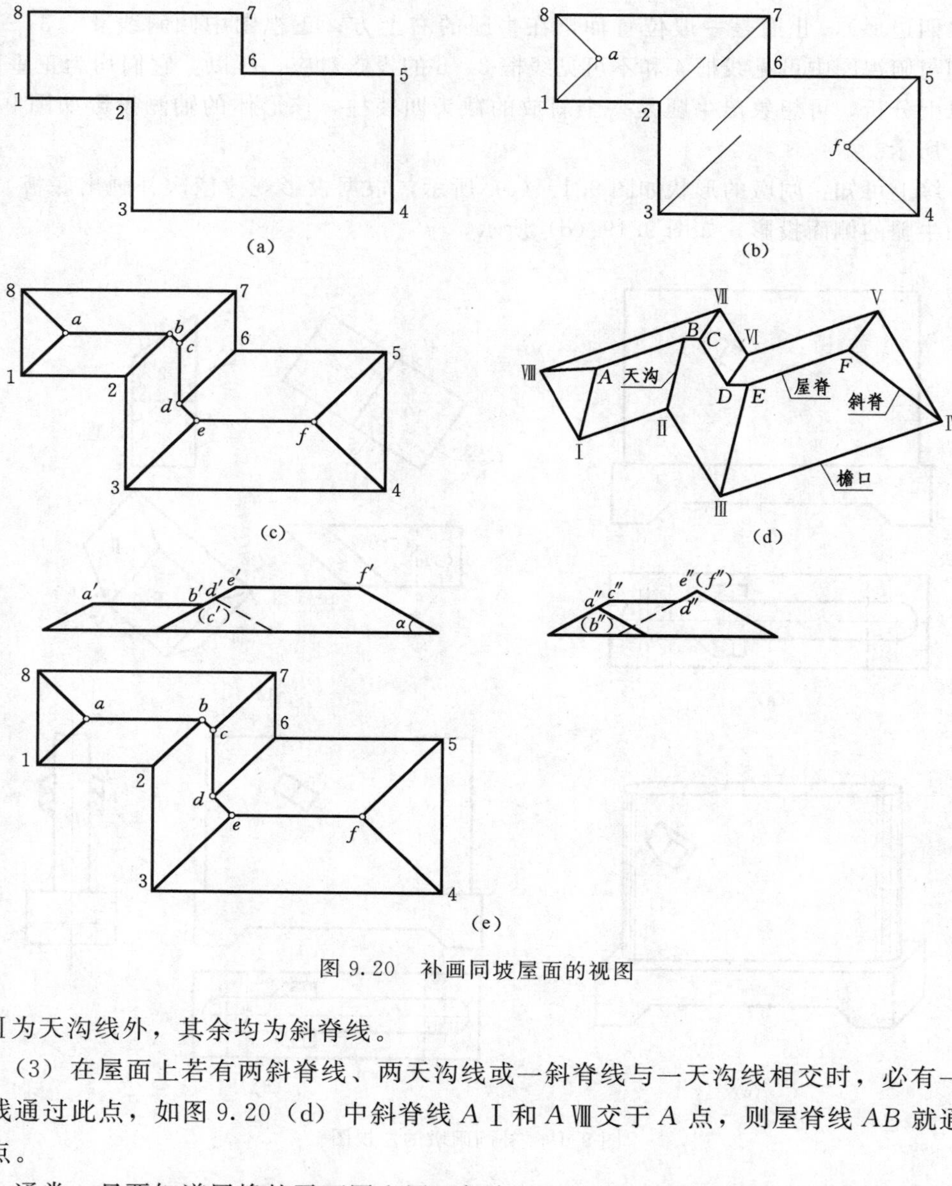

图 9.20　补画同坡屋面的视图

DⅥ为天沟线外，其余均为斜脊线。

(3) 在屋面上若有两斜脊线、两天沟线或一斜脊线与一天沟线相交时，必有一屋脊线通过此点，如图 9.20 (d) 中斜脊线 AⅠ和 AⅧ交于 A 点，则屋脊线 AB 就通过该点。

通常，只要知道屋檐的平面图和屋面倾角 α，根据上述投影特点，就可很快画出同坡屋面的各视图，绘图步骤如下：

(1) 在图 9.20 (a) 所示的平面图上，过每一角点作 45°线，得斜脊线和天沟线的投影以及两斜脊线的交点 a、f，如图 9.20 (b) 所示。

(2) 作每对檐口线的中线屋脊线。过 a 的屋脊线与天沟线 2 交于 b，过 f 的屋脊线与斜脊线 3 交于 e，平行于左右檐口线的屋脊线与天沟线 6 和斜脊线 7 分别交于 d 和 c，连接 bc 和 de，即得屋面交线的水平投影 $abcdef$，如图 9.20 (c) 所示。从中可以想象出形体，其轴测图如图 9.20 (d) 所示。

（3）根据水平投影及屋面倾角 α，补画出同坡屋面的三面视图，如图 9.20（e）所示。

【例 9.10】 补画图 9.21（a）所示形体视图中缺漏的线。

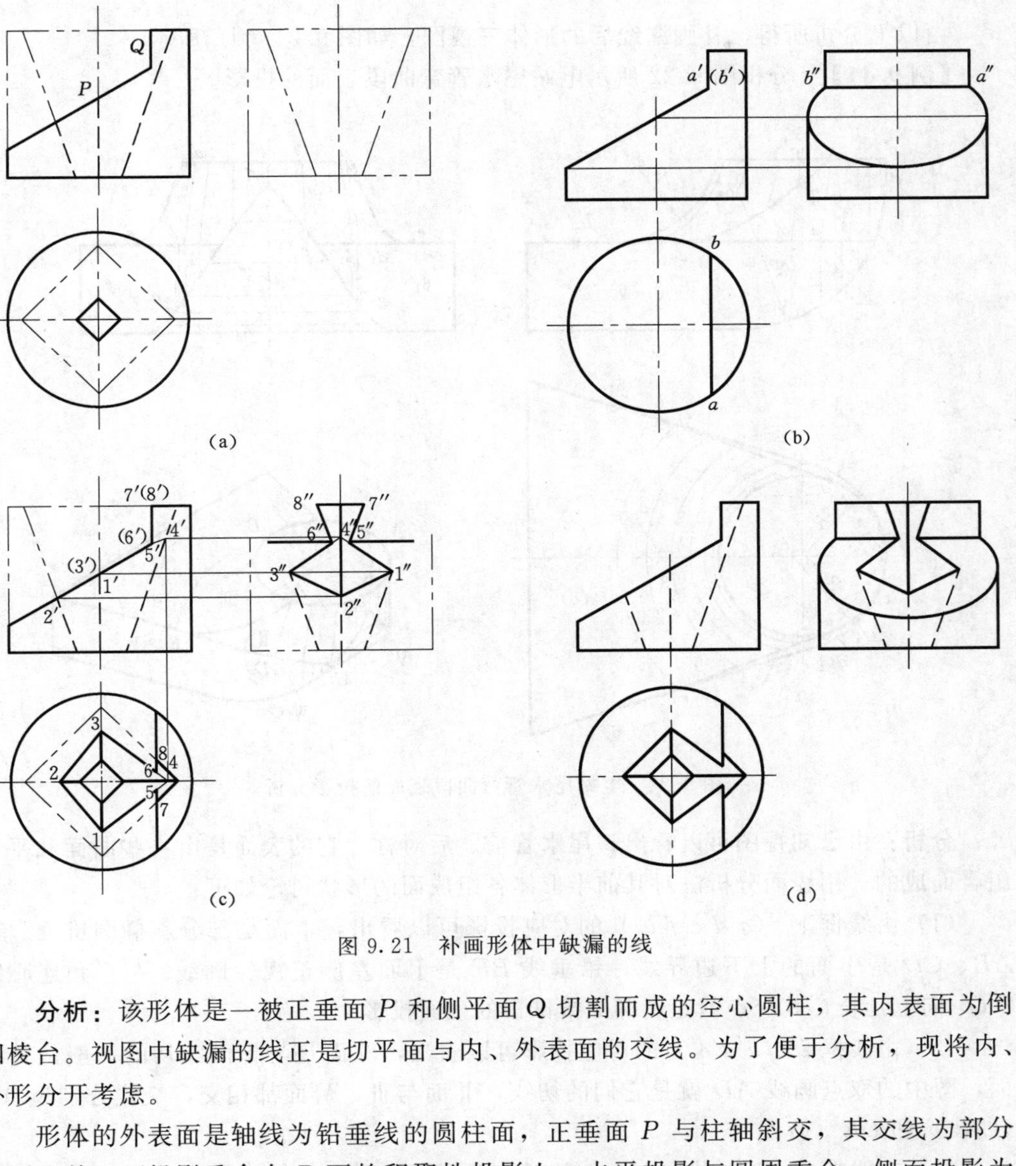

图 9.21 补画形体中缺漏的线

分析：该形体是一被正垂面 P 和侧平面 Q 切割而成的空心圆柱，其内表面为倒四棱台。视图中缺漏的线正是切平面与内、外表面的交线。为了便于分析，现将内、外形分开考虑。

形体的外表面是轴线为铅垂线的圆柱面，正垂面 P 与柱轴斜交，其交线为部分椭圆，其正面投影重合在 P 面的积聚性投影上，水平投影与圆周重合，侧面投影为部分椭圆，需要补出；侧平面 Q 与柱轴平行，与柱面的交线为两条平行的竖直线段，并与 P、Q 面的交线 AB 及 Q 面与顶面的交线一起构成矩形。该矩形的正面、水平面投影都积聚成直线，侧面投影反映其实形。作图时，先画 P、Q 平面交线 AB 的水平投影，再补画交线的侧面投影，如图 9.21（b）所示。

P 平面与形体内表面的交线为四边形Ⅰ Ⅱ Ⅲ Ⅳ，其正面投影与平面 P 的积聚性

投影重合，水平和侧面投影仍为四边形。四边形与交线 AB 的交点Ⅴ、Ⅵ正是 AB 对倒四棱台的贯穿点，由此可得切平面 P 与内表面的真正交线为Ⅴ Ⅰ Ⅱ Ⅲ Ⅵ；同法可得切平面 Q 与内表面的交线Ⅴ Ⅶ、Ⅷ Ⅵ，形体内表面交线的投影，如图 9.21（c）所示。

由以上分析所得，补画漏线后的形体三视图，如图 9.21（d）所示。

【例 9.11】 分析图 9.22 所示电站尾水管弯曲段表面的投影。

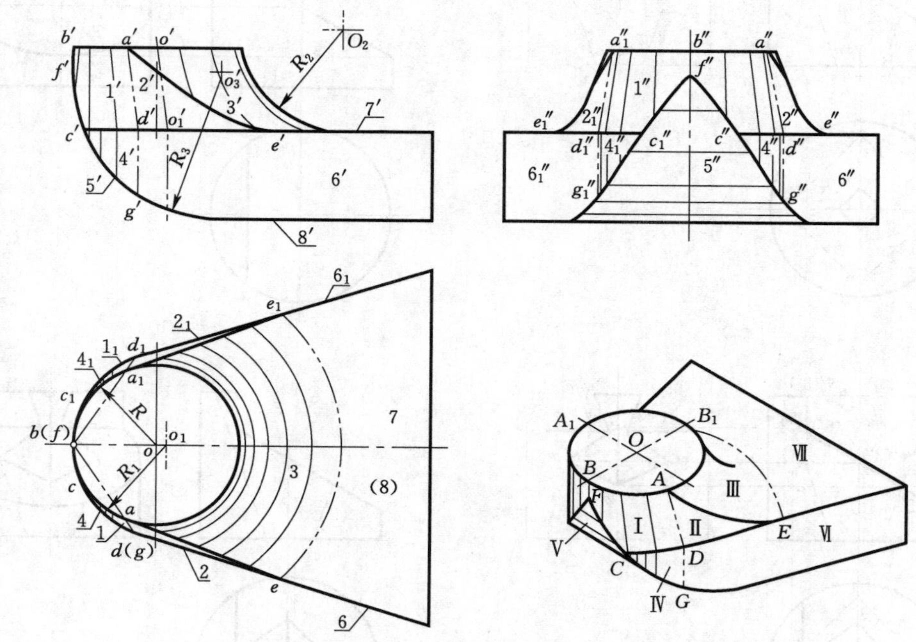

图 9.22 电站尾水管弯曲段表面的投影分析

分析：由已知视图可以看出，尾水管前、后对称，它的表面是由一些曲面和平面组合而成的。用线面分析法对其前半形体各组成面的形状讨论如下：

（1）由线框Ⅰ′（$a'd'c'f'b'$）的对应投影可以看出，Ⅰ面是部分斜椭圆锥面。弧 AB、CD 是Ⅰ面的上下边界线，铅垂线 BF 是Ⅰ面左侧正视轮廓线。$b'f'$ 和连心线 $O'O_1'$ 向上延长，其交点就是斜椭圆锥锥顶的正面投影。

（2）由线框 2′（$a'd'e'$）的对应投影可以看出，Ⅱ面是与Ⅰ面相切的一般位置平面，图中的双点画线 AD 就是它们的切线，Ⅱ面与Ⅲ、Ⅵ面都相交，交线分别为 AE（曲线）和 DE（直线）。

（3）由线框 3′（$a'e'$的右上方）的对应投影可以看出，Ⅲ面是部分内环面，其轴线是过 O 点的铅垂线，R_2 是母线圆的半径，圆弧的正面投影是环面的外形轮廓线。环面下方与Ⅶ面相切，在水平投影中用双点画线示出了切线的投影。

（4）由线框 4′（在 $c'd'$ 的正下方）的对应投影可以看出，Ⅳ面是部分圆柱面，半径为 R_1，轴线为过 O_1 的铅垂线，上部与Ⅰ面相交，交线为 CD；左端与Ⅴ面相交，交线为 CG；右端与Ⅵ面相切，图中用双点画线示出了切线 DG 的投影。

（5）由线框 5′的对应投影可以看出，Ⅴ面是半径为 R_3 部分圆柱面，轴线为过 O_3 的正垂线。

（6）由线框 6′的对应投影可以看出，Ⅵ面是左端与Ⅳ面相切的铅垂面。

（7）由线框 7′、8′的对应投影可以看出，Ⅶ、Ⅷ面是上下两水平面，Ⅶ面与Ⅲ面相切，Ⅷ面与Ⅴ面相切。

由以上分析可知，尾水管的轴测图如图 9.22 右下角所示。该形体相对复杂，施工放线也比较困难，但它能提高水力发电的效率，故在大中型水电站中仍为广泛使用。

9.4　组合体的尺寸标注

组合体视图绘制完成后，还需要标注形体的完整尺寸。标注时，除应遵守国家标准的有关规定外，还需结合形体的形状特征，考虑视图上究竟应标哪些尺寸，以及这些尺寸应如何配置等问题。

9.4.1　基本形体的尺寸标注

任何基本形体都有长、宽、高三个方向的尺寸，所以在形体的视图中，就应根据形体的特点将它们完全、准确标注出来，如图 9.23 所示。

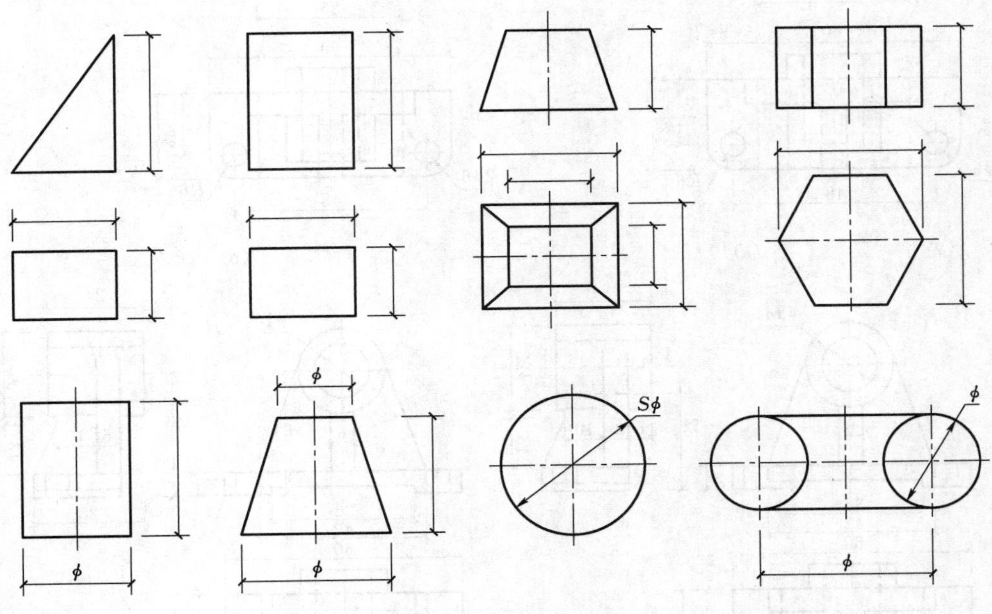

图 9.23　基本形体的尺寸标注

对棱柱和棱锥应注出底面形状尺寸和形体的高。对圆柱、圆锥应尽量将这两种尺寸集中注在反映母线形状特征（即非圆）的视图上；对圆球只要注出球体的直径，并在直径符号前加注“S”；对圆环则需注出母线圆及母线圆心轨迹的直径。

9.4.2　组合体的尺寸标注

因组合体是由基本形体叠加或切割而成，故应标注如下三类尺寸：

（1）定形尺寸——确定各基本形体形状的大小尺寸。

（2）定位尺寸——确定各基本形体间的相对位置尺寸。

（3）总体尺寸——确定组合体的总体尺寸，即总长、总宽和总高尺寸。

在标注定位尺寸时，首先应确定长、宽、高三个方向定位尺寸的起点，即尺寸基准。一般可选形体的对称平面、底面、重要的端面和旋转体的轴线作为尺寸基准。

视频资源 9.6
组合体的
尺寸标注

1. 尺寸标注的方法和步骤

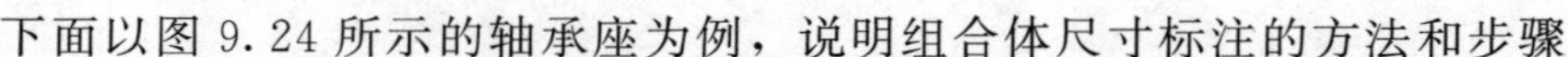

下面以图 9.24 所示的轴承座为例，说明组合体尺寸标注的方法和步骤。

由图可以看出，轴承座左右对称，选对称平面为长度方向的基准，底板和支撑板的后端面为宽度方向的基准，底板的下底面是轴承座的安装平面，则以它为高度方向的基准。轴承座的尺寸标注步骤，如图 9.24 所示。

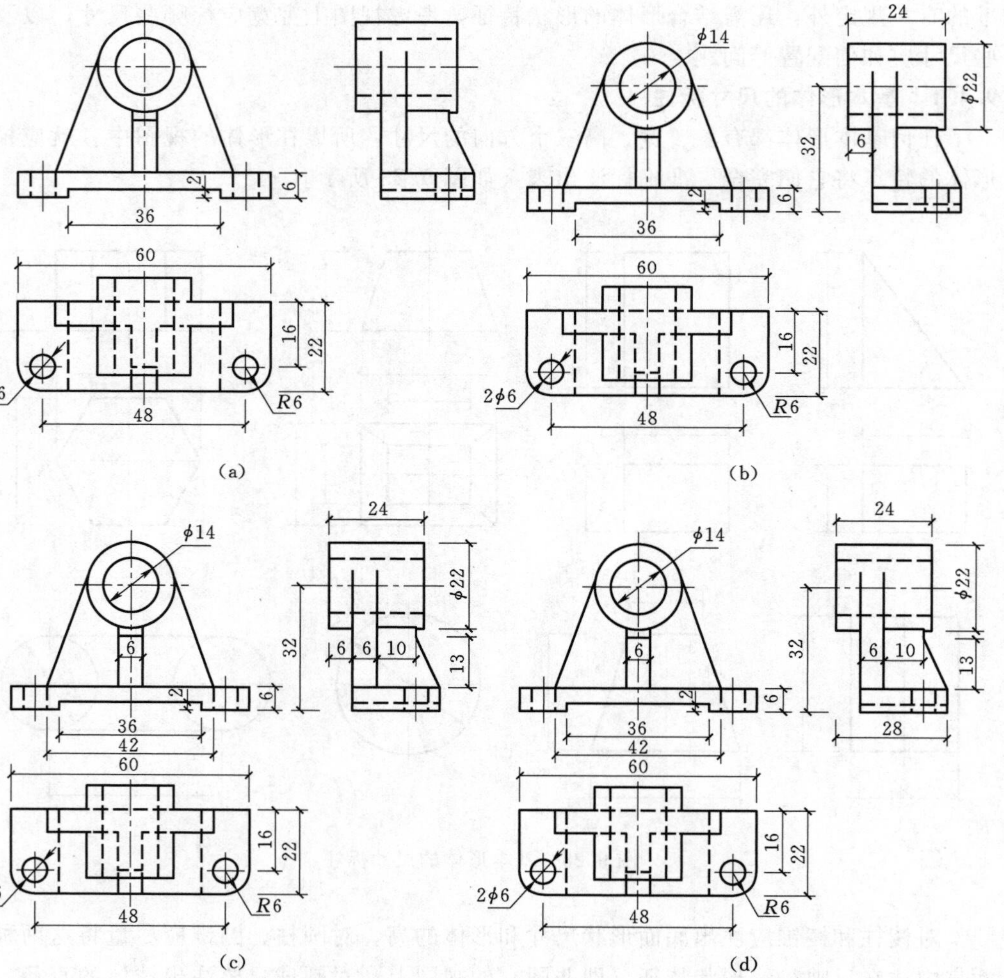

（a）　（b）

（c）　（d）

图 9.24　轴承座的尺寸标注

(1) 先标底板和螺栓孔的定形尺寸，再标螺栓孔长、宽方向的定位尺寸 48、16，如图 9.24 (a) 所示。

(2) 标圆筒的定形尺寸及其高、宽方向的定位尺寸 32、6，如图 9.24 (b) 所示。

(3) 标支撑板的定形尺寸 42、6，如图 9.24 (c) 所示。

(4) 标筋板的定形尺寸 13、10、6，如图 9.24 (c) 所示。

(5) 标总体尺寸：形体总长尺寸与底板的长度一致，不用再标；由于旋转体或旋转面在设计、制造过程中，都是以轴线定位的，故高度总体尺寸只标注到轴中心高 32；形体总宽为 28，是底板宽 22 与上方圆筒超出底板的尺寸 6 之和。

2. 尺寸配置应注意的问题

确定了应标注的尺寸后，还须考虑这些尺寸标注在哪里，图面才具有明显、清晰、整齐的效果。一般来说，除遵守标准中有关尺寸标注的规定外，还应注意以下问题：

(1) 为了便于读图，表示同一结构和构造的尺寸应尽可能集中标注在反映形状特征的视图上，并将其配置在相关视图之间。如图 9.24 中底板螺栓孔的定形尺寸 $2\phi6$ 和定位尺寸 48、16 就集中注在反映底板形状特征的俯视图上，而表示轴承孔的中心高 32 则注在正视、左视图之间。

(2) 为了使所注尺寸明显、清晰，尺寸尽量注写在视图轮廓线之外，且靠近被标注的线段。在不影响视图清晰的情况下，个别尺寸也可注在视图之内，如支撑板和筋板的宽度 6。

(3) 为了避免尺寸线和尺寸界线交错，应将同一方向的定形和其定位尺寸整齐地排成一行或几行，且使小尺寸在里面，大尺寸在外面。

(4) 半径尺寸通常注写在反映圆弧实形的视图上。如图 9.24 (a) 中，半径 $R6$ 标在反映圆弧实形的俯视图上。

(5) 直径相同、分布规律的小孔，只需标出一孔的尺寸，并在直径符号前注明孔数，如图 9.24 (a) 中的 $2\phi6$；而半径相同且规律分布的圆弧，只标其中的一个尺寸，而不必在半径符号前注明圆角数，如图 9.24 (a) 中的 $R6$。

(6) 尽可能不在虚线上标注，如图 9.24 (b) 中圆筒内径 $\phi14$ 就因此注在反映为圆的正视图上。

视图上的尺寸是形体建造与加工的依据，任何疏忽和遗漏都会给施工带来麻烦，甚至造成损失。所以，标注后应认真检查、复核，要求作到尺寸齐全、数字准确、书写清楚、字体端正。

9.4.3 切割体和相贯体的尺寸注法

切割体上的切口形状与切平面位置有关，所以必须注在切平面有积聚性的投影上，明确标出切平面的定位尺寸，而无须标出反映切口形状的大小尺寸，如图 9.25 所示。

具有相贯线的叠加体，它的尺寸注法与切割体相似，即只标注相贯体的定形尺寸和定位尺寸，不标注相贯线的任何尺寸，如图 9.26 所示。

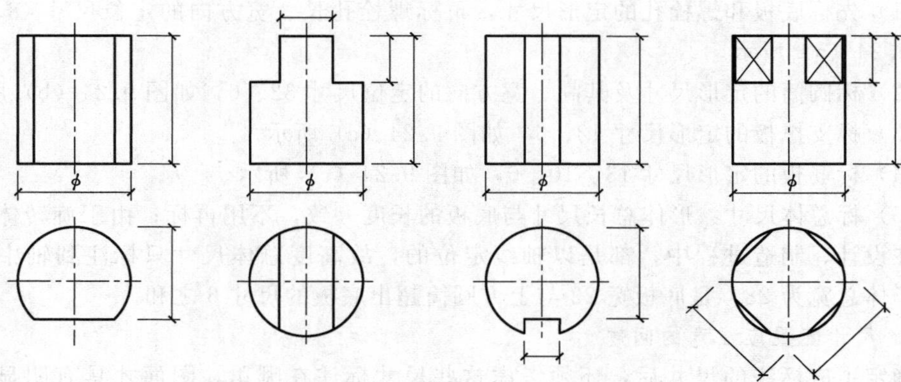

图 9.25　切割体的尺寸标注

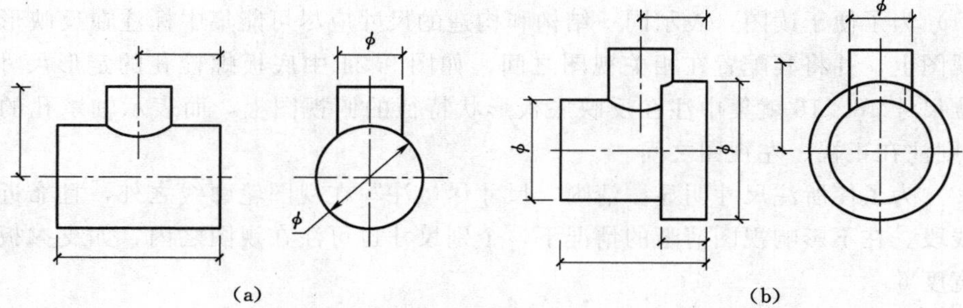

图 9.26　相贯体的尺寸标注

第10章　工程形体的表达方法

10.1　视图

图样作为工程界的语言，必须具有准确、简明、清晰的基本特征。工程建筑物的图示内容，除了表达形体外，通常还包含材料、地基及工艺等方面信息，对于一些形状或结构复杂的建筑物，仅靠三视图很难满足要求。为此，工程制图标准中规定了多种图示方法，作图时可按情况灵活选用。

10.1.1　基本视图

在原有三个投影面的基础上增加与之正交的另外三个投影面，这六个投影面称为基本投影面。形体向这六个基本投影面投射，所得的六面投影称为基本视图，即除正视、俯视和左视图外，还有从后向前看的后视图、从右向左看的右视图及从下向上看的仰视图，六个基本投影面及它们的展开方法如图10.1所示。

六个基本视图的配置如10.2所示，其中俯视图也称为平面图，而正视图、左视图、右视图和后视图可统称为立面图。

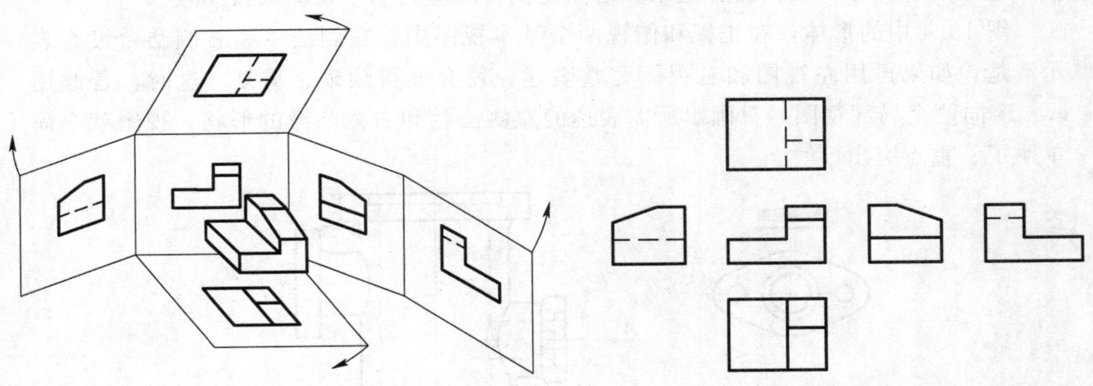

图10.1　六个基本投影面及其展开

图10.2　六个基本视图的配置

这六个视图的投影对应关系与三视图相同，符合“长对正、高平齐、宽相等”的基本投影规律。正视图与后视图所示形体的上、下方位是一致的，但左、右方位恰好相反。除后视图外，其他视图中“远离正视图的一侧为形体的前面”。

工程图样中每一视图均应标注图名，水利水电工程制图规定，图名应标注在视图的上方，而房屋建筑制图规定，图名应标注在视图的下方，并在图名下用粗实线绘制一条横线。由于工程建筑物体积庞大，为了合理利用图纸，也可不按照图10.2所示

的位置配置，但是每个视图必须标注图名，如图 10.3 所示。

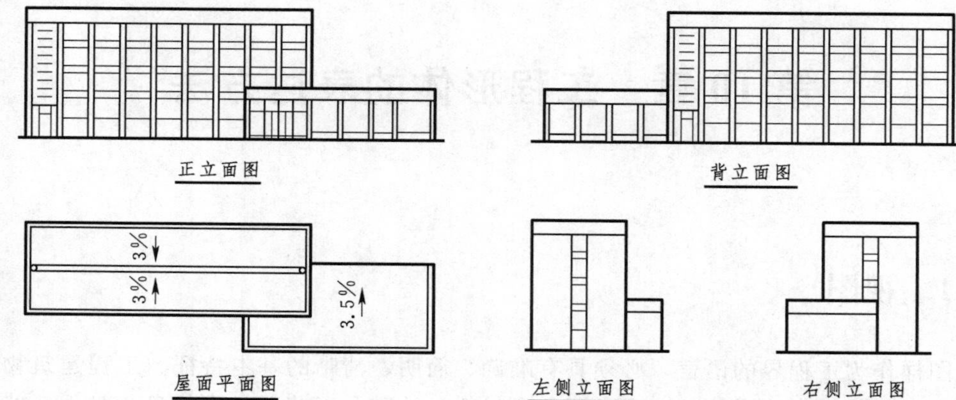

视频资源 10.1
基本视图

图 10.3　基本视图的应用举例

10.1.2　特殊视图

工程形体上的某些特殊部位或特殊位置面如采用基本视图表示，往往显得不精练，有时很累赘，这时改用较少的基本视图并配以特殊视图的方法，就会显得简明扼要、重点突出。常用的特殊视图包括局部视图和斜视图。

1. 局部视图

局部视图的投影面仍是基本投影面，由于它仅表达了整体中的某一局部，其余部分可用波浪线省去。这样不仅减小了图幅，还节省了不必要的重复工作。局部视图是基本视图的一部分，故其投影关系和绘图比例一般应与基本视图保持一致。

图 10.4 中的形体，在正视和俯视两个基本视图中，左侧法兰和右侧凸台没有表示清楚，如果再用左视图和右视图完整表达，就会显得烦琐、重复。这时，若改用 *A*、*B* 向两个局部视图，只画出所需表达的左侧法兰和右侧凸缘的形状，视图就会简单明了、重点突出。

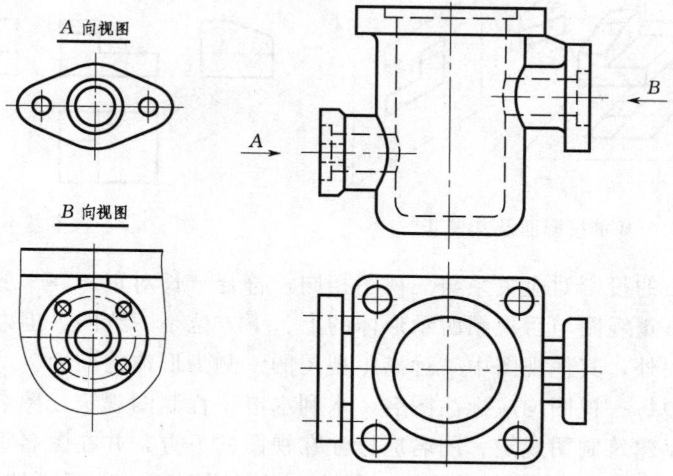

图 10.4　局部视图

画局部视图时应注意以下几点：

(1) 所在基本视图中，必须用带字母的箭头指出所示的部位和投射方向，并在局部视图的上方标注相同的字母“×向视图”，如图 10.4 所示。

(2) 局部视图的范围可用折断线或波浪线示出，如图 10.4 中的“*B* 向视图”，但当所表示的局部形体具有完整的封闭轮廓线时，折断线或波浪线可省略，如图 10.4 中的“*A* 向视图”。

(3) 为了便于读图，局部视图多按箭头方向配置在靠近被表达的位置，即“就近配置”，若因布图需要，也可平移到图纸内的其他位置，如图 10.4 中“*B* 向视图”。

2. 斜视图

在工程形体中，常会有一些在基本视图中不能反映其实形的倾斜部分，为了画出这一部分的实形，将其投影到与之平行的辅助投影面上，所得的视图称为斜视图，如图 10.5 中的进水口。

画斜视图时应注意以下几点：

(1) 斜视图的标注方法与局部视图相同，但表示投射方向的箭头应垂直于辅助投影面，且斜视图与原基本视图之间，亦须保持“长对正、高平齐、宽相等”的投影规律。

(2) 为了方便画图和读图，斜视图多就近配置，也可将它平移到图内的适当位置，并在其上方（或下方）书写图名，如图 10.5“*A* 向视图”。

(3) 因布图需要，有时也允许将图形旋正配置，图名加注“旋转”，如图 10.5“*A* 向（旋转）视图”。

(4) 斜视图只需表达倾斜部分的形状和大小，其余部分可用折断线隔断。

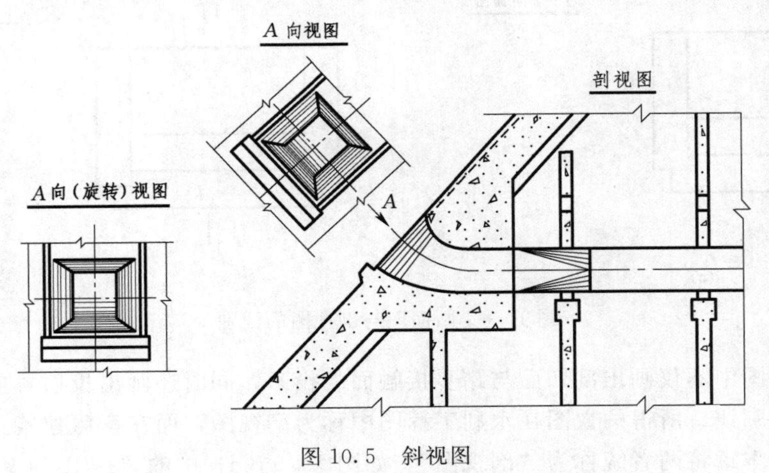

图 10.5 斜视图

视频资源 10.2
局部视图与
斜视图

10.2 断面图与剖视图（剖面图）

10.2.1 概述

为了能把建筑结构表达清楚，对于内部结构复杂或遮挡部分较多的形体，视图中势必

会出现很多的虚线；而虚、实线重叠交错，易使图面混乱，会给画图、读图和标注尺寸增加困难。为了解决这一矛盾，制图标准中规定了断面图、剖视图（剖面图）的表示方法。

1. 断面图与剖视图（剖面图）的概念

图 10.6（b）为某台阶的三视图，因栏板遮挡，踏步在左视图中应以虚线表示。假想用一剖切面，在适当的位置将踏步切开，如图 10.6（a）所示，拿掉靠近观察者一侧的部分形体，然后将剩余形体再自左向右投射。

如果视图中只画出剖切面与踏步接触面（断面）的投影，并画上断面的建筑材料符号，所得的视图称为断面图，如图 10.6（c）中的“1—1 断面图”。

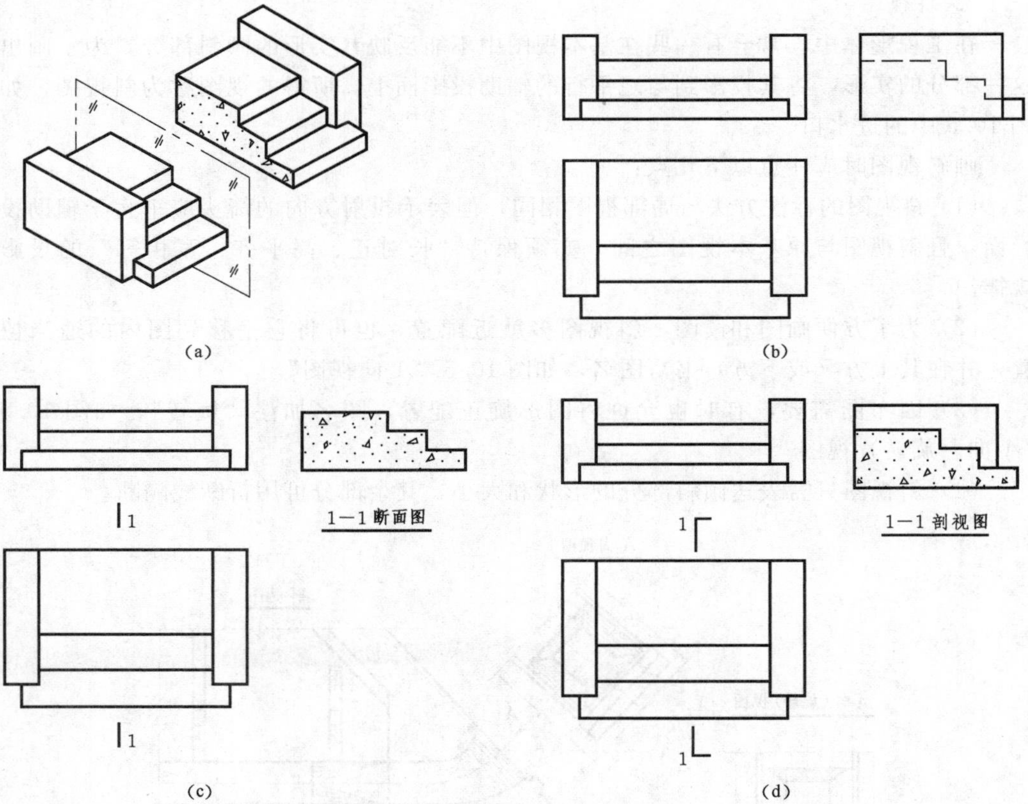

(a)　(b)

1—1 断面图　1—1 剖视图

(c)　(d)

图 10.6　断面图与剖视图的区别

如果视图中不仅画出剖切面与踏步接触面的投影，同时还画出投射方向上剩余形体的可见轮廓线，所得的视图在水利工程图中称为剖视图，而在房屋建筑工程图中称为剖面图，本章将两者统称为“剖视图”，如图 10.6（d）中的“1—1 剖视图”。

显然，断面图只画形体切开后断面的投影，是“面”的投影；而剖视图则是被剖切后剩余形体投射的投影，是“体”的投影。

视频资源 10.3
断面图

2. 绘制断面图或剖视图的注意事项

（1）“剖切”是假想的，目的在于表达形体的隐蔽结构，所以，形体的某一视图采用剖切方式，并不影响其他视图的完整性。如图 10.6（d）所示，在左视图中作了

剖切视图，但台阶的正视图和俯视图仍需完整画出。

（2）为了在断面图和剖视图上示出内部结构的实形，一般所选的剖切面为投影面的平行面，且通过形体的对称平面或主要轴线，必要时也可用投影面的垂直面或柱面作为剖切面。

（3）剖切面与形体的接触面（断面）上需画出建筑材料的符号，如图 10.6（c）和（d）中台阶的断面上均示出其建筑材料。这样，只要根据图形上有无材料符号，就可区分是实体还是空腔，更利于读图时把握形体的内外形状和远近层次。

土建工程中常用的建筑材料符号见表 10.1。

表 10.1　常用建筑材料符号的图例

材　料	符　号	说　明	材　料	符　号	说　明
自然土壤		斜线为 45°细线	夯实土		斜线为 45°细线
岩石			碎石		
砂卵石			回填土		
砖		左图为外形，用尺画；右图为剖面，45°细线	木材		上图为纵纹，下图为横纹
浆砌块石		空隙要涂黑	浆砌条石		石缝为粗实线，并将石角尖涂黑
混凝土			钢筋混凝土		斜线为 45°细线
金属		斜线为 45°细线	玻璃		

注　1. 符号图例在断面上不必画满，局部表示即可。
2. 当无需指明具体材料时，断面应以等间距、同方向的 45°细实线表示。

3. 剖视图、断面图的标注

当采用剖视图、断面图表达形体时，为了便于读图，剖切方式必须明确。一般应标注剖切位置、投射方向和视图名称，如图 10.6（c）和（d）所示。其具体规定如下：

（1）剖切位置：以剖切位置线表示。在剖切平面的起、迄和转折处，画出粗短线，长度宜为 5～10mm，该线不宜与视图轮廓线相交。

(2) 投射方向：以剖视方向线表示。在剖切位置线的外端，以短粗线画出剖切后的投射方向，并与剖切位置线呈直角，长度宜为 4～6mm。

(3) 视图名称：以剖切符号的编号表示。一般用阿拉伯数字或拉丁字母按顺序由左至右、由下至上连续对剖切位置进行编号，且水平注写在剖视方向线的端部。同时在相应的剖视图或断面图的中上方（或中下方）用相同的数字或字母标注图名“×—×”。

10.2.2 断面图

根据断面图在视图中的配置方式，可以分成移出断面和重合断面两种。

1. 移出断面图

画在视图轮廓线之外的断面图，称为移出断面图，如图 10.7 所示。

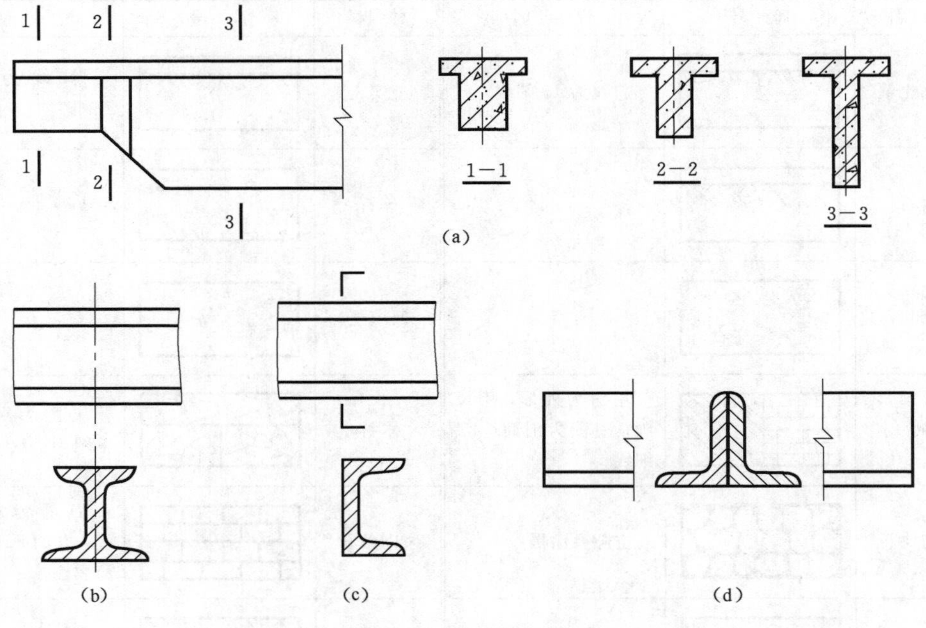

图 10.7　移出断面图

移出断面图的画法和标注规定如下：

(1) 移出断面图的轮廓线用粗实线（0.7*b*）绘制，尽量配置在剖切位置线的延长线上；必要时，也可平移到其他适当的位置；当图形对称时，还可布置在视图轮廓线的中断处。

(2) 移出断面图应标注剖切位置线并编号，不画剖视方向线，而以编号所在侧为剖切后的投射方向，如图 10.7（a）所示。有时也可简化或省略标注，如当断面图配置在剖切位置线的延长线上且图形对称时，可只用点画线表示剖切位置并省略图名，如图 10.7（b）所示；若图形不对称，则应在剖切位置符号两端画剖视方向线，并省略图名，如图 10.7（c）所示；若断面图形对称，且移出断面配置在视图轮廓线的中断处，可不加任何标注，如图 10.7（d）所示。

2. 重合断面图

画在视图轮廓线之内的断面图，称为重合断面图，如图 10.8 所示。

重合断面图的画法和标注规定如下：

（1）重合断面图的轮廓线用细实线绘制，当断面图的轮廓线与视图的轮廓线重叠时，视图轮廓线仍需完整地画出，不可间断，如图 10.8（b）所示。

（2）对称的重合断面图可不标注，如图 10.8（c）所示；不对称的重合断面图应标注剖切位置，并以剖视方向线表示投射方向，但不必标注编号和视图名称，如图 10.8（b）所示。

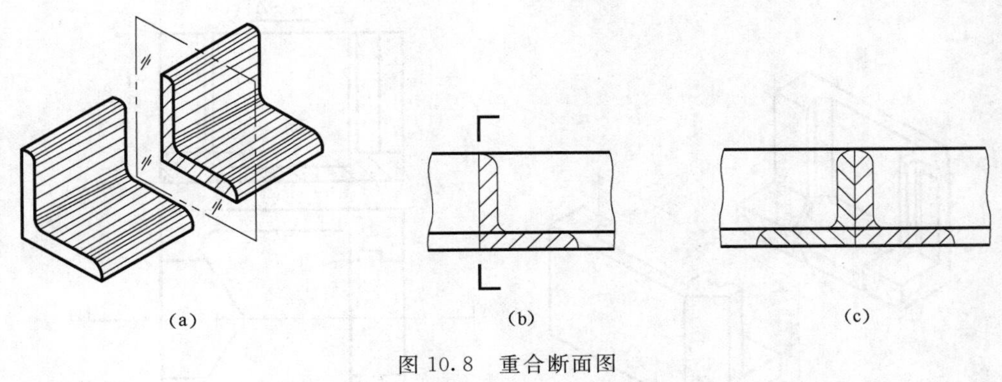

图 10.8　重合断面图

10.2.3　剖视图

1. 剖视图的剖切方法

剖视图可按下列方法剖开后绘制：用一个剖切面剖切，如图 10.9（a）所示；用两个或两个以上平行的剖切面剖切，如图 10.9（b）所示；用两个或两个以上相交的剖切面剖切，如图 10.9（c）所示。

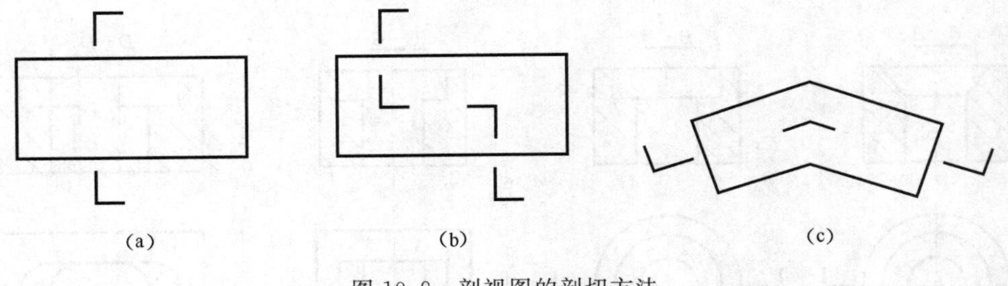

图 10.9　剖视图的剖切方法

水利工程图规定：剖视图中，形体上被剖切到的及没有切到但沿投射方向看到的轮廓线都要用粗实线绘制。

房屋建筑工程图规定：剖面图（即剖视图）中，形体上被剖切到部分的轮廓线用粗实线绘制，没有切到但沿投射方向看到的轮廓线要用中粗线绘制。

2. 土建工程中常见的剖视图

土建工程的剖视图，按其剖切方法可分为全剖、半剖、阶梯剖、斜剖、局部剖以及旋转剖等多种，分述如下。

（1）全剖视图：用一个剖切平面完全地剖开形体，所得的视图称为全剖视图。如

图 10.10 中的正视图，是用一个平行于正面的剖切平面完全地剖开船闸闸首后所得的全剖视图。

全剖视图主要用于表达形体的内部结构，一般用于外形简单而内部结构复杂的形体。全剖视图一般应标注剖切位置、投射方向和视图名称，完整标注如图 10.10（b）所示。房屋建筑平面图的剖切平面一般是经过门、窗、洞的位置，通常不需要标注剖切位置和剖切方向，只标注视图名称。

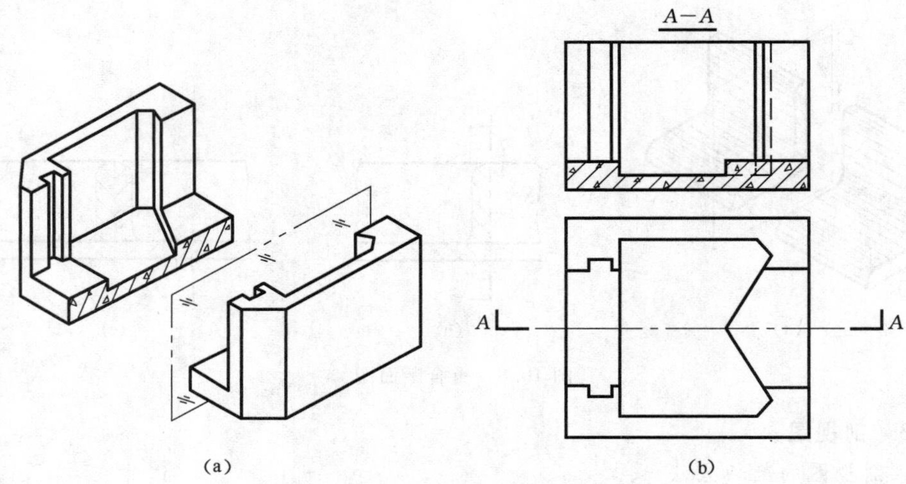

图 10.10　船闸闸首的全剖视图

图 10.11 所示为几种带有孔槽的结构，可以看出，剖视图能够有效地表达它们的不同之处。

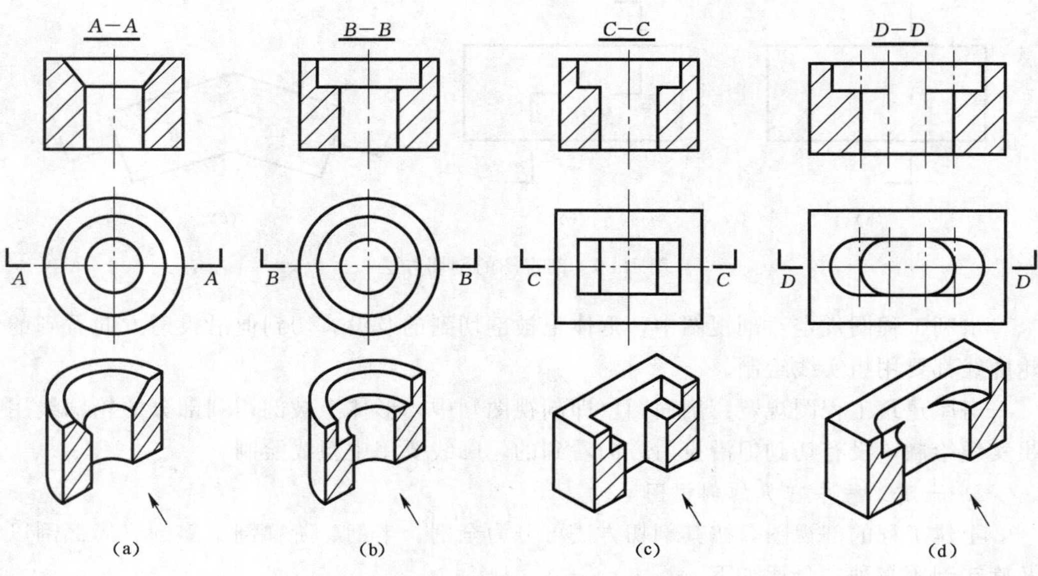

图 10.11　孔槽结构的全剖视图

（2）半剖视图：当形体对称时，在垂直于对称平面的投影面上，以中心线为界，一半画成视图，另一半画成剖视图，这种既保留外形又表达内部的视图称为半剖视图。如图10.12中的正视图和左视图，都是用一个平行于相应投影面的剖切平面剖开形体后所得的半剖视图。

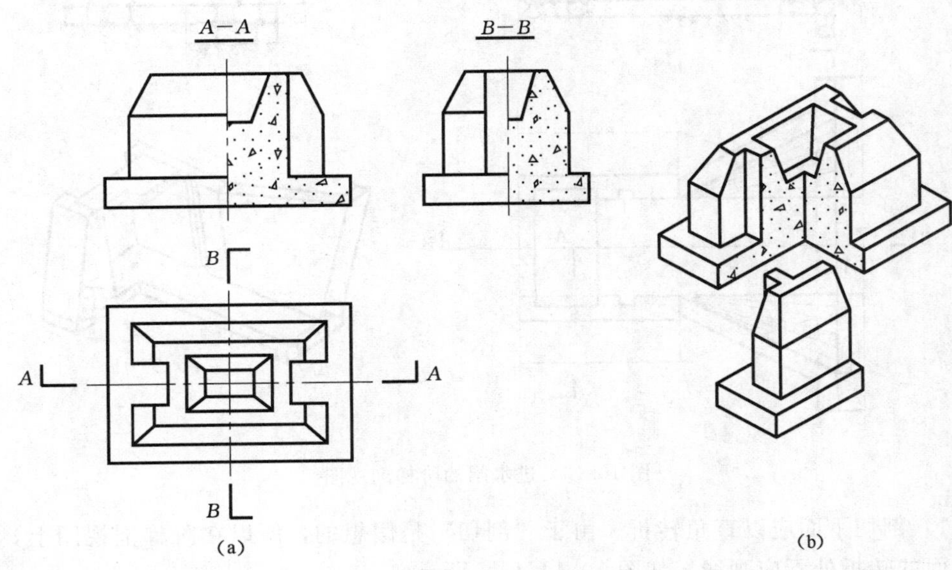

图10.12 半剖视图

半剖视图主要用于内、外形状都需表达的对称形体。对于接近对称的形体，其不对称部分已在其他视图中表达清楚时，也可用半剖视图。

画半剖视图时应注意以下几点：

1）表达外形的视图与半剖视图的分界线为图形的对称线，要用点画线示出。习惯上将半个剖视图配置在铅垂对称线的右侧或水平对称线的下侧。

2）由于形体对称，外形视图和剖切视图两者的图线是内外互补的，故大多虚线均可省略不画。

3）半剖视图的剖切符号及其标注方法与全剖视图完全相同，完整的标注如图10.12（a）所示。

（3）阶梯剖视图：用几个相互平行的剖切平面阶梯状剖开形体，所得的视图称为阶梯剖视图。如图10.13中的左视图，若用单一剖切平面剖开进水闸，就不能同时反映扭面段和闸室的形状，而改用两个平行的剖切平面阶梯状剖开就能满足要求。

视频资源10.4 全剖与半剖视图

阶梯剖视图的标注方法：在剖切平面的开始、转折和终止处画出剖切位置线和剖视方向线，并标注相同字母，在相应的剖视图上方（或下方）用相同字母标注图名。当剖切位置明显时，允许转折处省略字母，如图10.13中转折处（轴线上）的字母A亦可省略不标。

画阶梯剖视图时应注意以下几点：

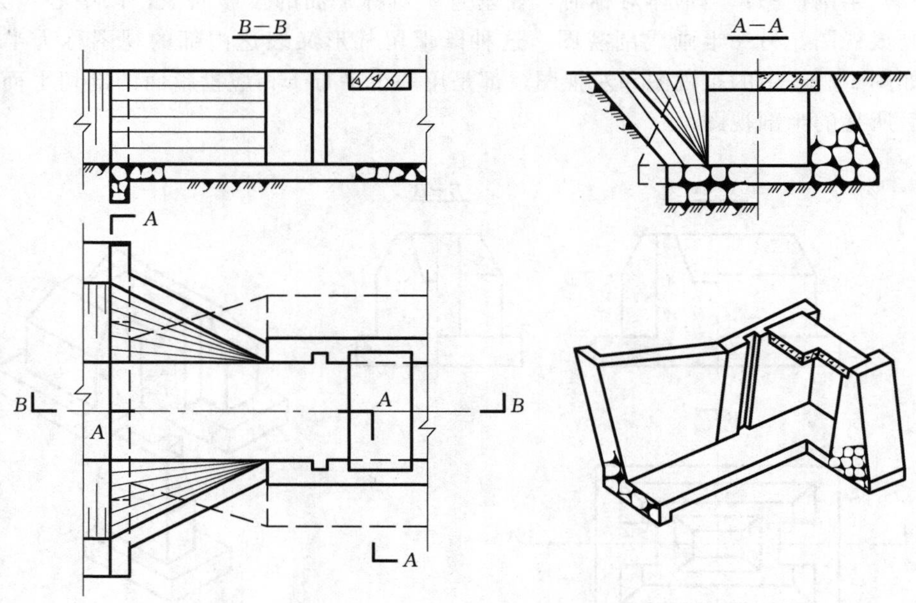

图 10.13　进水闸的阶梯剖视图

1）剖切平面应以直角转折。由于“剖切”是假想的，所以在阶梯剖视图上，剖切平面的转折处不应画线，如图 10.14（a）所示。

2）选择剖切平面时要注意，阶梯剖视图中不能出现不完整的要素，如图 10.14（b）所示。

3）当视图对称且剖切符号转折处与对称线重合时，剖视图应画出原对称线，如图 10.13 中的“A—A”。

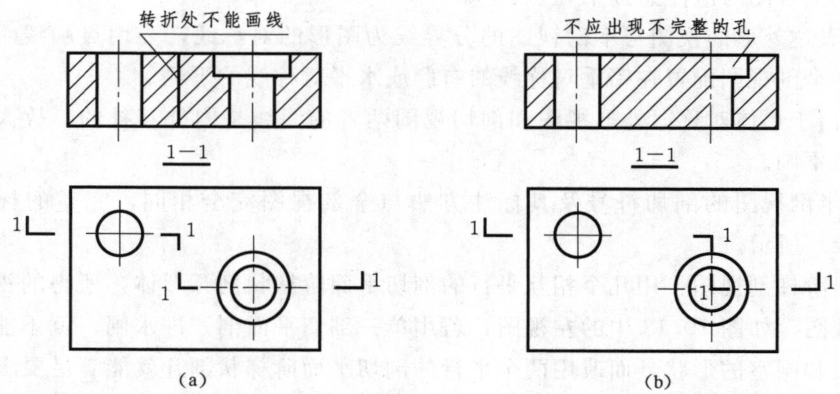

图 10.14　阶梯剖视图的错误画法

（4）斜剖视图：为了表达形体上倾斜部分的内部结构，需选择投影面的垂直面作为剖切平面，并向与剖切平面平行的投影面投射，所得的投影称为斜剖视图。如图 10.15 中的“A—A”，是用正垂面剖切弯管所得的斜剖视图。

画斜剖视图时应注意：斜剖视图的画法与斜视图基本相同，可按投影关系就近配置，如图 10.15 中“A—A”视图，也可将它平移到其他适当位置；必要时，允许将图形旋正配置，这时图名中应加上（旋转）二字，如图 10.15 中“A—A（旋转）”视图。

（5）局部剖视图：当形体内部只有局部结构需要表达时，可局部剖开形体，所得的视图称为局部剖视图。如图 10.16（a）所示，混凝土管采用了局部剖视图进行表达。

局部剖视图的应用很灵活，范围可大可小，主要用于既要表达某一局部结构，但又需保留外部特征，而形体又不对称的情况。局部剖视图一般不作任何标注。

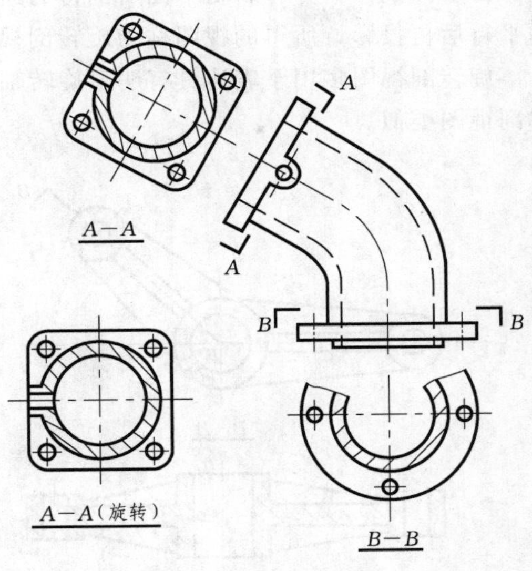

图 10.15　弯管的斜剖视图

画局部剖视图时应注意：局部剖视图用波浪线将外形视图与内部剖视图分开。通常将波浪线视为形体破裂痕迹的投影，必须画在实体部分，不能和其他图线重合，也不能超出视图轮廓线，如图 10.16（c）所示。当遇到形体上的孔洞时，波浪线必须断开，不能穿空而过，如图 10.17 所示。

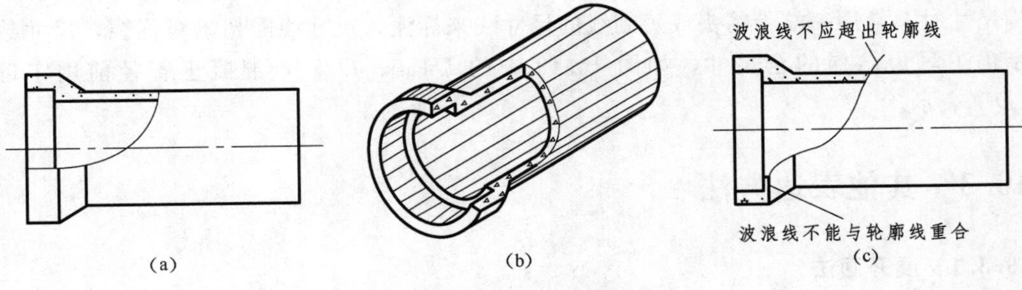

图 10.16　混凝土管的局部剖视图

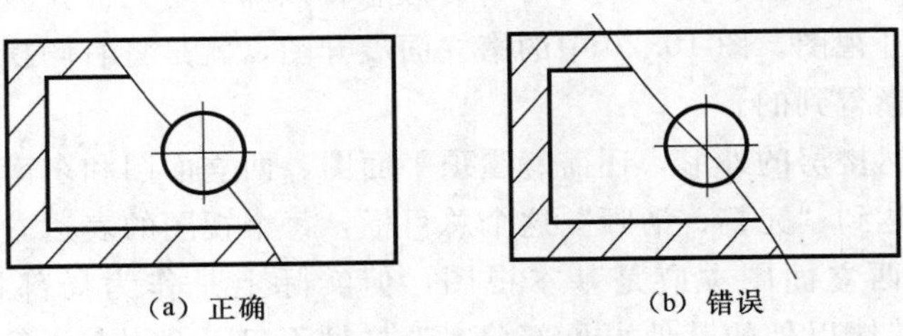

图 10.17　局部剖视图中波浪线画法示例

(6) 旋转剖视图：用两个或两个以上相交的剖切平面（其交线垂直于某基本投影面）将形体剖开，并将斜切平面所剖得的断面及投射方向上的形体旋转到与基本投影面平行后再投影，所得的视图称为旋转剖视图，如图 10.18 所示。

旋转剖视图多用于表达具有明显旋转轴的形体，它的剖切符号及其标注方法与阶梯剖视图类似。

视频资源 10.5
其他各种
剖视图

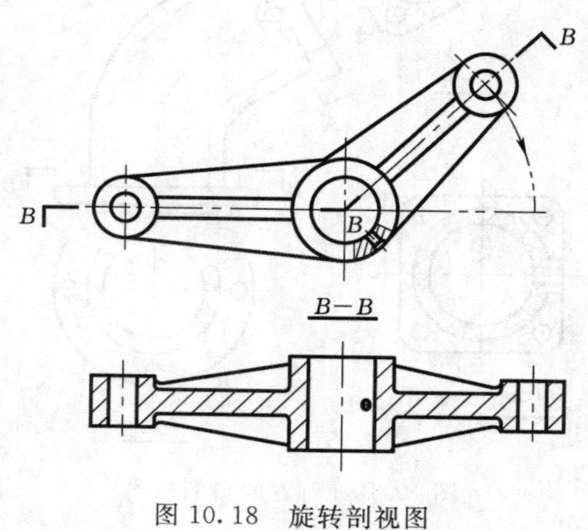

图 10.18　旋转剖视图

45
D250
D210
D150
D190
60
40
450

图 10.19　剖视图的尺寸标注

10.2.4　剖视图的尺寸标注

剖视图标注尺寸的方法和规则与前述工程形体尺寸标注相同。为了看图方便，表示外形和表示内部结构的尺寸应尽可能分开标注。如图 10.19 中，60、40、450 等外形尺寸标注在视图下方，而内部结构尺寸 45 标注在视图上方。

在半剖视图和局部剖视图中，由于对称部分的视图中省去了虚线，在标注内部结构尺寸时，常用一端带箭头或短划线的尺寸线来标注，尺寸线需超出对称线，尺寸数字仍注写为结构的全尺寸，如图 10.19 中的 *D*150、*D*210，混凝土管径前用字母“*D*”表示。

10.3　其他表达方法

10.3.1　展开画法

1. 展开视图

当建筑物某部位与投影面不平行时，可假想将该部分可见面拉直后再作投影，所得的视图称为展开视图。图 10.20 中的南立面展开图，就是将右侧拐楼展开至平行于正面后，再作投影得到的。

若要全面表达楼房的外形，还需有屋顶平面图、西立面图和东南立面图等。值得注意的是，为了达到“完整、清晰”这个总目标，每个视图的表达方式和内容都是灵活而有侧重的。西立面图本应是基本视图，但实际上是作为局部视图处理的，图 10.20 中略去了端墙以外的其他可见部分，这样做不仅不会引起误解，而且视图重点突出、简明清晰；东南立面图是斜视图，投影中主楼虽可见，但已变形，故予以省略。

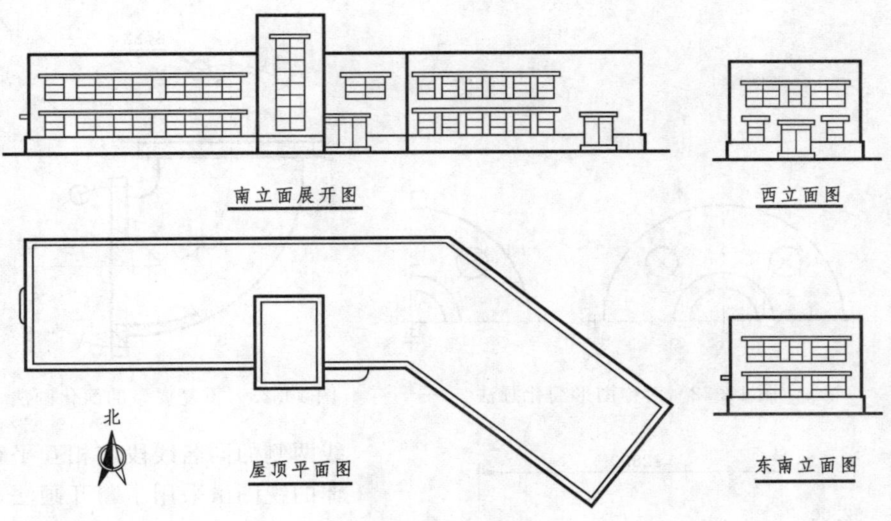

图 10.20 展开视图

2. 展开剖视图

当建筑物的轴线是曲线时，可用柱面沿轴线剖切。先将柱面后的形体沿径向投射至柱面上，然后再把柱面展平，得到的视图称为展开剖视图。展开剖视图应在图名后加注“展开”字样。图 10.21 是某干渠分水闸的一组视图，“A—A 展开”就是用柱面沿轴线剖切，再沿径向投影后绘制的展开剖视图。

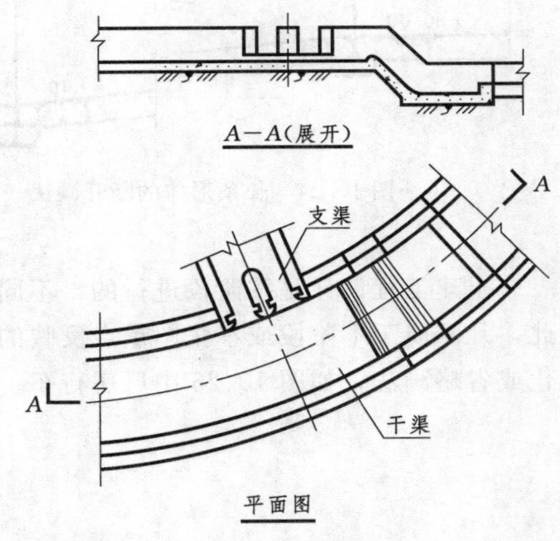

图 10.21 展开剖视图

10.3.2 简化画法

1. 对称图形简化画法

当图形对称，只有一条对称轴线时可只画一半；当有两条对称轴线时，可只画视图的 1/4，并在对称轴上画对称符号。对称符号由对称轴线和轴线两端的两对平行线组成。对称轴线用细点画线绘制，并垂直平分两对平行线，两端超出平行线 2～3mm；两平行线用细实线绘制，长 6～10mm，间距 2～3mm，如图 10.22 所示。

2. 相同要素简化画法

当构配件上有多个大小相同且规律分布的构造单元，可在图样两端或适当位置完整地画出其中几个的投影，其余以中心线或中心线交点示出位置，并标注相同要素的数量，如图 10.23 中弯管接头螺栓孔的画法。

3. 断开图形简化画法

沿长度方向形状相同或按一定规律变化的较长构件，可断开绘制，截去中间一段，将两端靠拢绘制，并在断开处画折断线，如图 10.24 所示。画图时应注意，断开

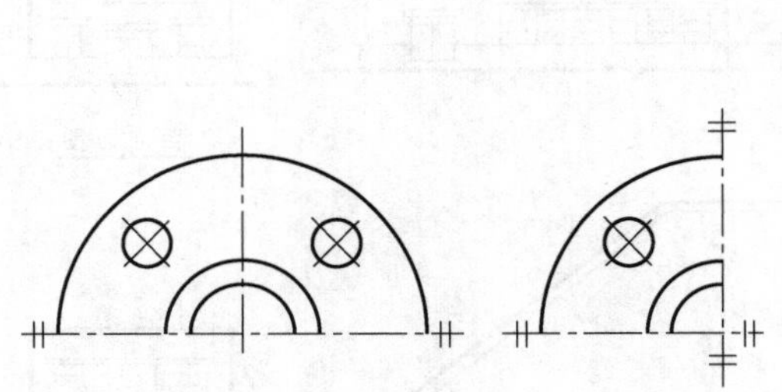

图 10.22　对称图形简化画法

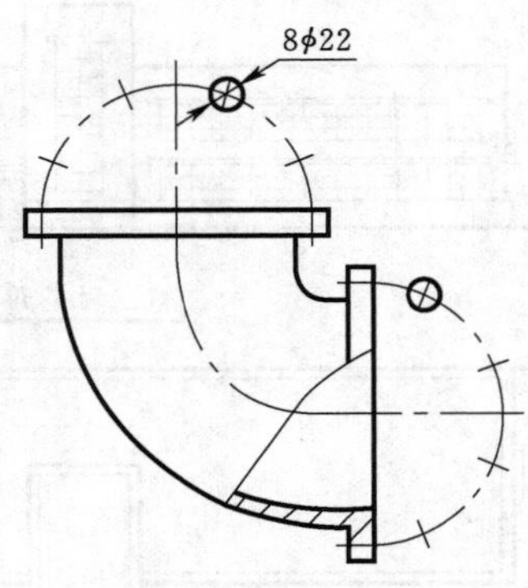

图 10.23　重复要素的简化画法

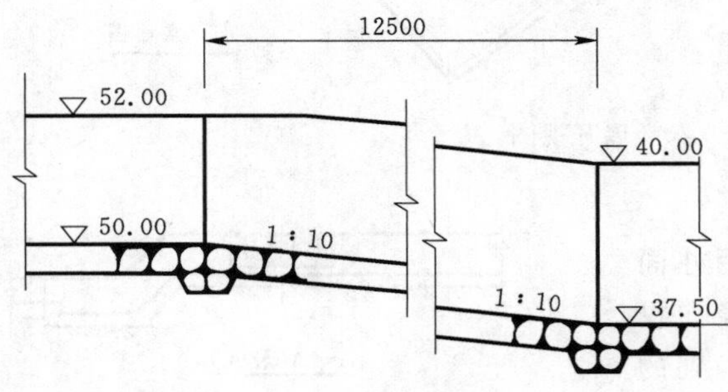

图 10.24　长条形体的断开画法

线两侧的同名线段应相互平行，形体的视图虽采用了断开画法，但两侧的高程不变，其长度应按实际值标注。

4. 折断图形简化画法

不必画出构件全长的较长构件，可采用折断图形简化画法，并绘制折断线，如图 10.25 所示。

5. 图中非重点表达的次要结构或设备的简化画法

土建工程设计是按阶段进行的，不同设计阶段所要求表达的重点和细度不同。因此，凡不属于本阶段或本张图重点反映的内容，如次要结构、机电设备等，可采用简化或省略画法，如图 10.26 中厂房行车、吊车等。

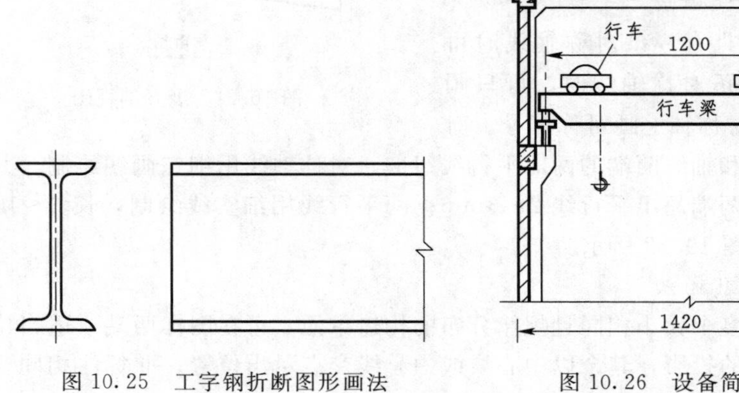

图 10.25　工字钢折断图形画法

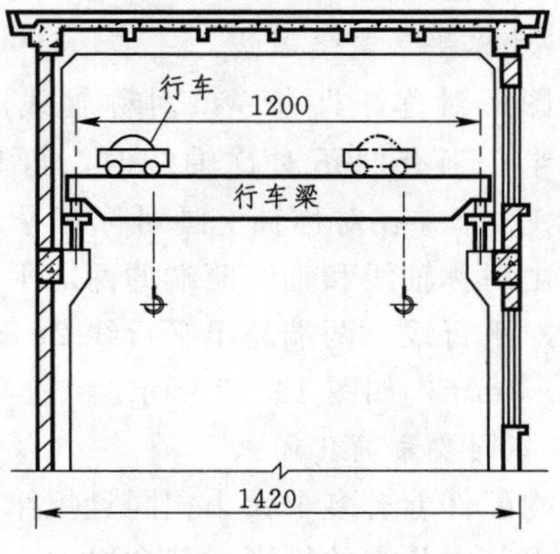

图 10.26　设备简化画法

10.3.3　拆卸画法

在工程图样中，若要表达某一构件被另外的结构或填土遮挡，可假想将其拆掉或揭开后绘制，如图 10.27 中闸室段就是将工作桥和交通桥假想拆卸后绘制的。

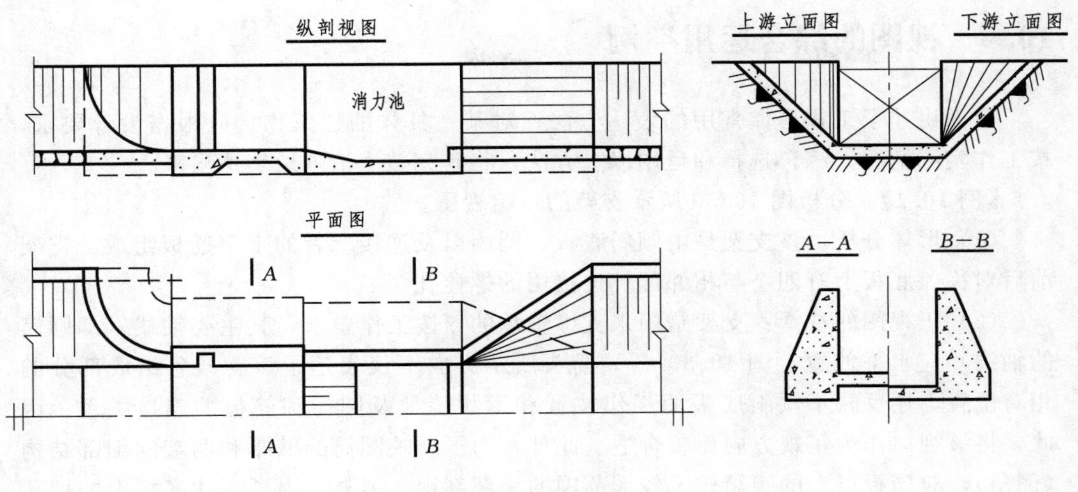

图 10.27 进水闸设计图

10.3.4 合成视图

对称或基本对称的图形，可将两视向相反的视图或断面图各画一半，以对称线为界，合成一个图形，称为合成视图或合成断面图。如图 10.27 中的侧面投影就是上游立面图和下游立面图的合成视图；而 $A—A$ 和 $B—B$ 是闸室段和消力池段剖切后得到的合成断面图。

10.3.5 连接画法

当图形较长，超出图幅范围时，可将其分段绘制，并用连接符号表示。连接符号采用细实线绘制，画在分段处，并在靠近图形一侧以大写拉丁字母编号，两图形相连断面的编号必须一致，如图 10.28 所示。

10.3.6 分层画法

当需要表达工程形体的内部构造时，可按其构造层分层绘制，相邻层次用波浪线分界，并用文字注写各构造层的名称或说明，如图 10.29 所示。这种画法多用于表达屋面、楼层、路面等构造。

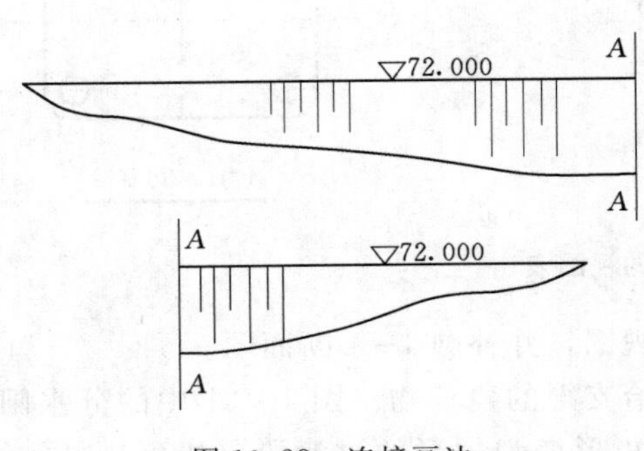

图 10.28 连接画法

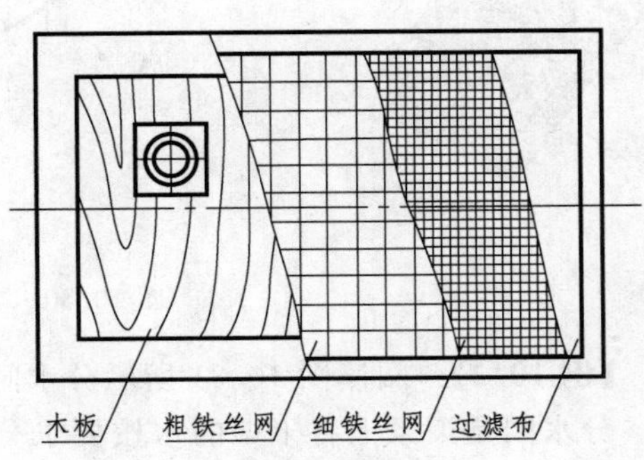

图 10.29 分层画法

10.4　视图的综合运用举例

前面讲述了工程形体常用的表达方法，对某一具体的建筑物，应根据设计要求，按工作实际情况，综合选择和运用以上方法，将其完整、清晰地表达出来。

【例 10.1】　分析图 10.30 所示支架的一组视图。

(1) 形体分析：该支架是由倾斜底板、圆筒以及连接二者的十字筋板组成，支架前后对称，底板上有四个与相邻部件连接用的螺栓孔。

(2) 正视图的选择：支架是用来支撑轴承的，按工作要求，其主要轴线（即圆筒的轴线）应水平放置。图 10.30（a）箭头所示方向不仅表达了该支架各组成部分的相对位置，还反映了倾斜底板的工作位置和形状特征及圆筒和筋板的连接关系。因此，将该视向作为正视方向比较合适。此外，为了反映圆筒的壁厚和两端的细部结构(倒角)，对筋板以上的圆筒作了较大范围的局部剖视。另外，为了表达底板上的螺孔结构，还采用了局部剖视的表达方法。

(3) 确定其他视图：因底板倾斜于基本投影面，其俯视图、左视图均会变形，画图和读图不方便，故以“A 向”斜视图反映底板的实形和螺孔分布，并将其旋正画出；同时，由于底板的形状和结构已表达清楚，左视图无需绘制，所以仅用“B 向”局部视图反映圆筒和十字筋板的形状；此外，采用移出断面图配合正视图、左视图来表达十字筋板的断面形状。这样，整组视图显得十分简洁、扼要。

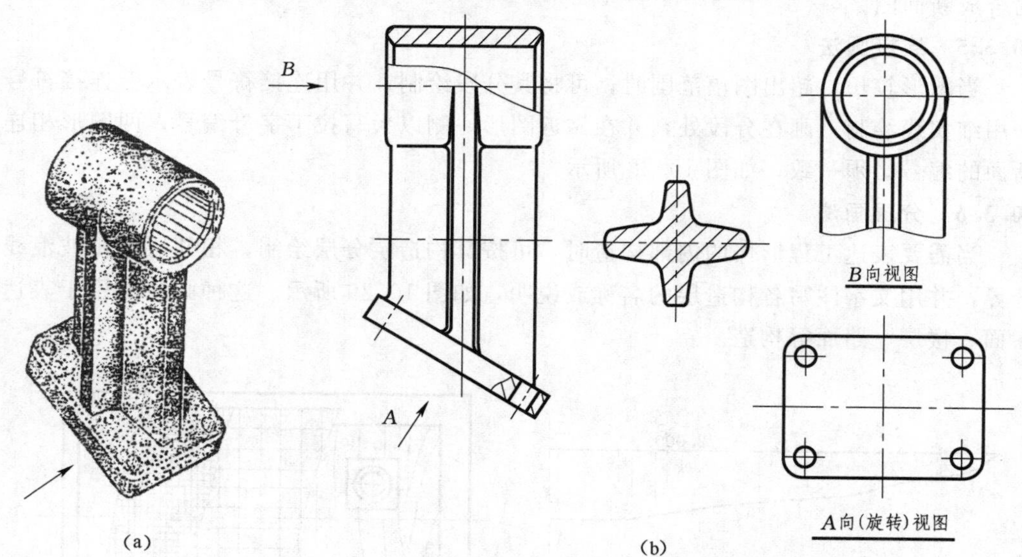

图 10.30　支架的视图表达

【例 10.2】　阅读图 10.31 所示分水闸的视图，并补画 1-1 断面图。

分水闸是渠系上将干渠的水按要求分配给支渠的建筑物。图 10.31 中的分水闸，前后设有使过水断面由梯形变为矩形、再由矩形变为梯形的过渡段（扭面）；同时，在支渠进口的矩形段上设有闸门，以调节水位、控制流量。

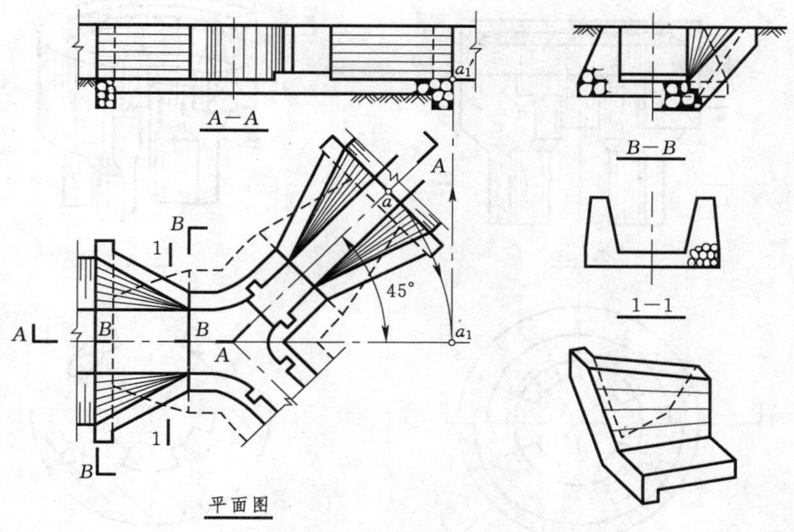

图 10.31 分水闸的视图分析

为了清晰地表达该分水闸，视图采用了一个平面图、两个剖视图和一个断面图。

平面图主要反映该闸的平面布置以及各组成部分的相互位置。按主次关系，将干渠轴线与正面平行，且按水流方向由左向右布置；平面图示出了支渠与干渠的夹角为45°，以及剖视图的剖切位置和投射方向。

由平面图中的剖切标注可以看出，"*A*—*A*"是旋转剖视图，它反映了干支渠高度和长度方向的结构、尺寸、形体所用的材料以及与地面的连接情况。"*B*—*B*"是阶梯剖视图，主要反映了扭面前后的形状变化，过渡段（扭面）的形体较复杂，下面用线面分析法对它作进一步分析。

正视图中过渡段（扭面）的外轮廓为矩形线框，中间用一组水平素线的正面投影表示，俯视图中与之对应的是三角形线框及框内的水平素线；左视图中与之对应的也是三角形线框，但框内的素线是一组侧平素线，与正视图及平面图中的素线不对应。扭面段是双曲抛物面，与水接触的面称迎水面，反之称背水面。扭面背水面的正面投影是带有虚线的矩形线框，俯视图、左视图中它与三条虚线和一条粗实线围成的"∞"形线框相对应。迎水扭面和背水扭面都是双曲抛物面，其空间形状如图 10.31 中的轴测图。

由"1—1"剖切位置可知，剖切面是侧平面，在侧面投影中反映实形。由于剖切面与迎水面和背水面的交线都是直线，所以，只要求出所截平面多边形角点的侧面投影，依次连接即得 1—1 断面图。

【例 10.3】 阅读图 10.32 所示水电站环梁立柱式机墩的视图。

机墩是竖轴发电机的支承结构，环梁立柱式是机墩的一种形式，它由立柱、环形梁和风罩组成。为了清晰地表达环梁和立柱的形状特征，视图采用了两个剖视图和一个合成断面图。

由于机墩前后、左右都对称，所以正视图和俯视图分别选用了旋转剖视图和半剖视图。正视图"*A*—*A*"的剖切方式可由"*B*—*B*"视图看出，左侧剖切面位于两立

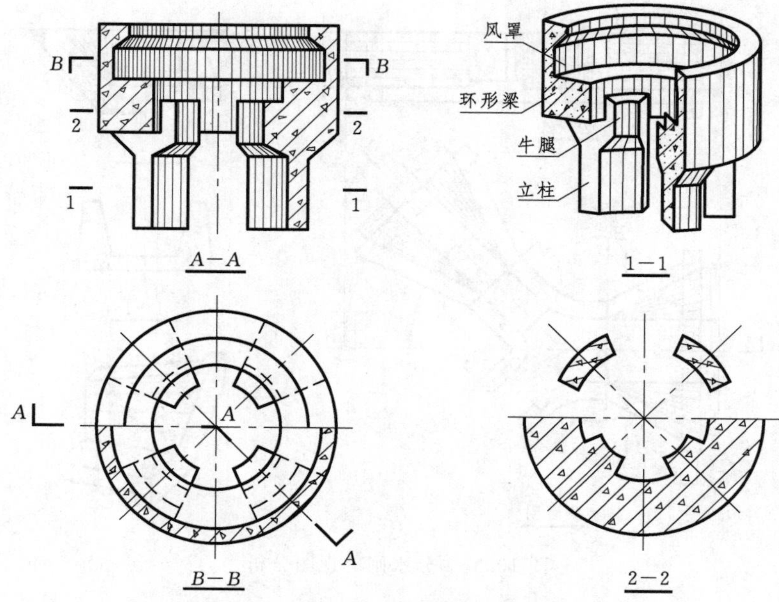

图 10.32　环梁立柱式机墩的视图分析

柱之间，右侧剖切面位于立柱的对称中线。采用这样的剖切方式，更有利于表达机墩的内部形状和各组成部分的连接关系。由图可知，风罩的壁厚上、下不同，中间采用锥面过渡；立柱上端与环梁的连接处有个厚度放大的构造（受力过渡段），工程上称为“牛腿”，立柱与牛腿之间也用锥面过渡。

俯视图“B—B”的剖切方式可由“A—A”视图看出，剖切面采用穿过风罩的水平面，主要用来反映机墩各组成部分的平面形状、立柱和牛腿的平面分布等。由“A—A”和“B—B”可知，环形梁和风罩都是同轴的空心圆柱体，四个柱是由与环梁共轴的圆筒均布切割而成，其断面为扇形。

此外，由于图形对称，采用以中心线为界的合成断面图“1—1”“2—2”，进一步表达了牛腿、环梁和立柱的断面和平面布置。

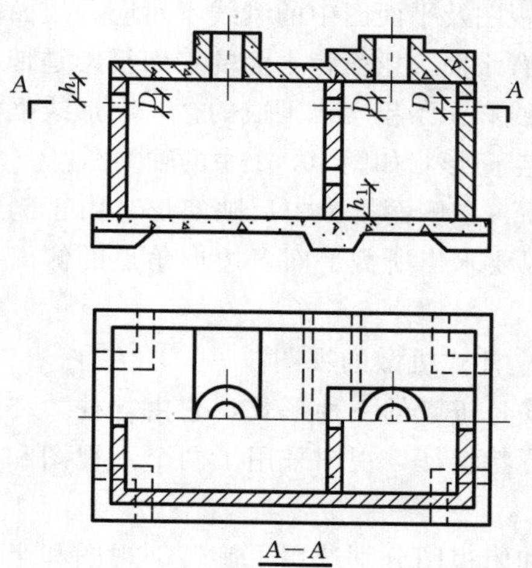

图 10.33　化污池的视图分析

【例 10.4】　阅读图 10.33 所示化污池的视图，并补画带合适剖视的左视图。

化污池是处理生活污水的排水工程，是一个埋在地下带有隔厢的污水池，池底通常用混凝土浇筑，边墙和隔墙多由砖砌成，池顶的盖板是由钢筋混凝土建造。污水由一端边墙的小孔流入大厢内，经沉淀再过隔墙孔，由小厢另一端边墙的小孔流出，最后进入地下水道。

（1）阅读视图。由图 10.33 可以看出，化污池的正视图采用了全剖视图，剖切平面通过形体的前后对称面；俯视图采用了半剖视图，剖切平面为通过小孔轴线的水平面。

对照正视图和俯视图可知：

1）底板是长方形板，为防止因受力不均匀而产生的裂缝，隔墙下的底板位置用倒梯形柱加厚，池底四角用倒四棱台加厚，其形状如图 10.34 左下角轴测图所示。

2）长方形池身用隔墙将其分为左、右两厢，池身的左、右边壁和隔墙上各有一直径为 D 的小圆孔，它们位于前后对称平面上，其轴线距墙顶高为 h；在隔墙的中下部、底板以上 h_1 处还有 3 个方孔，池体的形状如图 10.34 左上角轴测图所示。

3）长方形盖板上有两条凸起的加劲梁，左边横置于前后两侧的边墙上，右边纵置于隔墙和右端边墙上，梁上各有一圆柱孔和池内相通，其形状如图 10.34 右上角轴测图所示。

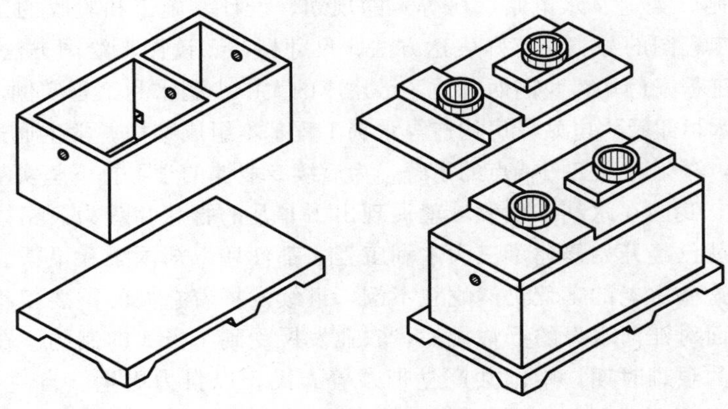

图 10.34　化污池及其组成的外形

综上分析即可想象出化污池的外形，如图 10.34 右下角轴测图所示。

（2）补视图。经过上述形体分析，可由下而上依次补出底板、池身和盖板的左视图。由于化污池前后对称，为了反映隔墙上圆孔和方孔的大小及确切位置，左视图采用半剖视图，其剖切位置通过左边加劲梁上圆柱孔的轴线，如图 10.35 中的“$B—B$”所示。

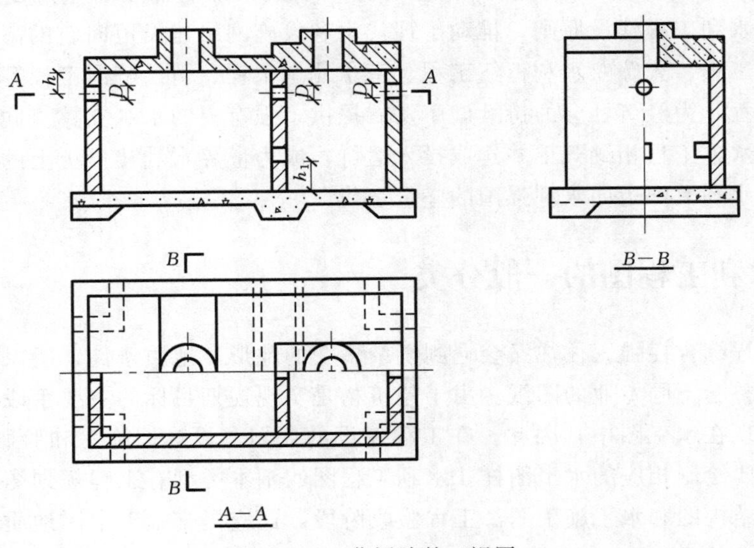

图 10.35　化污池的三视图

视频资源 10.6
建筑形体的
图示方法
综合举例

第11章 水利工程图

水利工程图，简称水工图，在水利水电工程中用来表达水工建筑物（如拦河坝、冲刷闸、进水闸、渠道、水电站厂房等）的规划、设计、施工和验收的工程图样。本章将介绍水利工程图的分类、特殊表达方法、尺寸标注、读图、绘图方法等相关知识。书中所选用的工程案例均为我国西北地区已建成的大中小型水利工程实例，分别展示了水利枢纽、引水枢纽及水电站厂房构造等水利工程基本组成结构。学生通过学习和解读实际工程图例，深化对水工图特点的了解，为后续专业课的学习打下坚实基础。

自古以来，我国在水利工程领域就展现出了非凡的智慧和毅力。秦国时期，勤劳智慧的先人们就已经开始修建了三大水利工程：都江堰、郑国渠和灵渠。历经数千年的风雨洗礼，这些古老的工程仍然屹立不倒，继续发挥着它们的重要工程效益。新中国成立之初，面对江河水患的严峻挑战，农业发展受到了极大的制约。在那个物资匮乏、百业待兴的艰难时期，中国共产党带领着人民，以自力更生、自主创新的精神，不畏艰难困苦，攻克了一个又一个水利建设的难题。蓟运河灌溉工程、淮河治理工程、永定河官厅水库、红旗渠、丹江口大型水利枢纽工程等一系列重大水利工程相继建成，取得了决定性的胜利。这些工程不仅结束了洪水泛滥的历史，更改变了几千年来农业依赖自然条件的局面。改革开放以来，水利基础设施建设的步伐全面加快，水利建设取得了显著的成效。特别是党的十八大以来，坚持习近平总书记“节水优先、空间均衡、系统治理、两手发力”治水思路，以及“确有需要、生态安全、可以持续”的重大水利工程建设原则，推动了现代水利设施网络建设迈向新的高峰。小浪底工程、三峡工程、大藤峡水利枢纽工程、南水北调工程、引汉济渭工程等一系列“国之重器”工程，为经济社会的持续健康发展提供了强有力的水利支撑。同时，多项世界级的水利水电工程相继开工并建成投入运行，成为世界水利建设史上的里程碑，标志着我国由水利大国迈向水利强国的坚定步伐。

11.1 水利工程图的一般分类

水利工程综合性强，往往又会遇到复杂多变的地形、地质条件，所以一项水利工程常需要一整套不同专业的图纸。由于建筑物是实现规划目标的主要手段，而设计意图又必须体现在水工图中，因此，在工程建设的规划、设计、施工和验收四个阶段，每个阶段都要绘制相应的水工图样。水利工程图的基本类型有工程规划图、枢纽布置图、建筑物结构图和水工施工图。工程验收阶段，还应提交施工中因地质、材料等原因变更设计后的水工竣工图，并移交管理单位存档。

下面分别就常见的工程规划图、枢纽布置图、建筑物结构图、水工施工图的内容及图示特点作简要介绍。

11.1.1 工程规划图

1. 工程规划图的内容

工程规划图也称工程位置图，主要表达所建工程的地理位置及周围环境（河流、城镇、交通及重要地物和居民点等），并配合图表说明该工程的主要服务对象及内容。图 11.1 是石泉水电站枢纽工程的工程位置图，它位于陕西省石泉县汉江上游 2km 处，是汉江梯级开发中的一座水电站。枢纽以上的淹没区（库区）即图中沿江涂黑的范围，因此，这是一座山区狭长型水库。汉江支流金水河上的碗牛坝是汉江流域规划中的水利工程，是本章将要介绍的小水电工程实例所在地，坐落在金水河上，西安—洋县的公路经过该处。

2. 图示特点

工程规划图表示范围大，绘制比例小，一般在 1：2000～1：100000 之间，甚至更小，城镇与地物多采用图例示出其位置、种类和作用。

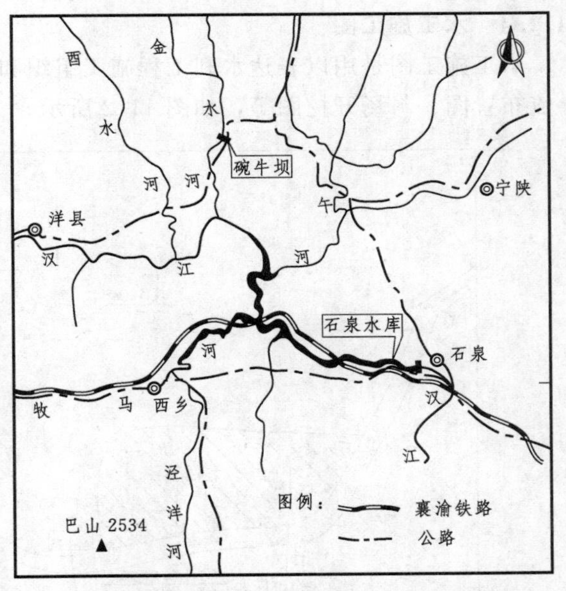

图 11.1 石泉水电站枢纽工程地理位置图

11.1.2 枢纽布置图

在水利工程中，由几个不同功能水工建筑物协同工作而组成的综合体称为水利枢纽。每个枢纽的名称多反映它的主要任务，上述石泉水电站是以水力发电为主要任务的中型水力发电枢纽，其枢纽布置图如图 11.19 所示。

1. 枢纽布置图的内容

（1）枢纽所在地的地形、河流及流向、地理方位（指北针）、绘图比例、交通、居民点及重要建筑物等。

（2）枢纽各建筑物的名称、形状、轴线和相对位置关系、交通干道以及建筑物与地面的交线等。

（3）每座建筑物的主要轮廓尺寸、主要高程及工作条件。

2. 图示特点

（1）枢纽布置图必须画在地形图上，一般情况下，可将它放在立面图的下（或上）方。当平面尺寸很大时，也可单独绘制。

（2）枢纽布置图的比例多在 1：200～1：5000 之间。

（3）仅画出各建筑物结构的主要轮廓线，而细部构造一般用图例示出其位置、种类和作用。

（4）只标建筑物的外形轮廓尺寸及定位尺寸、控制高程和主要填、挖方坡度等。

11.1.3　建筑物结构图

建筑物结构图是以单项建筑物为表达对象的工程图，包括结构布置图、分部和细部的构造图等。

1. 建筑结构图的内容

（1）建筑物的形状、尺寸和建造材料，建筑物的细部构造及附属设备的位置。

（2）建筑物的基础处理、与地基的连接方式及与相邻建筑物的连接方式。

（3）建筑物的地质情况、工作条件，如各种特征水位等。

2. 图示特点

建筑物结构图必须把建筑物结构形状、大小、材料及与相邻建筑物连接方式等都表达清楚，所以视图所选的比例较大，多在 1：50～1：500 之间。

11.1.4　水工施工图

水工施工图是用以表达水利工程施工组织和方法的图样，如施工总平面图、施工导流布置图、料场开挖图等，如图 11.2 所示。

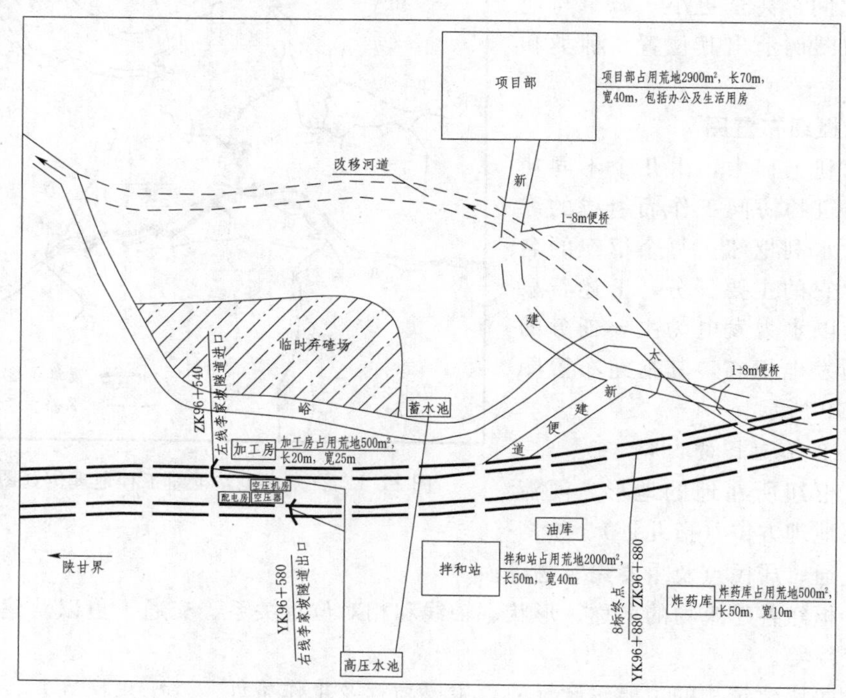

图 11.2　施工总平面布置图

视频资源 11.1
水利工程
图概述

1. 水工施工图的内容

一般需绘制施工场地、料场、工厂设施、仓库、场内外交通、生产生活设施等，并标注名称及占地面积。

2. 图示特点

建筑物及场地位置用细实线或虚线绘制，图中应标注河流名称、流向、指北针和

必要的图例，绘图比例多在 1∶500～1∶5000 之间。

随着科学技术的进步，工程上将不断出现新材料、新工艺和新结构，图样也会出现新类型，所以，设计者还应紧跟生产的发展，绘出满足要求的图样。

11.2 水利工程图的表达方法

11.2.1 视图的名称与配置

1. 基本视图

在六个基本视图中，水工图常用的是正视图、俯视图、左视图和右视图。视图一般应按投影关系配置，但当建筑尺寸庞大或因图幅限制，图内标注不清晰时，某一视图也可单占一张图纸。无论怎样配置，均要在视图的中上（或中下）方注写图名，并在图名下画一粗实线，其长度应超出图名两侧 3～5mm。

在水工图中，俯视图也称平面图，正视图和左、右视图也称立面图。对于河流，规定顺水流方向看，左边称左岸，右边称右岸。视向顺水流方向的建筑物立面图称上游立面图，逆水流方向的称下游立面图。对过水建筑物宜采用上游居左、下游居右，即水流方向自左向右布图。

2. 剖视、断面图

水工建筑物的地形地质条件变化大，形状与结构有时很复杂，还常被土层覆盖，所以剖视、断面图用得较多。对于河流而言，剖切面平行于河流的流向时，称为纵剖，垂直于流向时，称为横剖，图 11.3 为河流的纵横断面图；而对于建筑物来说，剖切面平行于其轴线的称为纵剖，垂直于轴线的称为横剖，图 11.4 为土坝的纵横断面图。

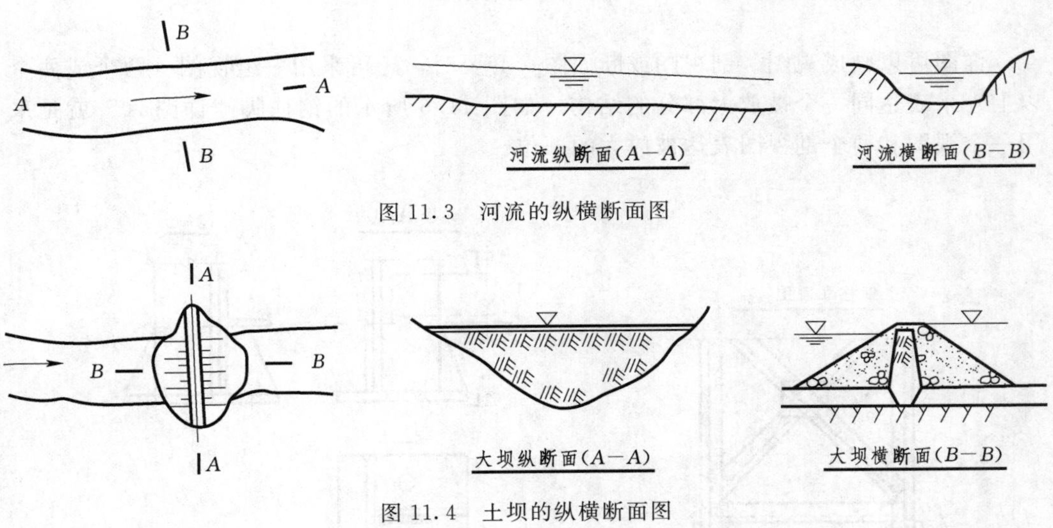

图 11.3 河流的纵横断面图

图 11.4 土坝的纵横断面图

3. 详图

当建筑物的局部结构，因图形比例小而表示不清楚或不便于标注尺寸时，可放大比例另行画出，这种图称为详图，详图的比例多为 1∶5～1∶20。详图一般应进行标

注，其形式为：在原图被放大部位用细实线圆圈出，用引线指明详图编号（分子）和详图所在图纸编号（分母），若详图画在本张图纸内，则分母用“—”表示。在所绘的详图中用相同编号标注其图名，并注写放大后的比例，如图 11.5 所示土坝的详图 A。但在一张图中，详图不宜过多，以免冲淡主体。

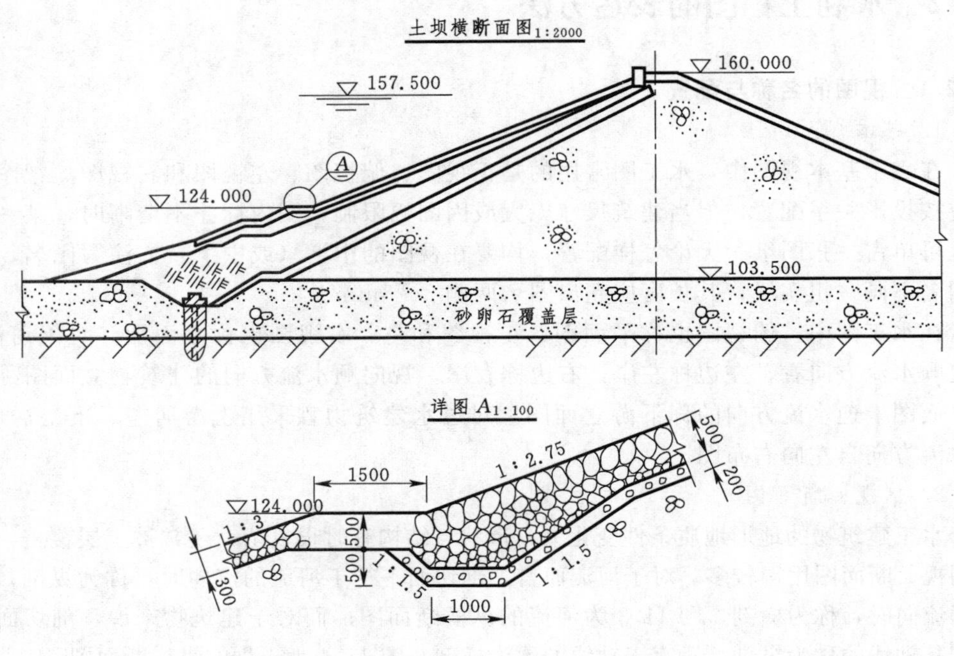

图 11.5 土坝详图

详图可以画成视图、剖视图或断面图；必要时，还可采用一组视图（两个或两个以上）来表达同一个被放大部分的结构。如图 11.6 所示的钢柱脚“详图 A”就是采用一个视图和两个剖视图表达被放大的部位。

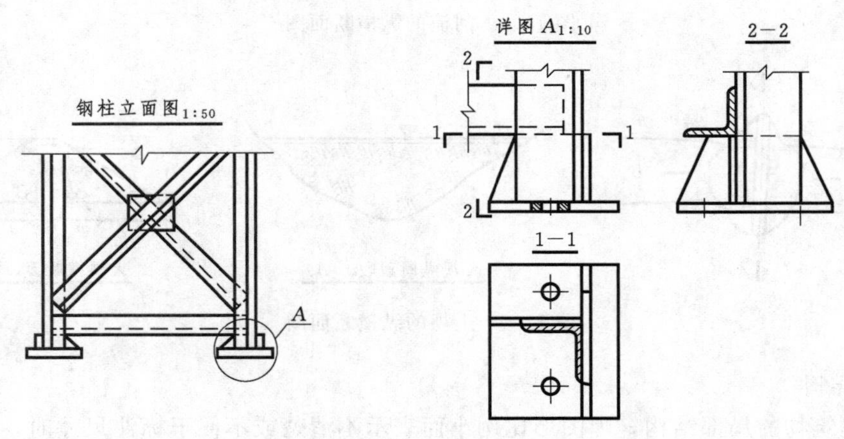

图 11.6 钢柱脚详图

4. 复合剖视

除阶梯剖视和旋转剖视以外，用几个相交剖切平面剖开形体所得的视图称为复合剖视，如图 11.7 中坝内交通廊道的 2—2 剖视图。这种图一般应进行标注，标注方法与阶梯剖视相同。

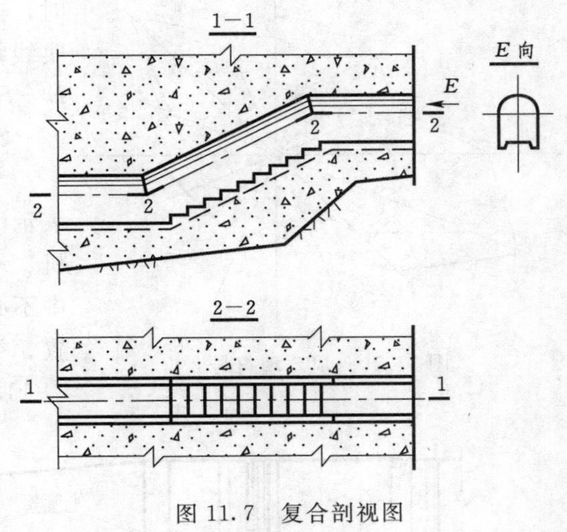

图 11.7　复合剖视图

11.2.2　水工图中的规定画法

1. 常用符号的规定画法

（1）水流方向。水工图中表示水流方向的箭头符号可按图 11.8 所示符号式样绘制，其图线宽度可取 0.35～0.5mm，*B* 可取 10～15mm，河流水流方向宜从左向右或自上而下。

（2）指北针。平面图中指北针可按图 11.9 所示式样绘制，一般标注在图的左上角或右上角。图线可取 0.35mm，粗线宽可取 0.5～0.7mm，*B* 可取 16～20mm。

（3）风玫瑰。风向频率图应按 16 个方向绘出，风向频率特征应采用不同图线绘在一起，实线表示年风向频率，虚线表示夏季风向频率，点画线表示冬季风向频率，θ 角为建筑物坐标轴与指北针的方向夹角，如图 11.10 所示。

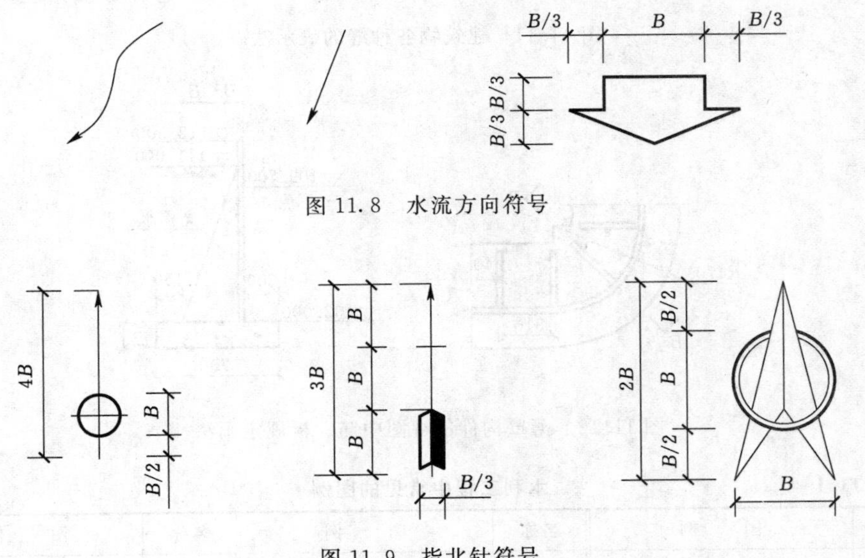

图 11.8　水流方向符号

图 11.9　指北针符号

（4）结构分缝。水工建筑物中有各种结构永久分缝线，如沉陷缝、伸缩缝和材料分界线等，虽然缝的两侧处于同一平面，但画图时，必须用粗实线画出这些缝的投影，如图 11.11 所示。

(5) 薄壁结构剖切画法。当剖切平面通过薄壁结构，如支撑板、筋板、杆件等构件时，这些构件的断面不画材料图例，并用粗实线将其与连接部分分开，如图11.12中的B—B剖视。

2. 图例

当图形比例较小，图中的建筑结构无法表示清楚或某些附属设备（如闸门、启闭机、吊车等）另有专门图纸表示，在本张图中不必详细绘出时，可用图例示出它们的位置、类型和作用。水利工程中常用的图例见表11.1。

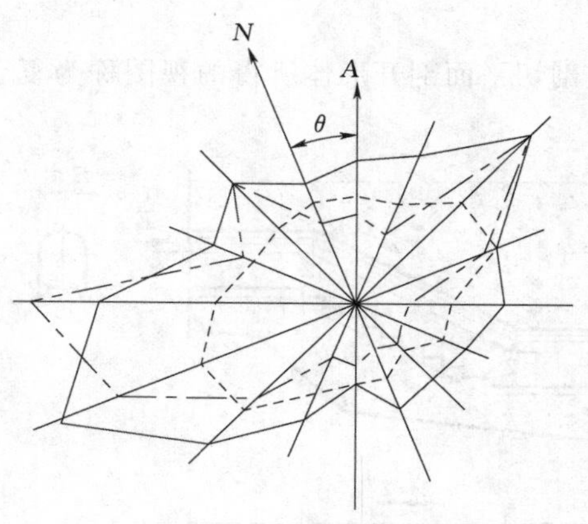

图11.10 风玫瑰符号

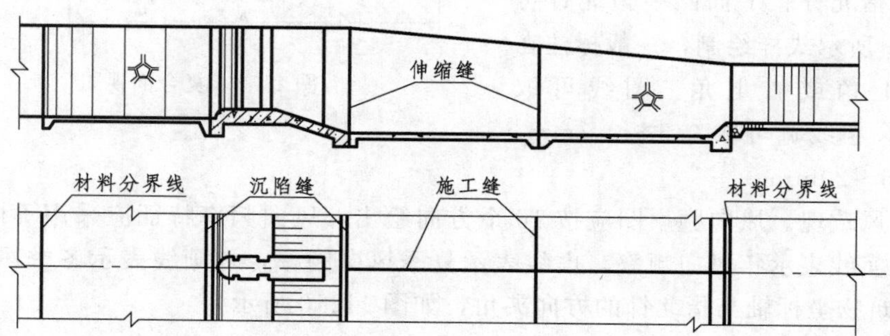

图11.11 建筑物各种缝的表示法

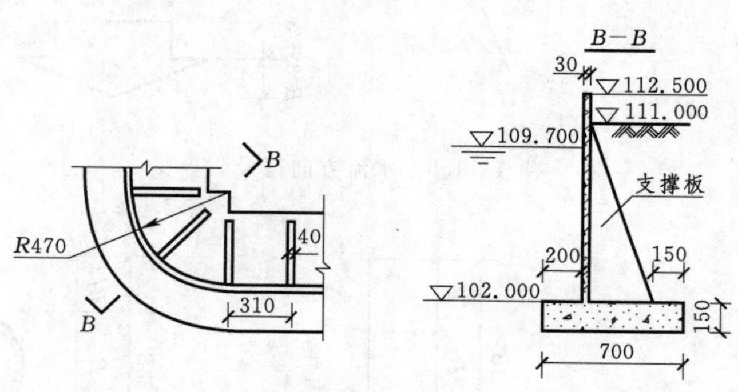

图11.12 薄壁构件剖视图中筋、板规定画法

表11.1 水利工程中常见的图例

名称	图 例	名称	图 例	名称	图 例
水库		土石坝		混凝土坝	

续表

名称	图例	名称	图例	名称	图例
溢洪道		隧洞		渡槽	
泵站		水电站		跌水	
渠道		平板门		弧形门	

11.3 水利工程图的尺寸注法

前面章节中有关标注形体尺寸的基本要求、方法和规则，对于水利工程图（水工图）仍然适用，但由于设计、施工等方面的要求，水工图的尺寸标注也具有自己的特点，现补充介绍如下。

11.3.1 平面定位尺寸的注法

对水利枢纽来说，平面的定位尺寸通过枢纽各建筑物轴线来表示，它是施工测量坐标系中某两个控制点的连线。图 11.13 示出了碗牛坝水电站引水枢纽各建筑物轴线控制点的坐标，由此确定了各建筑物轴线的平面位置及相互作用关系。

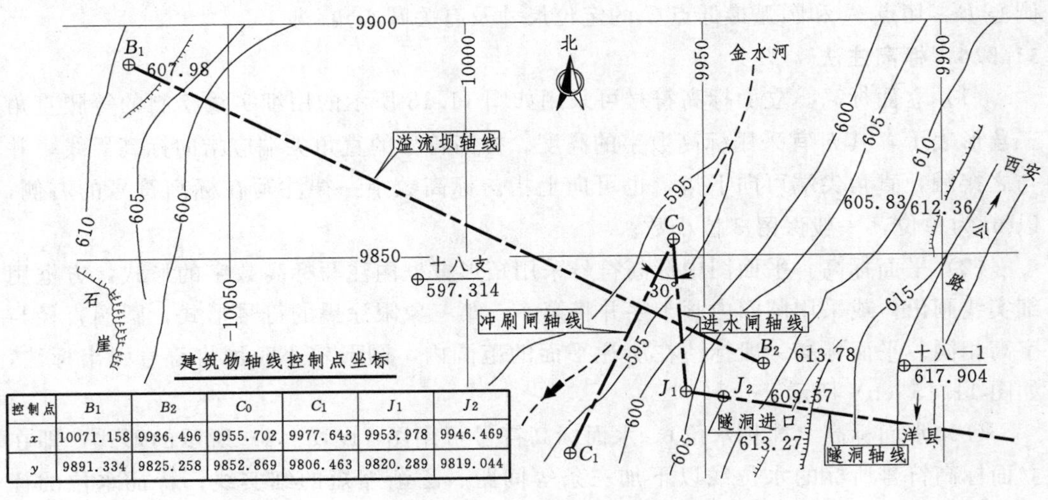

建筑物轴线控制点坐标

控制点	B_1	B_2	C_0	C_1	J_1	J_2
x	10071.158	9936.496	9955.702	9977.643	9953.978	9946.469
y	9891.334	9825.258	9852.869	9806.463	9820.289	9819.044

图 11.13 引水枢纽轴线位置图

11.3.2 高度定位尺寸的注法

水工建筑物的高度需通过水准测量精准控制，所以图中的主要部位必须标注高程，而建筑物的高度尺寸则以某设计标高的位置为基准。如图 11.14 所示碗牛坝引水枢纽的溢流坝，其坝顶标高 600.900m、鼻坎标高（D 点）为 596.108m、上游齿墙基底标高为 592.000m，都可作为高度方向的基准，而表内所列溢流面曲线的高度尺寸，则是以坝顶作为基准。

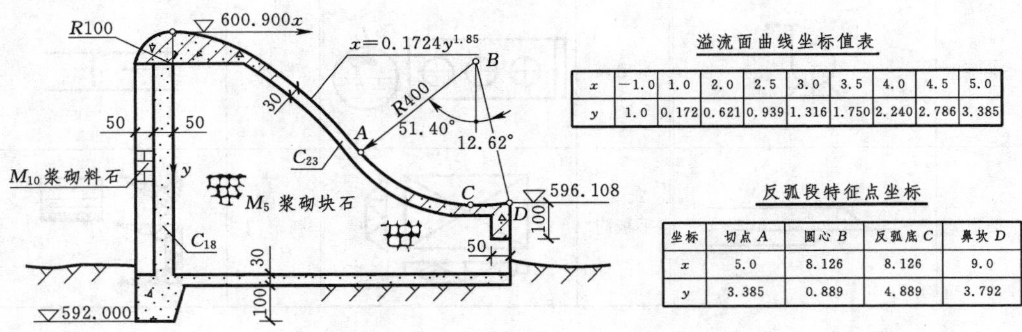

溢流面曲线坐标值表

x	−1.0	1.0	2.0	2.5	3.0	3.5	4.0	4.5	5.0
y	1.0	0.172	0.621	0.939	1.316	1.750	2.240	2.786	3.385

反弧段特征点坐标

坐标	切点 A	圆心 B	反弧底 C	鼻坎 D
x	5.0	8.126	8.126	9.0
y	3.385	0.889	4.889	3.792

图 11.14 高度尺寸注法

11.3.3 曲线的尺寸注法

1. 非圆曲线的尺寸注法

水利工程中的溢流面、进水口表面、拱圈等的横断面常包含曲线，标注的方法是：列出曲线方程，标出坐标轴，并用表列出一系列点的坐标值，如图 11.14 所示的“溢流面曲线坐标值表”。

2. 连接圆弧的尺寸注法

图 11.14 中所示的连接圆弧，只要给定被连接曲线的方程和圆弧终点 D（鼻坎）的位置，以及连接弧的半径就可以完成作图。但根据施工放样的需要，一般还应注出圆心 B、切点 A 和圆弧最低点 C 的定位尺寸及有关圆心角。

11.3.4 标高注法

（1）立面标高。立面标高符号可采用如图 11.15 所示的用细实线绘制的等腰直角三角形表示，其 h 宜采用标高数字的高度。标高符号的直角尖端应指向标高界线，并与之接触，直角尖端可向下指，也可向上指。标高数字一律注写在标高符号的右侧，以 m 为单位，一般保留 3 位小数。

（2）平面标高。平面图中标高符号采用矩形方框内注写标高数字的形式，方框用细实线画出；或采用圆圈内画十字并将第一、第三象限涂黑的符号形式，圆圈直径与字高相同。平面标高一般标注在所注平面的范围内，图形较小时可将符号引出标注，如图 11.15（b）所示。

（3）水面标高（简称水位）。水面标高符号可用图 11.15（a）所示的形式，即在立面标高符号所标的水位线以下加三条等间距、逐渐缩短的细实线；特征水位的标高，应在标高符号前注写特征水位名称，如“正常水位 112.000”。

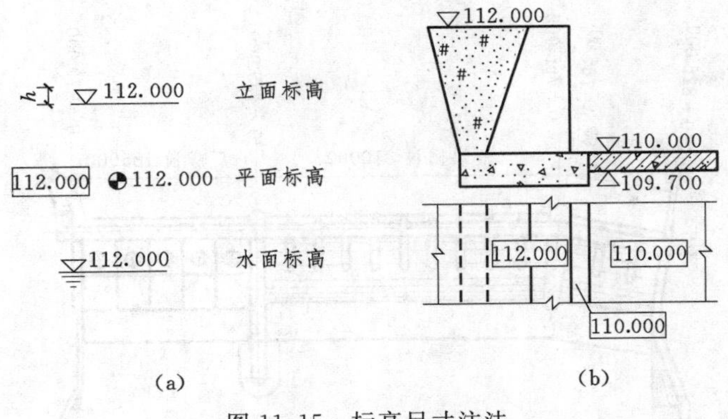

图 11.15 标高尺寸注法

11.3.5 坡度的注法

直线上任意两点的高差与水平距离之比称为坡度，坡度用 1 : L 的形式标注，如图 11.16（a）中的 1 : 2；也可按图 11.16（b）所示的直角三角形形式标注。平面图中的坡度可以用示坡线表示，标注方法和示坡线的画法如图 11.16（a）所示。当坡度较缓时，可用百分数、千分数及小数来表示，并在数字下画平行于坡面的箭头以示坡度方向，箭头须指向下坡的方向，如图 11.16（c）所示。当坡度较大时，还可直接标注坡度的角度。

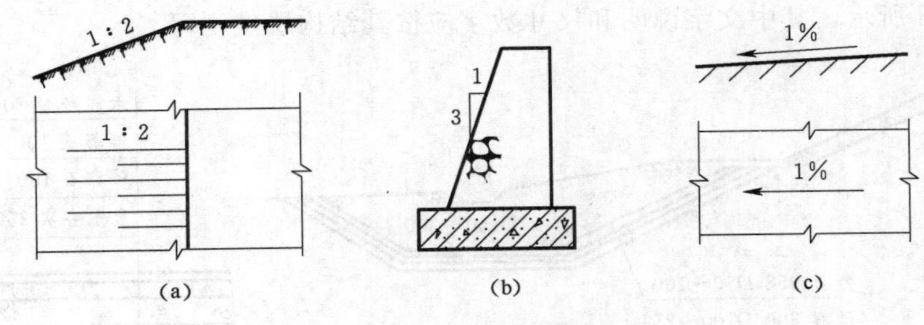

图 11.16 坡度尺寸的注法

11.3.6 桩号的注法

（1）渠道、闸坝等建筑物沿其轴线、中心线长度方向的定位尺寸往往很大，为了表达清晰，多采用"桩号"标注。其形式为"km±m"，其中"km"为公里数，"m"为米数。起点桩号注为 0±000.000，起点上游桩号注成"km－m"，起点下游桩号注成"km＋m"。

（2）同一幅图中几种建筑物若采用不同"桩号"系统标注，可在数字前加注文字或代号以示区别。

（3）桩号数字一般应垂直于轴线方向注写，且标注在轴线的同一侧；当轴线转折时，转折点的桩号应重复书写，如图 11.17 所示。

11.3.7 重复尺寸和封闭尺寸注法

水利工程的建筑物不仅规模庞大，形状不规则；往往难以按投影关系配置；水工图纸的数量较多，为读图方便，尺寸标注比较灵活，某些重要尺寸可以重复标注在不

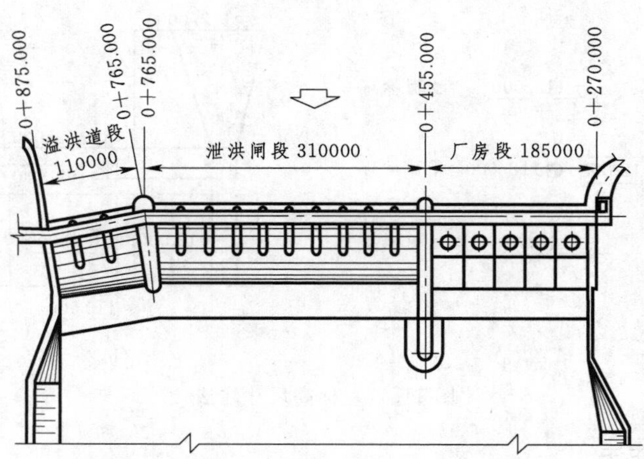

图 11.17 桩号尺寸的注法

同的视图上，施工图内也允许标注封闭尺寸（同时标注分段尺寸和总尺寸）。如图 11.17 所示某水电站的平面图中，既标了桩号，又标了各工段的长度。值得一提的是，对于机械图，因工艺要求，无论重复尺寸还是封闭尺寸都不允许出现。

11.3.8 多层结构的尺寸注法

对于多层结构尺寸，可用引出线引出标注，引出线应通过并垂直于被引的各层，如图 11.18 所示，其中文字说明和尺寸数字应按其结构层次注写。

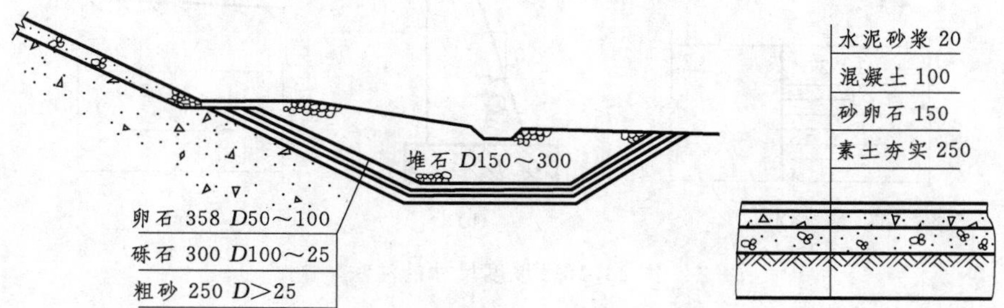

图 11.18 多层结构尺寸注法

11.4 水利工程图的阅读

11.4.1 读图的步骤和方法

由于水利工程的图样内容广泛、数量众多，且视图较为分散。为了减少读图的盲目性，应该按照一定的步骤和方法进行阅读。

1. 读图的步骤

读图的一般步骤是：先看枢纽布置图，再看建筑物结构图；先看主要结构，再看次要结构；先看大轮廓，再看小配件。

(1) 看枢纽布置图时，应以总平面图为主，结合有关视图（立面图或断面图）。

重点在于了解枢纽的地理位置、周边地形及河流状况，建筑物的组成及各建筑物的位置、形状、主要尺寸和相互关系。而对图中的图例、简化和省略画法，只需有个概括印象，待阅读这部分的结构图时，再进一步深入了解。

(2) 看建筑物结构图时，要详细了解各建筑物的名称、功能、工作条件及结构特点，建筑物各组成部分的构造形状、大小、作用和材料等。而对于某些附属设备，一般只需知道它的位置和作用，若需进一步了解，再查阅相关图纸。

(3) 将以上读过的图进行总结归纳，以便全面、完整和详细地了解该水利工程。

2. 读图的方法

读图的方法仍是“以形体分析法为主，以线面分析法为辅”。但是，由于视图往往不按投影关系配置，所以，运用投影规律分析时，应注意以下几个问题：

(1) 首先应搞清楚各建筑物采用了哪几个视图、剖视和断面、详图和特殊表达方法，明确剖切位置和投影方向及各视图间的关系。然后，再以特征明显的视图为主，相互配合进行阅读。

(2) 用形体分析法看图时，可根据建筑物的特点，将它沿长度或宽度分成几段；也可沿高度分为几层，再用“分线框、找投影、按部分、定形体”的方法，想象出每段（层）的形状。

(3) 看水工建筑物的图样，还应按其特点，弄清上下游、左右岸以及水流的主要通道，并注意图中的文字说明。有时，还需借助标高和重复尺寸数字找出视图之间投影的对应关系。

11.4.2 读图举例

视频资源 11.2 水利工程图阅读

【例 11.1】 石泉水电站水利枢纽布置图及典型剖视图。

石泉水电站位于陕西省石泉县汉江上游 2km 处，是 20 世纪 70 年代汉江上游建成的首座中型水电厂，以发电为主，兼有灌溉、防洪、渔业等综合效益，总库容为 4.4 亿 m^3，设计灌溉面积 0.4 万亩，装机容量 13.5 万 kW。图 11.19 是石泉水电站枢纽布置图。主坝坝型为混凝土空腹重力坝，最大坝高 65m，坝顶长度 353m，坝体工程量 37 万 m^3，坝基岩石为石英片岩，主要泄洪方式为坝顶溢流。各典型剖视图如图 11.20～图 11.23 所示。

本例主要阅读该水电站枢纽布置图及四个典型剖视图。

1. 枢纽布置图

由图 11.19 可以看出，该枢纽主要由拦河坝、厂房段和开关站三部分组成。拦河坝是该枢纽的主要挡水建筑物，在它上游形成水库，可调节河流来水量，增加发电量。厂房是安装水力发电机组的建筑物，布置在拦河坝左侧，安装 4.5 万 kW 的机组 3 台。开关站在左岸，由 11 万 kV 和 22 万 kV 两分站组成，其作用是将发电机产生的电能升压并网。

平面图中用等高线示出该枢纽所在的地形，用箭头示出水流方向自上而下，由指北针的指向测量出坝轴线的走向为 NW328.5°。

汉江径流的年内分配不均，夏季、秋季径流相近，各占 37%～40%，春季径流占 16.6%～17.5%，冬季只占 5%～6.7%。其中，最大月径流一般出现在 9 月，月径

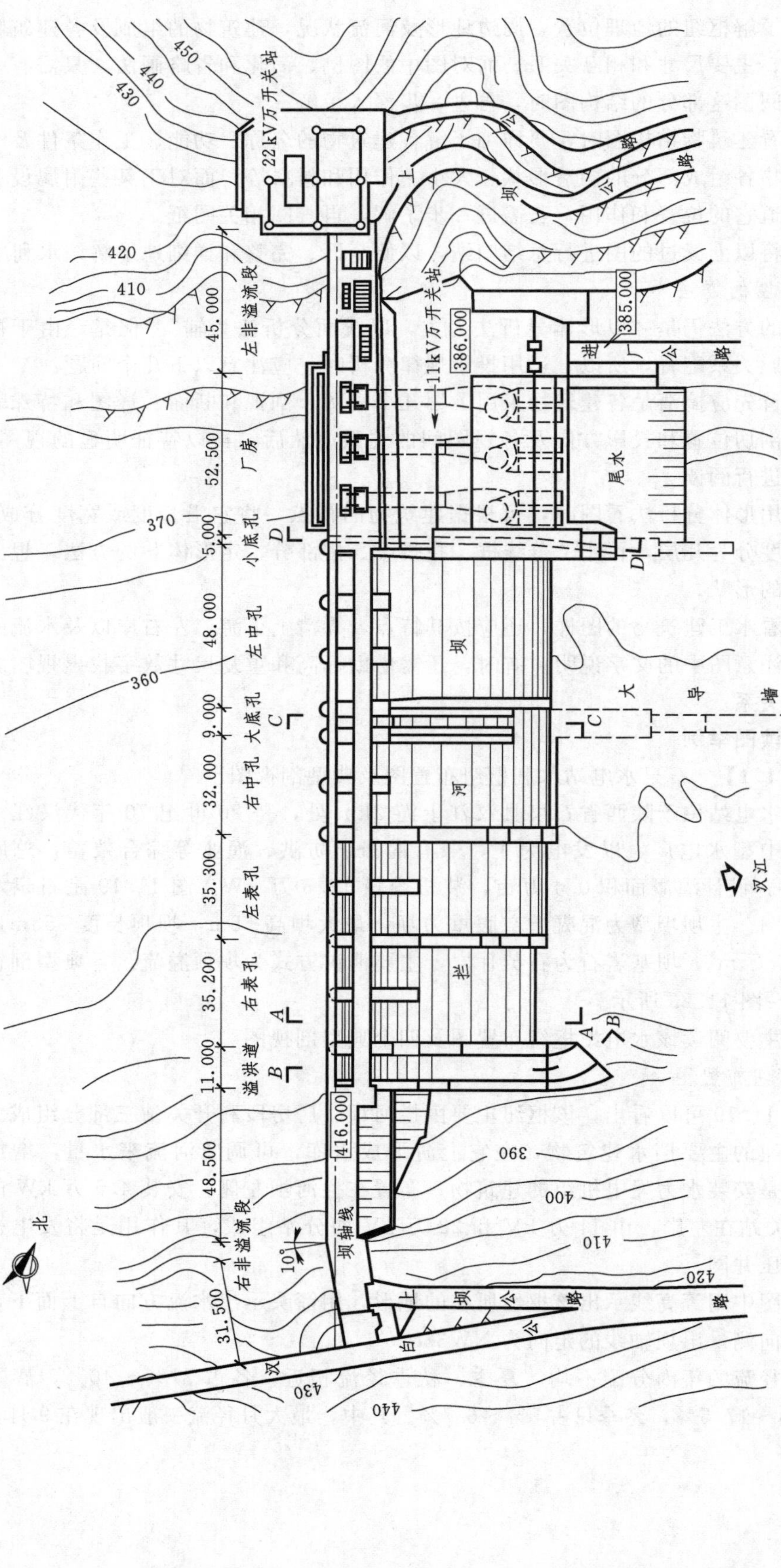

图11.19 枢纽布置图（单位：m）

流量约占年径流量的 20%，7 日设计洪水总量达 49 亿 m^3。由于拦河坝不高，调洪库容只有 2.2 亿 m^3，不到设计洪量的 1/20，所以，枢纽泄洪频繁，根据这一特点，拦河坝在不同高程开设了较多的泄水孔洞。拦河坝分为可泄水段与左、右岸非溢流段三部分，位于河床中部的可泄水段由多座泄水建筑物组成，图中注出了它们各占的宽度。本例中选择右表孔、溢洪道、大底孔和小底孔的纵剖视图作为阅读对象，以了解这类泄水通道的图示方式。

2. 典型剖视图

下面各视图都是沿孔道的中轴线剖切的，读图时要注意：因剖切的视向不同，上游在视图的左右位置也不同，而水道侧面的墩、墙是未剖到部分，其形状也因视向而异。

(1) 由图 11.20 所示右表孔纵剖视可以看出，拦河坝是混凝土结构，建造在基岩上，因其剖视位于河床最深处，坝顶高程 416.000m，基岩高程 352.000m，故枢纽的最大高度为 64m。这种坝是依靠自身的重量保持稳定，又称重力坝。图中在坝基上游侧进行帷幕灌浆，帷幕后增设排水孔及坝基中部挖空一块（呈拱形），都是为了降低基底扬压力，提高坝体稳定性。另外，顺坝轴线方向，坝内还设置了一些不同高程的纵向通道，供灌浆、排水和检修使用，称为廊道。

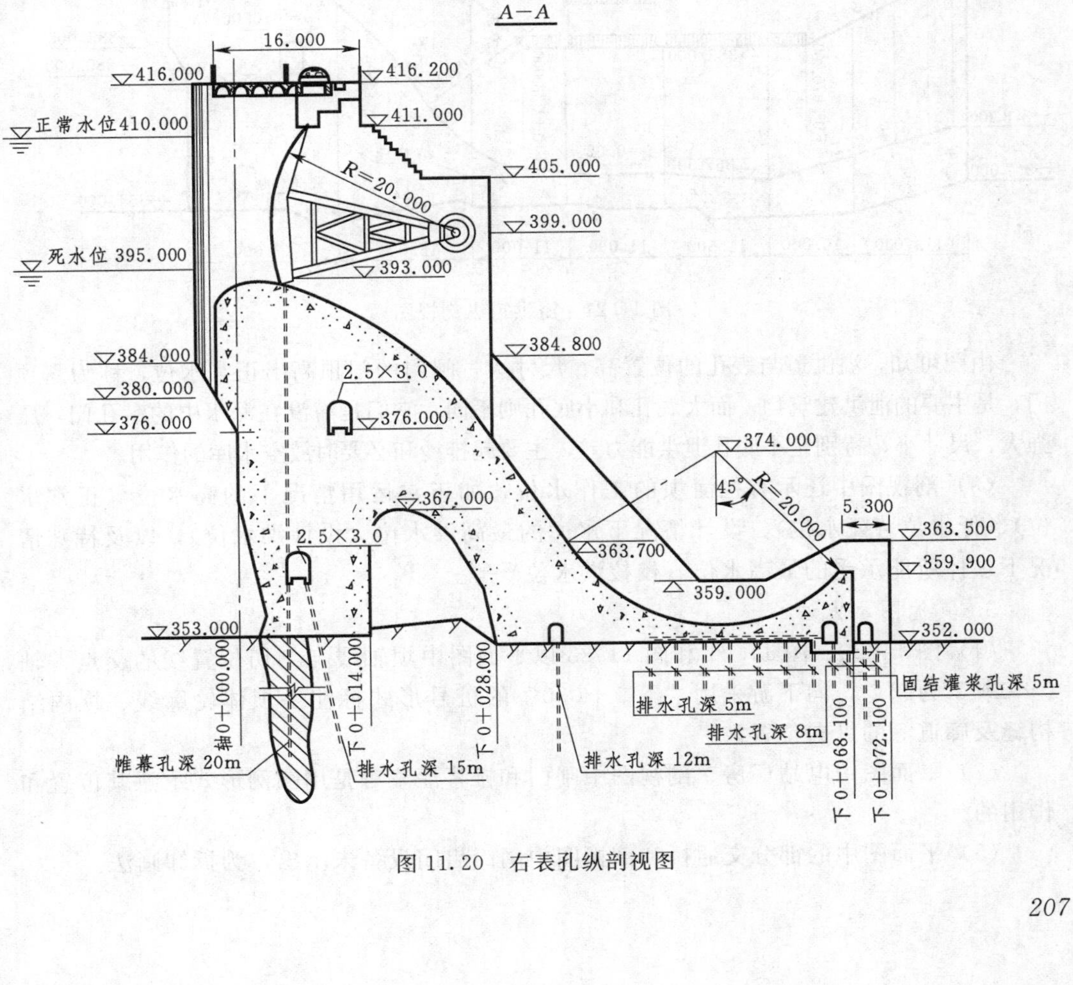

A—A

16.000
416.000
416.200
411.000
正常水位 410.000
405.000
R=20.000
399.000
死水位 395.000
393.000
384.800
384.000
2.5×3.0
380.000
376.000
376.000
374.000
45°
R=20.000
367.000
5.300
2.5×3.0
363.700
363.500
359.900
359.000
353.000
352.000
轴 0+000.000
下 0+014.000
下 0+028.000
固结灌浆孔深 5m
排水孔深 5m
排水孔深 8m
下 0+068.100
下 0+072.100
帷幕孔深 20m
排水孔深 15m
排水孔深 12m

图 11.20　右表孔纵剖视图

(2) 各视图的建筑物都设有控制泄流量的闸门。拦河坝右岸的溢洪道为单孔，安有宽8.5m、高15.5m（记作$8.5\times15.5m^2$）的弧形闸门，闸底槛高程395.000m，如图11.21所示。右表孔和左表孔都是双孔，各设两扇弧形钢闸门，闸底槛高程393.000m，如图11.20所示。大底孔的孔宽4m，进口设有两道门槽，如图11.22所示，后面一道是$4\times8m^2$的平板钢闸门，称为工作门；前面一道是当工作门出现事故时用的事故门。小底孔的孔宽2m，进口设有一道检修门，如图11.23所示，是$2\times3.5m^2$的平面钢闸门，工作门则设在泄水洞出口，是$2\times3m^2$的弧形钢闸门。由于工作门在出口，泄水洞是压力洞，其纵坡为0.2%。

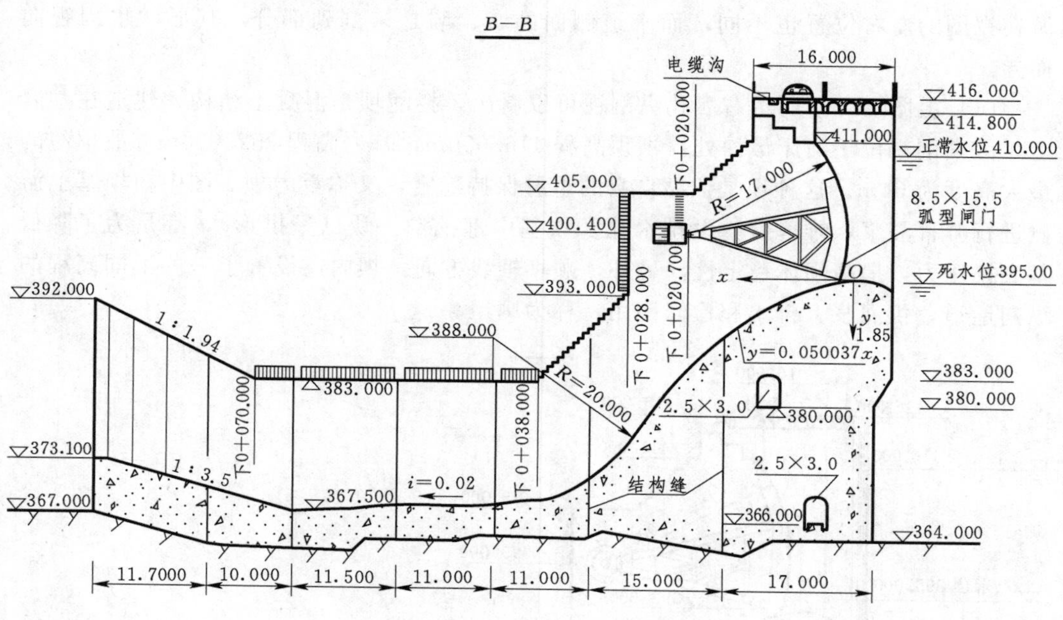

图11.21 溢洪道纵剖视图

由图可知，溢洪道与表孔的位置高、尺寸大，闸门的门顶高出正常水位，称为露顶门，是主要的泄洪建筑物；而大底孔和小底孔则不同，它们是潜没在深水中的潜孔门，压强大、尺寸小，特别是小底孔泄洪能力差，主要起排沙和必要时放空水库的作用。

(3) 剖视图中还示有拦河坝的工作水位，如正常运用情况下的高水位（正常水位）、低水位（死水位）、设计情况下水库的最高洪水位（设计洪水位），以及特殊情况下坝体所能承受的最高水位（校核洪水位）等。

3. 其他图示方法

(1) 图11.20、图11.21和图11.23以平面图中坝轴线与剖切位置线的交点“轴0+000”为起点，向下游采用“下0+000”的桩号形式标注了坝体轮廓线、坝内结构缝及廊道等的纵向位置。

(2) 平面图中电站厂房、剖视图中闸门和帷幕灌浆等是用图例形式示意其位置和作用的。

(3) 平面图中的部分交通桥和剖视图中闸门启闭设备未示出，为拆卸画法。

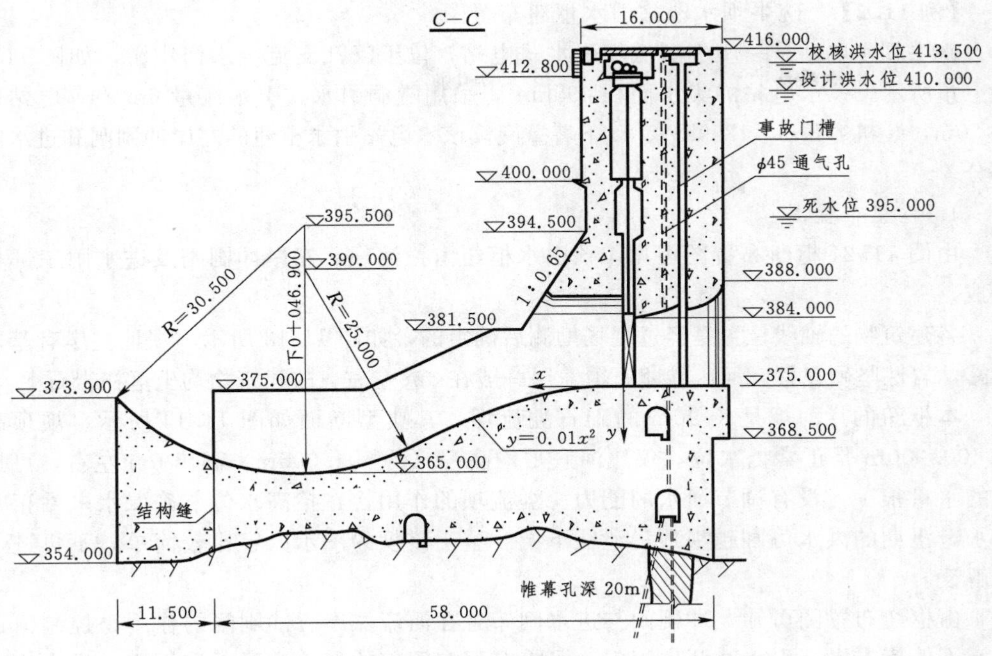

图 11.22　大底孔纵剖视图

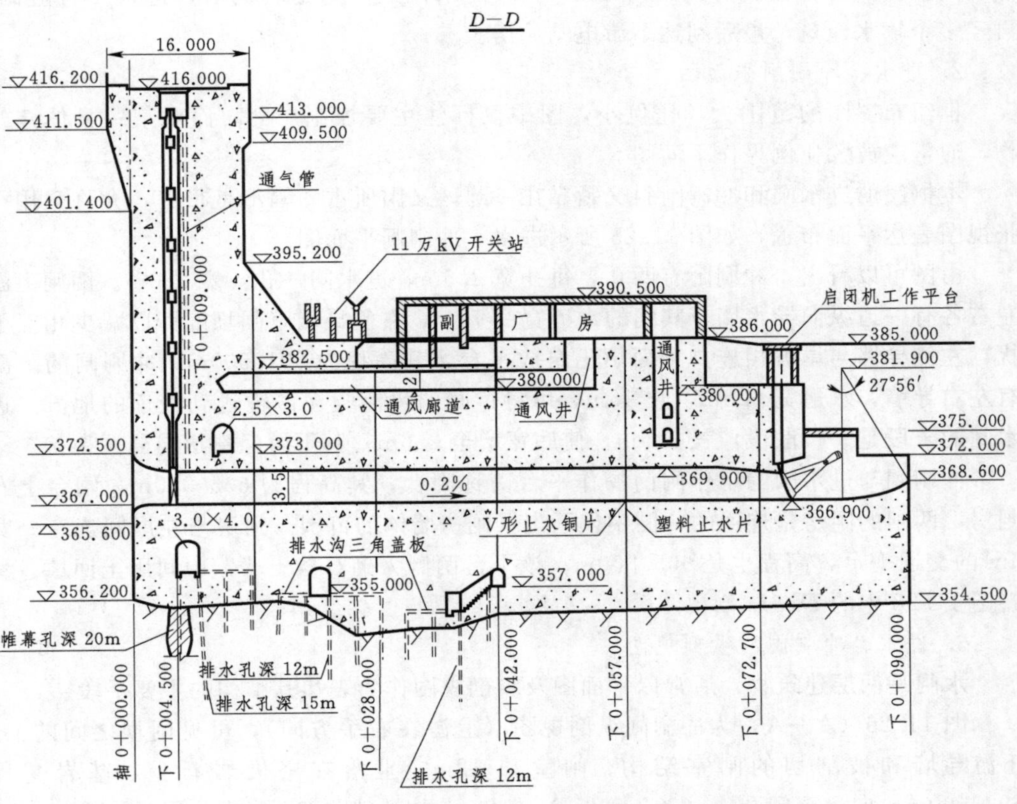

图 11.23　小底孔纵剖视图

【例 11.2】　碗牛坝水电站引水枢纽布置图。

碗牛坝水电站是一座小型低坝引水式电站，位于汉江支流金水河中游，如图 11.1 左上角所示。该水电站的集水面积 495km^2，采用隧洞引水，引水流量 6m^3/s，电站落差 80m，装机容量 3×1250kW。以下着重阅读该水电站引水枢纽的左岸冲刷闸和进水闸部分。

1. 枢纽布置图

由图 11.24 枢纽布置图可见，该引水枢纽由拦河坝、左岸冲刷闸及进水闸三部分组成。

各建筑物的轴线位置是经过现场勘测后确定的，如图 11.13 所示。坝址左岸有基岩出露，岩性坚硬完整，河床砂卵石覆盖层一般在 3m 左右，故建筑物均坐落在岩石上。

本枢纽的拦河坝是长 96m 的砌石溢流坝，其典型断面如图 11.14 所示。坝顶高程 600.900m 是正常挡水位，仅比河底平均高程（约 595.000m）高出 6m 左右，可拦蓄的水量很少，没有调节河水的能力。溢流坝的作用旨在抬高水位，确保水电站正常引水，汛期的洪水可翻越坝顶，泄往下游。鉴于该坝的图示内容比较简单，不再进一步解读。

由枢纽布置图可知，冲刷闸与进水闸布置在河流左岸。冲刷闸的作用是控制河道主流不偏离左岸，引水时开启闸门，可将沉积在闸前的泥沙排至下游河道。进水闸在冲刷闸左侧，两者轴线的夹角为 30°，引入的水流经一弯道转向后，进入 1 号隧洞，再经多个输水建筑，最后到达下游电站厂房。

2. 进水、冲刷闸平面图

枢纽布置图的范围大，比例小，图中仅标注主要控制尺寸。而对某一具体建筑物，通常应放大比例另作平面图。

本枢纽的进水闸和冲刷闸斜交紧靠在一起，又因所占图幅不是很大，允许只用一张视图表达平面布置，如图 11.25 所示进水、冲刷闸平面图。

由图可以看出，冲刷闸有两孔，每孔宽 2.5m，进水闸一孔，宽 2.0m。两闸上游左右各有一道纵向导水墙，其间的水道宽 9.72m，右侧导墙将闸坝隔开以减少相互干扰，左侧导墙与岸坡相连，背面填土筑成平台，其高程为 601.500m。冲刷闸的下游有左右导墙，水道宽 6.5m，长 16m，可将过闸的水流与泥沙输送到较远的地方。进水闸的末段是一扩散段，长 3.5m，使底宽增至 2.6m，其下游经弯道与隧洞衔接。

冲刷闸与进水闸的工作闸门操作平台简称闸台，其高程为 605.500m。闸台上有闸房，两闸的闸房是连通的，图中仅示出了闸房墙体的范围。闸房与左岸间连有一宽 6m 的交通平台，高程也是 605.500m；该平台两侧为砌石挡土墙，中间用土回填，参看图 11.28 中的 *D—D* 剖视图。

3. 进水、冲刷闸的纵剖视图

水闸是两层建筑物，通常以平面图及纵剖视图作为表达其结构的主要手段。

图 11.26（*A—A*）为冲刷闸纵剖视图（上游在右手方向），可见闸坝之间的上、下游导墙和被剖切的闸室结构。闸室长 12m，坐落在坚硬岩石上，基岩高程 592.500m，向上至闸孔底（595.500m）有 3m，故基础以砌石为主，顶部是厚为 0.4m

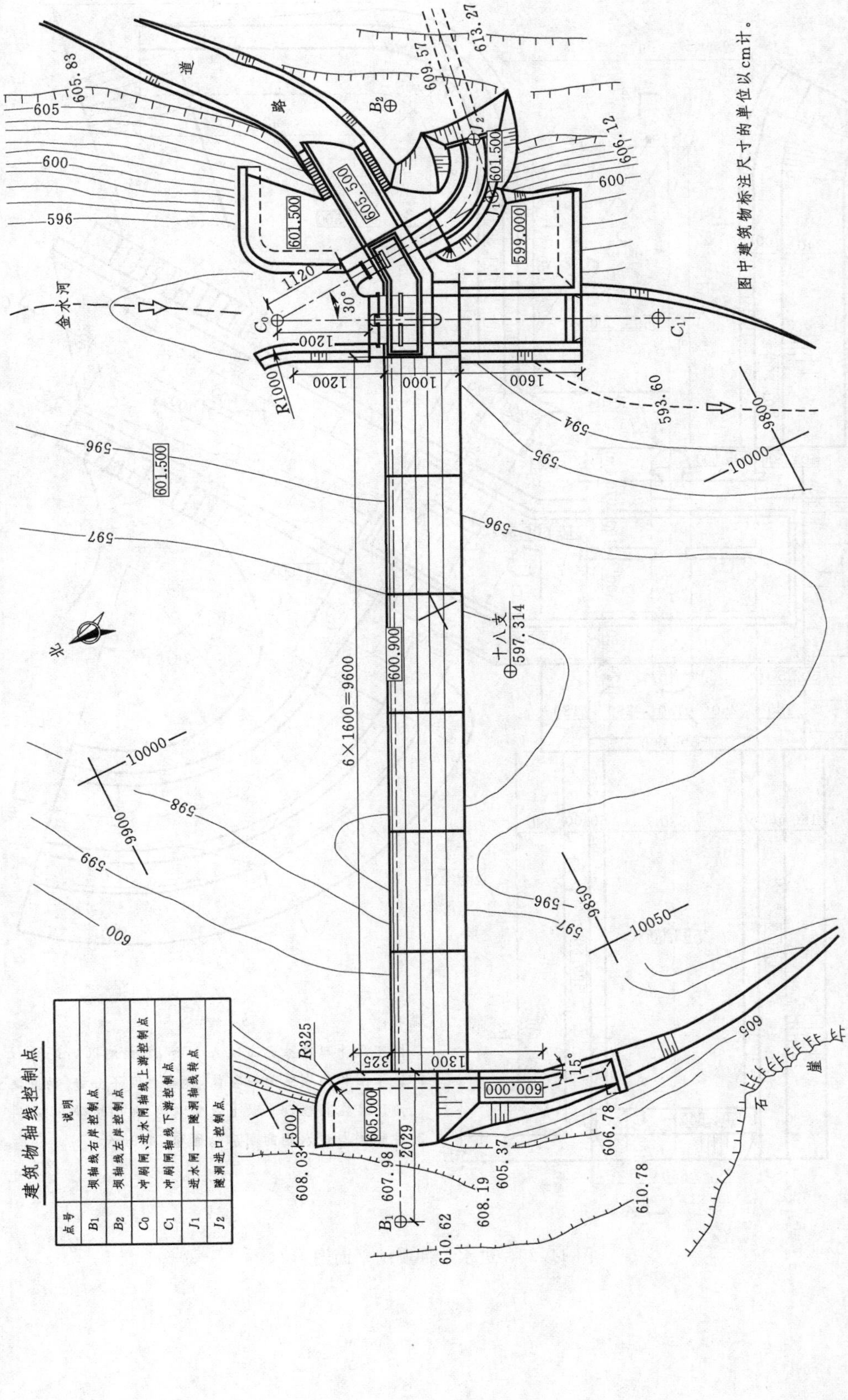

图中建筑物标注尺寸的单位以cm计。

建筑物轴线控制点

点号	说明
B_1	坝轴线右岸控制点
B_2	坝轴线左岸控制点
C_0	冲刷闸、进水闸轴线上游控制点
C_1	冲刷闸轴线下游控制点
J_1	进水闸——隧洞轴线转点
J_2	隧洞进口控制点

图 11.24 碗牛坝枢纽布置图

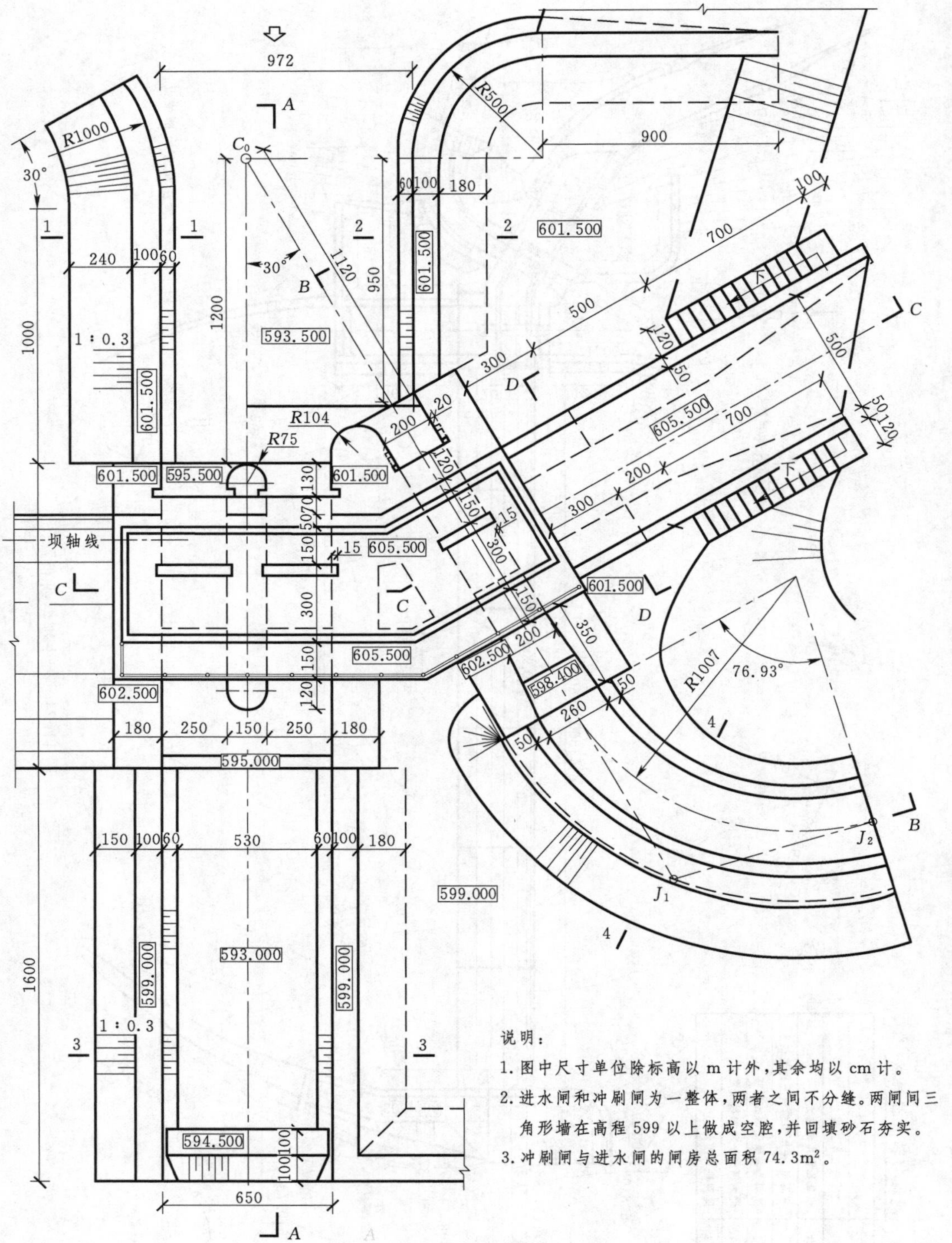

说明：

1. 图中尺寸单位除标高以m计外，其余均以cm计。
2. 进水闸和冲刷闸为一整体，两者之间不分缝。两闸间三角形墙在高程599以上做成空腔，并回填砂石夯实。
3. 冲刷闸与进水闸的闸房总面积74.3m²。

图11.25 进水、冲刷闸平面图

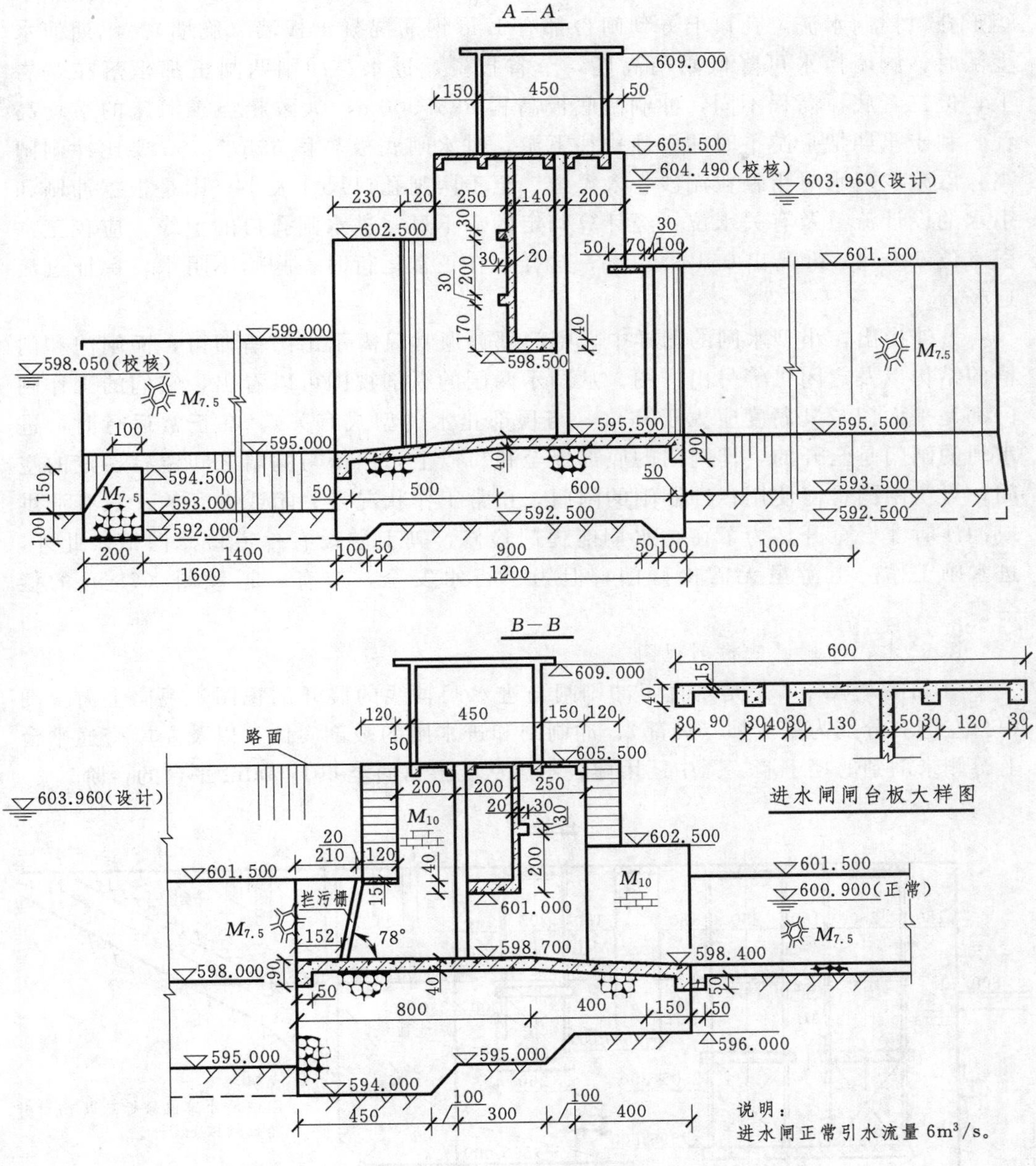

A—A

B—B

进水闸闸台板大样图

说明：
进水闸正常引水流量 $6m^3/s$。

图 11.26 进水、冲刷闸纵剖视图

钢筋混凝土闸底板。由图可知，由于地质条件较好，该闸的上、下游开挖至较坚硬岩石后，表面不再作任何处理，仅在闸室后下游 14m 处设了一道砌石坎（顶部高程 594.500m），以削弱下泄水流的冲力。

图 11.26（*B—B*）为进水闸纵剖视图（上游在左手方向），可见左导墙和岸坡上的台阶。进水闸的闸室全长 13.5m（含扩散段），其地基处理与冲刷闸类似，也有很厚的砌石基础。

由进水、冲刷两闸的纵剖视图可知，二者的上部结构型式是相同的，均采用了矩形孔口控制水流，孔口上方到闸台都有 L 形钢筋混凝土板墙（胸墙）。汛期河水上涨时，胸墙挡水可降低闸门高度，节省投资。进水、冲刷两闸虽都坐落在基岩上，但二者底板高程不同，冲刷闸底板高程 595.500m，大致相当于河床的平均高程，利于汛期把上游平时的淤沙排往下游；进水闸底板高程 598.700m 要比冲刷闸高，以减少引水时粗颗粒泥沙卷入渠道。至于两闸孔口尺寸大小，则是根据冲刷和引水的设计流量及有关水位，经计算确定的。不过，进水闸孔口的上缘，应较正常引水位 600.900m 高出 0.1～0.2m；这样，在正常运行时，胸墙不阻水，保证过流通畅。

另外指出，小型水闸的图样中，闸门部分通常只需示出门槽即可，而闸门和门槽的结构以及启闭机等另出详图。从图示两闸的纵剖视图可以看出，它们的工作闸门都是平面门，其高度应大于孔口（与顶部止水的型式有关）。在正常运行时，进水闸的闸门是全开的，即闸门的底部提至孔口以上，门槽与胸墙之间留有一定的空间，可供闸门检修使用；冲刷闸的闸门，正常工作状况是关闭或微开的，只有泄洪或冲沙时才会全开，为了在枯水期能提门检修，其上游设有一道检修门槽。此外，进水闸工作门上游虽无需检修门，但为了行水安全，应有一道倾斜（78°）的拦污栅。

4. 进水、冲刷闸的横剖视图

图 11.27（*C*—*C*）是垂直于冲刷闸与进水闸轴线的展开剖视图，视向上游。图中自左向右分别为溢流坝（局部）、冲刷闸和进水闸的被剖实体，以及左岸交通平台上游侧未剖到的挡土墙。图中还用虚线示出从上游路面至 601.500m 平台的台阶。

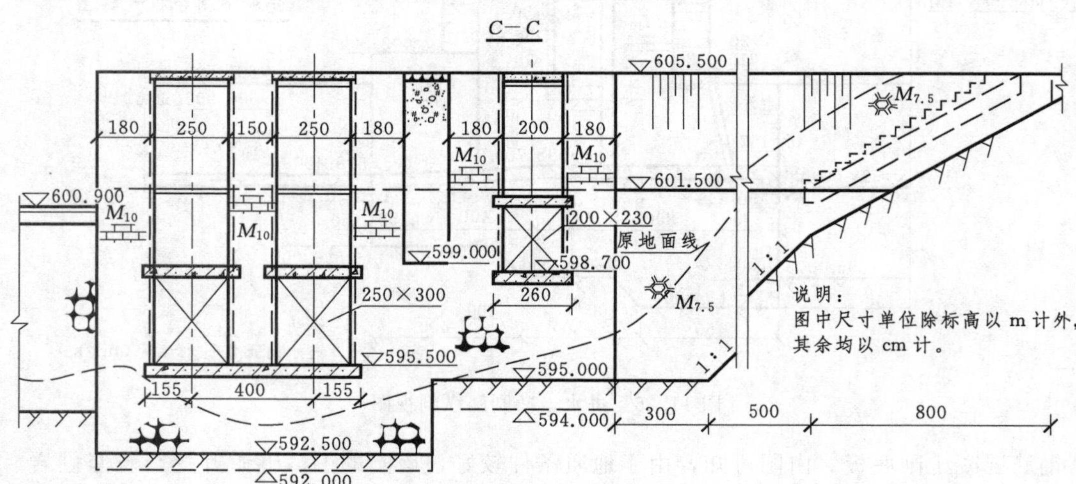

图 11.27　进水、冲刷闸横剖视图

C—*C* 剖视图应配合图 11.26（冲刷闸与进水闸纵剖视图）一起阅读。由于 *C*—*C* 剖切的位置在闸门与胸墙之间，视向上游，故图中示有闸门和被剖到的胸墙底部水平段（闸孔顶板），却看不到胸墙的挡水面板。图中闸墩两侧的虚线为门槽，而闸墩之

间的可见轮廓线（中粗）是闸前的检修桥。在剖切线的位置，两闸的基底高程分别为592.500m和595.000m，图中基底线以下的虚线则为两闸前端的基底线。图中还示出两闸之间回填砂石的空腔。此外，从冲刷闸的闸孔钢筋混凝土底板结构可知，两孔底板为一整体，全宽7.10m。

另外指出，本例中的小型引水枢纽，一般无需绘制上游立面图或下游立面图，只要有平面图和主要建筑物的纵、横剖视图，再加几个局部位置的剖视、断面图就可以表达清楚了。

5. 进水、冲刷闸局部剖视、断面图

为了便于进一步了解闸体结构，将图11.25所示剖切位置的剖视图与断面图，集中在图11.28中，供读图参照。例如，对比两闸的闸台板可以看出，两者的布置与结构是完全一样的，其差别仅在于冲刷闸的闸孔宽一些，闸门大一些，受力也大一些，所以，梁的高度比进水闸大10cm。

局部位置剖视图的运用十分灵活，对于基础与上层结构更为单一的小型引水枢纽，也可增加局部剖视图而省去进水、冲刷闸横向剖视图。

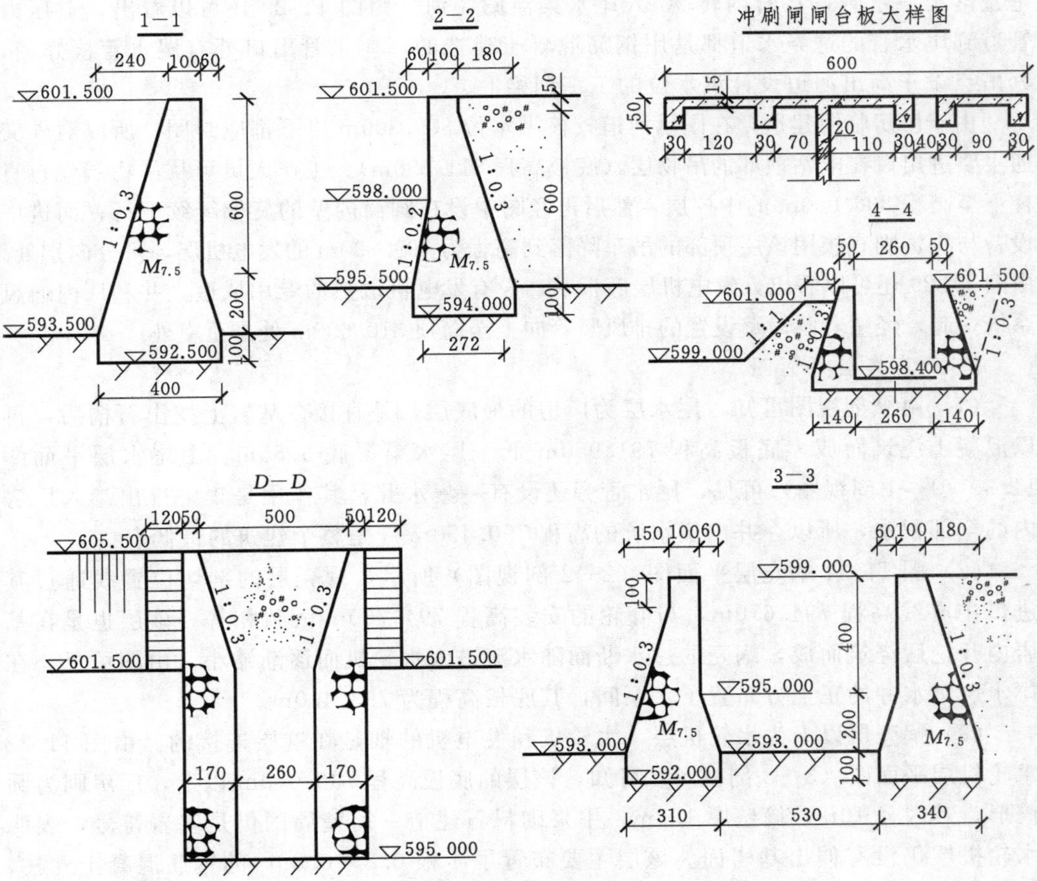

图 11.28 进水、冲刷闸局部位置剖视、断面图

【例 11.3】　枣渠实验水电站厂房结构图。

枣渠实验水电站是在原泾河枣渠水电站防洪墙外侧临河增建，供水轮机磨蚀试验研究专用的单机水电站，它与原水电站共用一个前池。为了减少它与原水电站间的干扰，且需安一台竖轴立式机组，厂房采用封闭圆筒式六层结构，仅在发电机层设一条与原水电站连接的交通廊道。

水电站厂房是比较复杂的专门水工建筑物，通常分为安装水轮机与发电机的主厂房和调控输出电流的副厂房两大部分，建筑上可分可合，合在一起投资小，但干扰大、环境差。本例的枣渠实验水电站，不仅主副厂房合一，而且受条件限制，使得水、电、风、油系统更为集中，全面读图的难度也相对较大。为了有效地提高空间想象能力，下面我们阅读厂房结构图来进行学习，包括厂房纵剖视图和各层平面图。阅读时以纵剖视图为主，配合各层平面图分层看。

1. 厂房纵剖视图

厂房纵剖视如图 11.29 所示，通过压力管道轴线和厂房中心线（机组轴线）垂直剖切。压力管道中的水流经蜗壳进入水轮机，推动叶轮和同轴发电机转子旋转发电，垂直落至尾水管，在管内转 90°入尾水渠流归泾河。由图 11.29 还可以看出，自压力管道到尾水管的这条水道都是用钢筋混凝土建造的，尾水管出口处有尾水管检修门，其吊点设于高出河道设计洪水位的工字钢梁上。

由于厂房临河建造，在图示河道校核洪水位 809.300m 以下都应封闭，所以对外交通主要进出口在电站顶部的吊物层（底板高程 811.050m）。工作人员可从吊物层先自直梯下至高程 806.000m 的中控层，然后再经图中设在圆筒内壁的旋梯继续下行；而进厂设备与物资则直接用该层顶部的吊车降落到高程为 799.830m 的发电机层，再分向别处。由图 11.29 还可以看出，发电机层底板下，设有发电机散热的专用风道，并和厂内通风系统一起，经贴着圆筒壁设置的排风竖管向上至筒顶 810.650m 处排至室外。

2. 厂房各层平面图

(1) 由纵剖视图可知，尾水层为厂房的最底层，是直接在基岩上挖出石槽后，再以混凝土浇筑而成，底板高程 791.950m 低于尾水渠渠底 0.55m。由尾水层平面图 11.30（1—1 剖视图）可见，尾水管旁还设有一集水井，其作用是集中排出渗入厂房内的全部积水，所以，井内集水坑的高程 790.450m 应是整个建筑的最低点。

(2) 图 11.31 蜗壳层平面图（2—2 剖视图）所示，蜗壳层的剖切位置线通过其进口中心线高程 794.670m，与叶轮的安装高程 794.700m 大致相等。该层也是在基岩内开挖后浇筑而成，蜗壳的过水断面随水流进入水轮机而逐渐缩小。由图可见，在尾水层集水井的正上方布置了水泵间，其底板高程为 793.400m。

(3) 蜗壳层以上为水轮机层，水轮机和发电机的轴是在这层连接的。由图 11.32 水轮机层平面图（3—3 剖视图）可知，该层的底板高程 796.040m 以上，厂房则为圆筒形，其内径 10m，筒壁厚 1.5m，用浆砌料石建造。筒壁周围仍是基岩符号，表明水轮机层仍没有伸出基岩面。该层主要布置了 4 根 $0.8\times0.8\text{m}^2$ 的钢筋混凝土立柱，这些柱子和它顶部的钢筋混凝土环梁一起支承着发电机，称为发电机的机墩。图中还示出了控制水轮机进水量的调节机构——推拉杆的位置。此外，由于技术上要求蜗壳

进水应在水轮机一侧，故图中蜗壳进口段的中心线与水轮机轴线平行，水平间距 42.7cm。

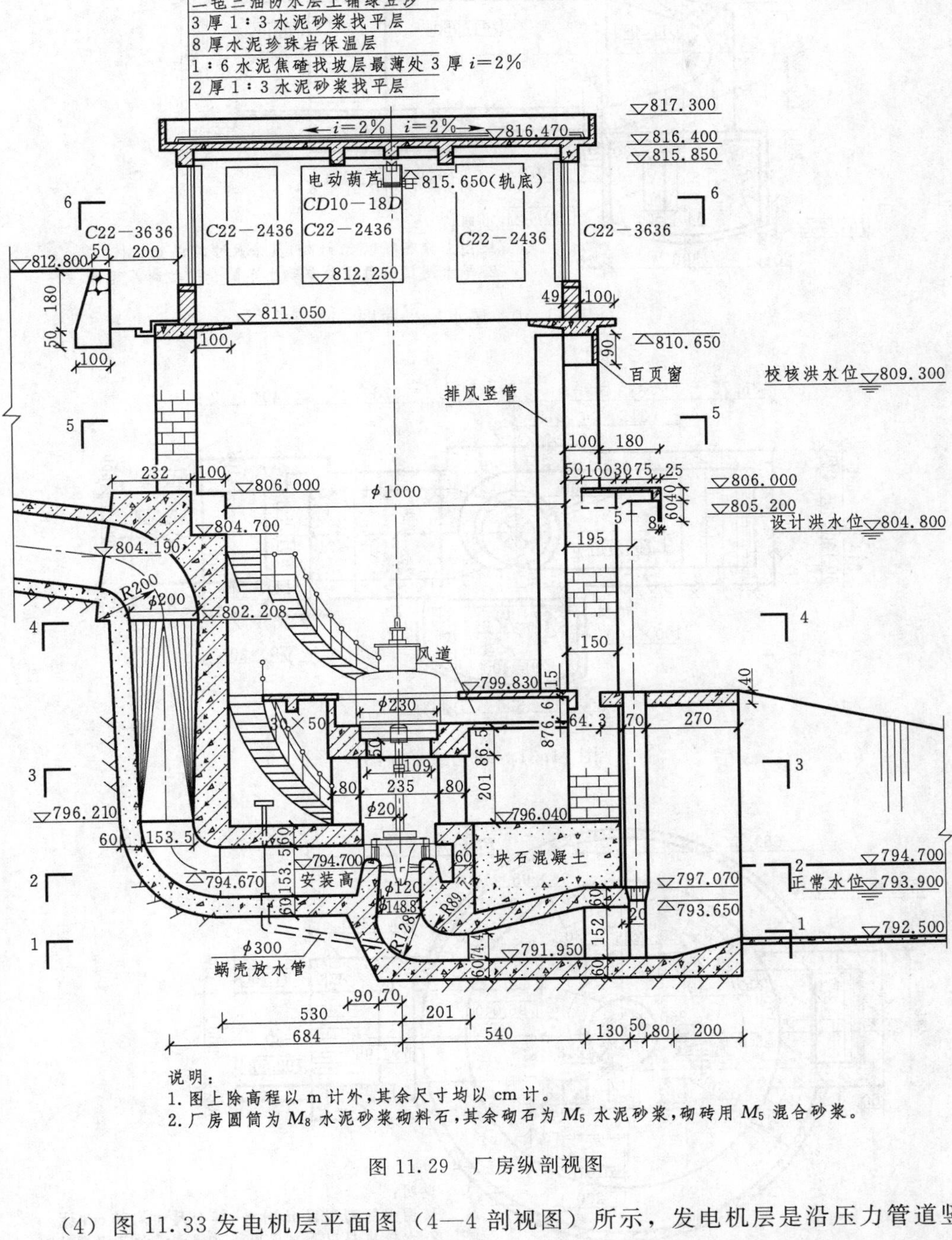

二毡三油防水层上铺绿豆沙
3 厚 1∶3 水泥砂浆找平层
8 厚水泥珍珠岩保温层
1∶6 水泥焦碴找坡层最薄处 3 厚 $i=2\%$
2 厚 1∶3 水泥砂浆找平层

说明：
1. 图上除高程以 m 计外，其余尺寸均以 cm 计。
2. 厂房圆筒为 M_8 水泥砂浆砌料石，其余砌石为 M_5 水泥砂浆，砌砖用 M_5 混合砂浆。

图 11.29　厂房纵剖视图

（4）图 11.33 发电机层平面图（4—4 剖视图）所示，发电机层是沿压力管道竖直渐变段顶部剖切，所以，图中管道断面为圆，发电机层的底板高程为 799.830m。发电机一侧有控制水轮机层推拉杆的调速器，另外还布设了通向原厂房的廊道（宽为

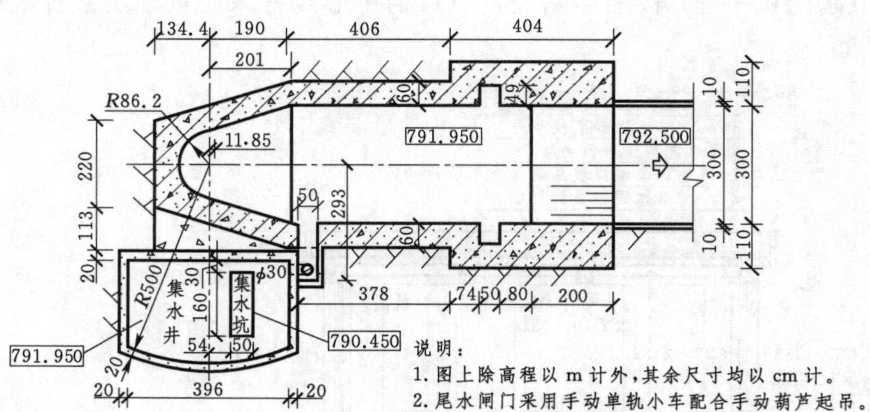

说明：
1. 图上除高程以 m 计外，其余尺寸均以 cm 计。
2. 尾水闸门采用手动单轨小车配合手动葫芦起吊。

图 11.30　尾水层平面图

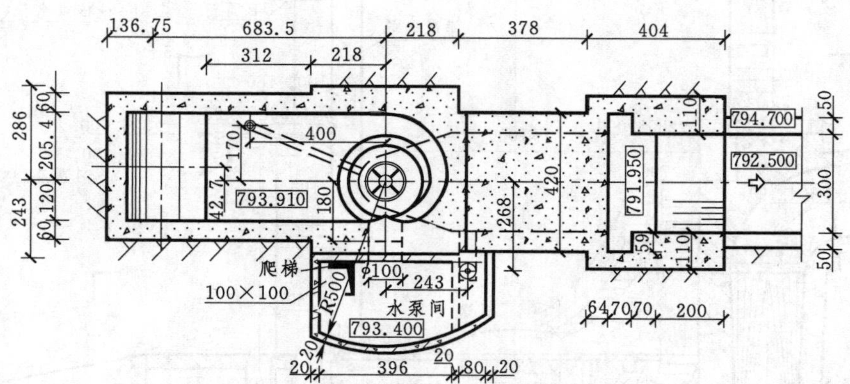

图 11.31　蜗壳层平面图

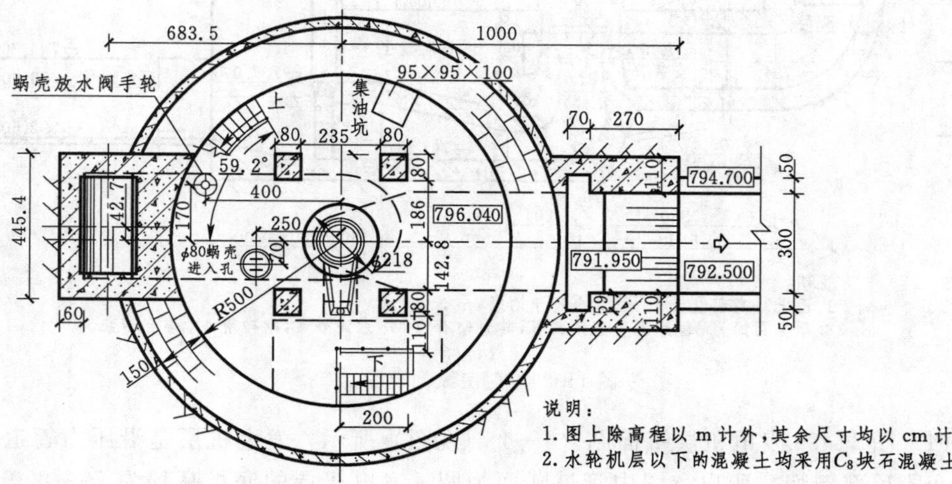

说明：
1. 图上除高程以 m 计外，其余尺寸均以 cm 计。
2. 水轮机层以下的混凝土均采用C_8块石混凝土。

图 11.32　水轮机层平面图

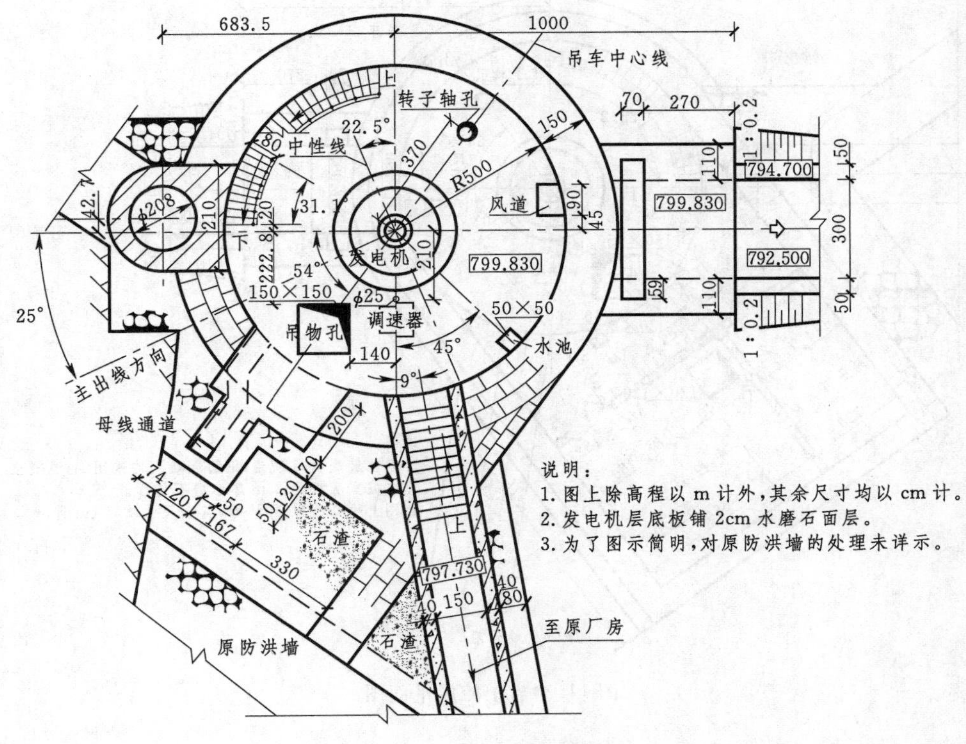

图 11.33　发电机层平面图

1.5m)，由廊道下台阶至 797.730m 高程后，穿过防洪墙进入原厂房发电机层。图中的方孔为吊物孔，是向水轮机层输送机件和材料用的，圆孔为转子轴孔是检修机组时安插转子用的。另外，还可以看出，剖切高程处的厂房，已是一侧临空，一侧靠山。而在靠山侧留有一缺口，用以向中控层转运设备，兼作发送电流的低压母线通道（图中虚线）。

(5) 中控层的作用是集中调度机组运行，并将来自发电机层的低电升压后输送出去。由图 11.34 中控层平面图（5—5 剖视图）可以看出，该层的中控室和高压开关室不在 10m 内径圆筒之内，而是于一旁另建的，故厂房的横断面亦由圆形变成了方圆形。因底板高程 806.000m 高于设计洪水位，所以筒壁厚减至 1.0m。同时，由于中控层的设备需自发电机层转吊进入，故在中控室内设有专用吊物孔。

(6) 图 11.35 吊物层平面图（6—6 剖视图）所示，吊物层位于筒外中控层的顶部，底板高程 811.050m 与室外地坪平齐。在进物道一侧，安有推拉钢大门，是厂房主要出入口。其作用是将购入的设备和材料送入厂房并兼作检修的场地。从纵剖视图可知，厂房屋顶下安设 400 号工字钢梁和 10t 电动单轨吊车，平面图中 7—7 剖切位置为钢梁安装的中心位置线。

综上可知，在标注各层的平面尺寸时，都必须统一以过圆心的水平与垂直两条中心线为定位基准，才能使厂房成为一整体，满足机组安装和电站运行的要求。

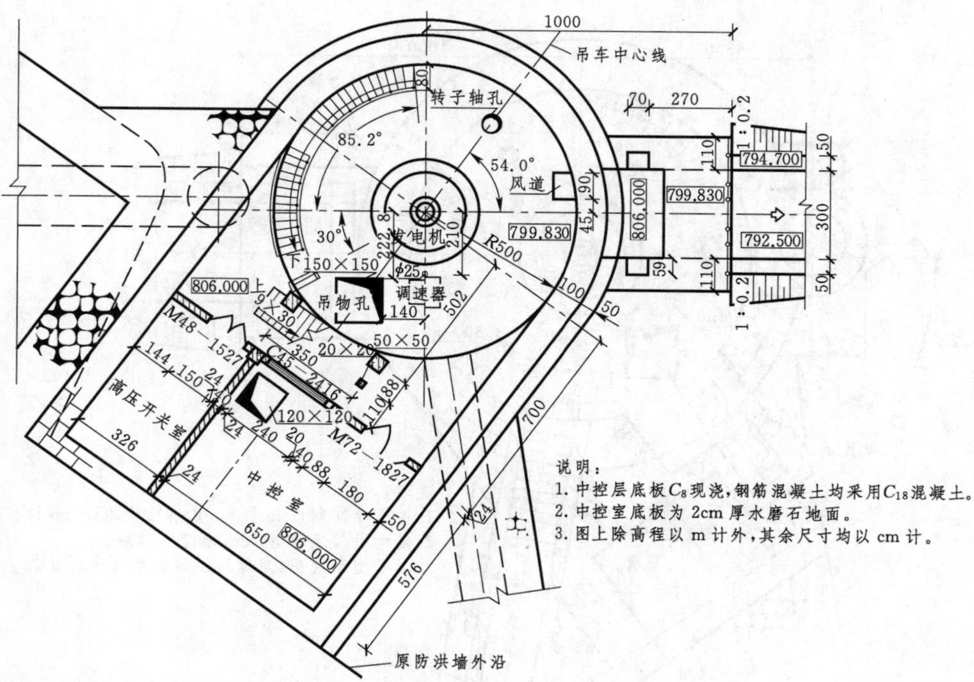

图 11.34　中控层平面图

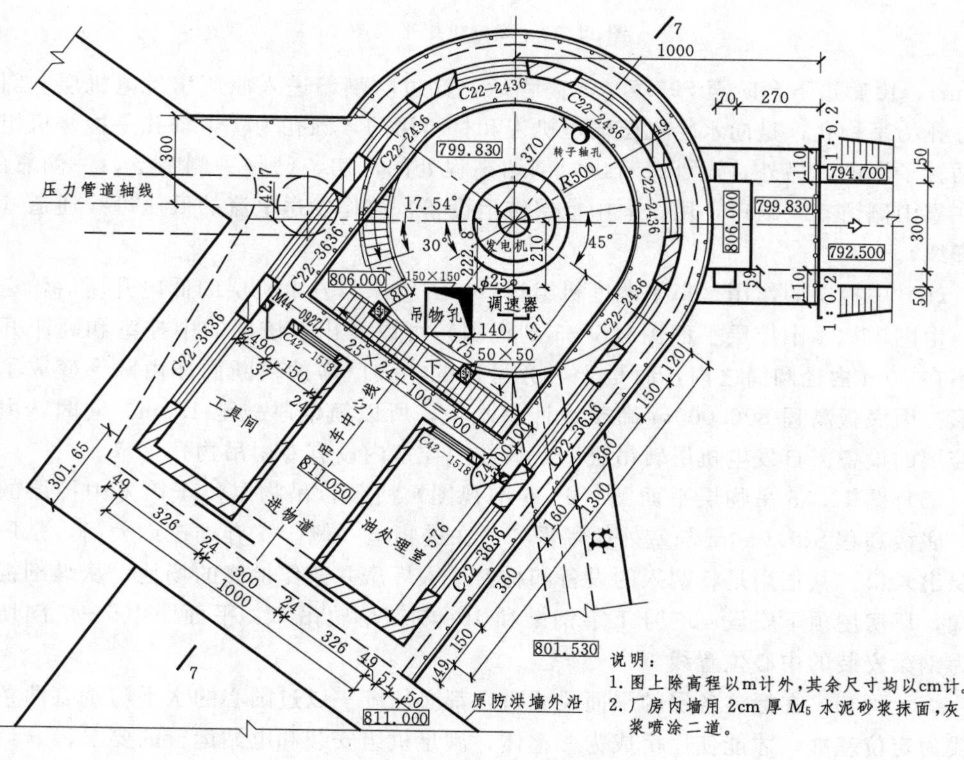

图 11.35　吊物层平面图

11.5　水利工程图的绘制步骤

绘制水利工程图的一般步骤如下：

（1）根据设计阶段与相应要求，明确所要表达的内容与方式，包括图中应附有的表格。

（2）视图选择，确定视图的表达方案。

1）枢纽布置图通常为一独立体系，图中还应包括有关枢纽的简要说明。

2）单项建筑物设计图应自成编号体系，有时还需示出该建筑物在枢纽图中的位置。

（3）确定适当的图示比例。

1）枢纽布置图的比例一般与地形图的比例相同。

2）相同等级的视图，如建筑物的平、立、剖视图，应尽量采用相同的比例。

3）选择比例应以图面清晰为前提，优先选用较小的比例。

（4）合理布置视图。

1）视图应尽量按投影关系配置，有相关视图最好布置在同张图纸内。

2）按所选的比例规划各视图所占的范围，进行合理布图。

3）同一张图上，不宜有过多的局部放大详图，以免冲淡要表达的主体。

（5）绘图。

1）画出各视图中建筑物的轴线或控制基线。

2）画建筑形体时，先画大轮廓，后画细部；先画形状特征明显的部分，后画其他部分。

（6）画断面材料符号，标注尺寸和书写文字说明。

视频资源 11.3
水利工程图
阅读实例

（7）检查无误后再描深。一般来说，主要轮廓线及剖切面的截交线画成粗实线，次要轮廓线画成中粗线（宽度约为粗实线 1/2），其他的均用细实线，这样可使图形主次分明，重点突出。

第12章　房屋建筑工程图

12.1　概述

房屋是供人们生产、居住、工作或者其他用途的建筑物的总称。房屋建筑按使用功能不同可分为生产性建筑和非生产性建筑两大类。生产性建筑可根据其生产内容划分为工业建筑和农业建筑两大类。非生产性建筑可统称为民用建筑，按使用功能可分为居住建筑和公共建筑两大类。房屋建筑以外的建筑物有时也称为构筑物。本章以居住建筑为例介绍房屋建筑工程图。

《易经·系辞》曰："上古穴居而野处。"我国古代人早期择天然洞穴而居，随着生产力的发展，竖穴、窑洞、半穴居建筑逐次出现，在仰韶、半坡、河姆渡遗址中已经出现了分隔房间的大型地面建筑；此后对称布局、木结构构架以及夯土筑基逐步发展形成了大型单体建筑，在此基础上形成了不同规格的都城，如商代盘龙城宫殿和殷墟遗址；我国建筑借地域之便利，和自然之风景，融儒释道文化为一体，逐步形成多种多样的建筑类型，如阿房宫、东京汴梁城、故宫等。在此过程中，出现了大批的建筑典籍，如先秦时期的《考工记》、唐宋明时期的《营缮令》、北宋时期的《营造法式》和清代的《工程做法》《圆明园匠作则例》等。其中《营造法式》是宋代建筑设计资料集与建筑规范丛书，共34卷，5个部分，涵盖了建筑设计、结构、施工、用料等各方面工程资料，是我国古代木构建筑的总结，也是宋、辽、金时期的建筑百科全书。

而今，我国建筑在传承历史文化的基础上，优化结构设计，提升施工工艺，在保证稳定性和实用性的前提下兼顾绿色低碳，先后出现了香山饭店、苏州博物馆、北京中信大厦（中国尊）等优秀建筑，推动我国房屋建筑建设迈上新台阶。大批形式各异、舒适方便的住宅、商场、写字楼、学校、医院、展览馆等建筑，不仅满足了人民对美好生活的需求，也促进了社会的和谐稳定，为我国经济长期健康发展及人民安居乐业提供了有力保障。

12.1.1　房屋的组成及其作用

图12.1为四层房屋的剖切轴测图，图中标识出了组成房屋建筑物的基本构配件及名称。其中板、梁、柱、墙和基础是楼房的骨架，起到支撑和传递风、雨、人、物品等荷载的作用，称为承重构件；而屋面、内墙、外墙、门、窗等起到房屋内外隔断、通风采光、防风防雨等作用，称为房屋的围护构件；门、过道、台阶、楼梯等起到房屋内外、上下、水平交通的联系作用；天沟、雨水管、散水、勒脚等起到排水防潮、防护墙体等作用。

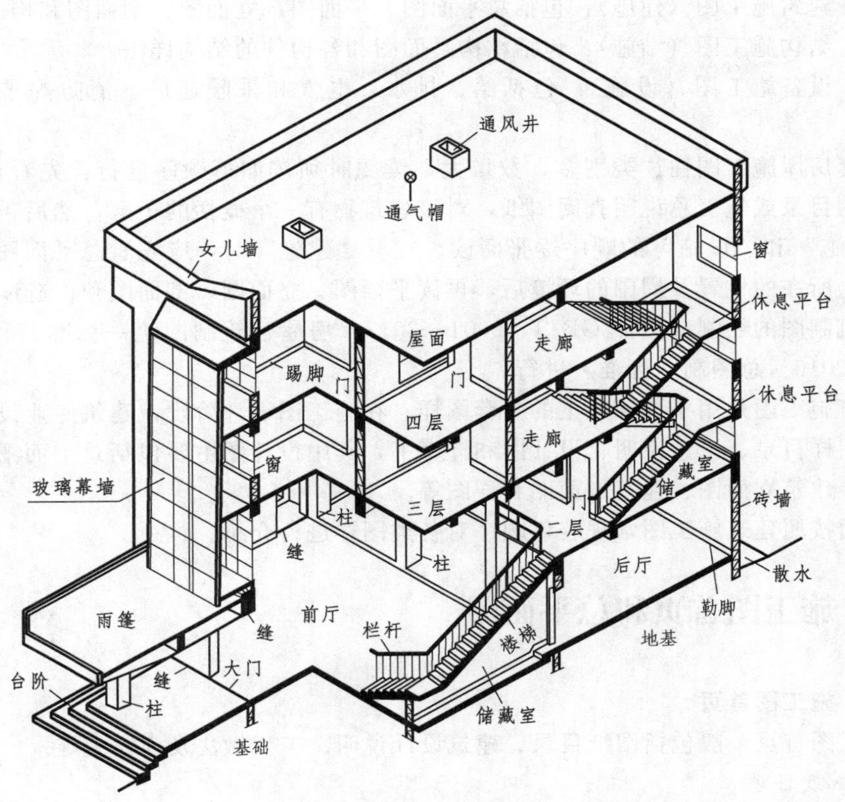

图 12.1　房屋的基本组成

12.1.2　房屋施工图的图示特点及其分类

土建工程的建设一般都要经过规划、设计与施工三个阶段，其中设计阶段又常分为初步设计和施工图设计。初步设计的主要任务是对各种设计构想（建筑方案）进行综合比较，并确定实施方案。施工图设计是建筑方案的具体化，要满足施工要求。因此，图中对该建筑物的整体构架及每一构件的技术要求，都应有明晰交代。

1. 房屋施工图的图示特点

（1）由于房屋的形体庞大，而施工图一般是用较小比例绘制的，某些局部结构在小比例的平、立、剖面图中无法表达清楚，所以，经常配有较大比例的构造与结构详图。

（2）房屋构配件和材料的种类多且通用性强，为了简化作图，国家标准中规定了一系列图形符号来表达建筑构配件、卫生设备、建筑材料等，这种图形符号称为图例。

2. 房屋施工图的分类

房屋施工图根据其内容和作用不同可分为以下几类：

（1）图样目录和施工总说明。

（2）建筑施工图（建施）：包括总平面图、平面图、立面图、剖面图和构造详图。

（3）结构施工图（结施）：包括结构平面图和各构件的结构详图。

（4）设备施工图（设施）：包括给、排水，电气和采暖通风、消防等平面图及详图。

一套房屋施工图往往类别多、数量大，读图时须按如下顺序进行：先看首页图，由图纸的目录或施工总说明查阅图纸，对该建筑物有一个概括的了解。然后再按“建施”“结施”和“设施”的顺序逐张阅读。在看“建施”时，应先看总平面图，了解该建筑物所在的位置及周围的环境后，再读平面图、立面图、剖面图和构造详图。

建筑制图的绘制应按照GB/T 50001—2017《房屋建筑制图统一标准》和GB/T 50103—2010《总图制图标准》进行。

建筑施工图是用于指导施工的一套图样。在施工图设计阶段，建筑专业设计文件应包括图样目录、设计说明、设计图和计算书，其中设计图主要包括总平面图、建筑平面图、建筑立面图、建筑剖面图和详图等。

下面按照建筑施工图常规装订顺序对各类图样进行介绍。

12.2　施工图首页和总平面图

12.2.1　施工图首页

施工图首页一般包括图纸目录、建筑设计说明、工程做法及门窗表等。

1. 图纸目录

图纸目录是查阅图纸的主要依据，包括图纸的类别、编号、图名以及备注等栏目。图纸目录包括整套图纸的目录，一般先列设计绘制的图样，后列选用的标准图或重复利用图。

2. 建筑设计说明

建筑设计说明是施工图样的必要补充，主要是对图样中未能表达清楚的内容加以详细的说明，通常包括工程概况、建筑设计的依据、构造要求以及对施工单位的要求等。

3. 工程做法及门窗表

工程做法主要是对建筑各部位构造做法用表的形式加以详细说明。门窗表是对建筑物所有不同类型的门窗统计后列成的表格。在门窗表中列出门窗的类型、大小、所选用的标准图集及其类型编号，如有特殊要求需在备注中说明。

12.2.2　总平面图

将新建工程四周一定范围内的新建、拟建、原有和拆除的建筑物、构筑物连同其周围的地形、地物状况用水平投影方法和相应的图例所画出的图样称为总平面图。

1. 阅读总平面图标记与特点

（1）总平面图比例小，多为1∶500～1∶2000；建筑物均以图例示出，若非国家标准规定的图例，图中应另有说明。常用图例见表12.1。

表 12.1 **总平面图例**

名称	图例	备注
新建建筑物	X= Y= ①12F/2D H=59.00m	1. 新建建筑物以粗实线表示，与室外地坪相接处±0.00外墙定位轮廓线。 2. 建筑物一般以±0.00高度处的外墙定位轴线交叉点定位坐标。轴线用细实线表示，并标明轴号。 3. 根据不同设计阶段标注建筑编号，地上、地下层数，建筑高度，建筑出入口位置（两种表示方法均可，同一图纸采用一种表示方法），例如左图建筑地上12层，地下2层，建筑高度59m。 4. 地下建筑物采用粗虚线表示轮廓。 5. 建筑上部（±0.00以上）外挑建筑物用细实线表示。 6. 建筑物上部连廊用细虚线表示并标注位置
原有建筑物		用细实线表示
计划扩建的预留地或建筑物		用中粗虚线表示
拆除的建筑物		用细实线表示
建筑物下面的通道		用虚线表示
台阶或无障碍坡道		上图：表示台阶（级数仅为示意）； 下图：表示无障碍通道
坐标	X=105.00 Y=425.00 A=105.00 B=425.00	1. 上图表示地形测量坐标系。 2. 下图表示自设坐标系，坐标数字平行于建筑标注
原有道路		用细实线表示

续表

名　称	图　例	备　注
涵洞、涵管		1. 上图为道路涵洞、涵管，下图为铁路涵洞、涵管。 2. 左图用于比较大的图面，右图用于比较小的图面
桥梁		1. 用于旱桥时应注明。 2. 上图为公路桥，下图为铁路桥
围墙		1. 上是砖石、混凝土或金属材料墙。 2. 下是镀锌铁丝网或篱笆墙

(2) 总平面图上的建筑物、构筑物应注写名称，名称宜直接标注在图上。当图样比例小或图面无足够位置时，可编号列表注写在图内。当图形过小时，可标注在图形外侧附近处。

(3) 若总平面图地形起伏明显，则需要画出等高线。等高线上的数字代表该区域地势变化的高度。室内、外标高符号是高度约 3mm 的等腰直角三角形，用细实线绘制，直角顶点应指至被标注位置，如图 12.2 (a) 所示；当标注位置不够时可按 12.2 (b) 所示引出标注，图中 h、l 可根据需要适当选取；室外地坪标高宜用涂黑的三角形，如图 12.2 (c) 所示；标高数字应注写在标高符号的上侧或下侧，如图 12.2 (d) 所示；标高数字以 m 为单位，注写到小数点后第三位，在总平面图中可注写到小数点后第二位。

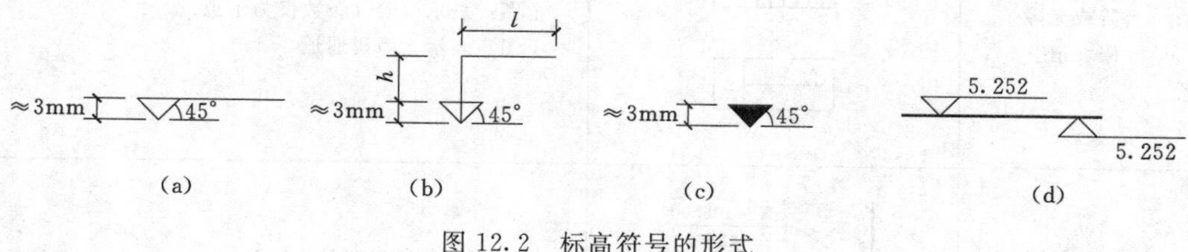

图 12.2　标高符号的形式

(4) 指北针和风玫瑰图应明确画出。指北针的形状如图 12.3 (a) 所示，直径为 24mm，用细实线绘制；指北针尾部的宽度宜为 3mm，指针头部应标注“北”字或“N”字。当需要用较大直径绘制指北针时，指针尾部的宽度宜为直径的 1/8，指北针应绘制在首层平面图的右上角。

风玫瑰图是根据某一地区，多年统计各个方向平均吹风次数的百分数值按一定比例绘制，是新建房屋所在地区风向情况的示意图。一般多用 8 个或 16 个罗盘方位表示，

风的吹向指向中心。实线表示全年风向频率，虚线为夏季风向玫瑰图。指北针与风玫瑰结合时宜采用互相垂直的线段，线段两端应超出风玫瑰轮廓线 2～3mm，北向应标注“北”字或“N”字，组成风玫瑰所有线宽均宜为 0.5b（线宽 b），如图 12.3（b）所示。

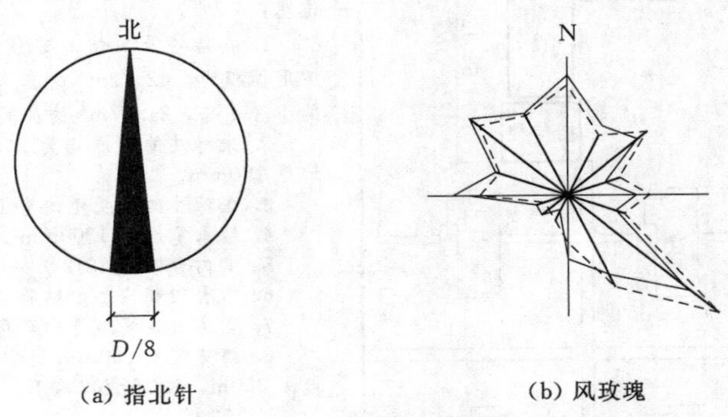

图 12.3 指北针及风玫瑰

2. 总平面图内容

(1) 保留的地形和地物。

(2) 测量坐标网和坐标值。场地范围的测量坐标/定位尺寸，道路红线、用地红线等。

(3) 场地四邻原有及规划道路、绿化带的位置、周边场地的用地性质以及主要建筑物、构筑物的位置、名称、性质和层数，以及与新建建筑物的相互关系尺寸。

(4) 风玫瑰图或指北针、图名、比例，以及尺寸单位、建筑正负零的绝对标高、坐标以及高程系统等。

阅读总平面图首先要了解工程性质、图样比例和文字说明，熟悉图例；其次了解建设地段地形、周围环境、道路布置、建筑物及构筑物的布置情况；再了解拟建建筑物的室内外高差、道路标高、坡度和排水情况，拟建房屋的定位。

图 12.4 是某拟建宾馆的总平面图，拟建宾馆由七座层高不同的建筑组成，南侧有已建成的一至四号楼，待建工程为接待楼、宾馆楼，宾馆楼西侧有已建成的餐厅。该工程以原有的道路定位，如图中 48.73m 和 14.27m，界定出宾馆楼距西侧和北侧道路边线（篱笆墙）的距离，单位是 m。宾馆的接待楼位于南端，是一东西向的四层楼，宾馆主体楼为三层东西向建筑。

12.3 建筑平面图

假想用一水平剖切平面从建筑物门、窗洞处将建筑物剖开，移去上面部分，向下俯视所作的水平剖面图称为建筑平面图，简称平面图。平面图反映建筑物的平面形状和大小、房间布局，墙柱的位置和材料、门窗的位置和类型等，可作为建筑施工定位、放线、砌墙、安装门窗、室内装修和施工预算的基础。

通常第一层平面图称为首层平面图，最上一层称为顶层平面图。多层房屋应画出每一层平面图，并在图的下方标注图名，若中间层房间的数量、大小和布置完全相

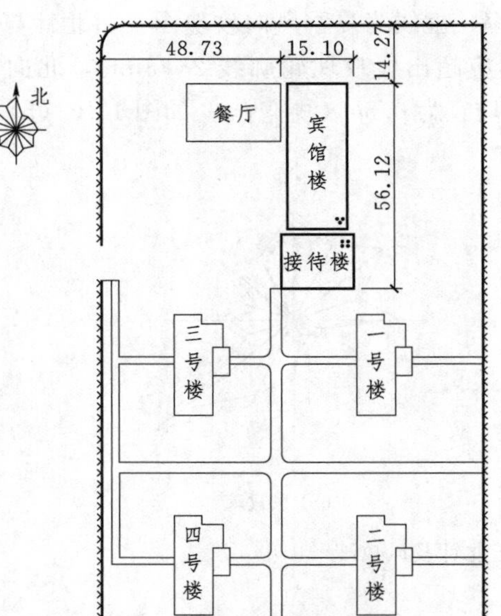

说明：

1. 接待楼及宾馆的建筑面积为 2477m²；使用面积为：42.72m² 的套间 4 套，15.32m² 的小房 4 套，21.37m² 的房间 28 套。

2. 未标注的墙厚均为 240mm，卫生间的墙厚 120mm。

3. 未标注的门头角均为 120mm。

4. 散水宽度为 1200mm。

5. 室内台阶用 88J2（一）。

6. 所有门都应加木贴脸 88J4（一）。

7. 客房卫生间地坪比客房低 20mm。

8. 消防箱宽 650mm，高 800mm，下沿距地 1.050m，按 15S202 施工。

图 12.4　某拟建宾馆的总平面图（单位：m）

同，可用一个平面图表示，称为标准层平面图。如果建筑物左右对称，亦可用带对称符号的点画线将图面分开，左边画某层的一半，右边画另一层的一半，并在图的下方分注图名。

1. 平面图中的主要标记与特点

（1）比例。建筑平面图一般采用 1：50～1：200 的比例绘制。

（2）指北针。指北针应绘制在房屋建筑首层平面图的右上角，所指方向宜与总图方向一致。

（3）定位轴线。建筑施工图中应画出承重构件（基础、墙、梁、柱和屋架）的轴线并予以编号，它是施工定位、放线的依据。定位轴线用细点画线画出，且通过承重构件的对称平面，在定位轴线端部用细实线画一直径为 8～10mm 的圆圈，其圆心位于轴线的延长线上或延长线的折线上，圈内注写定位轴线的编号，水平方向依次用阿拉伯数字从左到右编写，垂直方向自下而上用大写拉丁字母编写，如图 12.5 所示。字母 I、O、Z 不得用于编号，以免与数字 1、0、2 混淆。对于两轴线之间的附加轴线应以分数表示，分母为前一轴线的编号，分子为附加轴线编号并以阿拉伯数字顺序编写。

（4）图线。剖切符号、被剖到的墙、柱断面轮廓线均用粗实线（线宽 b）绘制，并注明材料和尺寸；未剖切到的可见轮廓线，如窗台、台阶、明沟、花台和楼梯等用中粗线（线宽 $0.5b$）绘制；尺寸线、标高符号用细实线（线宽 $0.25b$）绘制；定位轴线则用细点画线（线宽 $0.25b$）绘制；粉刷层在大于 1：100 的平面图中用细实线画，而在等于或小于 1：100 的平面图中不必画出。

（5）图例。由于平面图都采用较小比例绘制，所以门、窗、楼梯间、卫生间等都采用国家标准中规定的构造及配件图例表示。常用的构、配件图例见表 12.2。

表 12.2 **常用的构、配件图例**

名称	图例	名称	图例	名称	图例
空门洞		单扇门		单扇双面弹簧门	
双扇门		对开折叠门		双扇双面弹簧门	
底层楼梯	上	中间层楼梯	下 上	顶层楼梯	下
单层固定窗		单层中悬窗		单层外开平开窗	
厕所间		淋浴小间		蹲式大便器	
污水池		可见孔洞		指北针	北

2. 平面图的图示内容

(1) 所有轴线及其编号，以及墙、柱、墩的位置及尺寸。

(2) 所有房间的名称及门窗的位置、编号和大小。

(3) 室内外的有关尺寸及室内外的地面标高。

(4) 电梯、楼梯的位置及楼梯上下行方向及主要尺寸。

(5) 阳台、雨篷、台阶、坡道、通风管道、消防梯、雨水管、散水、排水沟等的位置及尺寸。

(6) 地下室、地沟、窗洞、预留洞等的位置和尺寸。

(7) 室内设备和固定家具的位置及相关做法索引，如卫生器具、雨水管、水池、橱柜、隔断等。

(8) 底层平面图中应画出剖切符号和编号，以及指北针或风玫瑰图。

(9) 有关平面节点详图或详图索引号。

(10) 屋顶平面图上一般应表示出女儿墙、檐沟、屋面坡度、分水线、雨水口、变形缝、楼梯间、天窗、水箱、上人孔、消防梯及其他构筑物。

对于门窗等定型构配件，应在图例旁注明编号。从门窗的图例与编号可以了解门窗的形式、数量及其位置。国家标准规定用带弧的 45°中粗线表示门的开启线，用两条细实线表示窗框的位置。相同编号表示同一类型，它们的构造和尺寸完全相同。应注意的是门窗虽用图例示出，但门、窗洞和窗台的尺寸都应按投影关系画出。

视频资源 12.1
建筑施工图 1

平面图中，被剖切到的断面应画材料符号，当绘图比例小时，材料图例可用简化画法，例如钢筋混凝土涂黑色。

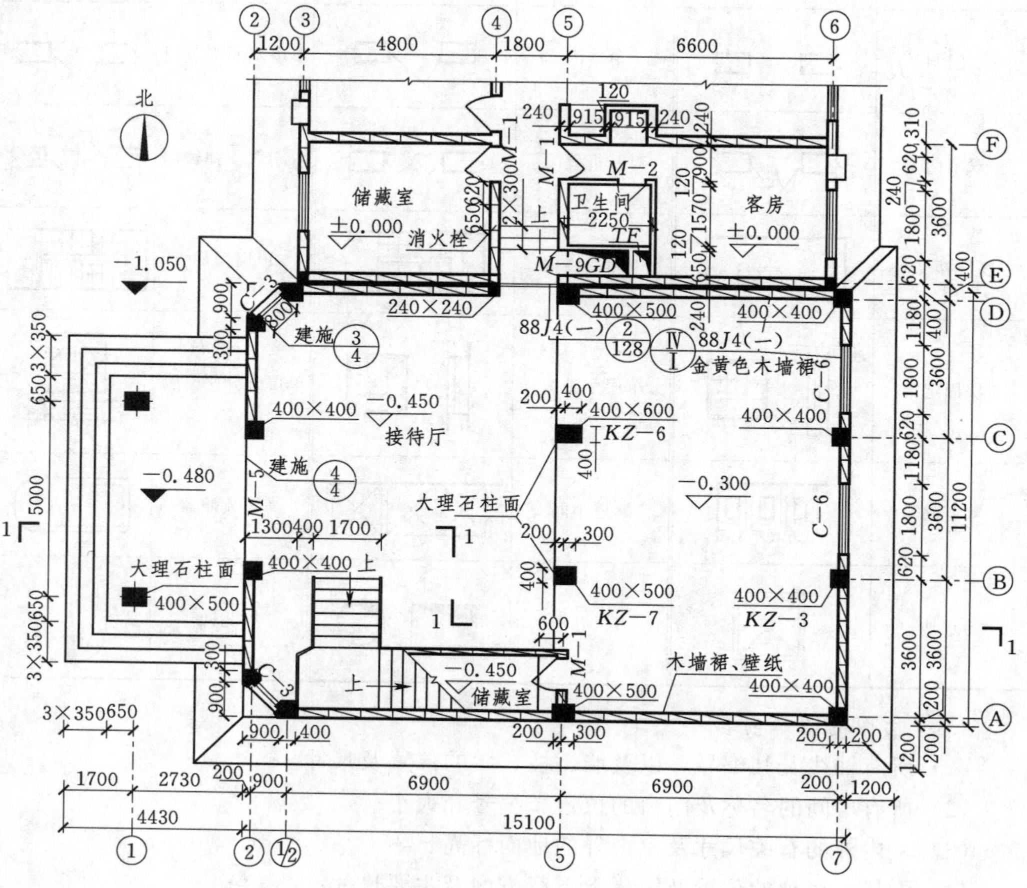

图 12.5　拟建宾馆接待楼底层平面图

3. 尺寸标注

建筑平面图中的尺寸包括平面标高尺寸、外部尺寸和内部尺寸，各尺寸均不含粉刷层的厚度。

平面图中的标高应注写室内、外地坪标高，一般以首层主要房间的室内地坪高度为相对标高的零点（±0.000)，标高符号、单位与总平面图相同，标高数字应注写到小数点后 3 位。低于零点标高的为“负”，数字前加“—”号，如—0.500。

外部尺寸一般应分三道注出：最外面的称为外包尺寸，表示建筑物的总长和总宽，由此可计算房屋的建筑面积；中间的是轴间尺寸，表明房间的开间和进深；最里面的是门窗洞的大小及定位尺寸。三道尺寸线的间距一般不小于 7mm，最里面的尺寸线与外形轮廓线间距多为 10～15mm。

内部尺寸包括建筑构配件的定形、定位尺寸，如墙、柱、内部门窗洞、楼梯、平台、台阶等的尺寸。

4. 详图索引

为了便于查阅图纸，在平、立、剖面图中常用详图索引符号指出所示构、配件的位置，并用详图符号命名所画详图。按国家标准规定详图索引符号的标注方法如下：

在平、立、剖面图中，用引出线（细实线）指出所画详图的部位，在线的另一端用细实线画一直径为8～10mm的圆。引出线应对准圆心，并过圆心在圆内画一水平线，用阿拉伯数字在上半圆中注明该详图的编号，在下半圆中注明该详图所在图纸的编号，如图12.6（a）所示。若详图就画在本图纸内，下半圆中不写数字而绘一水平细实线，如图12.6（b）所示；若直接采用标准图，可在水平直径的延长线上加注标准图册的编号，如图12.6（c）所示。当索引符号用于索引剖面详图时，引出线应画在剖切位置线的被视侧，如图12.6（d）为由上向下看，图12.6（e）为由右向左视，而图12.6（f）为由下向上视。

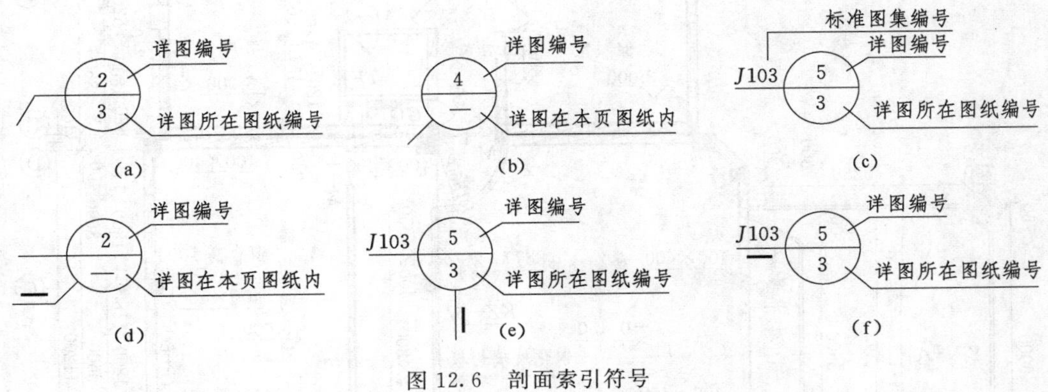

图12.6　剖面索引符号

5. 建筑平面图的阅读

图12.4中宾馆接待楼的建筑面积为589.12m²。底层是接待厅，建筑面积为15.1×11.2m²；二层是储物间，建筑面积为7.3×11.2m²；三、四（顶）层布置相同，设客房和储藏室，其建筑面积与底层相同。阅读时，除应了解每层构件的布置与尺寸外，还应注意各层之间构件与通道衔接关系（楼梯、上下水管等）。

图12.5是接待楼的底层平面图，由图可以看出，该楼主体采用14根钢筋混凝土立柱（图中涂黑的矩形）作为垂直承力构件，立柱与各层的水平梁连接，称为框架结构。宾馆底层客房（接待厅北侧）高程取±0.000，接待前厅（顶为三层楼板）的室内高程是－0.450。由室外地坪－1.050上四级踏步至门前平台－0.480。前厅南侧有楼梯可到二层，北侧有门洞经走廊进入宾馆办公室及客房（图中只示出局部），因室内地面高程不同，故门洞内有三级踏步（2×300）。

此外，图12.5还示出了门洞旁的管道井（*GD*）和通风井（*TF*）。接待后厅（其顶为二层的楼板）室内高程为－0.300，比前厅高出15cm。由剖面符号可知，接待楼四周的墙均为非承重墙，用空心砖建造。

图12.7是二层平面图，由图可见，二层楼面高程为3.000m，较底层接待后厅高3.3m，其南端为通往三层的楼梯，北侧是通往宾馆客房的过道，东侧是储藏室与储

物间。由图可以看出，二层的前沿是底层前厅，故设护栏，栏墙的立柱采用镀铬钢管，间距为 750～850mm 不等，并镶以钢化玻璃栏板，取得装饰效果。储物间采光主要来自东侧的二扇玻璃窗，其代号为 C—16。围墙与隔墙均采用了空心砖砌筑的非承重构件。另外，在二层平面图中，还应画出进口大门及雨篷的投影，而二层以上的平面图就不需再画了。

结合图 12.7 可知，接待厅采光主要来自大门、玻璃幕墙以及西侧两端窗户（C—3）与东墙上的窗户（C—6）。

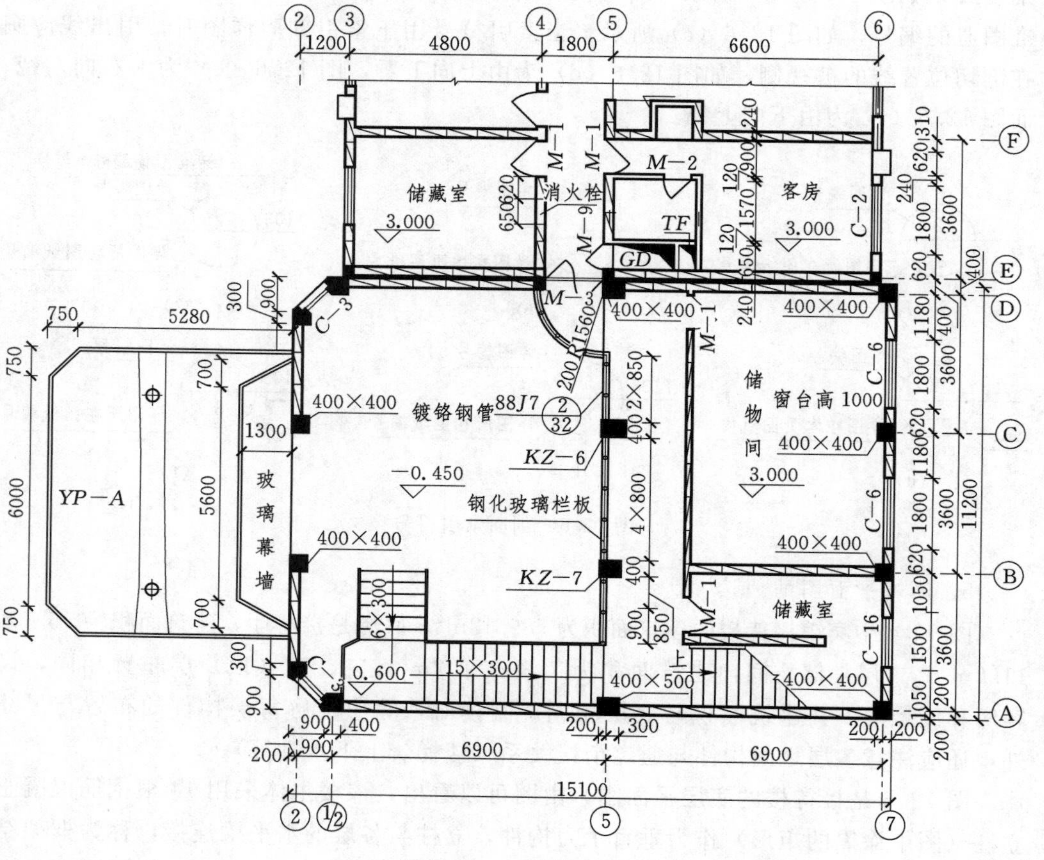

图 12.7　二层平面图

图 12.8 是三层平面图，由图可看出，楼梯间仍在南侧。三层室坪高程为 6.600m，中间设有走廊，可通往北侧三层客房，因其室坪较东侧高 0.60m，故设有四级踏步（3×300）。走廊东侧是带有厨卫的套房；西侧布置了两间客房和一间储藏室，其阳台外就是从雨篷顶直升起来的玻璃幕墙。

四层的平面布置与三层基本相同，只是北侧的门通往北侧宾馆楼三层的楼顶，故未给出。

6. 建筑平面图的绘图步骤

(1) 确定平面图的绘图比例，画出纵横方向的定位轴线，如图 12.9（a）所示。

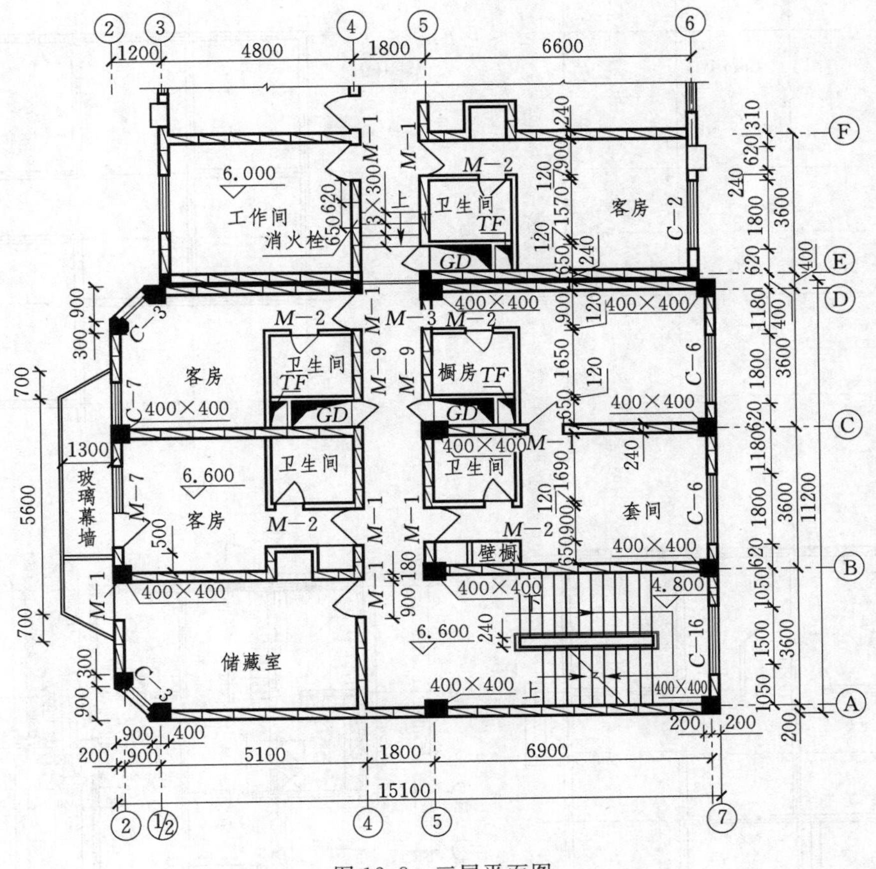

图 12.8　三层平面图

(2) 绘制墙体、柱、门窗的位置线，如图 12.9 (b) 所示。

(3) 绘制门窗、楼梯、卫生间等的图例，如图 12.9 (c) 所示。

(4) 按要求加深各图线，标注各尺寸、定位轴线编号、门窗代号、房间名称等，检查并完成全图，如图 12.9 (d) 所示。

12.4 建筑立面图

将房屋的各个立面按正投影法投影到与之平行的投影面上，得到的投影图称为房屋的建筑立面图。建筑立面图表示建筑物的外观和外墙面装饰要求等。

1. 建筑立面图的主要标记与特点

(1) 图名。建筑立面图可按房屋的不同朝向来命名，如北立面图、南立面图、东立面图、西立面图等；也可根据两端定位轴线编号来命名，如①—⑨立面图、Ⓓ—Ⓐ立面图。

(2) 比例。立面图采用的比例通常与平面图相同。

(3) 定位轴线。立面图中应画出两端的定位轴线与编号，以便与平面图对照阅

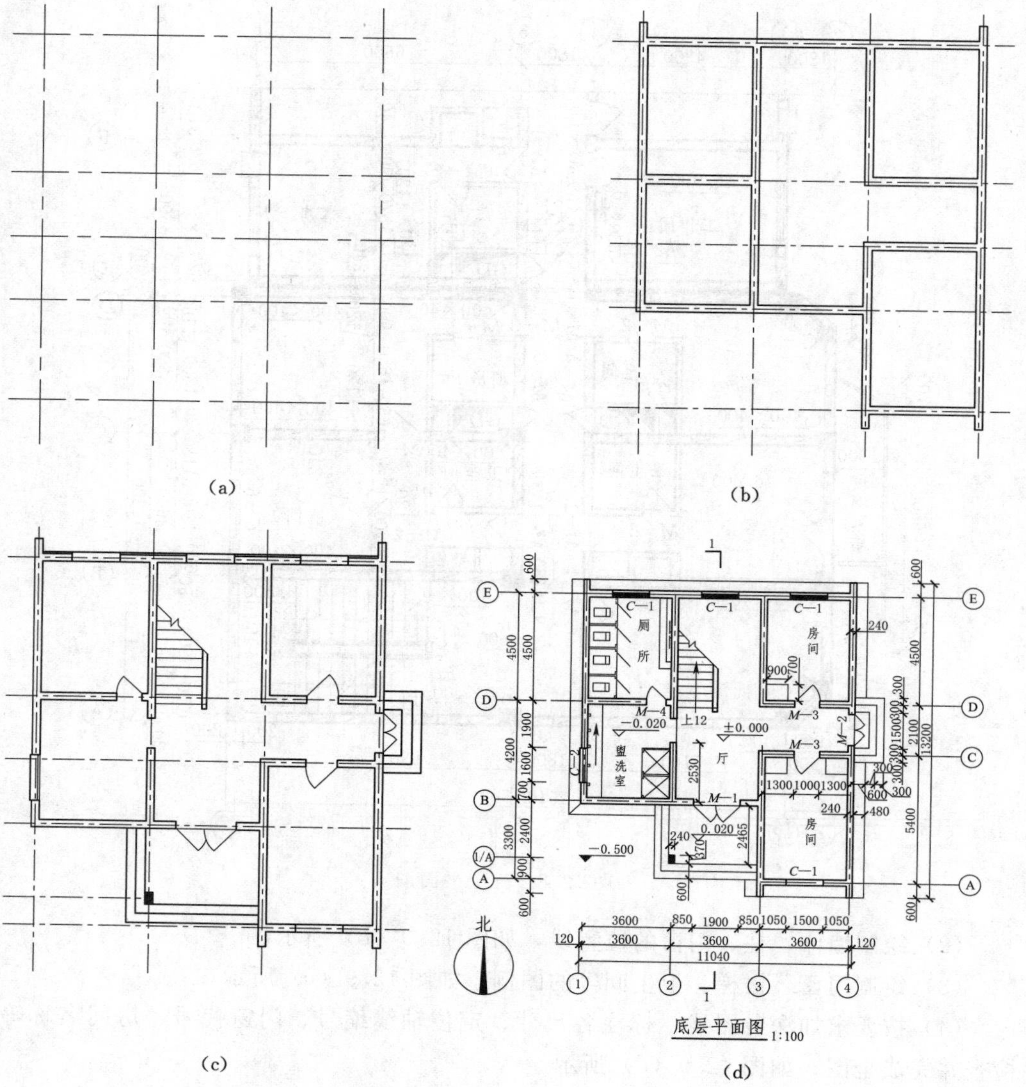

(a)

(b)

(c)

底层平面图 1:100

(d)

图 12.9　建筑平面图绘图步骤

读，在转折较复杂时可用展开立面表示，但应准确注明转角处的轴线编号。

（4）图线。立面图的线型、线宽要有层次，使图形主次分明，更富表现力。通常屋脊、外墙等最外轮廓线用粗实线（线宽 b）绘制；一般结构线如门窗洞、梢口、雨篷、台阶等用中粗线（线宽 $0.5b$）绘制；构配件线如栏杆、雨水管、墙面分格线、引出线等用细实线（线宽 $0.25b$）绘制；室外地坪线则用加粗的实线（线宽 $1.5b$）绘制。

（5）图例。由于立面图的绘图比例小（通常与平面图相同），许多构配件不必详细画出。对于门窗、阳台等重复出现的细部结构，可画出一两个完整图形，其他均用图例示出其位置，建筑立面图多用文字说明外墙面装饰的材料和色彩，如浅黄瓷砖贴面、蓝色玻璃幕墙等。

2. 建筑立面图的图示内容

（1）主要内容。立面外轮廓及主要结构和建筑构造部件的位置，如女儿墙顶、檐口、柱、变形缝、室外楼梯和垂直爬梯、室外空调机搁板、外遮阳构件、阳台、栏杆、台阶、坡道、花台、雨篷、烟囱、勒脚、门窗（消防救援窗）、幕墙、洞口、门头、雨水管，以及其他装饰构件、线脚和粉刷分格线等。

（2）尺寸标注。建筑立面图的尺寸，主要标注高度控制点的标高和主要结构高度方向的定位尺寸，如室内外地坪、楼层、阳台、门窗洞、檐口、女儿墙等，而一些细部结构则另有详图表示其尺寸、建筑材料、施工工艺等。立面图中的尺寸应整齐地注写在图的左、右两侧。

（3）在平面图上表达不清的窗编号、各部分装饰用料、色彩的名称或代号。

（4）剖面图上无法表达的构造节点详图索引。

3. 建筑立面图的阅读

图 12.10 是接待楼的正立面图。为了突出接待楼，造型上使用如下装饰手段：

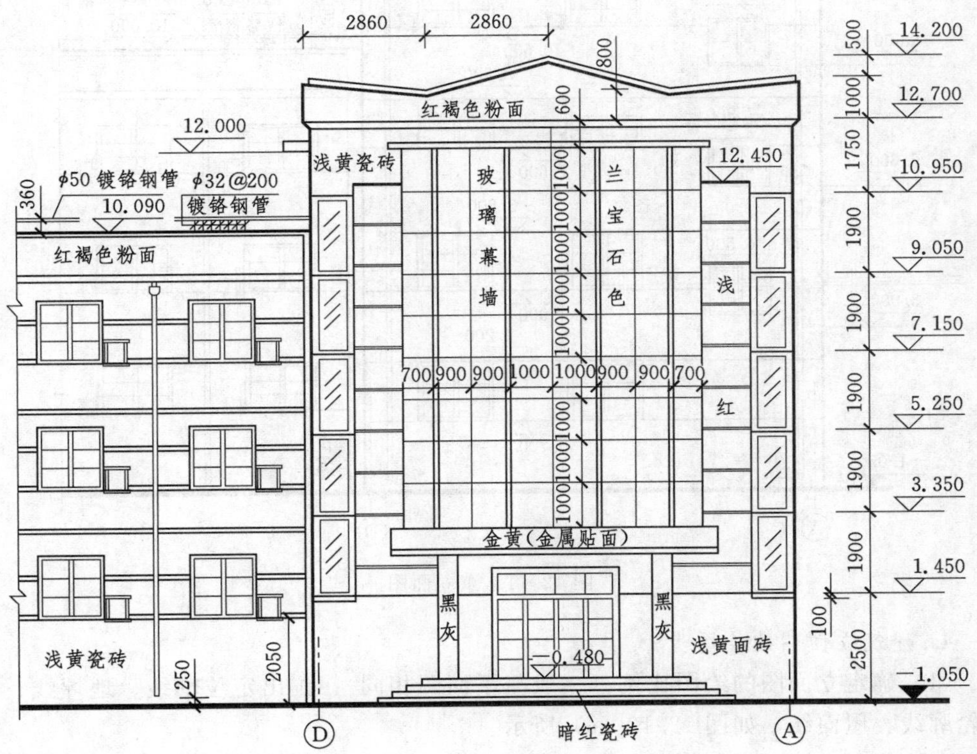

图 12.10 正立面（西立面）图

（1）楼顶增加了一圈女儿墙，墙顶为折线，其顶部标高 14.200m。

（2）西立面大面积外装玻璃幕墙，使其表面亮洁且富有现代气息。

（3）西北与西南都切去棱角（参看平面图），并安有采光的玻璃窗 C—3。

(4) 作为宾馆，表面色彩以红褐与浅黄相配的暖色为基调，若接待厅幕墙仍用暖色，就会缺乏清雅、宁静的感觉，所以幕墙用了蓝色，同时，这种色彩与周围环境(绿色) 也显得较为和谐。

(5) 雨篷采用黑灰柱金顶，烘托出热烈、敬重的气氛。

立面图只能反映建筑物的外观，施工中的主要作用是对表面装饰进行指示，如装饰结构的控制尺寸、色彩等。而这些非承重性结构物的构造与工艺，均需另附施工详图说明。

图 12.11 是该接待楼的东立面图。东立面是该建筑物的背面，是建筑立面图的补充。该图主要反映东侧墙上窗户的位置、标高以及雨水管等一些其他立面图无法表达的内容。

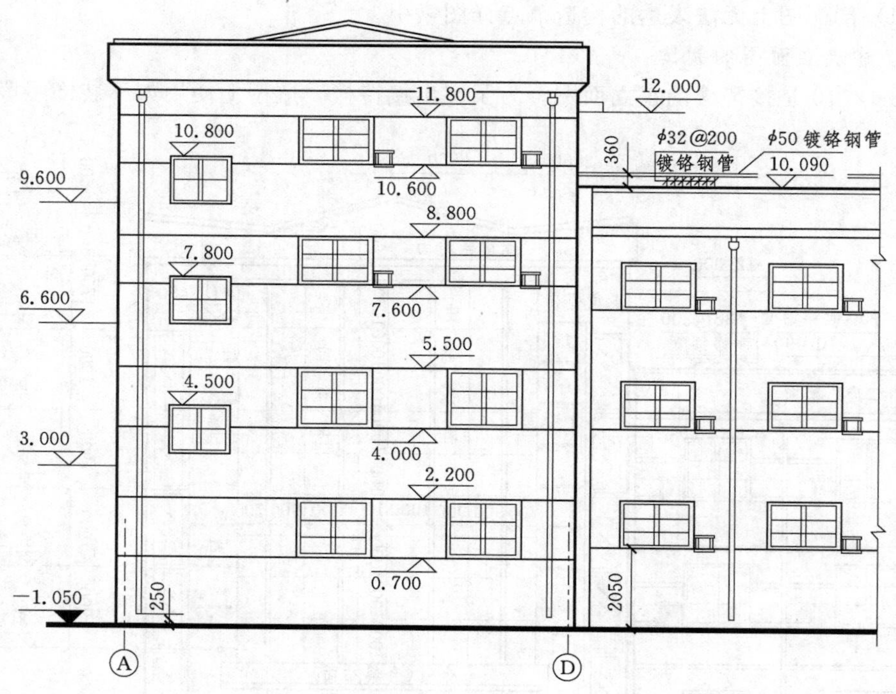

图 12.11　东立面图

4. 建筑立面图的绘图步骤

(1) 确定立面图的绘图比例（一般与平面图相同)，画出定位轴线、地坪线、外墙轮廓线、屋面线，如图 12.12 (a) 所示。

(2) 绘制门窗、阳台、雨篷等建筑构配件的轮廓线及相应的图例，如图 12.12 (b) 所示。

(3) 按要求检查并加深各图线，标注主要尺寸、标高、定位轴线等，如图 12.12 (c) 所示。

(4) 书写图名、比例、外墙装饰等文字及说明，标注个别细部尺寸等，如图 12.12 (d) 所示。

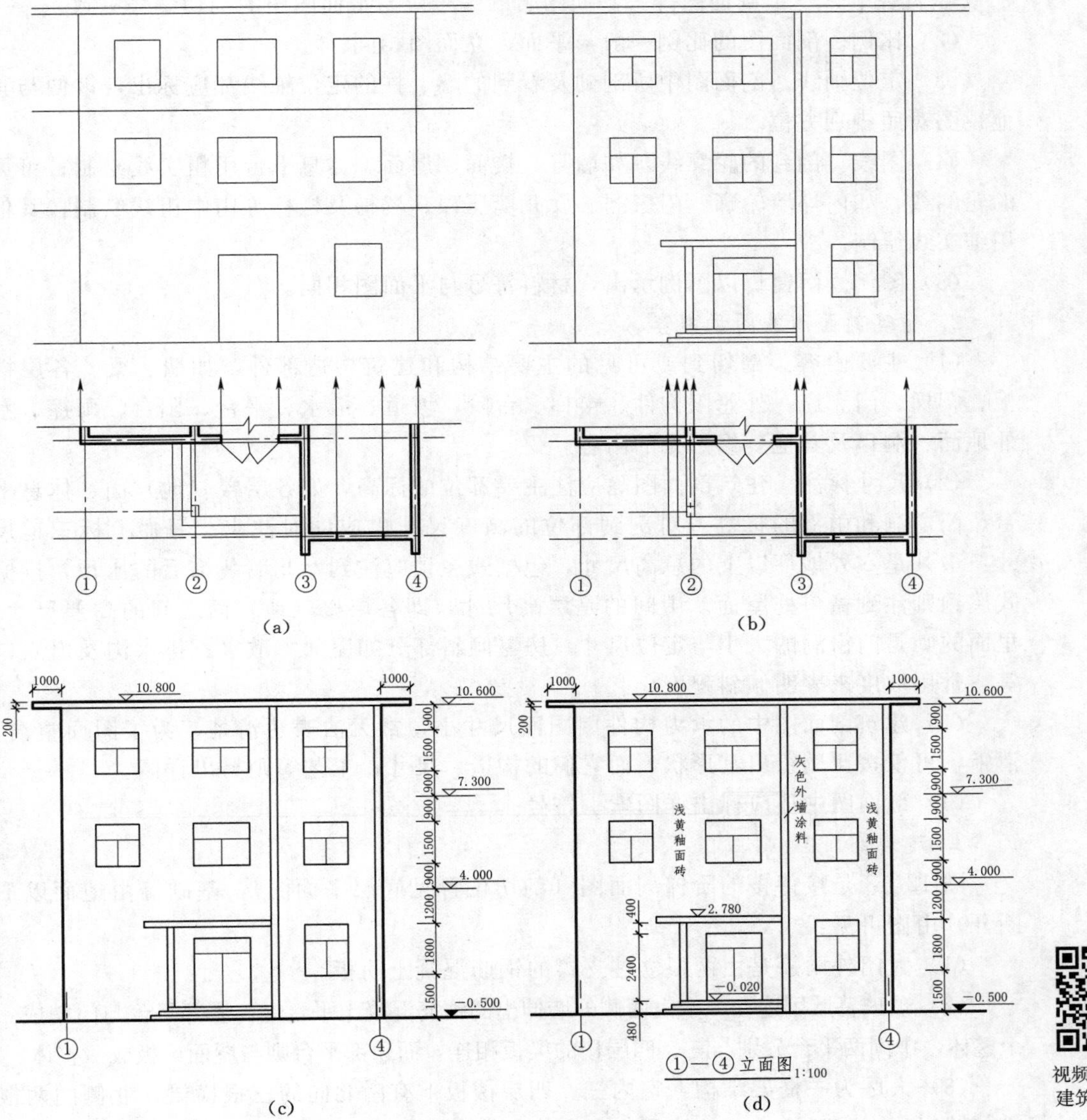

(a)

(b)

(c)

(d)

图 12.12 建筑立面图绘图步骤

视频资源 12.2
建筑施工图 2

12.5 建筑剖面图

建筑剖面图是采用过建筑物门窗洞的铅垂面剖切所得到的剖视图（习惯上称为剖面图），剖切的位置与形状应视建筑物内部结构而定。其主要任务是配合平面图和立面图共同表达室内地坪以上房内竖向的结构和构造，而室内地坪以下部分则另出基础详图。

1. 建筑剖面图的主要标记与特点

(1) 图名。剖面图的名称通常以阿拉伯数字、罗马数字、拉丁字母编号命名，如

1—1 剖面图、A—A 剖面图等，剖面图名的编号应与平面图中的剖切编号一致。

(2) 比例。剖面图的比例一般与平面、立面图相同。

(3) 定位轴线。剖面图中所剖到及看到的墙、柱的定位轴线都应标出，以便与其他视图对照辨别方位。

(4) 图线。剖到的轮廓线，如墙身、楼面、屋面、休息平台用粗实线绘制；可见的轮廓线，如内外墙轮廓、门窗洞、女儿墙压顶、楼梯及栏杆等用中粗线绘制，其他用细实线绘制。

(5) 图例。门窗仍以图例示出，材料符号与平面图相同。

2. 建筑剖面图的图示内容

(1) 主要内容。剖切到或可见的主要结构和建筑构造部件，如墙、梁、各层楼板、爬梯、门、窗、外遮阳构件、楼梯、台阶、坡道、散水、平台、阳台、雨篷、室外地面、洞口及其他装修可见的内容。

(2) 尺寸标注。建筑剖面图除应注主要部位的标高，如各层楼（地）面、休息平台、门窗洞和雨篷的标高，对剖到部位的高度尺寸也应同时注出。习惯上标三道尺寸：最外是室外地坪以上的总高尺寸，包檐式屋顶应注到女儿墙装饰后的压顶，挑檐式屋顶则注到檐口处屋面。中间的是层高尺寸，即各层楼（地）面之间的高差尺寸；里面的则是门窗洞的大小与定位尺寸。房屋倾斜部分如屋面、散水、排水沟及出入口等，常用坡度来表明倾斜程度。

(3) 建筑剖面图中的承力构件因图面尺寸小，常无法表达清楚，为了图面整洁、清晰，可仅按比例绘出其形状，而它们的构造、尺寸、工艺等则另出详图。

(4) 剖面图中还应标出详图索引符号。

3. 建筑剖面图的阅读

图 12.13 是接待楼的阶梯剖面图（剖切位置见底层平面图），基础墙由地面以下断开。由图可见：

(1) 大门外雨篷是由两根立柱支撑的钢筋混凝土肋板。

(2) 玻璃幕墙固定在 4 个由西侧外墙伸出的钢筋混凝土平台上。底部平台与门梢成一个整体，中间两平台分别与三、四层楼的梁板相连，而顶部平台则与屋面梁板成一整体。

(3) 大厅为一框架结构，室内三、四层楼板下有南北向的三根横梁，北侧的两根梁与轴线④、⑤对应，三、四层走廊和东西客房的荷载大部分要由 KZ—6 和 KZ—7 立柱传到地基。

(4) 楼梯间梯段的悬空端采用斜梁，称为梁式楼梯，另一端则固定在左右两侧的墙上。梯段的上、下端与楼层梁和平台梁相连，平台梁亦支承在侧墙，这样楼梯的重量都传给了侧墙。另外，因底层后厅是空的，故二层楼梯间的内墙都落在梁 KL—202 上，经由框架柱 KZ—3、KZ—7（参见图 12.5 底层平面图）传至地基。

(5) 女儿墙顶与屋顶的构造与标高，如详图 12.16 (b) 所示。

上述平、立、剖面图是施工图中三个最基本图样，应尽可能地布置在同一张图纸内，且符合“长对正、高平齐、宽相等”的投影关系；当不可能布置在同张图纸内时，它们的画图比例与相应的尺寸亦应相同。

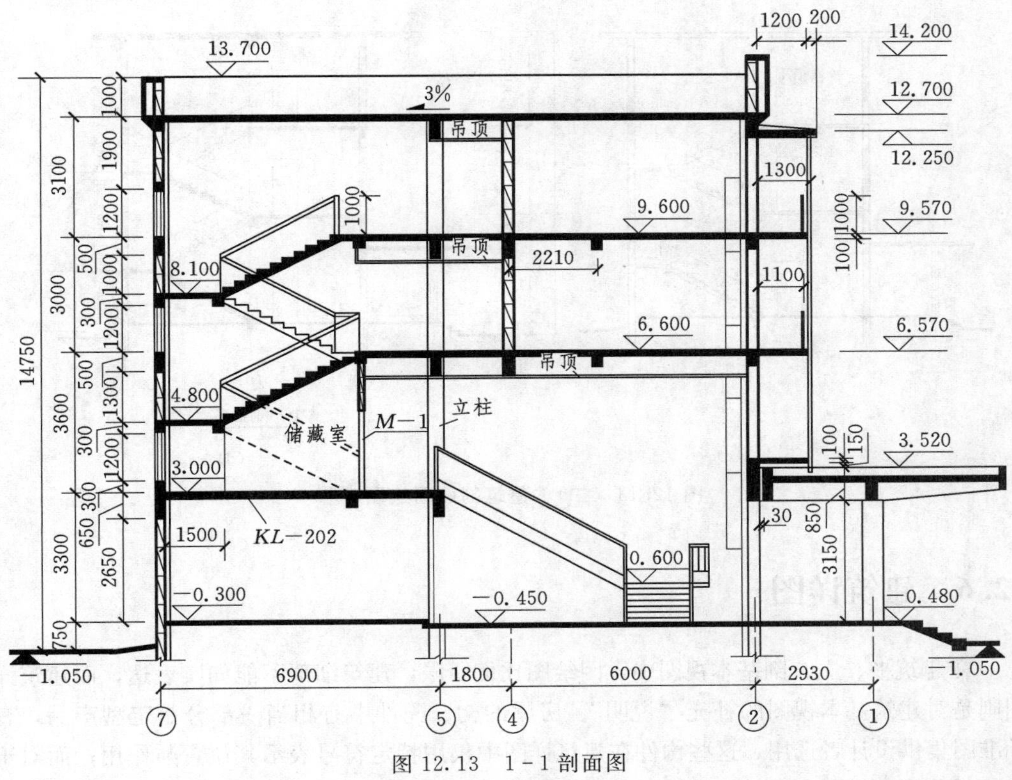

图 12.13 1-1 剖面图

4. 建筑剖面图的绘图步骤

（1）先画出剖面图中的定位轴线，再确定各楼层、女儿墙、室内外地坪等的高度线，如图 12.14（a）所示。

（2）绘制内外墙面及各楼层面板、梁的厚度和大小，如图 12.14（b）所示。

（3）绘制楼梯与平台、门窗、雨篷等细部结构，如图 12.14（c）所示。

（4）检查、加深，标注所有尺寸、定位轴线、详图索引，书写图名、比例等，完成全图绘制，如图 12.14（d）所示。

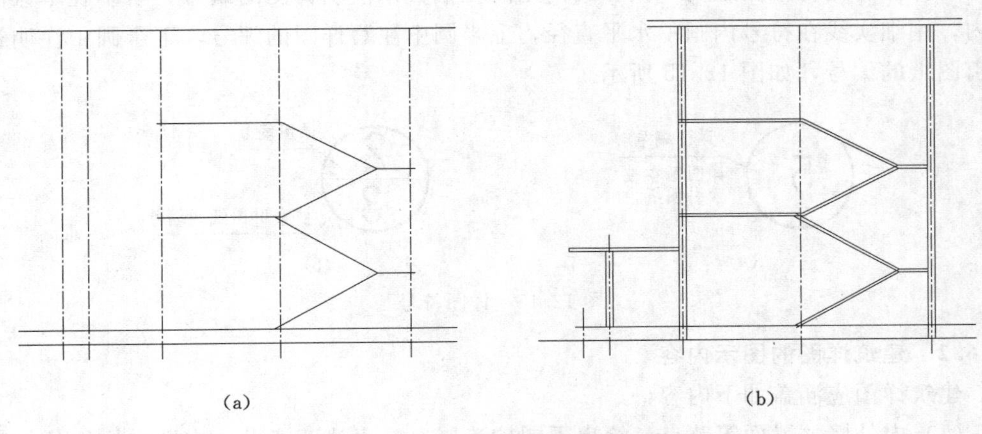

图 12.14（一） 建筑剖面图绘图步骤

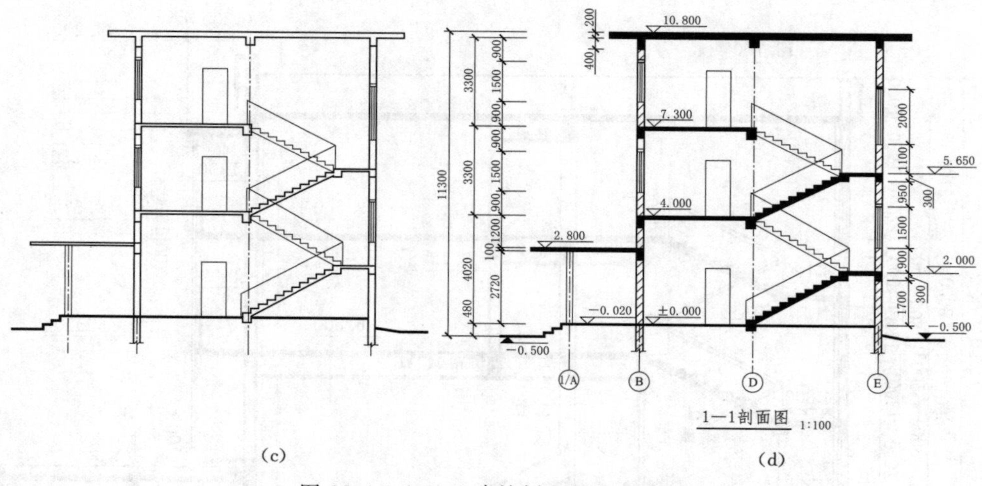

图 12.14（二）　建筑剖面图绘图步骤

12.6　建筑详图

在建筑平、立、剖基本视图中，因绘图比例所限，建筑细部不能如实表达，而建筑详图则是对建筑基本视图的补充“说明”。房屋的构、配件中有相当一部分是定型产品，有标准图集供设计者选用，这些构件在建筑详图中仅用特定符号表示其位置与作用；而对于形状复杂或制作上有专门要求的细部，则可放大比例绘制细部大样图，简称详图。

12.6.1　建筑详图的主要标记与特点

建筑详图中主要标记如下：

（1）图名。建筑详图的图名以详图符号表示，如图 12.15 所示。

（2）定位轴线。详图中墙的定位轴线应标出，以便与其他视图对应。

（3）比例。建筑详图的比例常用 1：10～1：50。

（4）详图符号。详图符号表示详图的位置和编号，该符号是直径为 14mm 的粗实线圆。详图若画在本图纸内，只在圆内用阿拉伯数字注明详图的编号；若不在本张图纸内，用细实线在符号内画一水平直径，上半圆中注写详图的编号，下半圆中注明被索引图纸的编号，如图 12.15 所示。

图 12.15　详图符号

12.6.2　建筑详图的图示内容

建筑详图应涵盖如下内容：

（1）内外墙、屋面等节点，绘出不同构造层次，表达节能设计内容，标注各材料

名称及具体技术要求，注明细部和厚度尺寸等。

(2) 楼梯、电梯、厨房、卫生间、阳台、管沟、设备基础等构造详图，注明相关的轴线和轴线编号以及细部尺寸，设施的布置和定位、相互的构造关系及具体技术要求等，应提供预制外墙构件之间拼缝防水和保温的构造做法。

(3) 其他需要表示的建筑部位及构配件详图。

(4) 室内外装饰方面的构造、线脚、图案等；标注材料及细部尺寸、与主体结构的连接等。

(5) 门、窗、幕墙绘制立面图，标注洞口和分格尺寸，对开启位置、面积大小和开启方式，用料材质、颜色等做出规定和标注。

(6) 对另行专项委托的幕墙工程、金属、玻璃、膜结构等特殊屋面工程和特殊门窗等，应标注构件定位和建筑控制尺寸。

12.6.3 建筑详图的阅读

1. 屋顶与檐口详图

一般民用建筑的屋顶与檐口，无需用过多的装饰，但应满足排水、保温的要求，以如图 12.16 (a) 所示为例进行介绍。在屋顶按一定斜度铺设 95 厚预应力多孔板，以利屋面排水；板上做细石混凝土（内放直径 4、间距 200 的钢筋网片）和水泥炉渣隔热层；经水泥砂浆找平后，再作三毡四油防水层。在外墙身的顶部用女儿墙围住，并预留排水孔使屋面的雨水经天沟、落水管排下。因天沟是外悬式的钢筋混凝土构件，它必须与墙顶的圈梁做成一整体。

图 12.16 (b) 是该接待楼檐口的构造详图，为了取得某些装饰效果，将雨水管直接弯入女儿墙内，而圈梁做成外伸式，并预埋铁件 $M3$，使与外贴瓷砖的预制件（40 厚预制混凝土板）相连，并在上端用盖板封顶。至于排水、保温措施与民用楼房相似，这里就不再赘述。

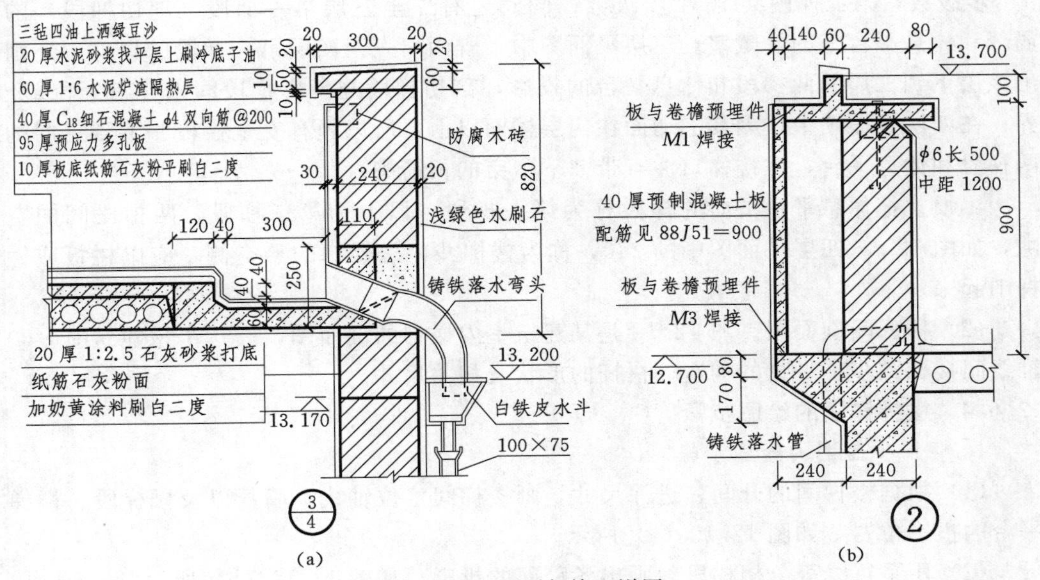

图 12.16 屋顶与檐口详图

2. 楼梯间详图

楼梯是楼房的垂直通道，它除了满足行走更加方便、通畅外，还必须坚固、耐用。目前民用建筑多采用预制或现浇的钢筋混凝土楼梯，它由梯段（踏步和斜梁）、平台（平台板和梁）及栏板（或栏杆）等组成。

楼梯间详图主要任务是表示其类型、结构形式、各部位的尺寸与装修，它是楼梯施工放样的依据，通常包括平面图、剖面图及踏步栏杆等详图。为了便于施工，最好集中布置在一张图纸内，且平面图、剖面图的比例应一致，以便对照阅读。尺寸大、结构复杂的楼梯应按建筑详图和结构详图分别绘制，并各自编入“建施”和“结施”中，而构造简单的楼梯，则可一次绘制“建施”或“结施”均可。

(1) 楼梯间平面图。楼梯间平面图与建筑平面图类似，只是剖切的水平位置不同。为了清楚地表示楼梯构造，剖切通常在休息平台以下（第一梯段）任意位置。楼梯间平面图也应分层绘制，对于高层楼房，当中间几层的梯段和踏步完全相同时，通常只画底层、标准层和顶层平面图。各层平面图应画在同一图纸内，且上下对齐，这样既便于阅读，又可省略标注一些重复尺寸。

各层平面图中都应注出楼梯间的定位轴线。和建筑平面图一样，被剖到的墙、柱应用粗实线画出；被剖到的梯段，按国家标准规定，用一根45°斜折断线（细实线）表示。剖面图的剖切位置应在相应的平面图中示出。

平面图中除应标出楼梯的开间和进深、梯段的定位尺寸及宽度、楼面与休息平台的高程外，梯段的长度多以踏面数乘以踏面宽来表示（如图12.17中的300×15=4500）。每梯段处都用带箭头的细实线示明上、下的方向，并注出该方向的步级数（踢面数）。

图12.17是接待楼楼梯间各层平面图，其中一至二层楼梯的两个梯段全在前厅内，从二层经三层再到四层的楼梯，则位于同一楼梯间内。一层平面图的第二梯段下画有储藏室。二层平面图完整地画有一至二层的这两个梯段，第一梯段到休息平面共7个步级数，第二梯段共16个步级数；同时还有二至三层第一梯段（剖切梯段）的局部和休息平台下的储藏室。三层平面图中，既画出三至四层第一梯段的局部，还画出该层下到二层的两梯段和休息平台的投影，剖切梯段与投影梯段间以45°断开线分界；在四层平面图中，因其剖切面在四层楼面以上，所以画有安全栏板、下到三层的两梯段和休息平台，在楼梯口注有带“下”字的长箭头。

习惯上把休息平台下面的梯段称为第一梯段，以上为第二梯段。两梯段间的空隙，如图12.17四层平面图中的240，称为楼梯井，是楼梯的悬空侧，应以栏板或栏杆围起来。

(2) 楼梯间剖面图。图12.18是某建筑室内楼梯的剖面图，表达了该建筑Ⓓ—Ⓔ轴线间楼梯踏步、平台的构造、栏杆的形状及相关尺寸。

12.6.4 楼梯详图的绘图步骤

1. 楼梯平面图的绘图步骤

(1) 根据楼梯间的开间、进深尺寸，画楼梯间定位轴线、墙身以及楼梯段、楼梯平台的投影位置，如图12.19 (a) 所示。

(2) 用平行线等分楼梯段，画出各踏面的投影，如图12.19 (b) 所示。

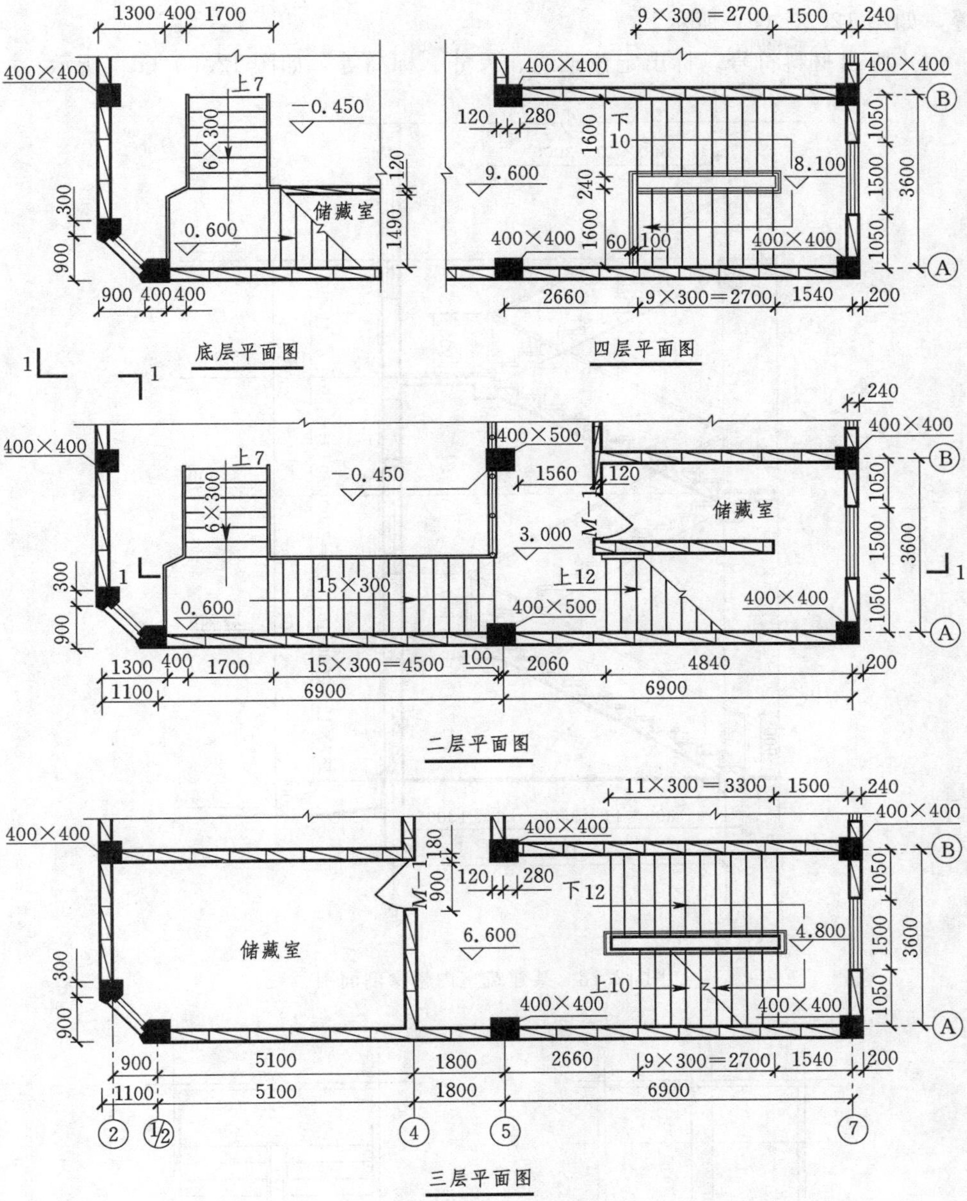

底层平面图

四层平面图

二层平面图

三层平面图

图 12.17　接待楼楼梯间平面图

（3）画出栏杆、楼梯折断线、门窗等细部内容，如图 12.19（c）所示。

（4）画出定位轴线，标出尺寸、标高等，如图 12.19（d）所示。

2. 楼梯剖面图的绘图步骤

（1）画定位轴线及各楼面、休息平台、墙身线，如图 12.20（a）所示。

（2）确定楼梯踏步的起点，用平行线等分的方法，画出楼梯剖面图上各踏步的投影，如图 12.20（b）所示。

(3) 擦去多余线条，画楼地面、楼梯休息平台、踏步板的厚度以及楼层梁、平台梁等，如图 12.20 (c) 所示。

(4) 画出材料符号，标出定位轴线、尺寸、标高等，如图 12.20 (d) 所示。

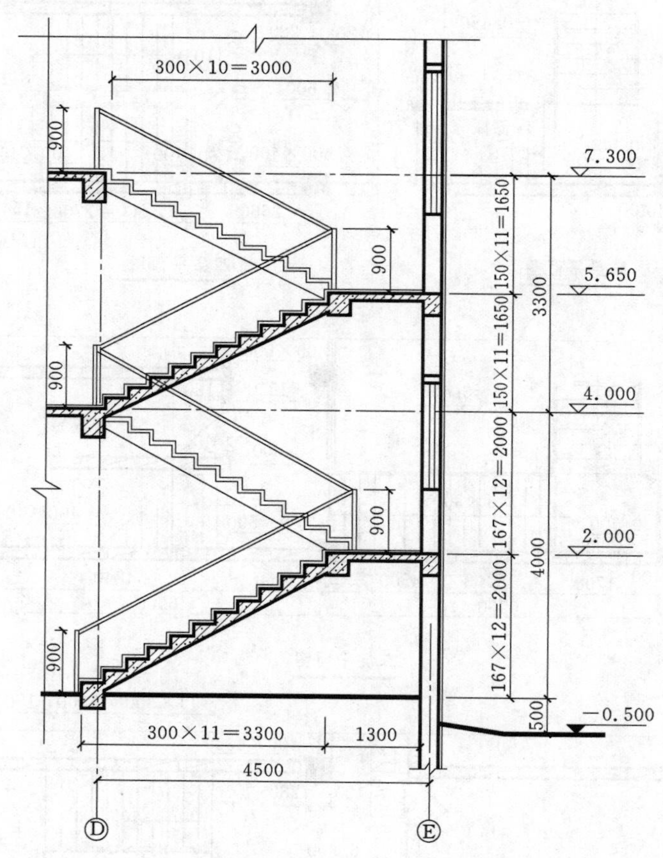

图 12.18　某建筑室内楼梯剖面图

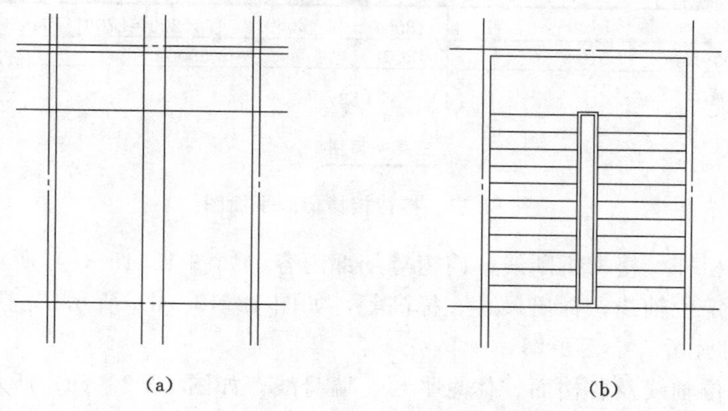

图 12.19 (一)　楼梯平面图的绘图步骤

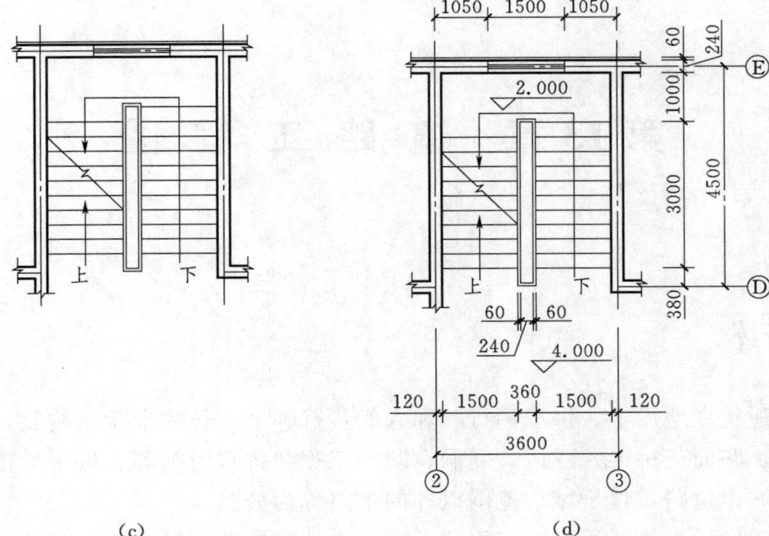

图 12.19（二） 楼梯平面图的绘图步骤

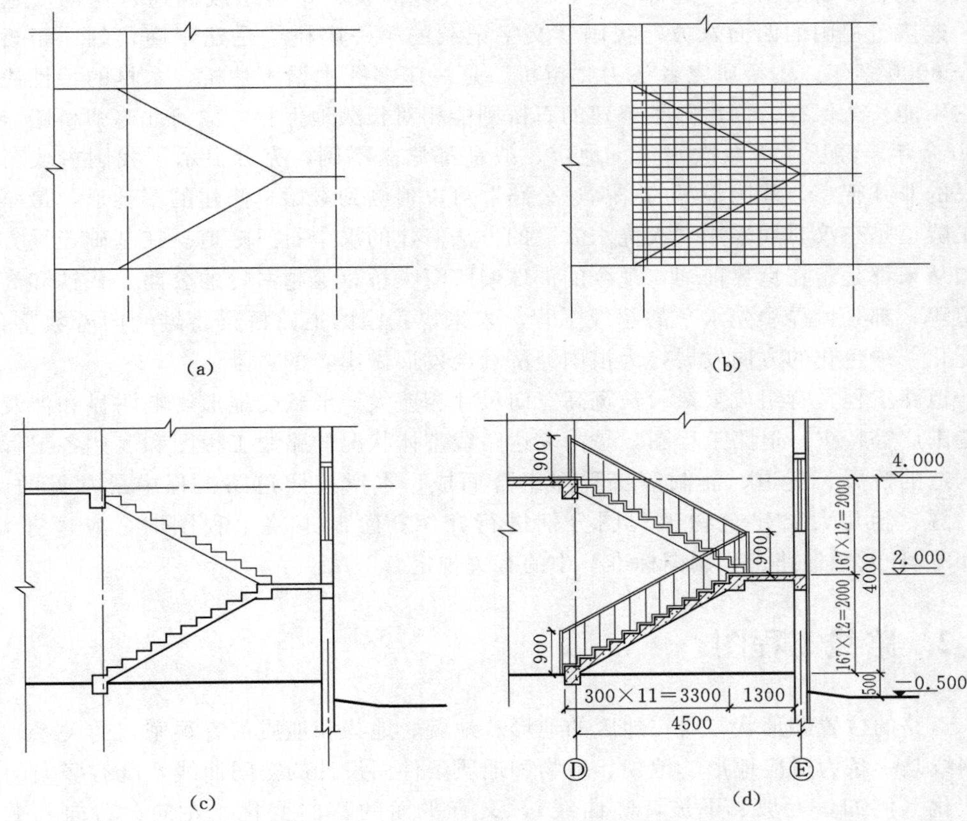

图 12.20 楼梯剖面图的绘制

第13章　道路工程图

13.1　概述

道路是建筑在地面上、供车辆行驶和人们步行、窄而长的带状结构物，其基本组成包括路基、路面、桥梁、隧道、涵洞、防护工程和排水设施等。位于城市范围以内的道路称为城市道路，位于城市范围以外的道路称为公路。

我国道桥发展史见证了国家工程技术的进步和经济的发展，从古代的木质石质材料到现代的钢筋混凝土材料，经历了数千年的历史进程，取得了举世瞩目的成就。我国自古就有“桥的国度”之称，遍布在神州大地的桥、路编织成四通八达的交通网络，连接着祖国的四面八方。我国有文字记载的第一座桥梁是建于商代的“钜桥”，距今3000多年，古桥研究者认为“钜桥”是一座多孔木梁木柱桥，木材的特性决定了它不能长久保存。而后陆续修建的石桥则能相对长久地保存，像河北赵州桥距今已1400余年，经历了无数次水灾、地震、战乱都屹立不倒，充分显示了我国古代劳动人民的非凡智慧。我国最早的“高速公路”可以追溯到秦始皇修建的秦驰道，最早的人工隧道是东汉时期采用“火烧水激”的方法修建的汉中石门隧道。在基础建设方面我国从来都是走在世界前列，现今的港珠澳跨海大桥，穿越秦岭的公路、普铁和高铁隧道等，都是世界领先水平的超级工程。未来，我国的道路桥梁将继续向着数字化、智能化、绿色化的方向发展，为祖国经济社会发展做出新的贡献。

道路工程具有组成复杂、长宽高三向尺寸相差大、形状受地形影响明显和涉及学科范围广等特点。道路工程图，是由表达路线整体状况的路线工程图和表达各工程实体构造的桥梁、隧道、涵洞等工程图组合而成。本章按照道路工程中最常见的路、桥、隧、涵几大类建筑物工程图分别进行介绍。绘制道路工程图时，应遵守GB 50162—1992《道路工程制图标准》中的有关规定。

13.2　路线工程图

道路的位置和形状与所在地区的地形、地貌、地物和地质都有很密切的关系。道路路线是一条为适应地形、地貌、地物和地质条件而设计的空间曲线，既有竖向的高度变化（例如，上坡、下坡，竖曲线），又有平面的弯曲变化（左向、右向，平曲线）。路线的长度通常从几公里到上百公里不等，相对于其他工程建筑物，其尺度跨越要大很多，因此路线工程图的图示方法与一般工程图不同，具有以下特点：

（1）以地形图作为平面图、以纵向展开断面为立面图、以多张横断面图为侧面图。

（2）路线的平、纵、横视图，大多都以各自画在单独的图纸上的方式来表达（即不在同一张图纸中满足视图间的“长对正、高平齐、宽相等”关系）。

13.2.1 路线平面图

路线平面图是道路中心线及沿线地形地物在水平面上的投影，其主要表达的内容有路线和地形两部分，表达方法一般是用标高投影法。路线平面图要表达路线的走向、平面线形（直线或曲线）的情况，以及沿线一定范围内河流、山川、村落、植被等地形地物的状况。下面以路线和地形两部分，分别介绍它们图示及内容的特点。

1. 路线部分

（1）比例。路线平面图的比例都比较小。通常在城镇区取 1∶500 或 1∶1000；山岭区取 1∶2000；丘陵区或平原区取 1∶5000 或 1∶10000。

（2）设计路线。因为比例小，且道路宽度方向与长度方向尺寸相差大，所以道路宽度在路线平面图中不容易表达清楚，通常是沿道路中心线采用加粗的粗实线（$2b$）来表示设计路线。如果有比较路线，也应绘出，比较路线用加粗粗虚线来表示。

（3）分段绘制。以 20km 长的路线采用 1∶1000 的比例绘制为例，路线在图中总共绘制长度为 10m，一张图纸必然放不下。因此路线平面图通常采用连接画法，通过注写桩号分段绘制在多张图纸上，且路线的前进方向在图纸中总是从左向右。因此，图纸右上角一般要注明路线平面图“第几页，共几页”，以及该页平面图的桩号范围。

（4）里程桩号。为了清楚表达出路线的总长和各段之间的长度，一般在路线上从起点到终点，沿着前进方向注写“里程桩号”。里程桩分为公里桩和百米桩，公里桩标注在路线前进方向的左侧，用符号◐表示桩位，公里数注写在符号的上方。在公里桩之间还要标注百米桩，用垂直于路线的细短线表示百米桩位。如公里桩“K55”前方的百米桩“1”的位置桩号为“K55＋100”，表示该点至路线起点距离为 55100m。如图 13.1 所示，就是某公路 K55＋000 至 K55＋700 的一段路线平面图。

（5）平曲线。道路路线在平面上由直线段和曲线段组成，路线平面图中的曲线段称为平曲线。为了确保行车舒适与安全，在路线的转弯处应设置平曲线。平曲线主要有圆曲线和回旋线两种。回旋线是道路平面线形的要素之一，它是设置在直线与圆曲线之间或半径相差较大的两个转向相同的圆曲线之间的一种曲率连续变化的曲线。

在路线平面图中，路线若存在平曲线就要标注其曲线要素，通常在靠近图纸下方位置附有“平曲线要素表”。平曲线及要素表如图 13.2 所示，JD 为交角点，是路线两直线段的理论交点；α 为转折角，是沿路线前进方向向左（$\alpha_{左}$）或向右（$\alpha_{右}$）偏转的角度；R 为圆曲线半径；T 为切线长，是切点与交角点之间的长度；E 为外距，是曲线中点到交角点的距离；L 为曲线长度，是圆曲线两切点之间的弧长；L_S 为回旋线长度；QZ 为圆曲线中点；YZ 是圆曲线前进至直线的切点；ZH 是直线前进至回旋线的切点；HY 是回旋线前进至圆曲线的切点；YH 是圆曲线前进至回旋线的切点；HZ 是回旋线前进至直线段的切点；ZY 是直线段前进至圆曲线的切点。

“平曲线要素表”及里程桩号就是路线平面图中的“尺寸标注”。由于道路路线的特殊性，其平面图“尺寸标注”也具有独特的定形定位特点。长度和半径等为路线平

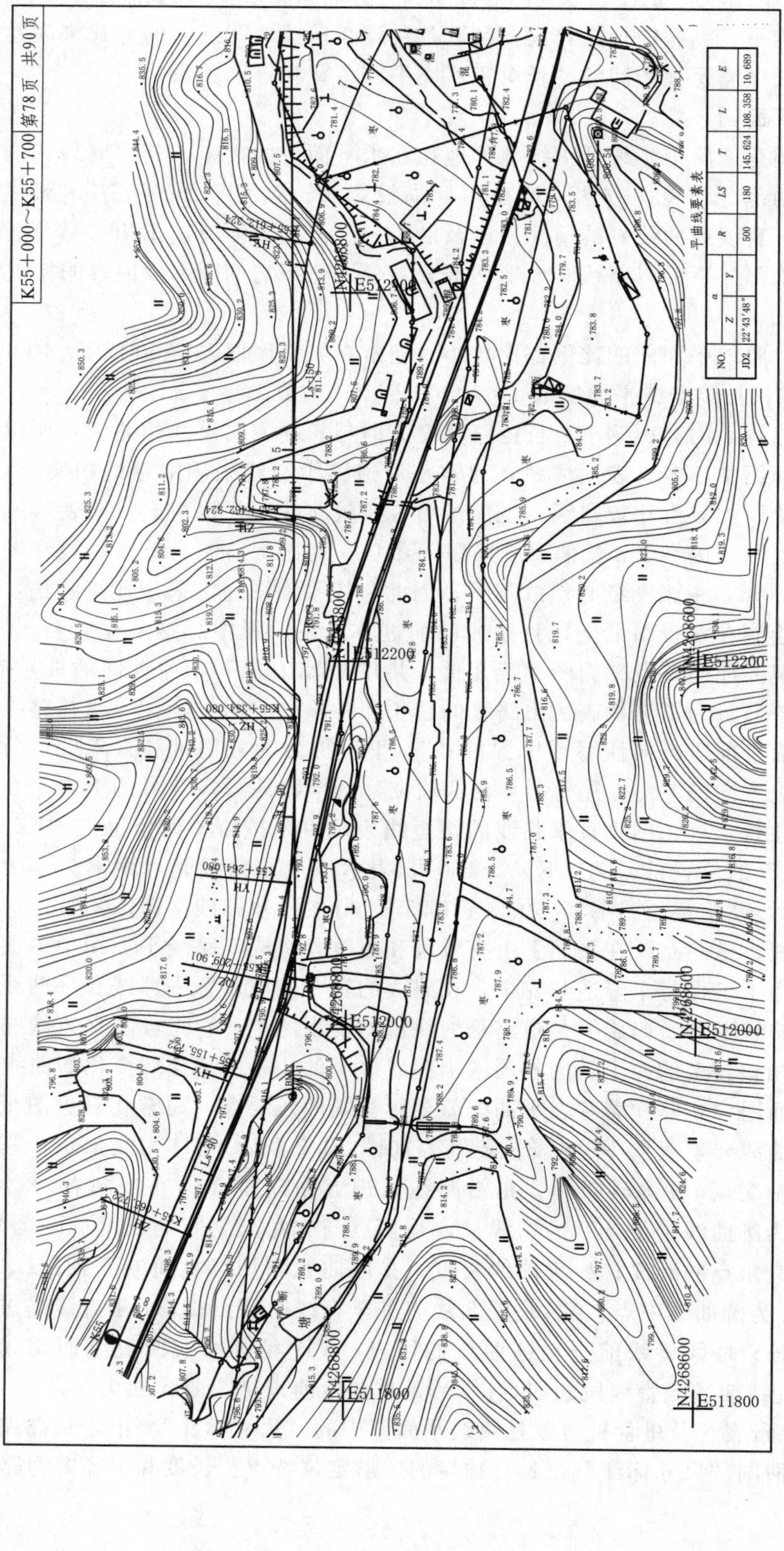

K55＋000～K55＋700　第78页　共90页

平曲线要素表

NO.	α		R	LS	T	L	E
	Z	Y					
JD2	22°43′48″		500	180	145.624	108.358	10.689

图 13.1　路线平面图

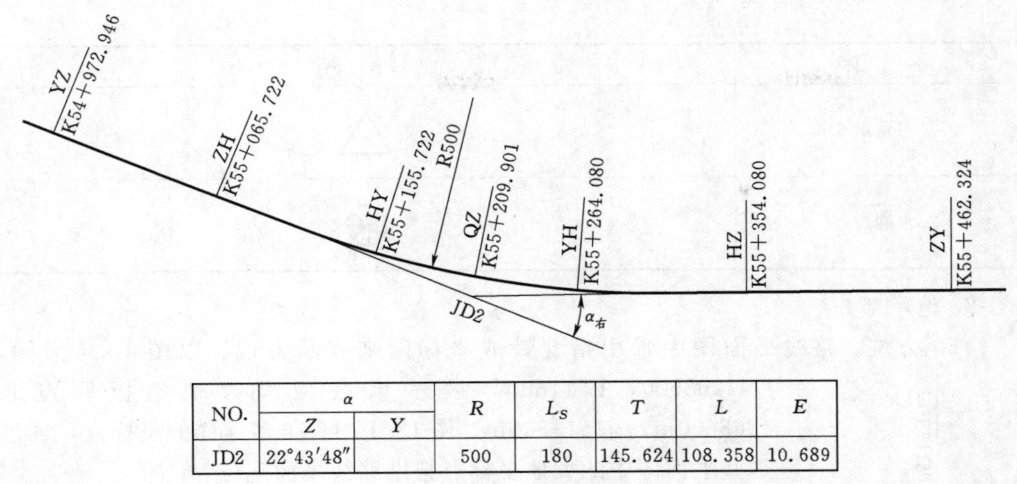

NO.	α		R	L_S	T	L	E
	Z	Y					
JD2	22°43′48″		500	180	145.624	108.358	10.689

图 13.2 平曲线及要素表

面图确定形状，而起始桩号和大地坐标等则为路线平面图确定位置。

(6) 结构物和控制点。在路线平面图上还需要标出道路沿线的结构物和控制点，如桥梁、涵洞、管道、水准点、导线点等。路线工程图中常用的结构物和控制点平面图例见表 13.1。

表 13.1 常用的结构物和控制点平面图例

名称		图例
桥梁		
分离式立交	主线上跨	
	主线下穿	
互通式立交		
隧道		
涵洞		
通道		

续表

名 称	图 例
三角点	
水准点	

2. 地形部分

(1) 方位。路线平面图中常用指北针或坐标网来表示方位。以图 13.3 为例，"N4268600，E511800" 表示该点距离大地坐标原点北 4268600m，东 511800m。图 13.1 中有很多这样的坐标点，通过这些平面图中的大地坐标点帮助路线平面定位。

图 13.3 平面图中的坐标点

(2) 地形。平面图中的地形起伏情况主要用等高线表示。根据图 13.1 中等高线的疏密程度可以看出，该地区四周等高线密集，高差变化较大，故道路是沿着山脚平缓地带选线。

(3) 地物。平面图中的地物如房屋、植被、电力线等，图中应按照规定图例绘制。道路工程中常用的地物图例见表 13.2。从图 13.1 中可以看到中间的洼地上分布着大片果园。

表 13.2　常用的地物图例（平面图）

名称	图例	名称	图例	名称	图例	名称	图例
普通房屋		隔离墩		小路		水田	
学校	文	防护栏		大车路		菜地	
医院	+	防护网		土堤		草地	
工厂	工	高压电力线		井		林地	
养护机构		低压电力线		坟地		果园	
管理机构		铁路		旱地		沙地	

(4) 水准点。沿路线附近每隔一定距离就会设置水准点，便于附近路线的高程测量。如 $\frac{\text{BM12}}{816.41}$，表示路线的第 12 个水准点，该点的高程为 816.41m。

13.2.2 路线纵断面图

路线纵断面图的作用是表达道路中心线的纵向线形、高低起伏、地质状况及沿线设置的构造物等情况。它是通过道路中心线用假想的铅垂剖切面剖切并展开绘制的。

如图 13.4 所示，由于道路路线由直线和曲线组合而成，因此沿着道路中心线的铅垂剖切面也是由平面和曲面组合而成。为了清晰地表达路线的纵向地形起伏、坡度、坡长及纵曲线实形等情况，特将铅垂剖切面拉直展开，并绘制在图纸上，从而形成路线纵断面图。

图 13.4 路线纵断面图形成示意图

路线纵断面图包括图样和资料表两部分，通常图样画在图纸的上部，资料表布置在图纸的下部。如图 13.5 所示，为某公路 K0＋000～K0＋700 的一段路线纵断面图。

1. 图样部分

（1）比例。纵断面图的水平方向表示路线的长度，竖直方向表示设计线和地面的高程。由于路线的高度差比路线的长度尺寸小得多，如果竖向高度与水平长度用同一种比例绘制，则很难把高度差明显地体现出来，所以绘制时一般竖向比例要比水平长度比例放大 10 倍。例如，图 13.5 中的线路水平比例为 1∶2000，而竖向高度比例为 1∶200，这样绘出的路线图地面纵坡的起伏会显得比实际中要明显。为了便于画图和读图，一般还应在纵断面图的左侧按竖向比例画出高程标尺。

（2）设计线和地面线。在路线纵断面图中，道路的设计线用粗实线表示，原地面线用细实线表示。设计线上各点的标高通常是指二级及以下公路路基边缘的设计高程或一级及以上公路中央分割带外缘的设计高程。地面线则是根据原地面上沿线各点的实测中心桩高程而绘制的。比较设计线与地面线的相对高差，可直观地了解道路的填挖情况。

（3）竖曲线。在设计线的纵向坡度变更处（变坡点），应按照公路路线设计规范的规定设置圆弧竖曲线，以利于车辆相对平稳地行驶。竖曲线分为凸形和凹形两种，在图中分别用“⊓”“⊔”符号表示。符号中部的竖线应对准变坡点，符号的水平线两端应对准竖曲线的起点和终点。竖曲线要素（半径 R、切线长 T、外距 E）的数值一般标注在凸曲线符号水平线的下方，凹曲线符号水平线的上方，如图 13.5 中上部所示。

（4）沿线构造物。道路沿线如设有桥梁、涵洞等构造物时，应在其相应的设计里程和高程处，按表 13.3 所列的图例绘制并标明构造物名称、种类、大小和中心里程桩号。例如，在里程桩号 K5＋660 处有一座预应力混凝土 T 形连续梁桥，共 3 跨，每跨 20m，表示为

$$\frac{3-20\text{ 预应力连续混凝土 T 梁}}{\text{K5}+660}$$

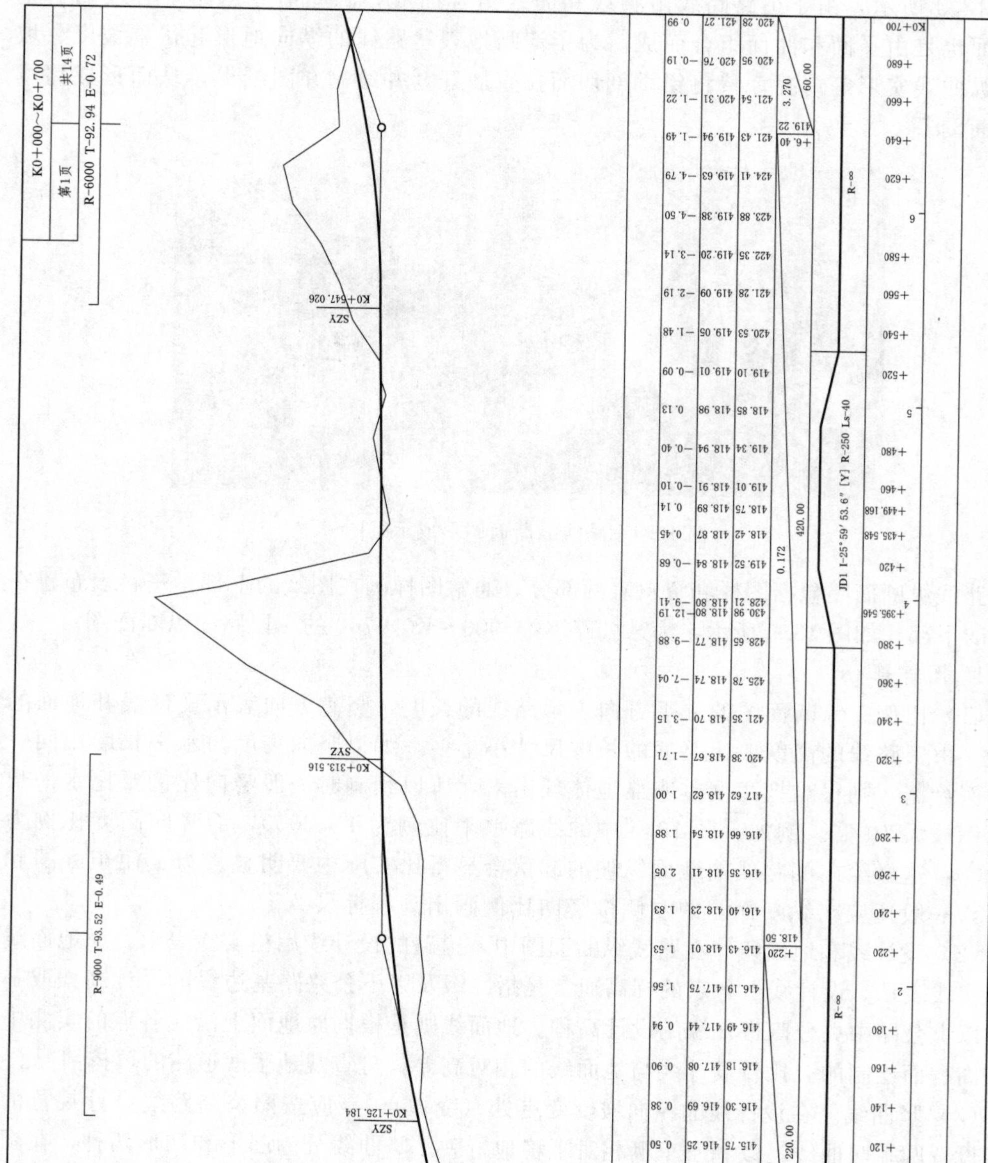

K0+000～K0+700	
第1页	共14页

R-6000 T-92.94 E-0.72

R-9000 T-93.52 E-0.49

SZY K0+125.184

K0+313.516 SYZ

SZY K0+547.026

V1:200
H1:2000

436 434 432 430 428 426 424 422 420 418 416 414 412 410 408 406

里程桩号	地质概况	填挖高度/m	设计高程/m	地面高程/m
K0+000		−0.72	413.55	414.26
+020		−0.93	414.00	414.93
+040		0.32	414.45	414.12
+060		−1.43	414.90	416.32
+080		0.44	415.35	414.91
1		0.77	415.81	415.03
+120		0.50	416.25	415.75
+140		0.38	416.69	416.30
+160		0.90	417.08	416.18
+180		0.94	417.44	416.49
2		1.56	417.75	416.19
+220		1.53	418.01	416.43
+240		1.83	418.23	416.40
+260		2.05	418.41	416.35
+280		1.88	418.54	416.66
3		1.00	418.62	417.62
+320		−1.71	418.67	420.38
+340		−3.15	418.70	421.35
+360		−7.04	418.74	425.78
+380		−9.88	418.77	428.65
+395.546		−12.19	418.80	430.98
4		−9.41	418.80	428.21
+420		−0.68	418.84	419.52
+435.548		0.45	418.87	418.42
+449.168		0.14	418.89	418.75
+460		−0.10	418.91	419.01
+480		−0.40	418.94	419.34
5		0.13	418.98	418.85
+520		−0.09	419.01	419.10
+540		−1.48	419.05	420.53
+560		−2.19	419.09	421.28
+580		−3.14	419.20	422.35
6		−4.50	419.38	423.88
+620		−4.79	419.63	424.41
+640		−1.49	419.94	421.43
+660		−1.22	420.31	421.54
+680		−0.19	420.76	420.95
K0+700		0.99	421.27	420.28

坡度/% 坡长/m：413.55；2.250 220.00；+220 418.50；0.172 420.00；+6.40 419.22；3.270 60.00；420.28

直线及平面线：R-∞；JD1 I-25°59′53.6″[Y] R-250 Ls-40；R-∞

超高

图 13.5 路线纵断面图

表 13.3　　　　常用的结构物图例（纵断面图）

名　称	图　例	名　称		图　例
箱涵		桥梁		
管涵		分离式立交	主线上跨	
盖板涵			主线下穿	
拱涵		互通式立交	主线上跨	
箱型通道			主线下穿	

2. 资料表部分

路线纵断面图的测设数据表与图样上下对齐布置，以便阅读。这种表示方法较好地反映出纵向设计在各桩号处的高程、填挖方量、地质条件、坡度以及平竖曲线之间的配合关系。资料表中的里程桩号和高程字头向左书写，资料表主要包括以下栏目和内容：

（1）地质概况。根据实测资料，在图中应注出沿线各段的地质情况。

（2）填挖高度。填挖高度即填方、挖方的高度。当路线的设计线低于地面线时需要“挖”，当设计线高于地面线时需要“填”，挖或填的高度值是各点（桩号）对应的设计高程与地面高程之差。

（3）坡度及坡长。标注出设计线路各段的纵向坡度及坡长。该栏中的对角线表示坡度方向，先低后高表示上坡，先高后低表示下坡；对角线上方的数字表示坡度，以百分制表示；对角线下方的数字表示坡长，以 m 为单位。例如图 13.5 中的 K0＋000～K0＋220 这一段路线上注有“2.25/220”，表示顺路线前进方向是上坡，坡度为 2.25％，坡长是 220m；K0＋220～K0＋640 这一段路线上注有“0.172/420”，表示上坡的坡度变缓为 0.172％（注意：道路纵坡小于 0.3％不利于排水，此时边沟应满足纵向排水设计），坡长是 420m；所以，K0＋220 是变坡点，此处需要设置竖曲线来连接两段不同坡度的路线。而 K0＋640 是另一个变坡点，3.27/60（540）则表示为该段上坡坡度为 3.27％，坡长是 540m，本张图仅显示该坡的 60m 长度。

（4）直线及平曲线。在路线设计中，竖曲线与平曲线的配合关系直接影响着车辆行驶的安全性和舒适性，以及道路的排水状况。而由于道路路线平面图与纵断面图是分别用不同图纸表示的，所以在纵断面图的资料表中，以简约的方式表示出路线平面图中的直线及平曲线示意图。直线段用水平线表示，曲线段（即转弯段）用上凸或下凹的图线表示，如图 13.6 所示。路线前进方向为从左至右时，图 13.6（a）和（b）分别表示设置回旋线的右转弯平曲线和左转弯平曲线；图 13.6（c）和（d）则是分别不设回旋线的右转弯圆曲线和左转弯圆曲线。

（5）里程桩号。沿线各点的桩号是按测量的里程数值写入的，单位为 m，桩号从左向右排列。在平曲线的起点、中点、终点和构造物中心点等处可设置加桩。如

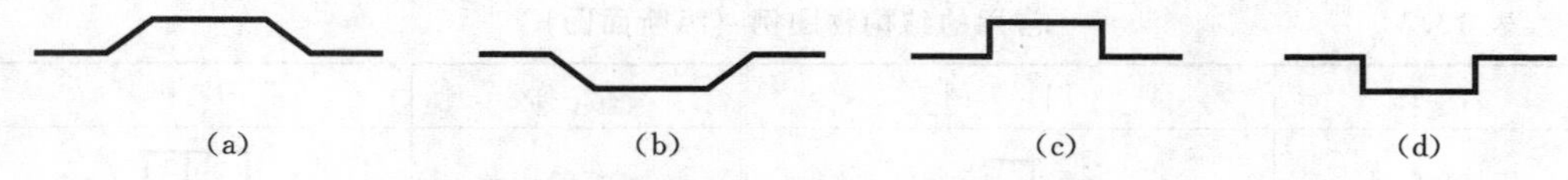

图 13.6　纵断面图资料表中的平曲线示意图

图 13.5 所示的“里程桩号”一栏，以 20m 等距布置里程桩号，并且在平曲线处加桩。

(6) 超高。为了减小车辆在弯道上行驶时的横向作用力，道路在半径相对小的平曲线处，需设计成外侧高、内侧低的形式，道路边缘与设计线的高程差称为超高。在纵断面图中“超高”这一栏绘制超高方式图，用来表示路基横向坡度沿路线纵向的变化情况。用点画线绘制贯穿全栏的水平线作为基线，代表道路设计线；用细实线绘制路线前进方向右侧路基边缘线，用虚线绘制左侧路基边缘线；并标注出相应的路基横坡坡度。若路基边缘高于设计线，则绘于基线上方；反之则绘于基线下方。

13.2.3　路基横断面图

路基横断面图是用假想的铅垂剖切平面，垂直于道路中心线剖切而绘制，是土石方计算和路基施工的重要依据。路基横断面图主要表达路线各中心桩处地面横向的高低起伏变化情况、路基的形式、路基宽度、边坡大小、路基顶面高程、排水边沟及路基边坡防护工程的设计等，如图 13.7 所示。

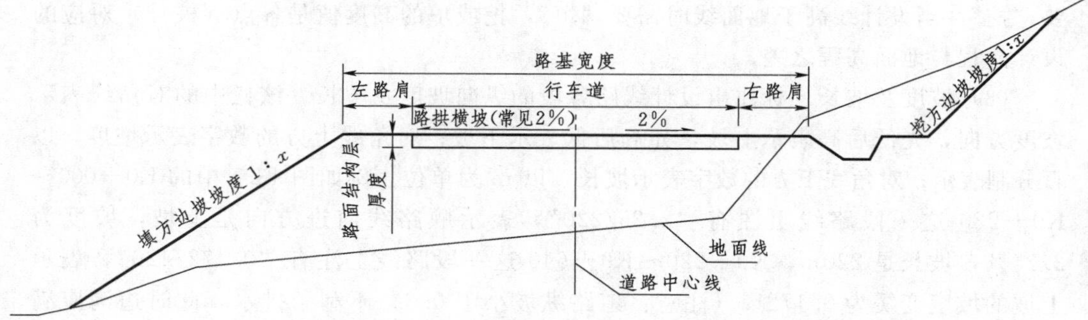

图 13.7　路基横断面图的要素及其画法

1. 图示特点

(1) 图线。横断面图中，路面线、路肩线、边坡线等设计线均采用粗实线表示，原有地面线用细实线表示，路面厚度用中粗线表示，道路中心线用细点画线表示，如图 13.7 所示。

(2) 比例。为了便于计算土石方量，横断面图的水平方向和高度方向宜采用相同的比例，一般为 1∶200 或 1∶100。

(3) 布图。沿路线前进方向，一般每隔 20m 就需要画一个路基横断面图，当遇到地形突变或有桥梁等结构物时应加桩。一张图纸中可以布置数个路基横断面图，沿着桩号自下而上、自左至右可布置多个横断面图。

(4) 计算。每个横断面图除了应标注出桩号和设计高程，还要计算出填挖高度、填挖面积，如图 13.8 所示。

2. 横断面图形式与内容

路基横断面的基本形式有：路堤、半填半挖、路堑，分别如图 13.8 所示。

（1）路堤。路堤即为填方路基，如图 13.8（a）所示。根据边坡高度和土质而确定坡度，土质填方边坡一般为 1∶1.5，在图下方注有该断面的里程桩号、中心线处的填方高度 h_T（m），以及该断面的填方面积 A_T（m^2）。

（2）半填半挖路基。路基断面一部分为填方区，一部分为挖方区，是两种路基的综合，如图 13.8（b）所示。在图的下方注有该断面的里程桩号、中心线处的填（或挖）高度 h_T（或 h_W），以及该断面的填方面积 A_T 和挖方面积 A_W。

（3）路堑。路堑即为挖方路基，如图 13.8（c）所示。根据边坡高度和土（石）质情况而确定坡度，一般要陡于 1∶1，在图下方注有该断面的里程桩号、中心线处的挖方高度 h_W（m），以及该断面的挖方面积 A_W（m^2）。

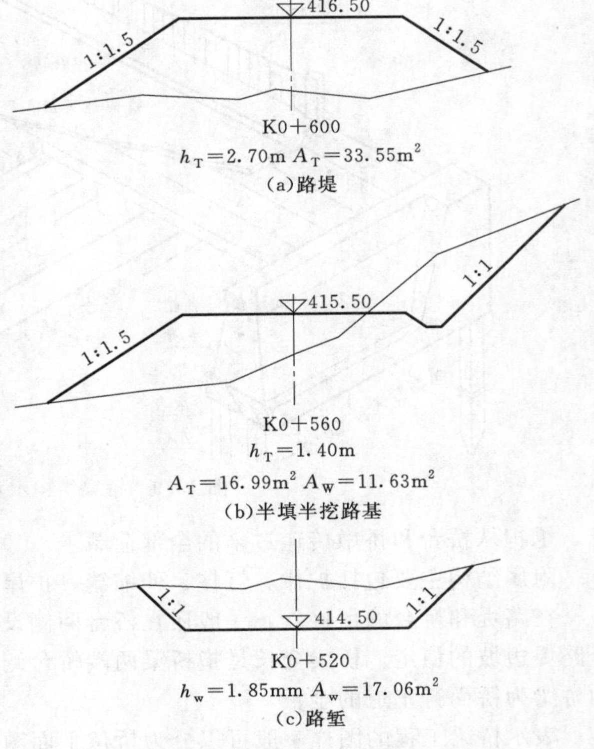

图 13.8 路基横断面的三种基本形式

注意：路线工程图中的平面图、纵断面图、横断面图都是各自分别绘制在不同图纸上，由于路线较长，每一类型的图可能有数十甚至百余页，因此，每一张图都应在图纸右上角注明起止里程和填写图纸序号“第×页，共×页”。

13.3 桥梁工程图

13.3.1 桥梁概述

桥梁是道路路线遇到沟壑等障碍时，跨越障碍的工程建筑物。它由上部结构、下部结构及附属结构三部分构成，如图 13.9 所示。

上部结构又称桥跨结构，主要包括承重结构（主梁或主拱圈）和桥面系，它的作用是承受车辆荷载，并通过支座将荷载传递给桥台和桥墩。支座是设在桥台和桥墩顶面，用来支承上部结构的传力装置。

下部结构是支撑桥跨结构并将永久荷载和车辆荷载传至地基的结构物，主要包括桥台、桥墩和基础。桥台设在桥梁两端，除了支承桥跨结构外还要承受路基填土的水平推力；桥墩则在两桥台之间，主要支承桥跨结构；桥台和桥墩底部的部分称为基

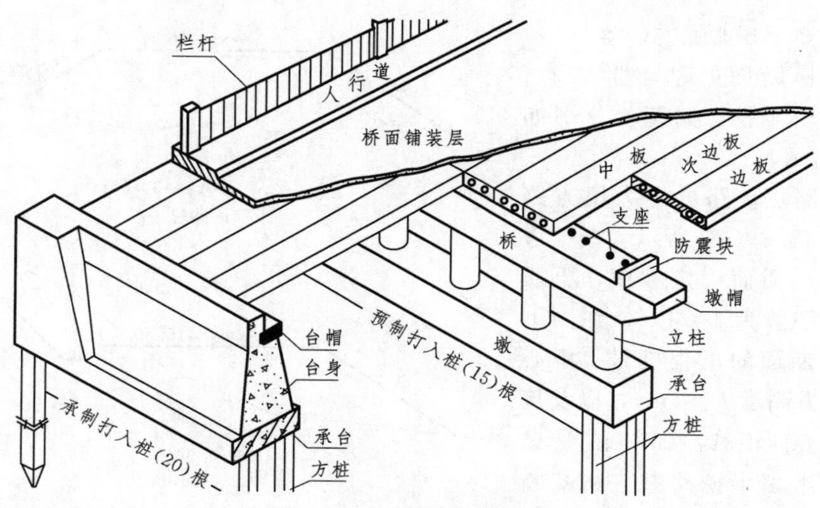

图 13.9　桥梁结构示意图

础，承担从桥台和桥墩传递过来的全部荷载。

附属结构主要包括护栏、灯柱、伸缩缝、护岸、导流结构等。

在路堤和桥台的衔接处，一般还在桥台两侧设置石砌的锥形护坡，以保证迎水部分路堤边坡的稳定。桥梁全长是指桥梁两端桥台侧墙后端点之间的距离。对于无桥台的桥梁为桥面行车道的全长。

表示桥梁工程的图样一般可以分为桥位平面图、桥位地质断面图、桥梁总体布置图、构件图、详图等，各图样常采用的比例见表 13.4。

13.3.2　桥位平面图

桥位平面图主要是用来表明桥梁的平面布置情况，以便作为设计桥梁、施工定位的依据。

表 13.4　　桥梁工程图的各类图样说明及常用比例

图　名	说　明	比　例
桥位平面图	表示桥位、路线的位置及附件的地形、地物情况。地物由图例表示	1∶500～1∶2000
桥位地质断面图	表示桥位处的河床地质断面及水文情况，为了突出河床的起伏情况，高度比例较水平比例放大数倍绘出	高度方向比 1∶100～1∶500；水平方向比 1∶500～1∶2000
桥梁总体布置图	表示桥梁的全貌、长度、高度尺寸，通航及桥梁各构件的相互位置。横剖面图可较立面图放大 1～2 倍绘制	1∶50～1∶500
构件图	表示梁、桥墩、桥台等构件的构造图	1∶10～1∶50
详图	栏杆的雕刻花纹、钢筋的弯曲和焊接等细部详图	1∶3～1∶10

如图 13.10 所示，图中的地物图例与路线平面图中常用的图例一致，读图时应注意通过阅读图例来分析了解桥位平面图中的内容。

13.3.3　桥位地质断面图

桥位地质断面图是根据水文调查和地质钻探所得的资料绘制而成的，是在河床位置沿桥梁中心线用假想的铅垂面纵向剖切得到的地质断面图。

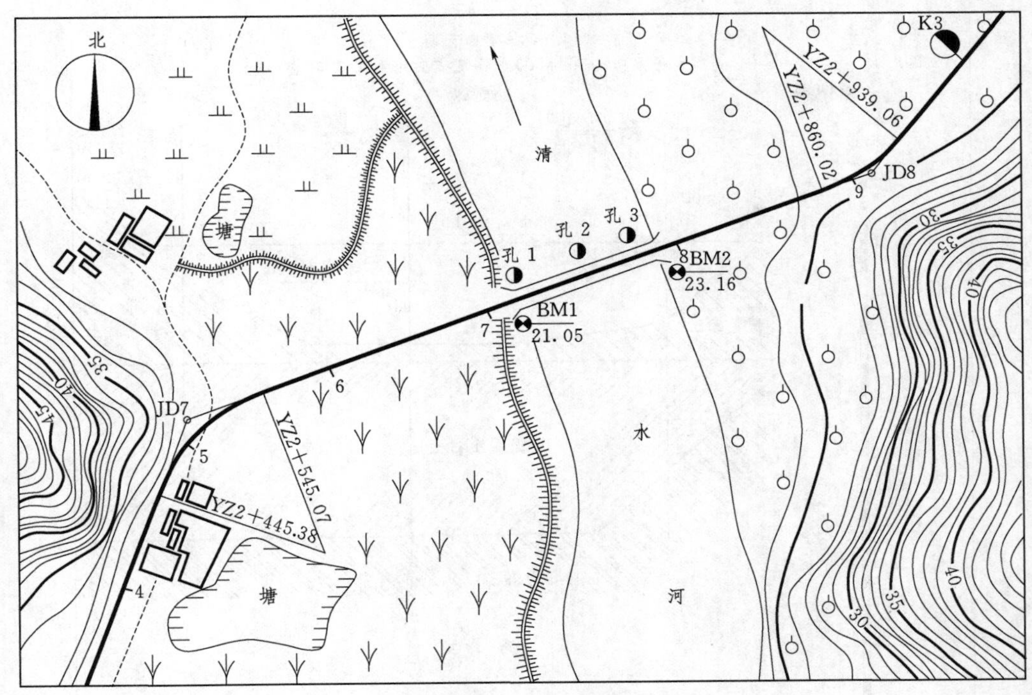

图 13.10　某桥的桥位平面图

桥位地质断面图包括河床断面线、钻孔位置、各地质层情况、最高水位线、常水位线和最低水位线等信息，以便作为设计桥梁和计算土石方量的依据。如图 13.11 所示，图中标出了钻孔的位置、孔口标高、钻孔深度及孔与孔的间距。高度方向的比例采用 1：200，水平方向的比例采用 1：500。

桥梁的地质断面图有时以地质柱状图的形式直接绘制在总体布置图的立面图中，如图 13.12 所示。也就是说，桥位地质断面图有时可以不绘制，但要写出地质情况说明。

13.3.4　桥梁总体布置图

桥梁总体布置图主要表达桥梁的形式、跨径、孔数、总体尺寸、桥道标高、桥面宽度、各主要构件间的相互位置关系、桥梁各部分的标高、材料数量以及总的技术说明等，以便作为施工时确定墩台位置、安装构件和控制标高的主要依据。一般由立面图、平面图和侧面图组成。

1. 立面图

立面图经常采用半剖视图的形式来表示，剖切平面沿着桥梁中心线纵向剖切。当桥梁结构较简单时也可以采用单纯的正面投影图来表示，如图 13.12 (a) 所示，由于桥台、桥墩基础一般埋置较深，为了节省图幅经常采用折断画法，墩台基础轴线通常应标注对应编号。

2. 平面图

平面图可采用半剖视图或分段揭层的画法来表示。半剖视图的右半部分假想将上部结构揭去后的桥墩、桥台的投影图，图中一般都不注明剖切位置，如图 13.12 (a)

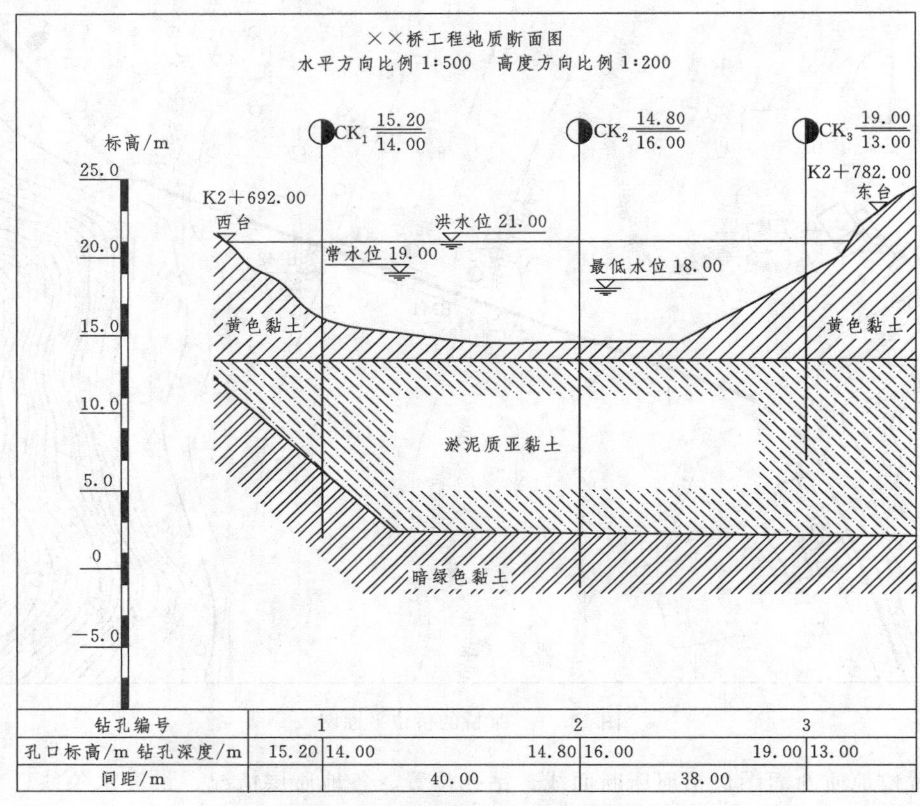

图 13.11　某桥的桥位地质断面图

中的平面图。分段揭层的画法是指在不同的墩台处假想揭去不同高度以上部分的结构后画出的投影图，当桥梁结构较简单时也可以采用单纯的水平投影图来表示。若有必要，还可以在桥梁总体布置图下方绘制资料表，如图 13.12（a）所示。

3. 侧面图

侧面图根据需要可采用一个或几个不同的剖视图（断面图）来表示。如图纸空间受限，侧面图也可以采用合成剖视图（断面图）或者放置于另一张图纸中，如图 13.12（b）所示。

图 13.12 为某桥梁的总体布置图，立面图和平面图的绘图比例采用 1∶250，侧面图的绘图比例为 1∶100。该桥的总长 55.58m，总宽 8m，上部结构采用 2×25m 预应力箱梁，桥面连续；下部结构采用柱式桥墩，桩柱式桥台，钻孔桩基础，桩长都是 20m。

注意：大部分桥梁工程图除高程以外都是以 cm 为单位。另外，根据桥梁工程制图的标准规定，可将土体看成透明体，所以埋入土中的基础部分都可以画成实线。

13.3.5　构件图和详图

在总体布置图中，由于比例较小，不可能将桥梁各种构件都详细地表示清楚。为了实际施工和制作的需要，还必须用较大比例的构件图和详图，画出各构件的形状大小和钢筋构造。构件图和详图包含桥梁的主梁、支座、桥台、桥墩、基础、护栏、伸缩缝等。图 13.13 是某桥梁的箱梁一般构造图，水平剖和纵剖视图的绘图比例采用

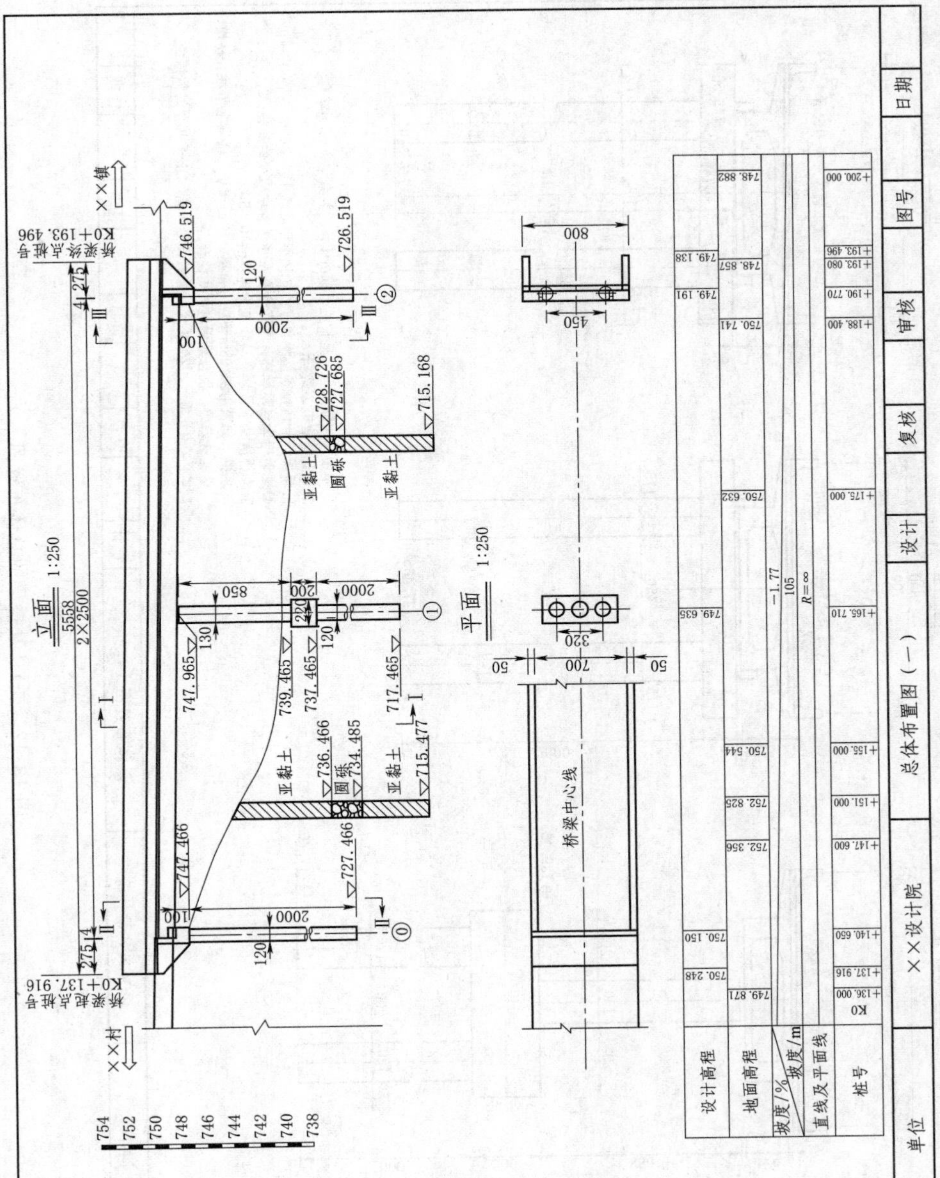

立面 1:250

平面 1:250

桩号	K0+136.000	+137.916	+140.650	+147.600	+151.000	+155.000	+165.710	+175.000	+188.400	+190.770	+193.080	+193.496	+200.000
设计高程		750.248	750.150				749.635			749.191		749.138	
地面高程	749.871			752.356	752.825	750.544		750.632	750.741		748.857		748.882
坡度/% 坡度/m	−1.77 105												
直线及平面线	$R=\infty$												

单位	××设计院	总体布置图（一）	设计		复核		审核		图号		日期	

(a)

图 13.12（一） 某桥梁的总体布置图

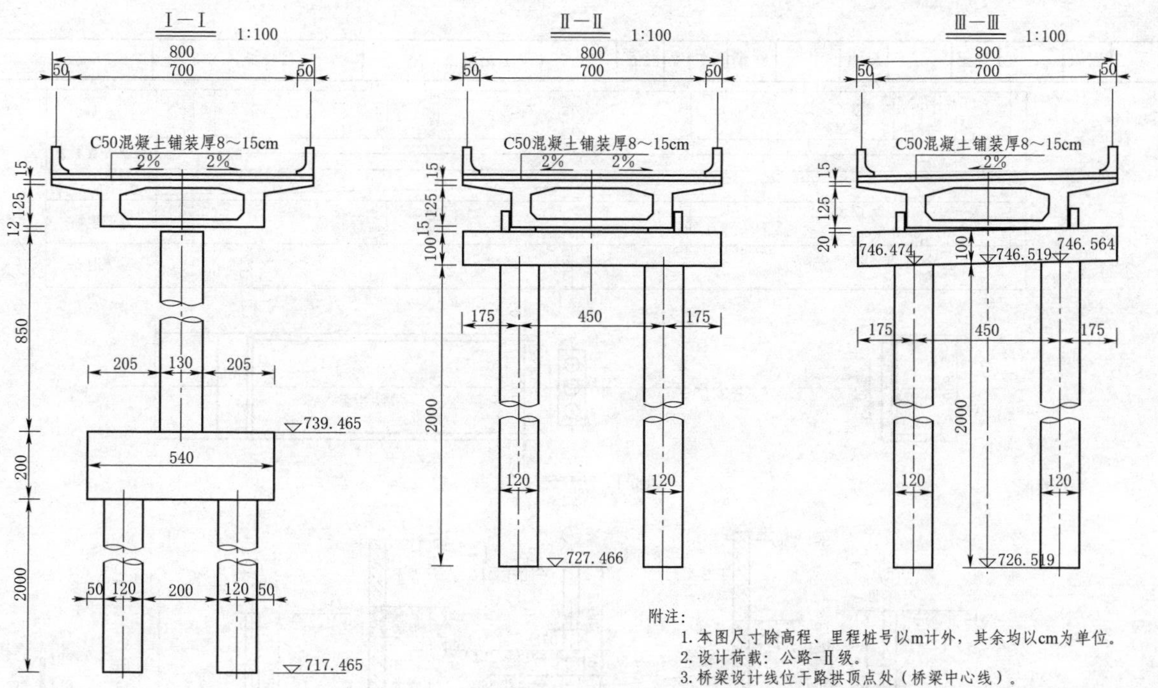

Ⅰ—Ⅰ　1:100

C50混凝土铺装厚8～15cm

Ⅱ—Ⅱ　1:100

C50混凝土铺装厚8～15cm

Ⅲ—Ⅲ　1:100

C50混凝土铺装厚8～15cm

附注：

1. 本图尺寸除高程、里程桩号以m计外，其余均以cm为单位。
2. 设计荷载：公路-Ⅱ级。
3. 桥梁设计线位于路拱顶点处（桥梁中心线）。
4. 立面图墩台顶标高、基底标高系指墩台中心处的高程。
5. 本桥所处地区地震动峰值加速度g=0.05。
6. 本桥上部采用2×25m预应力箱梁、桥面连续，桥墩采用柱式桥墩，钻孔桩基础。桥台采用桩柱式桥台。
7. 本桥在0号桥台、2号桥台处分别设置一道GQF-C40型的伸缩缝。

单位	×××设计院	总体布置图（二）	设计		复核		审核		图号		日期	

(b)

图 13.12（二）　某桥梁的总体布置图

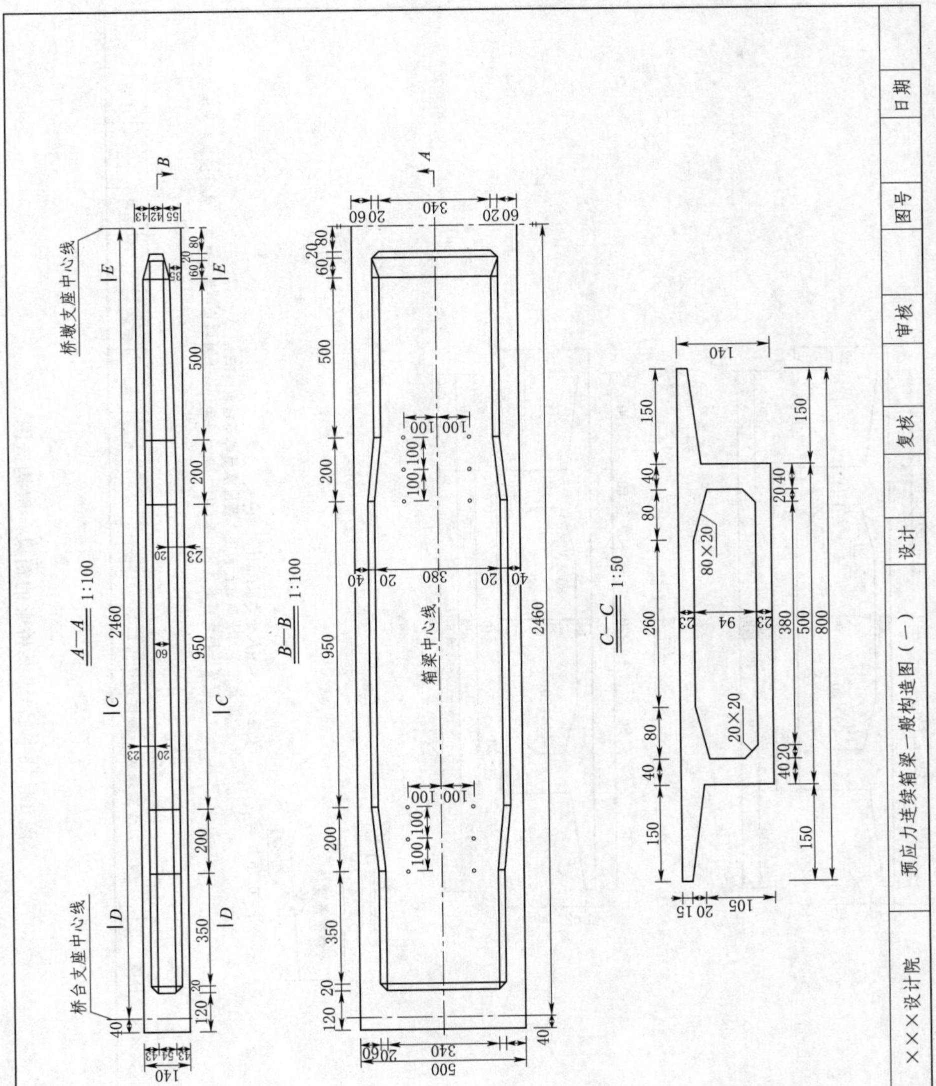

A—A 1:100

B—B 1:100

C—C 1:50

桥墩支座中心线

桥台支座中心线

箱梁中心线

单位	××设计院	预应力连续箱梁一般构造图（一）	设计	复核	审核	图号	日期

（a）

图 13.13（一） 某桥梁的箱梁一般构造图

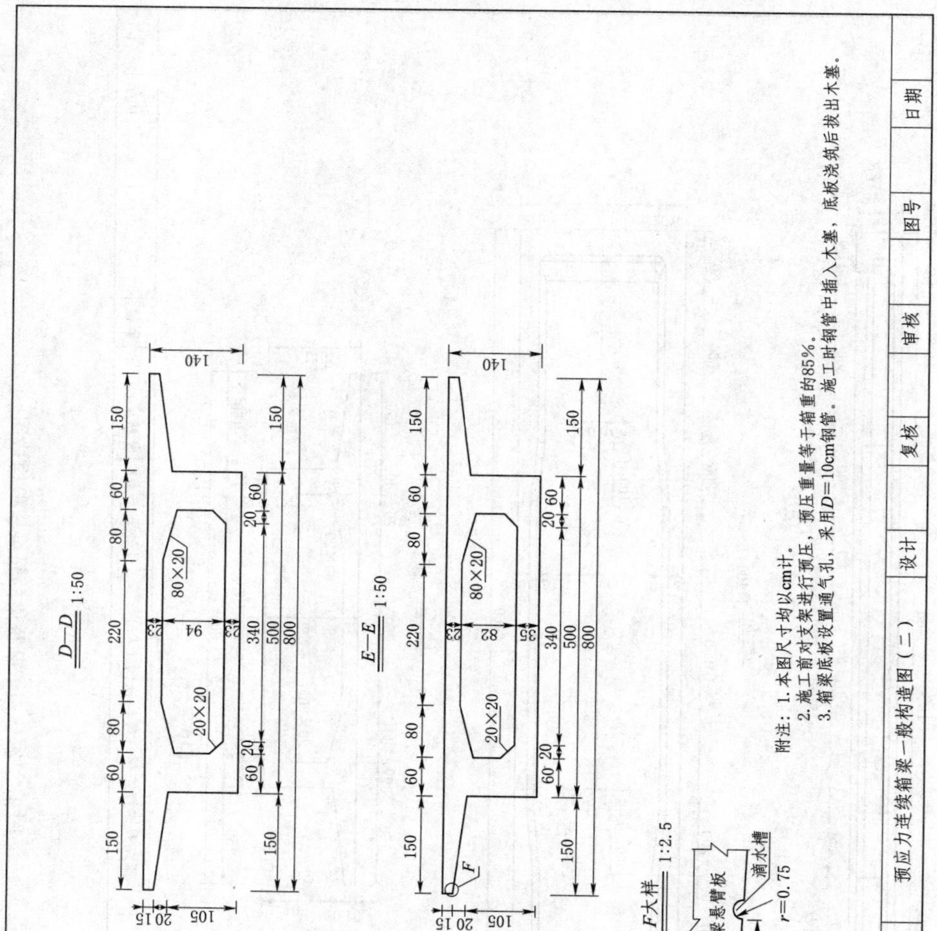

D—D　1:50

150　60　80　220　80　60　150

20 15　105　23　94　23　80×20　20×20　140

60　20　340　20　60

150　500　150

800

E—E　1:50

150　60　80　220　80　60　150

20 15　105　F　23　82　35　80×20　20×20　140

60　20　340　20　60

150　500　150

800

F大样　1:2.5

箱梁悬臂板

5　滴水槽

$r=0.75$

附注：1. 本图尺寸均以cm计。

2. 施工前对支架进行预压，预压重量等于箱重的85%。

3. 箱梁底板设置通气孔，采用$D=10$cm钢管。施工时钢管中插入木塞，底板浇筑后拔出木塞。

单位	×××设计院	预应力连续箱梁一般构造图（二）	设计		复核		审核		图号		日期	

(b)

图 13.13（二）　某桥梁的箱梁一般构造图

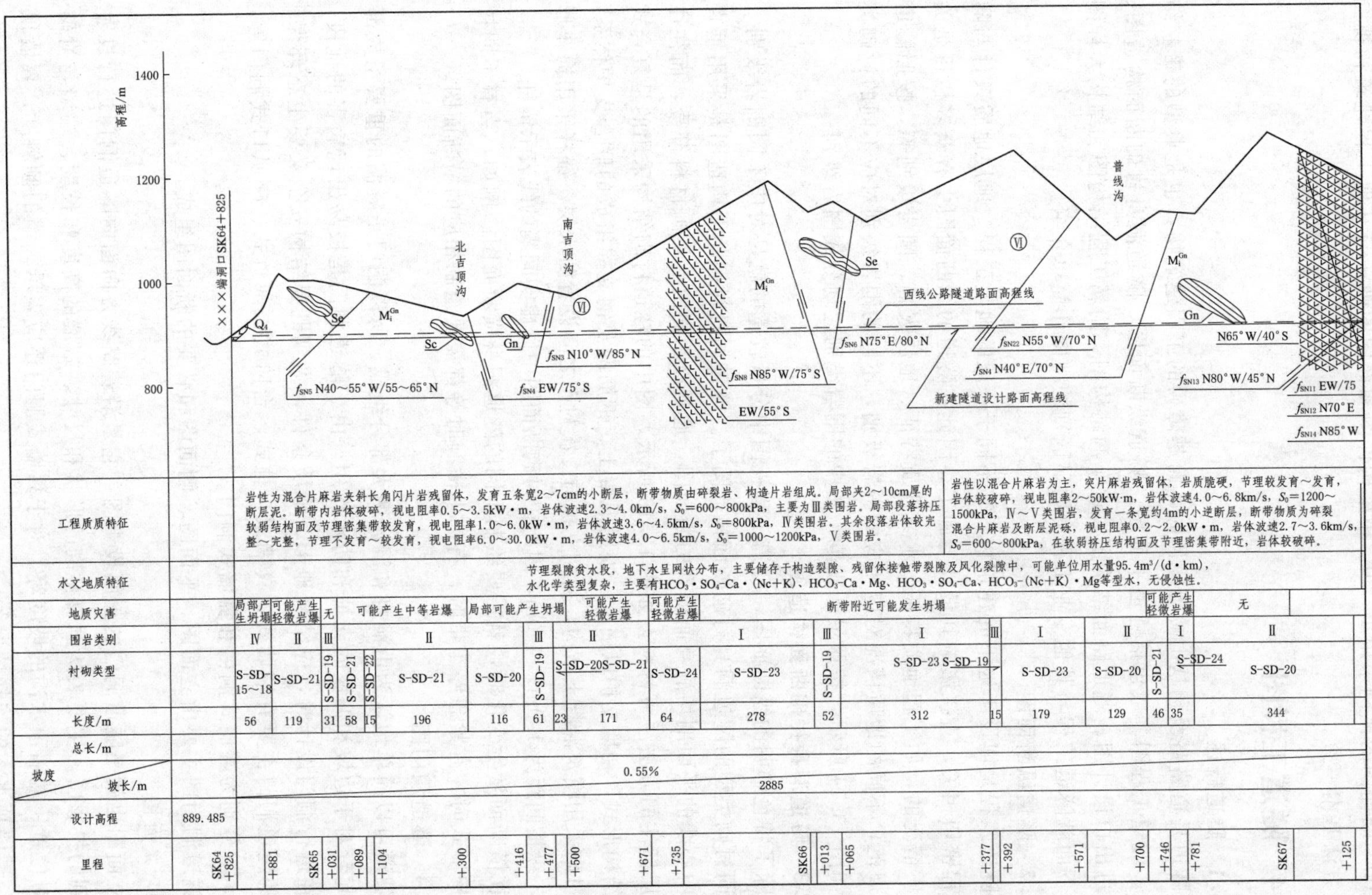
高程/m
1400
1200
1000
800
×××端洞口SK64+825
Q4
Se
M_i^{Gn}
Sc
Gn
北吉顶沟
南吉顶沟
Ⅵ
Se
M_i^{Gn}
Ⅵ
普线沟
M_i^{Gn}
Gn
西线公路隧道路面高程线
新建隧道设计路面高程线
f_{SN5} N40～55°W/55～65°N
f_{SN4} EW/75°S
f_{SN3} N10°W/85°N
f_{SN8} N85°W/75°S
EW/55°S
f_{SN6} N75°E/80°N
f_{SN22} N55°W/70°N
f_{SN4} N40°E/70°N
N65°W/40°S
f_{SN13} N80°W/45°N
f_{SN11} EW/75
f_{SN12} N70°E
f_{SN14} N85°W
工程质质特征
岩性为混合片麻岩夹斜长角闪片岩残留体，发育五条宽2～7cm的小断层，断带物质由碎裂岩、构造片岩组成。局部夹2～10cm厚的断层泥。断带内岩体破碎，视电阻率0.5～3.5kW·m，岩体波速2.3～4.0km/s，S_0=600～800kPa，主要为Ⅲ类围岩。局部段落挤压软弱结构面及节理密集带较发育，视电阻率1.0～6.0kW·m，岩体波速3.6～4.5km/s，S_0=800kPa，Ⅳ类围岩。其余段落岩体较完整～完整，节理不发育～较发育，视电阻率6.0～30.0kW·m，岩体波速4.0～6.5km/s，S_0=1000～1200kPa，Ⅴ类围岩。
岩性以混合片麻岩为主，突片麻岩残留体，岩质脆硬，节理较发育～发育，岩体较破碎，视电阻率2～50kW·m，岩体波速4.0～6.8km/s，S_0=1200～1500kPa，Ⅳ～Ⅴ类围岩，发育一条宽约4m的小逆断层，断带物质为碎裂混合片麻岩及断层泥砾，视电阻率0.2～2.0kW·m，岩体波速2.7～3.6km/s，S_0=600～800kPa，在软弱挤压结构面及节理密集带附近，岩体较破碎。
水文地质特征
节理裂隙贫水段，地下水呈网状分布，主要储存于构造裂隙、残留体接触带裂隙及风化裂隙中，可能单位用水量95.4m³/(d·km)，水化学类型复杂，主要有$HCO_3·SO_4$-Ca·(Nc+K)、HCO_3-Ca·Mg、$HCO_3·SO_4$-Ca、HCO_3-(Nc+K)·Mg等型水，无侵蚀性。
地质灾害
局部产生坍塌
可能产生轻微岩爆
无
可能产生中等岩爆
局部可能产生坍塌
可能产生轻微岩爆
可能产生轻微岩爆
断带附近可能发生坍塌
可能产生轻微岩爆
无
围岩类别
Ⅳ Ⅱ Ⅲ Ⅱ Ⅲ Ⅱ Ⅰ Ⅲ Ⅰ Ⅲ Ⅰ Ⅱ Ⅰ Ⅱ
衬砌类型
S-SD-15～18
S-SD-21
S-SD-19
S-SD-21
S-SD-22
S-SD-21
S-SD-20
S-SD-19
S-SD-20
S-SD-21
S-SD-24
S-SD-23
S-SD-19
S-SD-23
S-SD-19
S-SD-23
S-SD-20
S-SD-21
S-SD-24
S-SD-20
长度/m
56 119 31 58 15 196 116 61 23 171 64 278 52 312 15 179 129 46 35 344
总长/m
坡度
坡长/m
0.55%
2885
设计高程
889.485
里程
SK64+825
+881
SK65
+031
+089
+104
+300
+416
+477
+500
+671
+735
SK66
+013
+065
+377
+392
+571
+700
+746
+781
SK67
+125

图 13.14 某隧道纵断面图

1∶100，断面图的比例采用 1∶50。桥梁构件图和详图的画法与其他工程建筑物视图表达方法基本一致。

13.4　隧道工程图

13.4.1　隧道概述

隧道是道路路线翻越山岭等障碍时，跨越障碍的工程建筑物，也是典型的带状结构物。隧道工程图一般包括隧道平面图、隧道纵断面图、隧道洞身衬砌断面构造图、隧道进出口设计图、隧道路面结构图、避车洞结构图、附属工程结构图和结构大样图等。下面就隧道工程与其他专业工程有明显区别的视图作简单介绍。

13.4.2　隧道纵断面图

隧道工程是埋设于地下的建筑物，它不同于一般的地上工程。地层地质条件与隧道工程密切相关，直接影响其设计与施工。因此在隧道的纵断面图中有众多栏目是关于地质情况的，如工程地质特征、水文地质特征、地质灾害、围岩级别等，按照隧道设计规范，不同的地质情况对应相应的围岩级别，不同的围岩级别对应不同的衬砌类型，如图 13.14 所示，按照最新规范，图中的围岩类别应划分成围岩级别。

13.4.3　隧道洞身衬砌断面构造图

除了特色鲜明的纵断面图，隧道工程视图中分量较重的就是对应不同围岩级别采用不同衬砌类型的隧道洞身衬砌断面构造图了。隧道洞身衬砌断面构造图是采用垂直于路中心线的平面剖切洞身而得到的断面图，通常该断面图上不画材料符号，而往往用分层标注的方法注写材料，如图 13.15 所示。图中的隧道衬砌结构采用的是复合式支护结构形式，初期支护以锚杆、喷射混凝土、钢筋网及钢支撑组成的联合支护体系，二次衬砌采用模筑混凝土结构，初期支护与二次衬砌之间设置防水层。锚杆采用梅花形布置，纵横间距为 1.0m× 1.0m，因此在衬砌断面图中以虚实间隔的线表示锚杆。

在横断面发生变化时，就需要绘制不同的隧道洞身横断面图。例如，当有不同衬砌结构形式时、有紧急停车带时、有逃生横洞时等都需要绘制相应的横断面图。

13.4.4　隧道洞门图

隧道可以简单地认为由洞身和洞门两大部分组成，所以洞门是隧洞的重要组成部分，起着对于边坡和仰坡的支护和防水作用。由于隧道洞门是极易出现病害的地段，因此在进行洞门设计时，应结合地形、地质条件，做到既要结构安全又要生态环保。常见的隧道洞门主要有端墙式、翼墙式、柱式、台阶式、削竹式、喇叭口式洞门等，图 13.16 分别为端墙式洞门和翼墙式洞门。

隧道洞门图主要由立面图、平面图、侧面图和必要的断面图组成。

1. 立面图

立面图也就是隧道洞门的正面投影图，它是沿着路线方向面向隧道洞门进行投射所得到的投影图。主要表达洞口衬砌的形状和尺寸、端墙的高度和长度、端墙与衬砌的相对位置、端墙顶水沟的坡度等。对于翼墙式洞门还应表示翼墙的倾斜度、翼墙顶水沟与端墙顶水沟的连接情况等。

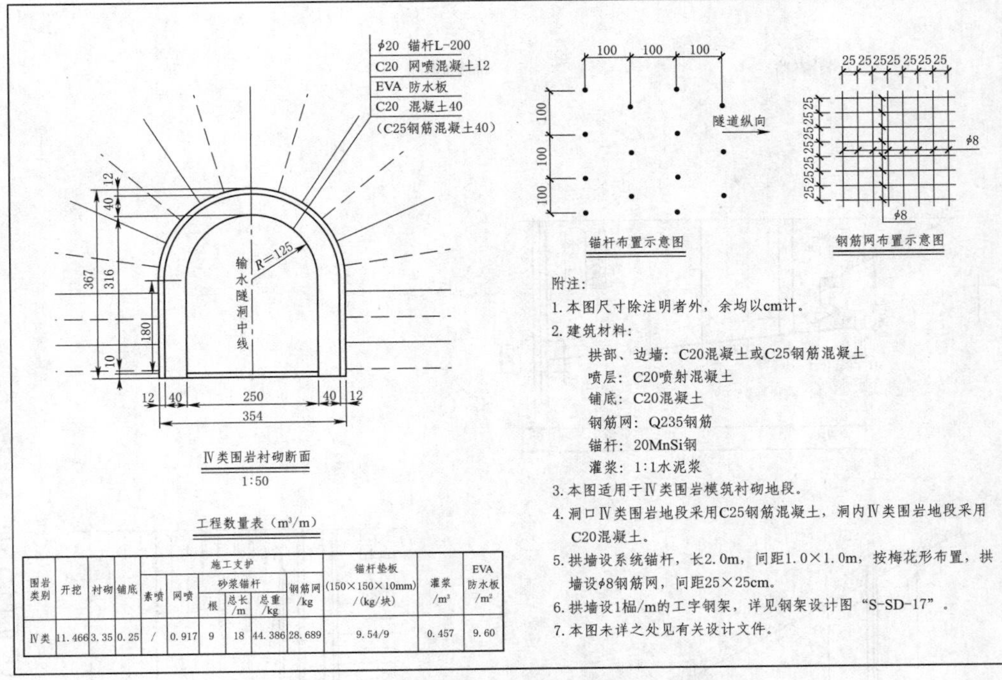

工程数量表（m^3/m）

围岩类别	开挖	衬砌	铺底	施工支护						锚杆垫板(150×150×10mm)/(kg/块)	灌浆/m^3	EVA防水板/m^2
				素喷	网喷	砂浆锚杆			钢筋网/kg			
						根	总长/m	总重/kg				
Ⅳ类	11.466	3.35	0.25	/	0.917	9	18	44.386	28.689	9.54/9	0.457	9.60

图 13.15　某隧道洞身衬砌断面构造图

(a) 端墙式洞门

(b) 翼墙式洞门

图 13.16　常见的隧道洞门型式

2. 平面图

平面图是隧道洞门的水平投影图，主要表达端墙顶帽、端墙顶水沟的构造以及翼墙和洞门处排水系统的情况等。

3. 侧面图

侧面图通常是用沿着隧道中心线所作的洞口纵向全剖视图来表达。

4. 断面图

对于没有表达清楚的部分还应配合一些断面图，如表达翼墙式洞门中渐变前后翼墙厚度和高度的断面图等。

隧道洞门图的表达类似于其他建筑物图，主要以三视图为基础。隧洞洞门中埋于土下的结构轮廓线通常用虚线绘制，图 13.17 是某端墙式隧道的洞门图。

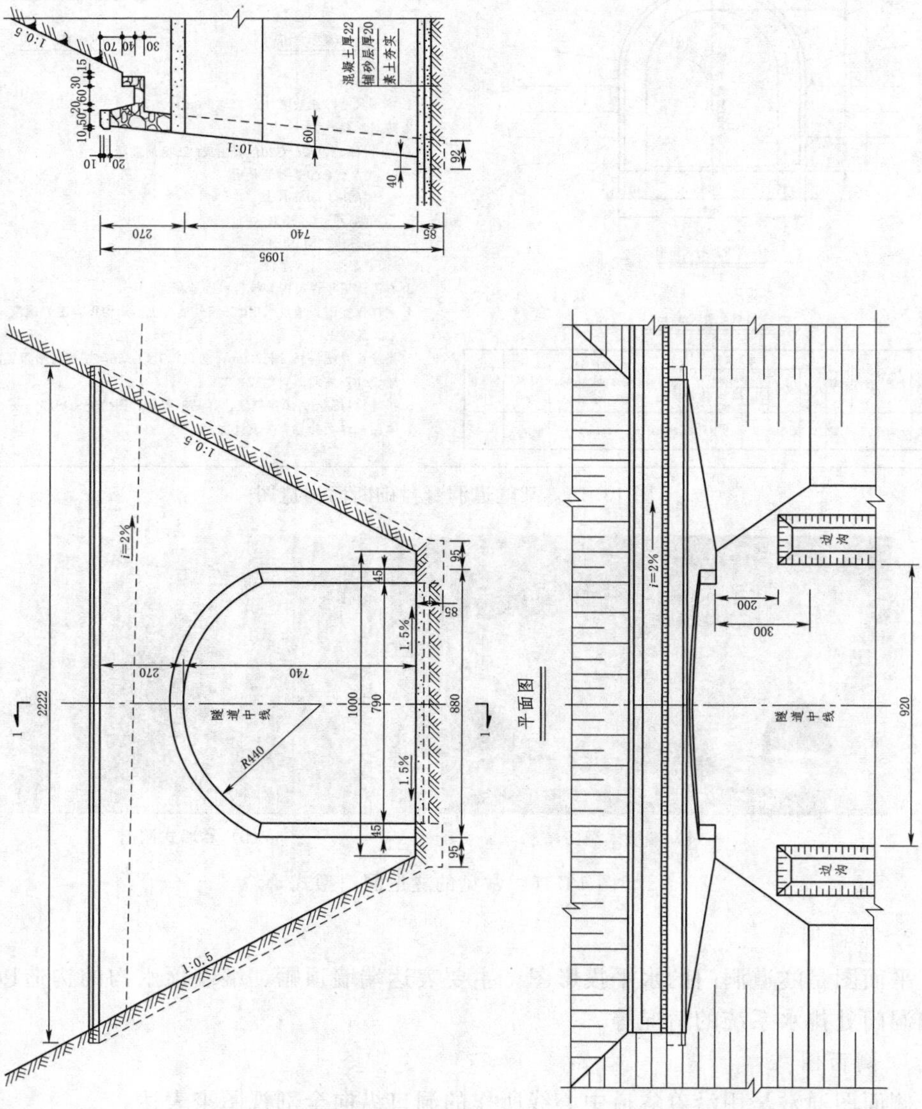

图 13.17　某端墙式隧道洞门图（尺寸单位：cm）

涵洞是横穿路基的小型泄水构筑物，用于跨越天然沟谷洼地排泄洪水，或农田灌溉横跨道路引水，或横跨道路作为人、畜和车辆的立交通道。涵洞主要由洞身、基础、洞口组成，与隧道的表达需求类似，且结构形式一般要比隧道工程简单，图样也要比隧道工程图简单。涵洞工程图中复杂部分主要在于洞口部分，而此部分与隧道洞口部分区别不大。因此，由于篇幅所限，涵洞工程图不再赘述。

第14章 结构工程图

14.1 概述

结构是构件的组合，任何构件都必须用材料制作，所以结构施工图也可以说是建筑施工图的材料和工艺化。按材料不同建筑结构可分为砖石结构、混凝土结构、钢筋混凝土结构、钢结构、木结构等，其中应用最普遍的是钢筋混凝土结构。砖石或混凝土不能承受较大的拉力，而钢筋混凝土结构，除能承受拉力外，与其他结构相比，其防腐、防蚀、防火的性能好，且经济耐久，便于养护。本章主要介绍钢筋混凝土结构的结构施工图。

结构由柱、梁、板、基础等构件构成。由若干个构件组成的具有一定功能的组合件，如楼梯、阳台、屋盖等称为部件。结构施工图的重点是表达承重结构及其构件的施工工艺，简称“结施”。

在施工图设计阶段，结构专业设计文件应包括图样目录、结构设计总说明、结构设计施工图（简称设计图）、计算书等。

1. 图样目录

图样目录应按图样序号排列，先列新绘制图样，后列选用的重复利用图和标准图。

2. 结构设计总说明

每一个单项工程应编写一份结构设计总说明，对多个子项工程应编写统一的结构设计总说明。当工程较简单时，亦可将总说明的内容分散写在相关部分的图样中。

3. 结构设计施工图

结构设计施工图包括基础平面图、基础详图、结构平面图、钢筋混凝土构件详图、混凝土结构节点构造详图、钢结构设计施工图等。

4. 计算书

计算书内容宜完整、清楚，计算步骤要条理分明，引用数据有可靠依据。所有计算书应进行校审，并由设计、校对、审核人在计算书封面上签字，作为技术文件归档。

GB/T 50105—2010《建筑结构制图标准》对结构施工图的图幅、图线、比例、字体等作出了详细规定。为了便于施工，房屋结构的主要构件都有代号。按国家标准规定，构件以其汉语拼音第一个字母确定其代号，常用构件代号见表14.1。构件的名称可用代号表示，代号后应用阿拉伯数字标注该构件的型号或编号，也可是构件的

顺序号。构件的顺序号采用不带角标的阿拉伯数字连续编排。

表 14.1 常用构件代号

名称	代号	名称	代号	名称	代号	名称	代号
板	*B*	梁	*L*	柱	*Z*	天窗架	*CJ*
屋面板	*WB*	屋面梁	*WL*	框架	*KJ*	刚架	*GJ*
空心板	*KB*	吊车梁	*DL*	框架柱	*KZ*	支架	*ZJ*
槽形板	*CB*	圈梁	*QL*	构造柱	*GZ*	承台	*CT*
折板	*ZB*	过梁	*GL*	梯	*T*	桩	*ZH*
密肋板	*MB*	楼梯梁	*TL*	基础	*J*	地沟	*DG*
楼梯板	*TB*	连系梁	*LL*	雨篷	*YP*	柱间支撑	*ZC*
盖板或沟盖板	*GB*	基础梁	*JL*	阳台	*YT*	垂直支撑	*CC*
挡雨板或檐口板	*YB*	框架梁	*KL*	预埋件	*M*—	水平支撑	*SC*
吊车安全走道板	*DB*	框支梁	*KZL*	挡土墙	*DQ*	暗柱	*AZ*
墙板	*QB*	屋面框支梁	*WKL*	设备基础	*SJ*	钢筋骨架	*G*
天沟板	*TGB*	屋架	*WJ*	托架	*TJ*	钢筋网	*W*

资料来源：GB/T 50105—2010。

14.2 钢筋混凝土结构图

1. 钢筋混凝土结构构件

混凝土是以水泥、砂石等骨料和水作为主要原材料，根据需要加入外加剂或掺合料，按一定配比经拌和、成型、养护等工艺制作形成的、硬化后具有一定强度的工程材料。

以混凝土为主制成的结构称为混凝土结构，包括素混凝土结构、钢筋混凝土结构和预应力混凝土结构，按照施工方法可以分为现浇混凝土结构和装配式混凝土结构。混凝土强度等级按立方体抗压强度标准值确定，其强度等级依次为 C15、C20、C25、C30、C35、C40、C45、C50、C55、C60、C65、C70、C75、C80。

配置受力钢筋的结构构件称为钢筋混凝土构件。混凝土具有良好的抗压能力，但抗拉能力却很差，因此，对于混凝土梁、板、柱等构件，在它的受拉区需配置钢筋来承担拉应力。由于施工的要求，通常应先把钢筋骨架绑扎坚固后浇筑混凝土。所以，在钢筋混凝土梁内，不是所有的钢筋都是受力筋（承受拉力），还有架立筋、箍筋等，如图 14.1（a）所示。架立筋主要是组成钢筋骨架，而箍筋除固定受力筋外，还起辅助受力作用。

图 14.1（b）是板内钢筋的配置，通常没有架立钢筋和箍筋，只有受力钢筋以及与受力筋正交、使受力均匀分布的分布筋。

2. 混凝土保护层厚度

为了保护钢筋（防蚀，防火），钢筋不能暴露在外，必须留有保护层。保护层指结构构件中钢筋外边缘至构件表面范围用于保护钢筋的混凝土。构件中普通钢筋及预

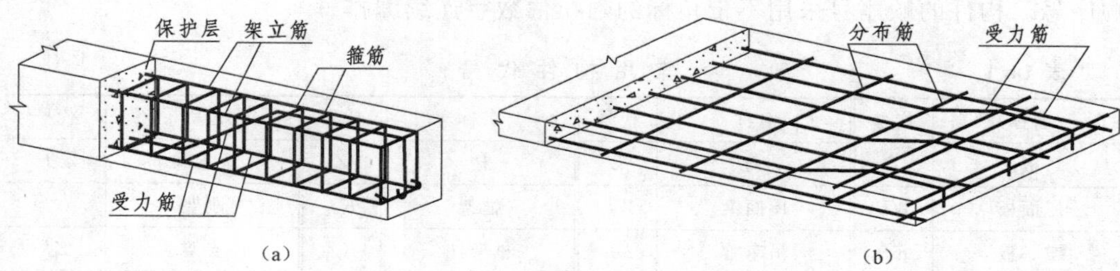

图 14.1　钢筋混凝土构件配筋示意图

应力钢筋的混凝土保护层厚度应满足下列要求：

(1) 构件中受力钢筋的保护层厚度不应小于钢筋的直径 d。

(2) 设计使用年限为 50 年的混凝土结构，最外层钢筋的保护层厚度应符合表 14.2 的规定；设计使用年限为 100 年的混凝土结构，最外层钢筋的保护层厚度不应小于表 14.2 中数值的 1.4 倍。

表 14.2　混凝土保护层的最小厚度 c　　单位：mm

环境类别	板、墙、壳	梁、杆、柱	环境类别	板、墙、壳	梁、杆、柱
一	15	20	三 a	30	40
二 a	20	25	三 b	40	50
二 b	25	35			

注　1. 混凝土强度等级不大于 C25 时，表中保护层厚度数值应增加 5mm。
　　2. 钢筋混凝土基础宜设置混凝土垫层，基础中钢筋的混凝土保护层厚度应从垫层顶面算起，且不应小于 40mm。

3. 钢筋及钢筋弯钩

根据钢筋的生产和加工方法的不同，可以把钢筋分为热轧钢筋、热处理钢筋和冷拉钢筋。建筑工程中常用的钢筋种类、代号和性能见表 14.3。表中公称直径表示与钢筋的公称横截面面积相等的圆的直径。

表 14.3　常用的钢筋种类、代号和性能

牌号	公称直径范围 d/mm	代号	钢筋种类	种　类
HPB300	6～22	Φ	Ⅰ级钢	强度等级为 300MPa 的热轧光圆钢筋
HRB335	6～14	Φ	Ⅱ级钢	强度等级为 335MPa 的普通热轧带肋钢筋
HRB400	6～50	Φ	Ⅲ级钢	强度等级为 400MPa 的普通热轧带肋钢筋
HRBF400		Φ^{F}	Ⅲ级钢	强度等级为 400MPa 的细晶粒热轧带肋钢筋
RRB400		Φ^{R}	Ⅲ级钢	强度等级为 400MPa 的余热处理带肋钢筋
HRB500	6～50	Φ	Ⅳ级钢	强度等级为 500MPa 的普通热轧带肋钢筋
HRBF500		Φ^{F}	Ⅳ级钢	强度等级为 500MPa 的细晶粒热轧带肋钢筋

普通钢筋的一般表示方法应符合表 14.4 的规定。钢筋的画法可参考 GB/T 50105—2010《建筑结构制图标准》规定。

表 14.4　　　　钢筋图例表（GB/T 50105—2010）

序号	名　称	图　例	说　明
1	钢筋横断面	●	—
2	无弯钩的钢筋端部		下图表示长短钢筋投影重叠时，短钢筋的端部用45°斜线表示
3	带半圆形弯钩的钢筋端部		—
4	带直弯钩的钢筋端部		—
5	带丝扣的钢筋端部		—
6	无弯钩的钢筋搭接		—
7	带半圆弯钩的钢筋搭接		—
8	带直弯钩的钢筋搭接		—
9	花篮螺丝钢筋接头		—
10	机械连接的钢筋接头		用文字说明机械连接的方式（冷挤压或锥螺纹等）

当纵向受拉的普通钢筋末端采用弯钩措施时，钢筋弯钩形式见表14.5和图14.2。光圆钢筋受拉时，末端应作180°弯钩，弯钩的弯后直段长度不应小于钢筋直径的3倍，做受压钢筋时可不做弯钩；箍筋弯钩的弯折角度为135°。

表 14.5　　　　钢筋弯钩的形式和技术要求

弯钩形式	技术要求
90°弯钩	末端90°弯钩，弯钩内径$4d$，弯后直段长度$12d$
135°弯钩	末端135°弯钩，弯钩内径$4d$，弯后直段长度$5d$

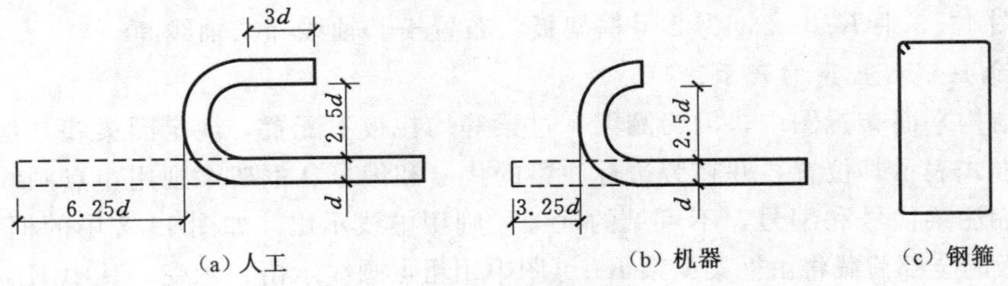

(a) 人工　　(b) 机器　　(c) 钢箍

图 14.2　钢筋的钢箍弯钩

14.3　结构平面图

钢筋混凝土结构图是房屋所有承重构件（梁、板、壳、柱、墙等）的施工工艺的总称，它包括以下内容：

(1) 结构平面布置图，即显示各楼层构件位置和代号的平面图，必要时，图中还可以列出各种构件的类型和数量。

(2) 结构详图，即每个构件的工艺详图（配筋图、模板图、预埋件图等）。图中还应给出该构件的形状和相应的钢筋材料用量表。

另外，一些现场大面积整体浇筑的钢筋混凝土板（楼面或屋面）的工艺详图，也应像结构平面图那样统一绘制。

14.3.1　楼层结构平面布置图

楼层结构平面布置图是假想沿楼板面所作的水平剖视图，以表示该层梁、板、柱、墙等承重构件的平面布置，也称梁板布置图。构件应采用轮廓线表示，当能用单线表示清楚时，也可用单线表示。定位轴线应与建筑平面图或总平面图一致，并标注结构标高。被楼板遮挡的梁、柱和墙用粗点画线或虚线画出；图中各构件都用国家标准中规定的代号标记，根据定位轴线和这些编号、代号就可说明各构件的位置和数量。此外，图中应将承重墙柱的断面涂深并标注尺寸。

现以某商住楼接待厅为例，介绍楼层结构平面布置图的内容和图示方法，如图 14.3 所示。

1. 轴线和比例

结构平面布置图的轴线编号、轴间尺寸、比例、字体同建筑平面图一致。

2. 楼板的表示法

结构平面布置图中，应根据建筑施工图的承重墙位置、开间和进深尺寸确定楼板的跨度方向，选择合适的楼板进行布置。绘图时可采用简化画法，即在相同预制楼板布置的范围内画一条对角线并注出预制的数量和构件代号。如图 14.3 中，③轴线和④轴线间的房间内布置 6 块预制钢筋混凝土空心板，空心板代号为 6Y36—2。

如采用现浇钢筋混凝土板，则要在楼板布置范围内画出一条对角线，并注写代号、编号，同时画出板的配筋详图，说明钢筋编号、规格、直径、间距或数量等。有时也可在结构平面图中画出梁、板的重合断面图，须将断面涂黑，并标出梁底部标高。如图 14.3 中 *KB*—2，为 2 号框架板，布置于②轴线和⑦轴线间。

3. 钢筋混凝土梁的表示法

在结构平面布置图中，因为圈梁、过梁等均在板下配置，规定圈梁和其他过梁用涂红的方式表示其位置，并在旁边标注梁的代号和编号。框架梁则用粗点画线直接绘出，并标注梁代号和编号，不可见的框架梁则用虚线示出。如图 14.3 中的框架梁系，三层楼板的全部荷载将由框架梁系 *KL*（图中用粗点画线示出）承受，其中 *KL*—301～*KL*—304 为南北向通梁，*KL*—305～*KL*—309 则为东西向通梁，*KL*—309 * 是为支承客房内卫生间和厨房的砖墙所作的东西向两跨短梁，*KL*—310 和 *KL*—311 则是为

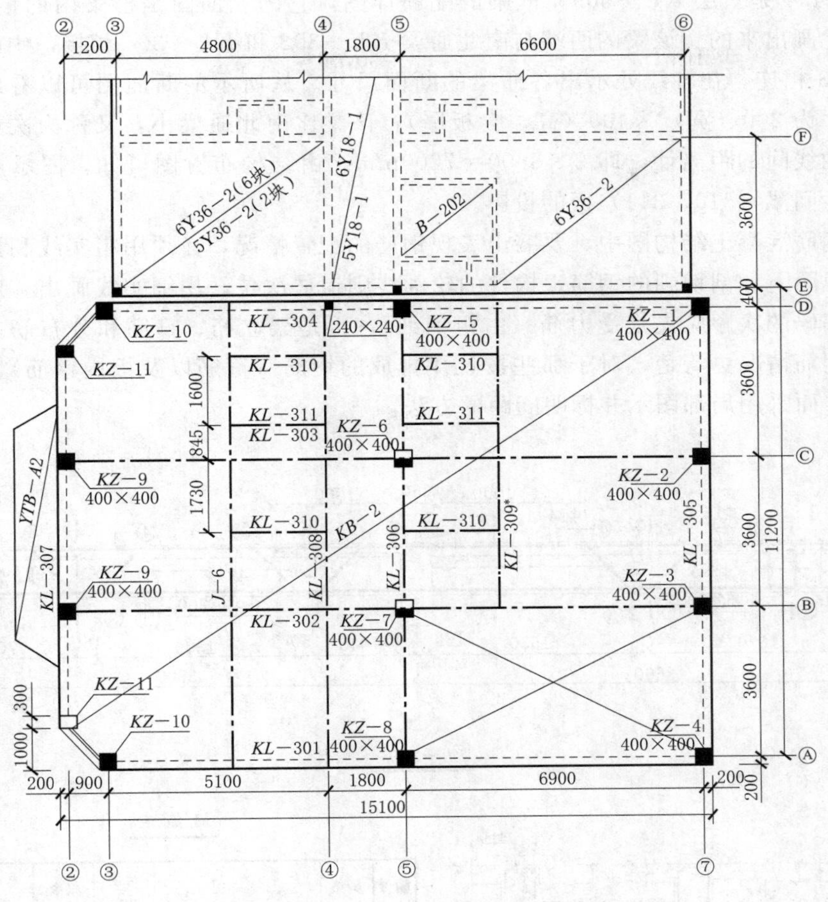

图14.3　三层楼面结构平面布置图

支承客房隔墙的单跨梁。

图中虽有四根梁（301、304、305、307）和外墙重叠（用虚线示出），但墙重仍将由梁传给周边的框架柱（涂黑的矩形块，代号为 *KZ*）和辅助柱（断面 240mm×240mm）。

4. 钢筋混凝土柱的表示法

在结构平面布置图中，框架柱展示的是剖切截面，所以在剖切到的截面位置涂黑并标注框架柱的代号和编号，并在同一编号的柱断面中选取其一标注该框架柱的截面尺寸。如图14.3中的 *KZ*—9，为该建筑的边侧框架柱，截面尺寸为 400mm×400mm（长×宽）。

14.3.2 梁的配筋图

梁的配筋图通常由立面图、截面图组成，为了便于统计用量，编制施工预算，还需列出该梁钢筋材料表，表内应说明钢筋的编号、规格（符号和直径）、简图、长度、数量、总长和重量等。

图 14.4 是三层 KL—309＊框梁的配筋详图，它的立面图是框梁内的钢筋骨架，由南向北画出来的。该梁的两端与南北通梁 KL—302 和 KL—304 相接，中间与通梁 KL—303 相连，在轴线处示出各通梁的断面尺寸。从所示的断面图可以看出，梁的断面尺寸为 200（宽）×400（高，含板厚），该梁比南北通梁小，又称为次梁，其长度以两轴线间的距离计，即 2×3600＝7200mm。由结构布置图可知，图示虚线是客房内卫生间梁（310、311）板的投影。

在钢筋混凝土结构图中，要突出表现钢筋的配置情况，必须用粗实线和黑圆点分别表示视图上和剖切到的钢筋，构件的轮廓线则退居次位，用细实线画出。对于单个构件，编码的次序应先是受力筋（由粗到细），再是架立筋、箍筋和分布筋。为了使图示的配筋情况更清楚，对于那些按规律排放的钢筋（箍筋以及板内钢筋），不要逐一画出，而采用局部图示并标明间距的方法。

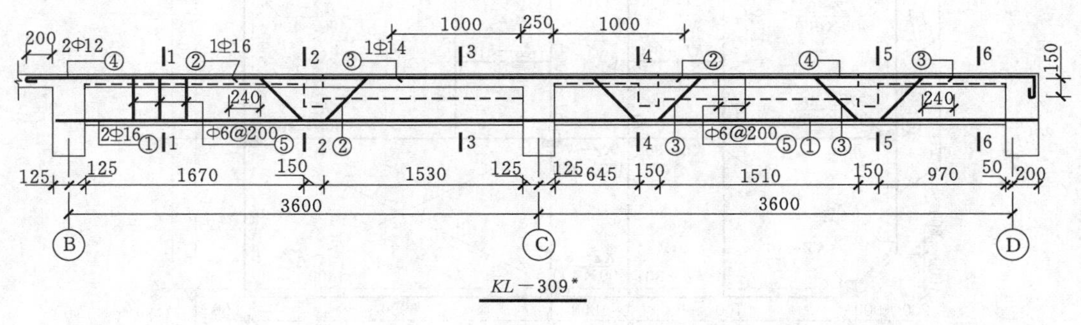

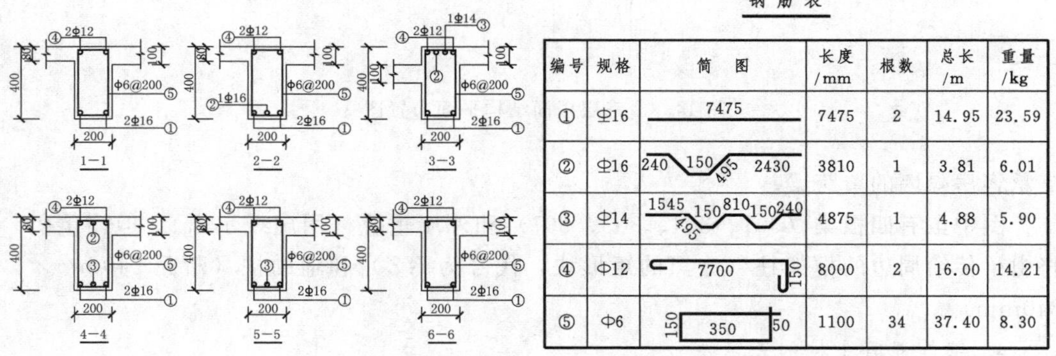

钢 筋 表

编号	规格	简　图	长度/mm	根数	总长/m	重量/kg
①	Φ16	7475	7475	2	14.95	23.59
②	Φ16	240 150 495 2430	3810	1	3.81	6.01
③	Φ14	1545 495 150 810 150 240	4875	1	4.88	5.90
④	Φ12	7700 150	8000	2	16.00	14.21
⑤	Φ6	150 350 50	1100	34	37.40	8.30

图 14.4　KL—309* 配筋图

看清了梁板的关系后，就可以了解该梁的配筋情况。结合立面图、截面图和钢筋材料表可以看出：①～③就是该梁的受力筋，其中①是 2 根通筋，直径为 16 的Ⅱ级钢筋，分放在梁下侧的两角；为了兼顾支座处的反弯矩，②、③采用弯折筋，直径分别为 16 和 14 的Ⅱ级钢筋；④号是架立筋，直径为 12 的Ⅰ级钢筋；⑤号是箍筋，直径为 6，间距为 200 的Ⅰ级钢筋。

14.3.3 楼面板配筋图

图 14.5 是接待厅三层楼面板的局部配筋图（即取南北向的三个梁格），代号 KB—2 板是整体浇筑的。现浇楼板除应示出楼层梁、柱、墙的布置外，还需画出板的配筋，表明受力筋配置和弯曲情况，并标注钢筋编号、规格、直径、间距等，如图中的①Φ 8@150。在平面图的梁格中，每种规格的钢筋只画一根，并按其立面形状画在安放的位置。

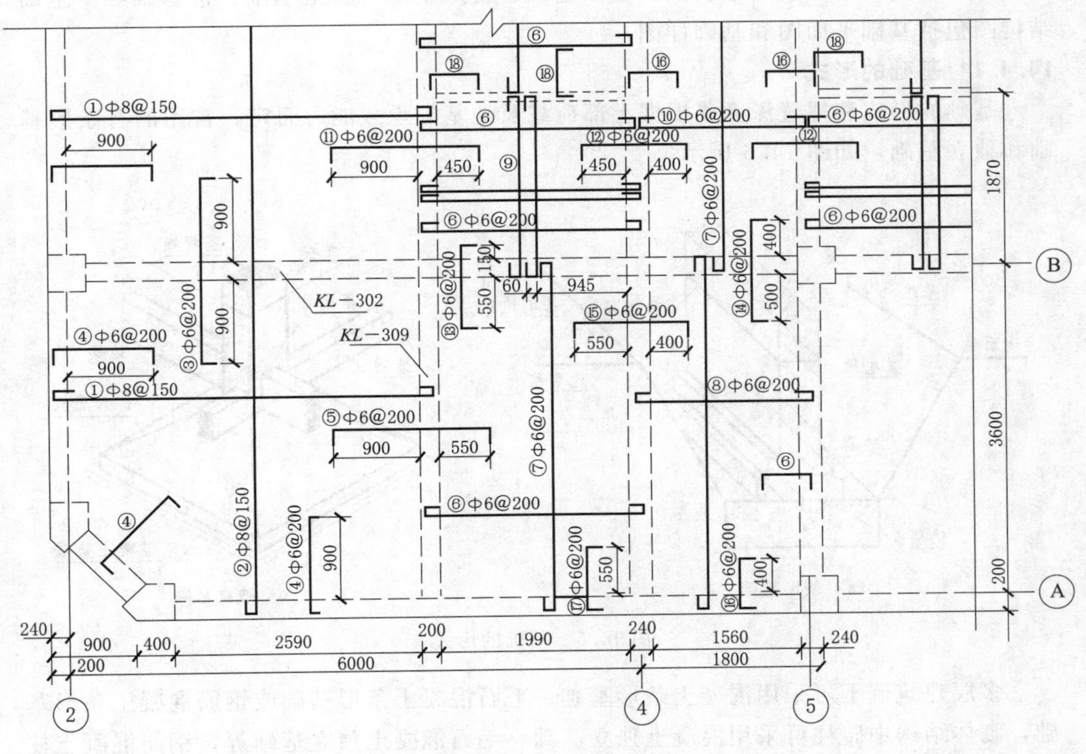

图 14.5　三层楼面板配筋图（局部）

板内都有方格布置的两组钢筋，通常跨距小的方向受力大，钢筋布置在外层，作为受力筋，如图 14.5 中的①、⑥、⑧号筋；在受力筋上绑扎分布筋，如图 14.5 中的②、⑦号筋等。

梁对板来说像“支座”一样，当连续浇筑的板通过梁的地方，板上缘是受拉区，故图中凡与梁连接的地方（包括周边梁），都增加了布置在板上缘、垂直于梁且两头向下的直弯筋，如图 14.5 中的③、④、⑤等，这些钢筋称为支座筋。支座筋应注明自墙面伸入板内的长度，如图 14.5 中⑤号筋所示的尺寸 900 和 550；可见，支座筋在梁两侧外伸长度并不相等，而周边支座筋只伸向一侧。至于这些伸入值的大小，通常由力学计算确定。

相同的楼板，可只画一块，并在该楼板所使用的区间画一对角线，注相同的板号。

14.4　基础结构图

房屋底层室坪以下的部分称为基础，它是将房屋上部荷载传递给地基的地下结构。基础的形式和材料很多，按照埋置深度可将基础分为深基础和浅基础；根据材料可分为砖基础、毛石基础、灰土基础、钢筋混凝土基础等；根据结构形式可分为扩展基础、无筋扩展基础、条形基础、独立基础、筏形基础、箱型基础、桩基础等。基础结构图包括基础平面图和基础详图。

14.4.1　基础的形式

基础的形式和埋置深度要根据上部荷载及地基的承载能力而定，常用的有条形基础和独立基础，如图 14.6 所示。

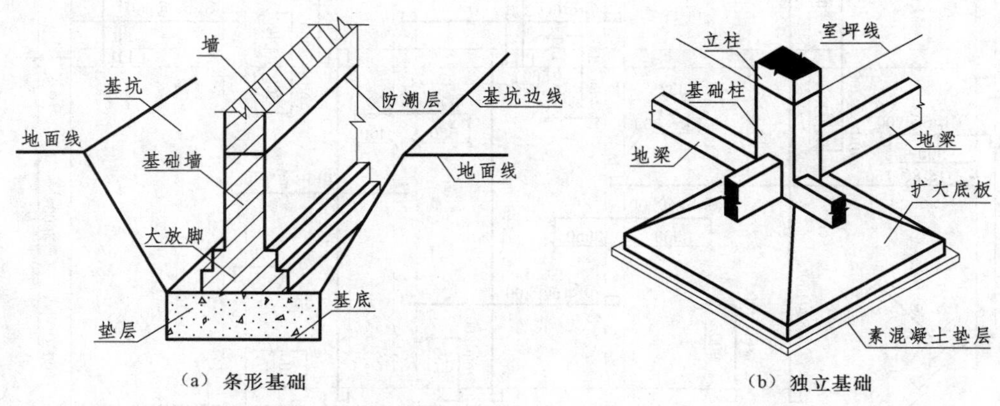

（a）条形基础　（b）独立基础

图 14.6　基础的形式

多层建筑墙下可采用混凝土条形基础、毛石混凝土条形基础或钢筋混凝土条形基础，砌体结构中砖柱可采用混凝土独立基础、毛石混凝土独立基础等，钢筋混凝土柱可采用钢筋混凝土独立基础。地基的承载力越低，基础的底面积越大，为了改善基础与地基间的受力状况，在它们之间常增设垫层。

1. 条形基础

图 14.6（a）是民用建筑最常用的基础形式，它随着墙体呈条形延伸，故称条形基础。从室内地坪上±0.000 到基础底面的高度称为埋置深度，埋入地下的墙称为基础墙；为适应地基的要求，同时也增加墙体的稳定性，基础墙下逐台扩大，称为大放脚。由于这种基础是砖石砌体，受到拉力容易开裂，故亦称为刚性基础。基底以下多用灰土或砂石作为垫层，一般也被视为基础的一部分，目的是改善砌体与地基土的接触条件。垫层的底面称为基底，以下则为地基。

房屋四周界墙在室坪以下应设置防潮层，防止环境水侵蚀墙体。另外，基础上一般不允许布设孔洞，若有水、气管道必须穿过某处，那里的基础要逐台加深，使管道从砌置深度以下通过。

2. 独立基础

高层或大跨度房屋建筑的梁柱，多采用钢筋混凝土或型钢建造的框架结构，此时立柱除集中承受强大的压力外，还受水平方向的外力，则需用单独基础扩大基底面积，使外力分散后传至地基。为了保证混凝土的现浇质量，底板下也常铺碎石或素混凝土薄垫层。

独立基础的基础柱之间，须以纵横水平梁连成整体，这些梁称为地基梁或地梁，房屋底层的墙体就砌在地梁上。图 14.6（b）为某立柱以下整体式扩大板基的轴测图。

14.4.2　基础平面图

假想用一个水平剖切平面沿建筑底层地面下一点剖切建筑，将剖切平面上面的部分去掉，并移去回填土所得到的水平投影图，称为基础平面图。基础平面图主要表示基础的平面布置、基础底部宽度、轴线位置等，它是施工定位、放线及基坑开挖的依据。

基础平面图的比例一般与建筑平面图的比例相同。画图时，如基础为条形基础或独立基础，被剖切平面剖切到的基础墙或柱用粗实线表示，基础底部的投影用细实线表示。如基础为筏板基础，则用细实线表示基础的平面形状，用粗实线表示基础中钢筋的配置情况。

阅读基础平面图时，与建筑平面图的阅读方式类似，首先需要了解图名和比例，然后查找定位轴线，了解基础的平面布置、结构构件的种类、位置和代号，并了解剖切编号，通过剖切编号了解基础的种类和各类基础的平面尺寸，同时联合设备施工图，了解设备管线穿越基础的准确位置、洞口的形状与大小及过梁等。

图 14.7 是接待厅的基础平面图，比例 1∶100，从图中可以了解到该建筑的基础为柱下独立基础。图中涂黑的方块是该厅 14 个框架柱，分别建立在 12 个单独基础上，其编号自 *J*—1～*J*—9。因每个柱所承受的荷载不同，基础的底面积也不相同。其尺寸需在详图中分别给出；连接相邻基础的两条粗实线是框架结构的地梁，如图 14.6（b）所示。

图 14.7 中东南角边墙下开了洞 A（1080×750），从洞底高程（－1.850）可知，它位于地梁顶上，是主楼内给水、排水、暖气管路的入室通道；由于一层、二层没有供水要求，所以给水管路进墙后即垂直向上而直至三层、四层。另外，沿周边墙内侧，自洞 A 向西再向北，还有三个洞穿过地梁上的砖墙，是给大厅一层供暖的通道。

地梁是连接相邻柱脚的钢筋混凝土横梁，也是框架结构中最下面一道水平梁，它位于大厅室内地坪－0.450 以下 1.2～1.4m，且直接建造在地基上。

顺便指出，图 14.7 中剖面 27—27、28—28 基础间设有沉陷缝，这种情况下，由于左右两侧墙体结构不同、受力不同，基底尺寸也不同，图形就变得复杂了。

14.4.3　基础详图

基础详图是基础断面图，剖切位置在基础平面上，具体表示基础的形状、大小、材料和构造做法，是基础施工的重要依据。如基础为钢筋混凝土基础，应重点突出钢筋在混凝土基础中的位置、形状、数量和规格。

识读基础详图，需要了解图名和比例，同时需要对照基础平面图中的剖切符号和定位轴线来了解该基础在建筑中的位置；了解基础的形状、大小和材料，了解基础的

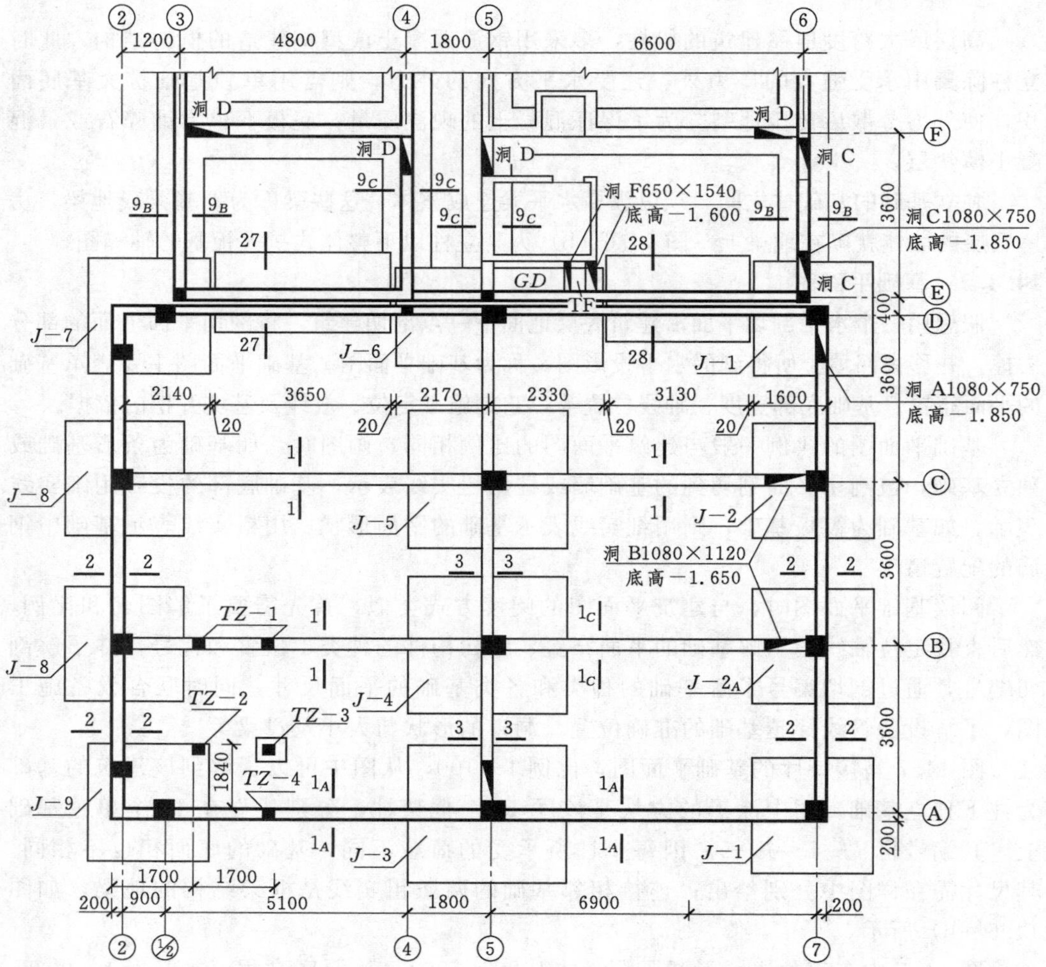

图 14.7　基础平面图

各部位标高。计算基础的埋置深度；了解基础的配筋情况，以及垫层的厚度、尺寸、材料，以及基础梁的配筋情况等。

图 14.8 是独立基础 J—5 的结构详图，它由立柱在室坪以下的延伸柱体（基础柱）和柱端的扩大底板两部分组成。由图可见，立柱断面为 400mm×600mm，沿周边配置了 12 根Ⅱ级竖向筋（受力筋），其中直径分别为 25mm、22mm 和 20mm 的钢筋①、②和③各 4 根。由于这种钢筋既粗又硬，所以固定它的箍筋也较多，除了周边均匀布设直径 8mm 的箍筋④（间距 200mm）外，还增加了固定受力筋②的南北向加强箍筋⑤（间距 200mm）和固定受力筋③的东西向加强箍筋⑥（间距 400mm）。这 12 根受力筋的下端都带有直弯钩，弯钩长 250mm 就是为了与底板内网格状（间距 200mm）布置的直径为 14mm 的Ⅱ级钢筋⑦、⑧焊成整体。

扩大底板在地基反力作用下，底板基脚会向上挠曲，也就是下缘受拉，故钢筋网应放在底部。由于地基反力的影响，从边缘向中心逐渐加强，故底板的厚度是边缘薄

中间厚。为了确保板基的底面保持水平，在基坑的基土上还另设有素混凝土垫层。

另外，图 14.8 的立面图中还以虚线示出了两个方向地梁的顶部高程。

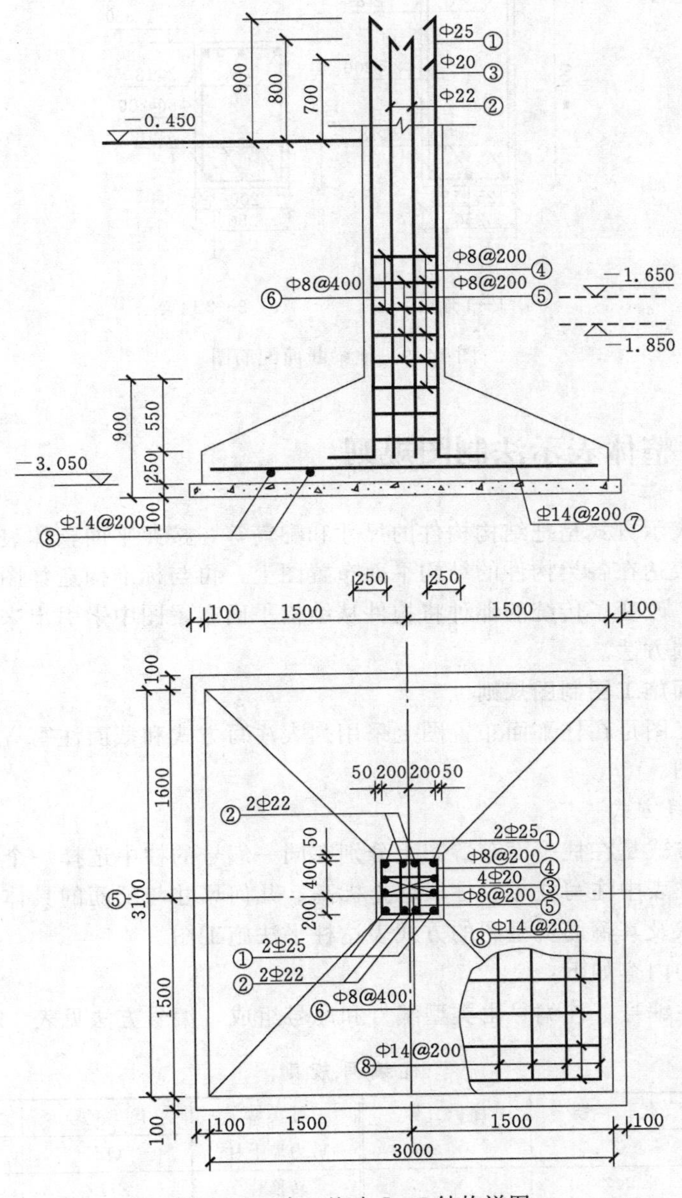

图 14.8 独立基础 J—5 结构详图

图 14.9 给出了图 14.7 中南北向 1—1 地梁（250mm × 600mm，顶部高程 −1.650）和东西向 2—2 地梁（250mm×400mm，顶部高程 −1.850）的断面配筋图。由于它们所配置的纵向钢筋，上、下都是 3 根且是直径为 18mm 的Ⅱ级钢筋，这种粗硬钢筋弯折困难，在梁内一般为直通筋。钢箍为普通光圆钢筋，直径 8mm，间距 200mm。由于地梁的配筋形式较单纯，只用断面配筋图也可交代清楚。

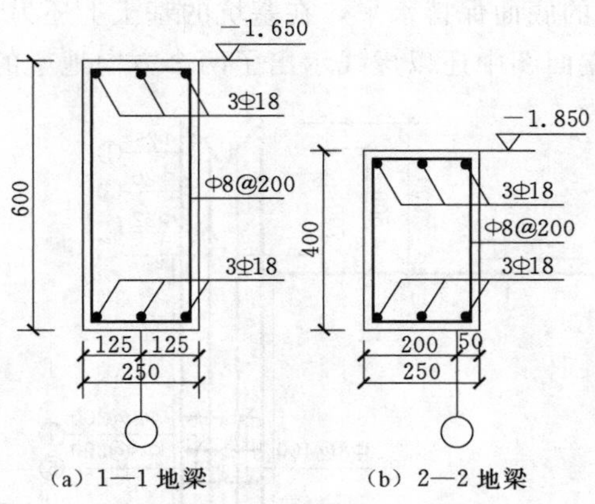

图 14.9　地梁断面配筋图

14.5　平面整体表示法制图规则

平面整体表示方式是把结构构件的尺寸和配筋等，按照平面整体表示方法制图规则，整体直接表达在各类构件的结构平面布置图上，再与标准构造详图配合，构成完整的结构设计，改变了传统的那种将构件从结构平面布置图中索引出来，再逐个绘制配筋详图的烦琐方法。

14.5.1　柱平面施工图制图规则

柱平面施工图是在柱平面布置图上采用列表注写方式和截面注写方式表达，也称为柱平法施工图。

1. 列表注写方式

列表注写方式是在柱平面布置图上分别在同一编号的柱中选择一个截面标注几何参数代号；在柱表中注写柱号、柱段起止标高、几何尺寸与配筋的具体数值，并配以各种柱截面形状及其箍筋类型图的方式表达柱平法施工图。

柱表注写的内容如下：

(1) 注写柱编号。柱编号由类型编号和序号组成，编号方法见表 14.6。

表 14.6　　**柱 编 号 规 则**

柱类型	代　号	序　号	柱类型	代　号	序　号
柱	*Z*	××	剪力墙上柱	*QZ*	××
框架柱	*KZ*	××	转换柱	*ZHZ*	××
框支柱	*KZZ*	××	芯柱	*XZ*	××
梁上柱	*LZ*	××			

(2) 注写各段柱的起止标高。自柱根部往上以变截面位置或截面未变但配筋改变处为界分段注写。框架柱和框支柱的根部标高是指基础顶面标高；梁上柱的根部标高是指梁顶面标高。

(3) 注写截面尺寸 $b \times h$ 及轴线关系的几何参数代号。b_1、b_2 和 h_1、h_2 的具体

数值须对应于各段柱分别注写。

(4) 注写柱纵筋包括钢筋级别、直径和间距、分角筋、截面 b 边中部筋和 h 边中部筋。图 14.10 是柱平法施工图列表注写方式示例。

从图中可知代号为 $Z1$ 的柱子，根据配筋和截面的变化情况分为三部分。标高从 −6.470～20.370m 处，柱截面尺寸 600mm×600mm，箍筋配筋类型为 A 型，b_1、b_2 均为 300mm，h_1 为 120mm，h_2 为 480mm，箍筋为Φ10@100，24 根直径为 25mm 的Ⅱ级纵筋；在标高为 20.370～38.370m 处，柱截面尺寸 500mm×500mm，箍筋配筋类型为 A 型，b_1、b_2 均为 250mm，h_1 为 120mm，h_2 为 380mm，箍筋为Φ10@100，24 根直径为 22mm 的Ⅱ级纵筋；在标高为 38.370～53.970m 处，柱截面尺寸 400mm×400mm，箍筋配筋类型为 C 型，b_1、b_2 均为 200mm，h_1 为 120mm，h_2 为 280mm，箍筋为Φ8@100，20 根直径为 22mm 的Ⅱ级纵筋。代号 $Z2$、$Z3$ 柱的读法相同，这里就不再叙述了。

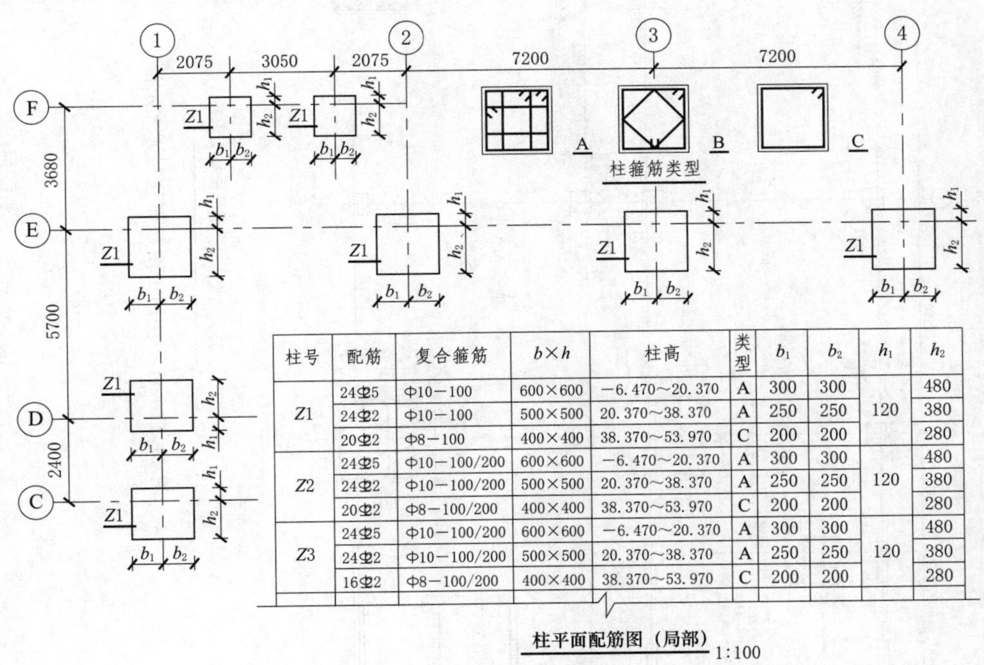

柱号	配筋	复合箍筋	$b \times h$	柱高	类型	b_1	b_2	h_1	h_2
$Z1$	24Φ25	Φ10−100	600×600	−6.470～20.370	A	300	300	120	480
	24Φ22	Φ10−100	500×500	20.370～38.370	A	250	250		380
	20Φ22	Φ8−100	400×400	38.370～53.970	C	200	200		280
$Z2$	24Φ25	Φ10−100/200	600×600	−6.470～20.370	A	300	300	120	480
	24Φ22	Φ10−100/200	500×500	20.370～38.370	A	250	250		380
	20Φ22	Φ8−100/200	400×400	38.370～53.970	C	200	200		280
$Z3$	24Φ25	Φ10−100/200	600×600	−6.470～20.370	A	300	300	120	480
	24Φ22	Φ10−100/200	500×500	20.370～38.370	A	250	250		380
	16Φ22	Φ8−100/200	400×400	38.370～53.970	C	200	200		280

图 14.10　柱平法施工图列表注写方式示例

2. 截面注写方式

截面注写方式是在分标准层绘制的柱平面布置图的柱截面上，分别在同一编号的柱中选择一个截面，以直接注写截面尺寸和配筋具体数值的方式表达柱平法施工图。

柱的编号方法见表 14.6，从相同编号的柱中选择一个截面，按另一种比例原位放大绘制柱截面配筋图，并在各配筋图上继其编号后注写截面尺寸 $b \times h$、角筋和全部纵筋、箍筋的具体数值以及在柱截面配筋图上标注柱截面与轴线关系 b_1、b_2、h_1、h_2 的具体数值。

图 14.11 是柱截面注写方式示例。在图中每类型柱子取一个为代表，将截面按比

层号	标高/m	层高/m
层面2	65.670	
层面2	62.370	3.30
层面1 (塔层1)	59.070	3.30
16	55.470	3.60
15	51.870	3.60
14	48.270	3.60
13	44.670	3.60
12	41.070	3.60
11	37.470	3.60
10	33.870	3.60
9	30.270	3.60
8	26.670	3.60
7	23.070	3.60
6	19.470	3.60
5	15.870	3.60
4	12.270	3.60
3	8.670	3.60
2	4.470	4.20
1	−0.030	4.50
−1	−4.530	4.50
−2	−9.030	4.50

结构层楼面标高
结构层高

KZ1
250×300(250×300)
6⌀16(6⌀16)
Φ8−200(Φ8−200)

KZ1
650×600(550×500)
4⌀25(4⌀22)
Φ10−100/200(Φ8−100/200)

KZ2
650×600(550×500)
22⌀25(22⌀22)
Φ10−100/200(Φ8−100/200)

KZ3
650×600(550×500)
24⌀25(24⌀22)
Φ10−100/200(Φ10−100/200)

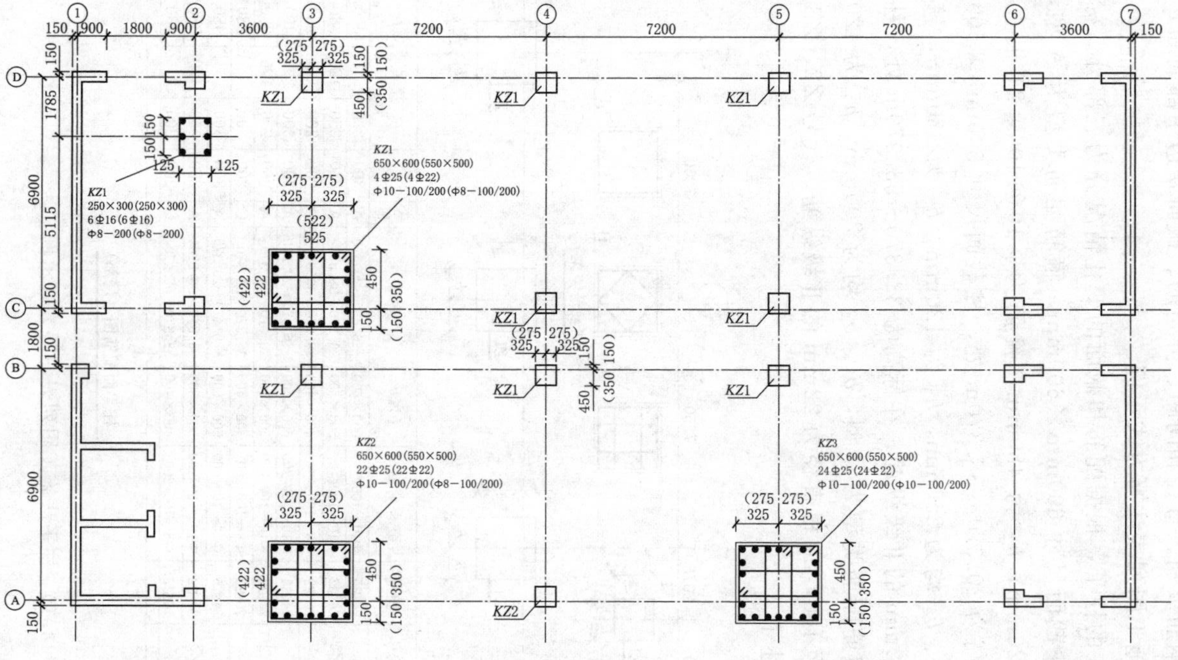

注：KZ3标高19.470至59.070以及KZ1和KZ2标高37.470
59.070均采用焊接封闭箍。

19.470−37.470
(37.470−59.070) 柱平法施工图

图 14.11 柱平法施工图截面注写方式示例

例放大，直接在上面注写其截面尺寸，配筋数值，如 $KZ2$，从左面结构层楼面标高的表中可知分为两种，六层及六层以上为一种（上柱），六层以下为一种（下柱），上柱截面尺寸为550mm×500mm，纵筋22Φ22，箍筋Φ10@100/200，下柱截面尺寸为650mm×600mm，纵筋22Φ25，箍筋Φ8@100/200。其他柱的读法相同。

14.5.2　梁平面施工图制图规则

梁平面施工图是在梁平面布置图上采用平面注写方式或截面注写方式表达，也称为梁平法施工图。

1. 平面注写方式

平面注写方式是在梁平面布置图上分别在不同编号的梁中各选一根梁，在其上注写截面尺寸和配筋具体数值的方式表达梁平法施工图。

平面注写包括集中标注和原位标注。集中标注表达梁的通用数值，原位标注表达梁的特殊数值。当集中标注中某项数值不适用于梁的某部位时，则将该数值原位标注。施工时，原位标注取值优先，如图14.12所示。

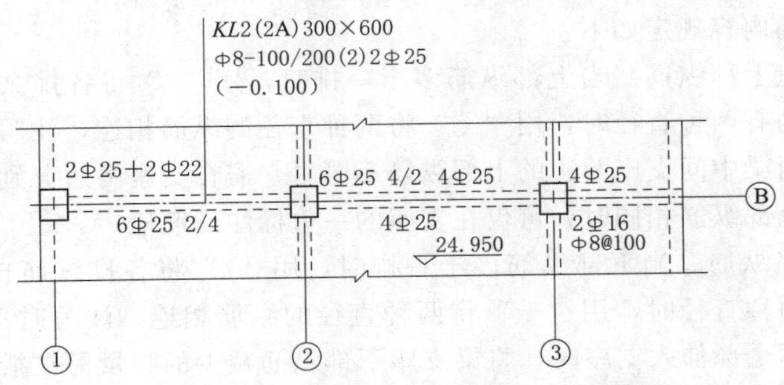

图14.12　梁平法施工图平面注写方式

梁集中标注的内容为四项必注值和一项选注值，它们分别如下：

（1）梁编号。梁编号为必注值，编号方法见表14.7。

（2）梁截面尺寸。梁截面尺寸为必注值，用 $b\times h$ 表示。当有悬挑梁，且根部和端部的高度不相同时，用 $b\times h_1/h_2$ 表示。

（3）梁箍筋。梁箍筋为必注值，包括箍筋级别、直径、加密区与非加密区间距及支数。箍筋加密区与非加密区的不同间距及支数需用“/”分隔，箍筋支数应写在括号内。

（4）梁上部贯通筋和架立筋根数。此项也为必注值，当同排纵筋中既有贯通筋又有架立筋时，应用“+”将贯通筋和架立筋相连，如“2Φ22+（4Φ12）”表示梁中有2Φ22的贯通筋，4Φ12的架立筋。当梁的上部纵筋和下部纵筋均为贯通筋时，可同时表示梁上部、下部的贯通筋，用“;”分隔开，如“3Φ22；3Φ20”表示梁上部配置3Φ22的贯通筋，下部配置3Φ20的贯通筋。

（5）梁顶面标高高差。此项为选注值。梁顶面标高高差是指相对于结构层楼面标高的高差值。有高差时，将高差写入括号内，无高差时不注。

如图14.12中的集中标注值“$KL2$（2A）300×600”表示2号框架梁，有两跨，

表 14.7　　梁　编　号

梁类型	代　号	序　号	跨数及是否带有悬挑
梁	*L*	××	(××)、(××A) 或 (××B)
楼层框架梁	*KL*	××	(××)、(××A) 或 (××B)
屋面框架梁	*WKL*	××	(××)、(××A) 或 (××B)
框支梁	*KZL*	××	(××)、(××A) 或 (××B)
非框架梁	*L*	××	(××)、(××A) 或 (××B)
悬挑梁	*XL*	××	(××)、(××A) 或 (××B)

注　(××A) 为一端悬挑，(××B) 为两端有悬挑，悬挑不计入跨数。

一端悬挑，梁截面尺寸为 300mm×600mm。"Φ8－100/200 (2) 2Φ25" 表示梁箍筋为直径 8mm，间距 200mm，加密区间距 100mm；在梁上部贯通筋 2 根，直径为 25mm。"(－0.100)" 表示梁顶相对于楼层标高 24.950m 低 0.100m。

原位标注的内容规定如下：

(1) 梁支座上部纵筋。当上部纵筋多于一排时，用"/"将各排纵筋自上而下分开；当同排纵筋有两种直径时，用"＋"将两种直径的纵筋相连，注写时将角部纵筋注写在前面。当梁中间支座两边的上部纵筋不同时，需在支座两边分别标注；当梁中间支座两边的上部纵筋相同时，可仅在支座的一边标注配筋值。

(2) 梁下部纵筋。当下部纵筋多于一排时，用"/"将各排纵筋自上而下分开；当同排纵筋有两种直径时，用"＋"将两种直径的纵筋相连，注写时角筋写在前面。当梁下部纵筋不全部伸入支座时，将梁支座下部纵筋减少的数量写在括号内。

(3) 附加箍筋和吊筋将直接画在平面图中的主梁上，用线引注纵配筋值。

(4) 如图 14.12 第一跨梁上部"2Φ25＋2Φ22"表示梁支座上部有 2Φ25 角筋和 2Φ22 纵筋，梁下部标注"6Φ25 2/4"表示梁下部有两排纵筋，上排为 2Φ25，下排为 4Φ25。在第二跨中两端支座的上部配筋不同，左面"6Φ25 4/2"表示梁上部有六根纵筋，两排，上排为 4Φ25，下排为 2Φ25，而右侧上部配筋为 4Φ25，梁下部纵筋为 4Φ25。右侧为悬挑部分，梁上部配筋 4Φ25，下部配筋 2Φ16，箍筋为Φ8@100。

2. 截面注写方式

截面注写方式是在分标准层绘制的梁平面布置图上分别在不同编号的梁中各选择一根梁，用剖面号引出配筋图，并在其上注写截面尺寸和配筋具体数值的方式表达梁平法施工图，如图 14.13 所示。

在截面配筋图上注写截面尺寸 $b \times h$、上部筋、下部筋、侧面筋和箍筋的具体数值时，其表达方式与平面注写方式相同。

从图 14.13 中可知 *L*3 的配筋用截面表示在平面图的下面，1—1 截面表示梁下部配双排筋，上面配置的是 2Φ22，下面配置的是 4Φ22，在梁上面配 4Φ16 的钢筋，其他梁的配筋截面读法相同。

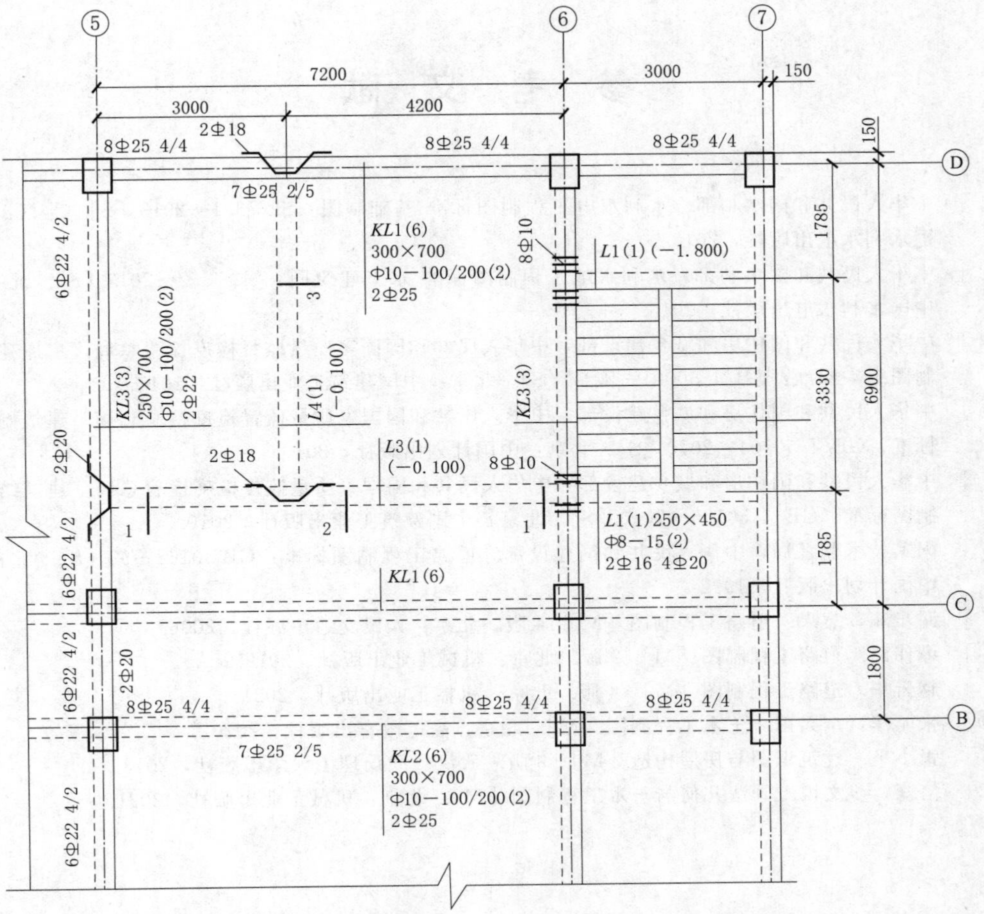

层号	标高/m	层高/m
9	30.270	3.60
8	26.670	3.60
7	23.070	3.60
6	19.470	3.60
5	15.870	3.60
4	12.270	3.60
3	8.670	3.60
2	4.470	4.20
1	−0.030	4.50

楼层结构标高、层高

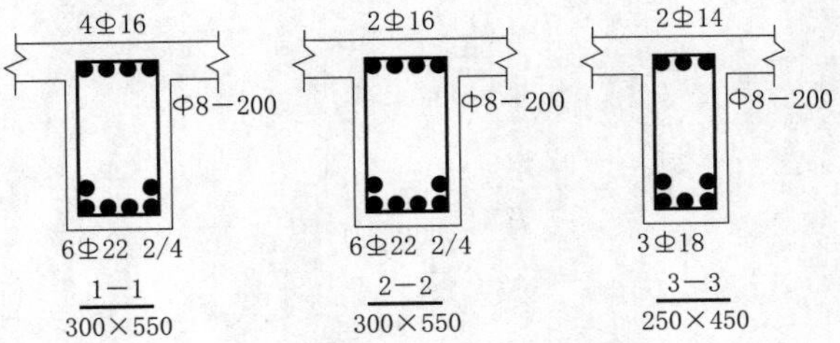

图 14.13　梁平法施工图截面注写方式

参 考 文 献

［1］ 中华人民共和国水利部. 水利水电工程制图标准 基础制图：SL 73.1—2013［S］. 北京：中国水利水电出版社，2013.

［2］ 中华人民共和国水利部. 水利水电工程制图标准 水工建筑图：SL 73.2—2013［S］. 北京：中国水利水电出版社，2013.

［3］ 中华人民共和国住房和城乡建设部，中华人民共和国国家质量监督检疫检验总局. 房屋建筑制图统一标准：GB/T 50001—2017［S］. 北京：中国建筑工业出版社，2017.

［4］ 中华人民共和国住房和城乡建设部，中华人民共和国国家质量监督检疫检验总局. 建筑制图标准：GB/T 50104—2010［S］. 北京：中国计划出版社，2010.

［5］ 中华人民共和国住房和城乡建设部，中华人民共和国国家质量监督检疫检验总局. 建筑结构制图标准：GB/T 50105—2010［S］. 北京：中国建筑工业出版社，2010.

［6］ 国家技术监督局，中华人民共和国建设部. 道路工程制图标准：GB 50162—92［S］. 北京：中国计划出版社，1992.

［7］ 谢步瀛，袁果. 道路工程制图［M］. 4版. 北京：人民交通出版社，2006.

［8］ 谭伟建. 道路工程制图［M］. 2版. 北京：机械工业出版社，2019.

［9］ 赵云华. 道路工程制图［M］. 4版. 北京：机械工业出版社，2021.

［10］ 张丽萍，李兴田. 土木工程制图［M］. 北京：高等教育出版社，2020.

［11］ 张小平. 建筑识图与房屋构造［M］. 3版. 武汉：武汉理工大学出版社，2018.

［12］ 何蕊，姜文锐. 画法几何与土木工程制图［M］. 北京：机械工业出版社，2021.